# Risikoethik für Bauingenieure

Michael Scheffler

# Risikoethik für Bauingenieure

Eine Praxisanalyse am Beispiel der Planung und Herstellung von technischer Infrastruktur

Michael Scheffler
Entwässerungsanlagen
SV- und Ingenieurbüro
Kassel, Deutschland

ISBN 978-3-658-48250-3     ISBN 978-3-658-48251-0   (eBook)
https://doi.org/10.1007/978-3-658-48251-0

Die Deutsche Nationalbibliothek verzeichnet diese Publikation in der Deutschen Nationalbibliografie; detaillierte bibliografische Daten sind im Internet überhttps://portal.dnb.de abrufbar.

© Der/die Herausgeber bzw. der/die Autor(en), exklusiv lizenziert an Springer Fachmedien Wiesbaden GmbH, ein Teil von Springer Nature 2025

Das Werk einschließlich aller seiner Teile ist urheberrechtlich geschützt. Jede Verwertung, die nicht ausdrücklich vom Urheberrechtsgesetz zugelassen ist, bedarf der vorherigen Zustimmung des Verlags. Das gilt insbesondere für Vervielfältigungen, Bearbeitungen, Übersetzungen, Mikroverfilmungen und die Einspeicherung und Verarbeitung in elektronischen Systemen.
Die Wiedergabe von allgemein beschreibenden Bezeichnungen, Marken, Unternehmensnamen etc. in diesem Werk bedeutet nicht, dass diese frei durch jede Person benutzt werden dürfen. Die Berechtigung zur Benutzung unterliegt, auch ohne gesonderten Hinweis hierzu, den Regeln des Markenrechts. Die Rechte des/der jeweiligen Zeicheninhaber*in sind zu beachten.
Der Verlag, die Autor*innen und die Herausgeber*innen gehen davon aus, dass die Angaben und Informationen in diesem Werk zum Zeitpunkt der Veröffentlichung vollständig und korrekt sind. Weder der Verlag noch die Autor*innen oder die Herausgeber*innen übernehmen, ausdrücklich oder implizit, Gewähr für den Inhalt des Werkes, etwaige Fehler oder Äußerungen. Der Verlag bleibt im Hinblick auf geografische Zuordnungen und Gebietsbezeichnungen in veröffentlichten Karten und Institutionsadressen neutral.

Planung/Lektorat: Sandy Lunau
Springer ist ein Imprint der eingetragenen Gesellschaft Springer Fachmedien Wiesbaden GmbH und ist ein Teil von Springer Nature.
Die Anschrift der Gesellschaft ist: Abraham-Lincoln-Str. 46, 65189 Wiesbaden, Germany

Wenn Sie dieses Produkt entsorgen, geben Sie das Papier bitte zum Recycling.

# Inhaltsverzeichnis

| | | |
|---|---|---|
| **1** | **Einleitung** | 1 |
| 1.1 | Ziel der Arbeit | 9 |
| 1.2 | Aufbau der Arbeit | 12 |
| **2** | **Begriffe und Grundlagen** | 13 |
| 2.1 | Technisch-risikoethische Termini | 13 |
| 2.2 | Ethik – Moral – Risikoethik | 37 |
| 2.3 | Typische Risikosituationen | 50 |
| 2.4 | Risikokalkulation | 62 |
| 2.5 | Ingenieurrationalität | 68 |
| **3** | **Logik der Arbeits- und Entscheidungsumgebung** | 77 |
| 3.1 | Verhältnis Auftraggeber–Auftragnehmer | 79 |
| 3.2 | Unbestimmte Rechtsbegriffe | 86 |
| 3.3 | Technische Standards | 91 |
| | 3.3.1 Rechtliche Gültigkeit | 93 |
| | 3.3.2 Steuerungswirkungen | 95 |
| | 3.3.3 Ziele | 98 |
| | 3.3.4 Technische Standards – Ethik – Recht | 100 |

| | | |
|---|---|---|
| 3.4 | Technische Sicherheit | 106 |
| | 3.4.1 Zwei-Ebenen-Modell der Sicherheitspraxis | 107 |
| | 3.4.2 Konkretisierung von objektiver Sicherheit und Sicherheitsaussagen | 109 |
| | 3.4.3 Zusammenspiel von objektiver Sicherheit und Sicherheitsaussagen | 113 |
| 3.5 | Genese von Ingenieurbauwerken | 116 |
| | 3.5.1 Sachlogik im Arbeitsumfeld des Planers (LPH 1, 2, 3, 4 und 5) | 122 |
| | 3.5.2 Sachlogik im Arbeitsumfeld des Firmenbauleiters | 127 |
| | 3.5.3 Vier-Perspektiven-Modell | 131 |
| 3.6 | Strukturelle Konfliktebene | 134 |
| 3.7 | Unbeständigkeit von Werten beim ingenieurtechnischen Handeln | 147 |
| 3.8 | Kennzeichnende Merkmale der Ingenieurpraxis im Überblick | 159 |
| **4** | **Risikoethische Elemente** | **163** |
| 4.1 | Entscheidungstheoretische Kriterien | 163 |
| | 4.1.1 Bayessches Kriterium | 165 |
| | 4.1.2 Maximin-Kriterium | 168 |
| | 4.1.3 Vorsorgeprinzip („precautionary principle") | 172 |
| | 4.1.4 Hurwicz-Kriterium | 175 |
| | 4.1.5 Vergleichende Gegenüberstellung | 176 |
| 4.2 | Aspekte einer risikoethischen Ingenieurpraxis | 178 |
| | 4.2.1 Zustimmung | 179 |
| | 4.2.2 Risikowahrnehmung und Risikoaversion | 185 |
| | 4.2.3 Akzeptanz und Akzeptabilität | 187 |
| | 4.2.4 Verrechnungsausschluss | 189 |
| 4.3 | Entscheidungsbildung bei ingenieurtechnischen Aufgaben | 191 |
| | 4.3.1 Entscheidungen unter Sicherheit | 191 |
| | 4.3.2 Entscheidungen unter Unsicherheit | 192 |
| | 4.3.3 Kontinuum der Entscheidung – ein Denkmodell | 205 |

## Inhaltsverzeichnis VII

| | | |
|---|---|---|
| **5** | **Grundzüge eines risikoethischen Ingenieurhandelns** | **209** |
| 5.1 | Verständigung über Risiken | 210 |
| 5.2 | Kritik an der Risikobewertung nach der Formel $R = w \times S$ | 223 |
| 5.3 | Risikokommunikation zwischen Nichtbetroffenen und Betroffenen | 230 |
| 5.4 | Spezielles Wissen bei Ingenieurhandlungen | 237 |
| 5.5 | Zur Problematik der Verantwortung in der Projektarbeit | 243 |
| 5.6 | Merkmale konsequentialistischer und deontologischer Ansätze | 256 |
| 5.7 | Grundriss einer konsequentialistisch-deontologischen Risikoethik | 268 |
| 5.8 | Integration deontologischer Kriterien in die Ingenieurrationalität | 279 |
| **6** | **Schlussbetrachtung** | **295** |
| 6.1 | Resümee | 295 |
| 6.2 | Ausblick | 300 |
| **Darstellung wissenschaftlicher Werdegang** | | **305** |
| **Literatur** | | **307** |

# Abbildungsverzeichnis

| | | |
|---|---|---|
| Abb. 2.1 | Zusammenwirkung Gewissheit/Ungewissheit/Risiko/ Gefahr | 37 |
| Abb. 2.2 | Kombinationsmöglichkeiten von Risikosituationen | 61 |
| Abb. 3.1 | Unbestimmte Rechtsbegriffe | 90 |
| Abb. 3.2 | Zwei-Ebenen-Modell der Sicherheitspraxis | 108 |
| Abb. 3.3 | Zwei-Ebenen-Modell der Sicherheitspraxis mit Objektgestaltung und Objektanalyse | 110 |
| Abb. 3.4 | Phasen der Genese von Ingenieurbauwerken und deren Einfluss auf die Sicherheit | 120 |
| Abb. 3.5 | Vier-Perspektiven-Modell auf Ingenieurbauwerke | 132 |
| Abb. 4.1 | Prüfschema Vertretbarkeit einer Risikosetzung | 180 |
| Abb. 4.2 | Kategorien bei Entscheidungsbildungen unter Unsicherheit | 195 |
| Abb. 4.3 | Kontinuum der Unsicherheit | 198 |
| Abb. 4.4 | Kontinuum der Entscheidung – ein Denkmodell | 206 |
| Abb. 5.1 | Unterscheidungsmerkmale Ethik/Risikoethik | 260 |

# Tabellenverzeichnis

Tab. 3.1  Phasen der Genese von Ingenieurbauwerken gemäß
HOAI § 43                                                                                          118
Tab. 5.1  Gegenüberstellung generischer Aspekte – gestern und
heute                                                                                                211

# 1
# Einleitung

Bis weit in das 20. Jahrhundert hinein hatte das ingenieurtechnische Planen und Bauen wesentlich eine lokale Bedeutung. Die Tätigkeiten von Bauingenieuren[1] waren weniger von ökologischen und humanistischen Zusammenhängen der Kultur,[2] sondern vornehmlich von fachspezifischen Detailfragen örtlich begrenzter Dimensionen geprägt. Besondere Anerkennung erhielt, wer über ein großes Fachwissen verfügte, innovative bautechnische Lösungen vorschlug und sie bei Beauftragung erfolgreich umsetzte. Diese Charakteristik des bautechnischen Fortschritts stand lange Zeit im Einklang mit gesellschaftlichen Werten, wie der Mehrung von Sicherheit, Wohlstand, Freiheit und Fortschritt.

---

[1] Zum Zwecke einer besseren Lesbarkeit wird in der vorliegenden Arbeit das generische Maskulinum verwendet. Entsprechende Personenbezeichnungen und personenbezogene Substantive beziehen sich im Sinne der Gleichbehandlung auf Angehörige aller Geschlechter.

[2] Kultur umfasst „die Gesamtheit der Wertideen und Regeln, Bildungsziele und -inhalte, an denen sich die Lebensbewältigung orientiert". Hubig, Christoph: *Historische Wurzeln der Technikphilosophie*, in: Hubig, Christoph/Huning, Alois/Ropohl, Günter (Hrsg.): *Nachdenken über Technik – Die Klassiker der Technikphilosophie*, 2. unveränderte Auflage, Verlag Edition Sigma, Berlin 2001, S. 19.

Mittlerweile deckt sich der Begriff Bauingenieur nicht mehr mit der historischen Auffassung, nach der die Wirkungskreise von mit gewissen Qualifikationen ausgestatteten Tätigen auf lokale Räume begrenzt waren. Es wäre nicht mehr zeitgemäß, würde noch immer angenommen, dass das technische Handeln der Bauingenieure ausschließlich örtlich relevant ist. Dazu hat sich die Bedeutsamkeit des bautechnischen Handelns zu sehr gewandelt. Das zeigt sich etwa an den gestiegenen gesellschaftlichen Ansprüchen, die an die Umwelt[3] gerichtet werden. Auch haben sich die Erwartungen an räumliche und strukturelle Gesamtentwicklungen im Hinblick auf die Nachhaltigkeit[4] geändert, wenn wir etwa an Pumpspeicherkraftwerke, Flughäfen, Autobahnen oder Hafenanlagen denken, die langfristig jeweils positiv wie negativ wirkende Einflüsse auf die Gesellschaft und die Ökologie mit sich bringen können.

Ein zentrales Arbeitsfeld von Bauingenieuren ist die Stadt- und Regionalplanung. Sie stellt vornehmlich darauf ab, urbane Bereiche und ausgesuchte ländliche Gebiete im Rahmen der Daseinsvorsorge zu erschließen und zu gestalten. Ein Schwerpunkt ist hier die Konzeptionierung und Bereitstellung von Infrastruktur.[5] Sie wird üblicherweise in

---

[3] In der vorliegenden Arbeit bezeichnet der Begriff Umwelt „allgemein die für eine Lebenseinheit (Individuum, Kollektiv, Gattung) jeweils bedeutsamen, zusammenhängenden Teile und Aspekte der umgebenden Welt. Sie umfassen außer den natürlichen auch kulturelle Komponenten, zu denen u. a. die Technik gehört." Verein Deutscher Ingenieure (Hrsg.): *Richtlinie 3780, Technikbewertung – Begriffe und Grundlagen*, Beuth Verlag, Berlin 2000, S. 19. Der Begriff Umwelt rekurriert auf die den Menschen umgebende Welt.

[4] Nachhaltigkeit meint eine Entwicklung, „welche die Bedürfnisse der Gegenwart befriedigt, ohne zu riskieren, dass künftige Generationen ihre eigenen Bedürfnisse nicht befriedigen können." Hauff, Volker (Hrsg.): *Unsere gemeinsame Zukunft. Der Brundtland-Bericht der Weltkommission für Umwelt und Entwicklung*, Eggenkamp Verlag, Greven 1987, S. 46. Um die verschiedenen Dimensionen von Nachhaltigkeit erfassen zu können, schlagen Konrad Ott und Ralf Döring ein Ebenenmodell vor. Vergleiche Ott, Konrad/Döring, Ralf: *Grundlinien einer Theorie „starker" Nachhaltigkeit*, in: Köchy, Kristian/Norwig, Martin (Hrsg.): *Umwelt-Handeln – Zum Zusammenhang von Naturphilosophie und Umweltethik*, Verlag Karl Alber, Freiburg/München 2006, S. 89–127.

[5] „Der Begriff Infrastruktur bezeichnet Einrichtungen und Anlagen, die nicht nur individuelle, sondern auch kollektive Nutzeneffekte aufweisen, und die Einfluss auf die wirtschaftliche Entwicklung, das soziale Zusammenleben sowie die ökologisch-nachhaltige Entwicklung eines Raums haben." Schmidt, Martin/Monstadt, Jochen: *Infrastruktur*, in: Akademie für Raumforschung und Landesplanung (Hrsg.): Handwörterbuch der Stadt- und Raumentwicklung, Verlag der ARL, Hannover 2018, S. 976. Mit dieser Definition werden wachstums-, integrations-, versorgungs- und entsorgungsnotwendige Basisfunktionen einer Gesamtwirtschaft umschrieben.

die Komponenten soziale, erwerbswirtschaftliche und technische Infrastruktur[6] untergliedert, wobei es die technische Infrastruktur ist, die mit ortsgebundenen Vorleistungen entscheidend zur Stadt- und Regionalentwicklung beiträgt, indem sie mit den unmittelbar raumwirksamen Bereichen Verkehr, Ver- und Entsorgung sowie Informations- und Kommunikationssysteme die Fortbewegung von Menschen, die Lieferung von Energie, den Transport von Gütern bzw. Stoffen und die Übermittlung von Signalen und Daten gewährleistet.

Die Bauingenieure, die mit technischer Infrastruktur, insbesondere mit der Planung und Herstellung von Ingenieurbauwerken[7] befasst sind, übernehmen die Aufgabe, unter Einbringung ihres analytischen und systematischen Denkens sowie ihres ausgeprägten technischen Verständnisses zum Zwecke der Wahrung und des Ausbaus von Wohlstand eine optimale Nutzung von Räumen im Hinblick auf Gesellschaft, Wirtschaft und Umwelt sicherzustellen. Der zumeist abhängig beschäftigte Bauingenieur[8] ist die Schlüsselfigur bei der Planung, dem Bau,

---

[6] Wenn in der vorliegenden Arbeit von Infrastruktur, Infrastrukturanlagen oder technischer Infrastruktur die Rede ist, werden darunter Ingenieurbauwerke, insbesondere Bauwerke und Anlagen der Wasserversorgung und der Abwasserentsorgung sowie des Straßenverkehrs (z. B. Straßen, Wege, Parkplätze, öffentliche Garagen) subsumiert. Einrichtungen der sozialen Infrastruktur (z. B. Kindergärten, Sporthallen, Rathäuser, Alten- und Pflegeheime) und der erwerbswirtschaftlichen Infrastruktur (z. B. Arztpraxen, Handwerksbetriebe, Kaufhäuser, Anwaltskanzleien) werden nicht behandelt.

[7] Ingenieurbauwerke sind in der Honorarordnung für Architekten und Ingenieure (HOAI) Teil 3 Objektplanung, Kap. 3, § 41 – § 44 aufgeführt. Gemäß § 41 Anwendungsbereich zählen zu den Ingenieurbauwerken unter anderem Anlagen der Wasserversorgung, der Abwasserentsorgung und des Wasserbaus. Verkehrsanlagen werden in HOAI Teil 3 Objektplanung, Kap. 4, § 45 – § 48 behandelt. Gemäß § 45 Anwendungsbereich fallen unter die Verkehrsanlagen etwa Anlagen des Straßenverkehrs. Zum Zwecke der Vermeidung von Verständnisproblemen wird in der vorliegenden Arbeit auf eine Mitführung dieser Differenzierung weitestgehend verzichtet. Aufgrund der in der planerischen und baulichen Praxis faktisch bestehenden engen Verzahnung von in § 41 genannten Ingenieurbauwerken mit in § 45 aufgeführten Verkehrsanlagen sind mit Ingenieurbauwerken im Weiteren immer auch Verkehrsanlagen gemeint, soweit im Text nicht explizit Bezug auf Ingenieurbauwerke nach § 41 – § 44 genommen wird. Weitere Ausführungen zur HOAI finden sich im Abschn. 3.1 *Verhältnis Auftraggeber-Auftragnehmer* und in Abschn. 3.5 *Genese von Ingenieurbauwerken*.

[8] Erhebungsdaten, die direkte Rückschlüsse auf das Verhältnis zwischen abhängig beschäftigten und selbstständigen Bauingenieuren erlauben, sind nicht verfügbar. Nach Zahlen des Statistischen Bundesamtes sind von 452.000 in Bauplanungs-, Architektur- und Vermessungsberufen tätigen Personen 368.000 abhängig beschäftigt und 84.000 selbstständig. Vergleiche Statistisches Bundesamt (Hrsg.): *Mikrozensus Arbeitsmarkt 2022 (Ersterbebnis)*, erschienen am 31.03.2023, korrigiert am 31.05.2023, www.destatis.de (abgerufen 23. April 2024). Die amtliche Aufstellung

dem Erhalt und der Erweiterung von technischer Infrastruktur, ohne die unsere arbeitsteilige Wirtschaft und soziokulturelle Alltagswirklichkeit nicht denkbar ist.

Ausgesprochen prominent ist die Frage der Standhaftigkeit von Ingenieurbauwerken. Angesichts verschärfter Klimabedingungen stehen die Planungen und Errichtungen[9] der Bauwerke bezüglich einzelner Lastfälle und konstruktiver Ausbildungen vor ganz neuen Herausforderungen. Am anschaulichsten sind hier wohl die Hochwasser und Überschwemmungen der letzten Jahrzehnte im dicht besiedelten Mitteleuropa.[10] Das Ausmaß der immensen Zerstörungen durch reißende Wassermassen aus Extremniederschlägen erstreckt sich regelmäßig über sämtliche Ingeni-

---

untergliedert nicht in spezifische Berufe, sodass zwischen Bauingenieuren, Architekten und Vermessern bezüglich ihrer Stellung im Beruf (selbstständig oder abhängig beschäftigt) nicht unterschieden werden kann. Den Angaben ist aber zu entnehmen, dass die Menge der abhängig Beschäftigten in den genannten Berufshauptgruppen rund 4,4-mal so groß ist wie die der selbstständig Tätigen. Der Hauptverband der Deutschen Bauindustrie spricht von 89.370 Bauingenieuren, die sozialversicherungspflichtig beschäftigt sind. Vergleiche Hauptverband der Deutschen Bauindustrie: *Mehr Bauingenieurinnen am Bau*, erschienen am 20. Februar 2023, www.bauindustrie.de (abgerufen 07. März 2024). Legt man für eine grobe Annäherung den Verhältnisfaktor von 4,4 auf diesen Personenkreis um, sind rund 20.300 Bauingenieure in Deutschland selbstständig tätig, während rund 89.370 in Angestelltenverhältnissen stehen.

[9] Betrieb (Maßnahmen, die einen funktionsgerechten Ablauf aller im Zusammenhang mit der Funktion stehenden Einzelvorgänge sichern), Unterhalt (Kombination von vorausschauenden geplanten Maßnahmen und ereignisabhängigen Reaktionen zur Aufrechterhaltung der Funktionsfähigkeit der jeweiligen Anlagenteile) und Instandhaltung (Kombination aller technischen und administrativen Maßnahmen sowie Maßnahmen des Managements während des Lebenszyklus einer Einheit zur Erhaltung des funktionsfähigen Zustandes oder der Rückführung in diesen, sodass die geforderte Funktion erfüllt wird) von Ingenieurbauwerken sind nicht Gegenstand der vorliegenden Arbeit.

[10] Als Beispiele für sogenannte Jahrhunderthochwasser, das heißt für statistisch alle 100 Jahre zu erwartende Hochwasser (die längst keine Einzelheiten eines Jahrhunderts mehr sind und bei denen die Pegelstände vielfach neue Rekordmarken erreichen), seien das Oder-Hochwasser 1997 in Brandenburg, Tschechien und Polen, das Elbe/Donau-Hochwasser 2002 in Sachsen und Bayern, das Elbe-Hochwasser 2006, der Dammbruch des polnischen Niedów-Stausees 2010, die Überschwemmungen im niederbayrischen Simbach am Inn und in Braunsbach 2016, der Katastrophenalarm in Teilen Niedersachsens nach tagelangem Dauerregen 2017 und schließlich die folgenschweren sintflutartigen Regenfälle im Westen Deutschlands 2021 und in der Mittelmeerregion Spaniens 2024 mit vielen Toten, Vermissten und Verletzten sowie verheerenden Sachschäden genannt. Hochwasser sind neben dem Klimawandel auch eine Folge aus Bodenversiegelungen durch Bebauungen, aus der Bewirtschaftung landwirtschaftlicher Nutzflächen mit schwerem Gerät und dem jahrzehntelangen Bestreben, Niederschläge nicht mehr in den Landschaften zu halten, sondern möglichst schnell zum Abfluss zu bringen.

eurbauwerke. In erster Linie sind Schutzdämme, Flussuferbefestigungen und Verkehrsflächen wie Straßen und Wege einschließlich der jeweils zahlreichen leitungsgebundenen Ver- und Entsorgungsanlagen betroffen. Erwähnenswert an dieser Stelle: Mit fortschreitender Erderwärmung nehmen die Häufigkeiten des Auftretens von Starkregen zu.[11]

Auch das ökologische Denken im Bauwesen gerät mehr und mehr in den Blick. Es speist sich aus der Erkenntnis wider ehemaliger Denktraditionen, dass sich Ökosysteme in einem dynamischen Gleichgewicht halten, von außen herangetragene Einwirkungen aber nur in begrenztem Umfang aufgefangen bzw. verkraftet werden. Das spricht für ethische Orientierungen hinsichtlich ökologischer Belange. Vor diesem Hintergrund wird der Ingenieurethik viel Bedeutung beigemessen. Allerdings nimmt sie im Vergleich zur Tierethik (Anwendungsfeld ist der Umgang mit Tieren) oder zur Medizinethik (Anwendungsfeld ist der Umgang mit menschlichem Leben), die längst zu den etablierten Disziplinen der angewandten Ethik[12] zählen und in denen ethische Implikationen zunehmend wichtiger werden, einen nachgeordneten Stellenwert ein. Dabei besteht überhaupt kein Zweifel, dass die Fachrichtungen des Ingenieurwesens ethisch relevante Gehalte besitzen und insofern zu eingehenden philosophischen Überlegungen anregen. Das gilt auch für das Baugeschehen und das Bauingenieurwesen[13] insgesamt, in denen

---

[11] Je „heißer die Luft über der Erdoberfläche flimmert, desto mehr Wasserdampf kann sie aufnehmen. Erwärmt sich die Atmosphäre um ein Grad, speichert sie rund sieben Prozent mehr Wasserdampf, schätzen Experten. Dementsprechend mehr Wasser kann abregnen. Je wärmer also der Sommer in Deutschland ist, desto wahrscheinlicher werden solch extreme Starkregenfälle wie sie in den vergangenen Tagen zu beobachten waren." Thome, Matthias: *Wie die Erderwärmung zu häufigeren Starkregen-Ereignissen führt*, 16. Juli 2021, www.geo.de (abgerufen 29. Mai 2022).

[12] Die „angewandte oder praktische E. will dazu beitragen, die praktischen Fragen, die sich einzelnen Menschen oder Gruppen (Organisationen, Institutionen) in alltäglichen Entscheidungssituationen stellen, zu präzisieren und die unseren faktischen Entscheidungen zugrundeliegenden moralischen Annahmen zu explizieren, um, davon ausgehend, eine rationale Diskussion dieser Probleme zu ermöglichen und eigene spezifische Lösungsvorschläge zu entwickeln." Ach, Johann S.: *Ethik, angewandte*, www.spektrum.de, (abgerufen 11. April 2024).

[13] Das Bauingenieurwesen gliedert sich in eine Vielzahl verschiedener Fachgebiete, aus denen sich mit dem Wasserwesen, dem Verkehrswesen, dem Baubetrieb und dem konstruktiven Ingenieurbau (gemäß europäischer Normung fallen darunter die Disziplinen Betonbau [DIN EN 1992], Stahlbau [DIN EN 1993], Verbundbau [DIN EN 1994], Holzbau [DIN EN 1995], Mauerwerksbau [DIN EN 1996] sowie Grundbau [DIN EN 1967]) grob betrachtet vier Hauptdisziplinen herausgebildet haben. Sie sind hinsichtlich ihrer Fragestellungen, Methoden, Leitbilder, theoretischen

technischer Fortschritt und wissenschaftliche Erkenntnisse kontinuierlich zu Erweiterungen ingenieurseitiger Handlungsmöglichkeiten führen. In besonderem Maße gilt das aber für Bauingenieure, denen in der Ausübung ihrer Tätigkeiten auf den zahlreichen Arbeitsfeldern rund um das zukunftstragende Planen und Errichten von Bauwerken aller Art und den damit einhergehenden Umbrüchen der Stadt- und Landschaftsbilder eine herausragende Funktion zukommt.

Bauingenieure sind maßgeblich an der Herstellung unveränderlicher, festgeschriebener Strukturen beteiligt. Alle zu realisierenden Konstruktionen zielen auf mehr oder weniger weitreichende Umgestaltungen der physischen Welt für menschliche Zwecke[14] ab. Die stetig größer werdende technische Handlungsmacht und Eingriffstiefe in die Natur,[15] einem Grundprinzip, dem Bauingenieure nicht weichen können, führen zu einer Zunahme von Verantwortung[16] und hier insbesondere in die Notwendigkeit, Wahrscheinlichkeiten des Eintretens von Schäden bei Ingenieurhandlungen (Risiken[17]) zu reflektieren, was aus philosophischer Perspektive bedeutet, die technischen Herausforderungen des

---

Paradigmen und Forschungsformen derart eigenständig, dass die in Forschung, Lehre und Praxis bestehenden Beziehungen zwischen ihnen als interdisziplinär zu charakterisieren sind.

[14] Zwecke werden „erst durch ihre Realisierung als solche konkret erkennbar (ein niemals realisierter Zweck bleibt abstrakter Wunsch)". Hubig, Christoph: *Historische Wurzeln der Technikphilosophie*, in: Hubig, Christoph/Huning, Alois/Ropohl, Günter (Hrsg.): Nachdenken über Technik – Die Klassiker der Technikphilosophie, 2. unveränderte Auflage, Verlag Edition Sigma, Berlin 2001, S. 34.

[15] Im Weiteren soll für Natur folgende Definition gelten: Natur ist „die Gesamtheit der Dinge, die frei von menschlichem Einfluss von selbst gewachsen bzw. entstanden sind, den Grund ihres Daseins in sich selbst tragen und in ihrer Entwicklung durch innere, ihnen eigentümliche Faktoren bestimmt sind." Bartels, Andreas: *Natur*, in: Prechtl, Peter/Burkhard, Franz-Peter (Hrsg.): Philosophie Lexikon, J. B. Metzler Verlag, Stuttgart 1996, S. 347.

[16] Von Verantwortung wird in der vorliegenden Arbeit gesprochen, „wenn man einem Handlungssubjekt Handlungsfolgen zuschreiben kann, wobei im eigentlichen Wortsinn das Handlungssubjekt diese Zuschreibung selbst vornimmt bzw. akzeptiert; es ist dann in der Lage, auf die Frage nach dem Warum der Handlung zu antworten." Hubig, Christoph: *Die Notwendigkeit einer neuen Ethik der Technik. Forderungen aus handlungstheoretischer Sicht*, in: Rapp, Friedrich (Hrsg.): Neue Ethik der Technik? – Philosophische Kontroversen, Deutscher Universitätsverlag, Wiesbaden 1993, S. 160.

[17] Siehe dazu Abschn. 2.1 *Technisch-risikoethische Termini, Risiko*.

Ingenieurhandelns zu analysieren und sich ihnen risikoethisch zu stellen. Dieser Schluss ergibt sich nicht zuletzt aus den vielerorts teils heftig geführten Debatten um mögliche soziale und ökologische Folgen des Bauens, wenn wir nur an die Thematik technisch bedingter naturräumlicher Einschnitte denken (z. B. Auenverluste, Bodenversiegelungen durch Gebäudeerrichtungen, verkehrsbedingte Beeinträchtigungen durch Lärm und Schadstoffemissionen, Ausbau von Wasserstraßen), denen gestiegene Ansprüche der Bevölkerung direkt gegenüberstehen (z. B. Rückgewinnung natürlicher Überflutungsflächen, Versickerungsvermögen der Böden, Lärmschutz und Luftreinhaltung, Gewässerrenaturierungen), womit im Übrigen auch ein Schlaglicht auf die Technikproblematik an sich geworfen wird.[18]

In baufachlichen Zirkeln kommen Risiken in ethischen Kontexten kaum zur Sprache. Wenn doch, dann erfolgen diesbezügliche Erörterungen außerordentlich verhalten. Breite Bemühungen um problemorientierte Analysen, in denen Anforderungen an fallspezifische Risikoethiken oder Bedingungen geeigneter ethischer Ansätze für den gewöhnlichen Arbeitsalltag von Bauingenieuren skizziert und kritischen Betrachtungen unterzogen werden, sind jedenfalls nicht wahrnehmbar. Zwar ist das Handeln von Bauingenieuren moralisch keinesfalls indifferent. Es ist unstrittig, dass nutzbringende Planungen und Errichtungen von Ingenieurbauwerken negative Handlungsfolgen nach sich ziehen können – auch solche, die hinsichtlich ihres Eintretens und ihrer Ausmaße mit Unsicherheiten behaftet sind. Dennoch fehlen substanzielle Diskussionen über die ethische Relevanz ingenieurtechnischer

---

[18] Die Problematik der Technik prägt sich darin aus, „dass sie Natur wie gesellschaftliches Leben mehr u. mehr in den Prozess technischer Funktionalität hineinzieht u. zu Momenten ihrer Rationalität macht, ohne die überkommenen wie neu entstehenden Fragen handlungsorientierender Zwecksetzung u. Sinninterpretation beantworten zu können. Der immer stärkeren Rückwirkung des wissenschaftlich-technischen Fortschritts auf den institutionellen Rahmen von Gesellschaft wie auf das Leben des Einzelnen korrespondiert keineswegs von selbst eine Zunahme praktischer Vernunft." Forschner, Maximilian: *Technik*, in: Höffe, Otfried (Hrsg.) in Zusammenarbeit mit Maximilian Forschner, Alfred Schöpf und Wilhelm Vossenkuhl: Lexikon der Ethik, 5. neu bearbeitete und erweiterte Auflage, C. H. Beck Verlag, München 1997, S. 298. Picht stellt fest: „Niemand hat je darüber nachgedacht, welcher Gesamtzustand denn eigentlich das Resultat der ungezählten ‚Triumphe' der Technik bilden sollte." Picht, Georg: *Das richtige Maß finden*, Klett-Cotta Verlag, Stuttgart 2001, S. 86.

Handlungen, aus denen Risiken hervorgehen können. Vielfach wird die Klärung eines moralischen Unterbaus der Ingenieurpraxis nicht für notwendig gehalten. Bisweilen wird das Thema aber auch der Moralphilosophie in der Vorstellung überlassen, dass auf diese Weise der Begründungszusammenhang zwischen moralischen Normen und dem bautechnischen Handeln herbeigeführt werde.

Diese Zustandsbeschreibung verlangt, sich mit berufsethischen Fragen konsequenter auseinanderzusetzen. Konkret ist das die ingenieurseitige Anstrengung, sich mit ethischen Bewertungen eigener bautechnischer Handlungen intensiver zu befassen und immer wieder daran zu erinnern, dass die durch den Zeitgeist mitgeprägte normative Auffassung davon, was ein umsichtig handelnder Bauingenieur ist, niemals endgültig ausgegeben werden kann, sondern in der Dynamik der sich verändernden Anwendungsfälle offengehalten und stets neu austariert werden muss.

Aus philosophischer Sicht besteht ein hoher Bedarf an der Aufnahme risikoethischer Aspekte in die Praxis der Bauingenieure. Es würde der Sache nicht gerecht, wollte man die Angelegenheit leichtfertig an Vertreter der für moralische Fragen zuständigen Fachwissenschaften, in erster Linie der Philosophie, der Theologie und der Sozialwissenschaften abgeben. Sie würden lediglich von außen, ohne angemessenen technisch-naturwissenschaftlichen Sachverstand auf die risikoethischen Problemlagen von Bauingenieuren blicken können. Deshalb verbietet sich ein bloßes Abschieben der Thematik auf Ethikspezialisten. Aus gleichem Grund ist eine Delegation an politische Entscheidungsträger ausgeschlossen. Angezeigt ist vielmehr die Eröffnung einer ethischen Debatte über Risiken in den eigenen Reihen. Als risikosetzenden Akteuren muss es den Bauingenieuren selbst darum gehen, ein Bewusstsein für entsprechende Verantwortlichkeiten zu entwickeln und dieses unmittelbar mit der Berufsausübung zu verknüpfen, um in konkreten Fällen zu sachangemessenen und in mehrfacher Hinsicht vertretbaren Entscheidungen im Umgang mit Risiken zu gelangen.

## 1.1 Ziel der Arbeit

In der vorliegenden Arbeit befasst sich ein Bauingenieur, der auf eine umfassende Berufserfahrung[19] im Tiefbau[20] zurückblicken kann und hier seit vielen Jahren in der Siedlungswasserwirtschaft[21] tätig ist, mit risikoethischen Aspekten seines Berufsalltags. Ziel ist es nicht, eine eigenständige Berufsethik für Bauingenieure zu entfalten. Auch wird nicht der Anspruch erhoben, alternative moralische Prinzipien für die Ingenieurpraxis zu formulieren. Ebenso wenig geht es darum, eine erschöpfende Analyse und Erfassung aller ethischen Problemfelder im Ingenieurwesen, womöglich mit ihren wechselseitigen interdisziplinären Bezügen vorzulegen oder gar eine durchgebildete Entscheidungstheorie zu konzipieren, die auf das Ingenieurhandeln abgestimmt ist. Da bestehende Konventionen im Bauingenieurwesen bislang kaum Antworten hinsichtlich der Einordnung und Bewertung von Risikosituationen liefern und auch der Begriff der Risikoethik im ingenieurwissenschaftlichen Sprachgebrauch nicht verankert ist, konzentriert sich die vorliegende Arbeit vielmehr auf eine Propädeutik zu risikoethischen Konstituenten des Handelns von Bauingenieuren.

Die Betrachtungen kreisen um die Frage, ob und inwieweit die der relevanten Literatur zu entnehmenden risikoethischen Grundlagen in die Ingenieurpraxis übertragen werden können. Dazu will die Untersuchung

---

[19] Die Berufserfahrung basiert auf Tätigkeiten als Bauleiter in einer Baufirma, als örtlicher Bauüberwacher und Bauoberleiter in einem Ingenieurbüro, als Projektsteuerer im größten deutschen Mobilitätsunternehmen sowie als freiberuflicher Planer, Sachverständiger und Buchautor.

[20] Grob betrachtet kann zwischen Tief- und Hochbauingenieuren wie folgt unterschieden werden: Tiefbauingenieure befassen sich mit der Planung und Errichtung von Bauwerken, die sich zu einem Großteil oder vollständig unterhalb der Geländeoberkante befinden, wobei der Straßenbau ebenfalls in das Aufgabenspektrum von Tiefbauingenieuren fällt. Hochbauingenieure befassen sich dementsprechend mit der Planung und Errichtung von Bauwerken, die sich überwiegend oder vollständig oberhalb der Geländeoberkante befinden.

[21] Zu den Themenfeldern der Siedlungswasserwirtschaft zählen vornehmlich die Wasserversorgung, die Abwasserableitung, die Abwasserreinigung, die Niederschlagswasserbewirtschaftung und der Gewässerschutz. Die Siedlungswasserwirtschaft ist ein Teilgebiet der Wasserwirtschaft. Unter Wasserwirtschaft ist die zielbewusste Ordnung aller menschlichen Einwirkungen auf das ober- und unterirdische Wasser zum Zwecke der Nutzung des Wassers oder seines Schutzes zu verstehen. In Anlehnung an Deutsches Institut für Normung: *DIN 4046, Wasserversorgung; Begriffe; Technische Regel des DVGW*, Beuth Verlag, Berlin 1983.

offenlegen, an welchen Stellen die Logik der Arbeitsprozesse der Bauingenieure ethisch relevante Problembereiche im Hinblick auf Risiken bereithält. Daneben will sie hervorheben, wo im ingenieurtechnischen Arbeitsumfeld Möglichkeiten des moralischen Handelns unter Risikobedingungen bei sonst weitgehend eingespielten Verhaltensmustern vorliegen und wo angesichts fester Erwartungen eher Hemmnisse oder gar Blockaden bestehen. Schließlich soll aufgezeigt werden, welche Bedingungen erfüllt sein müssen, um Bauingenieuren neben technischer Rationalität, ökonomischen Interessen und rechtlichen Belangen die Ausformung eines risikoethischen Bewusstseins zu ermöglichen. Insofern eröffnet die Abhandlung auch Einblicke in das Verhältnis von Ingenieurrationalität[22] und Ethik.

Der Vorstoß erfolgt auf der Grundlage von Rekonstruktionen spezifischer Gegebenheiten in der ethisch wenig geprägten Praxis der Bauingenieure. Im Bewusstsein, dass der Status der Unwirksamkeit ethischer Abstraktionen verlassen werden muss, weil empirieferne Verallgemeinerungen wenig Orientierungswert für die Praxis haben, der empirische Bezug aber normative Begründungen nicht ersetzen darf, wenn der Sein-Sollens-Fehlschluss[23] umgangen werden soll, ist beabsichtigt unter

---

[22] Sie ist auf der praktischen Ingenieurebene gefragt. Siehe dazu Abschn. 2.5 *Ingenieurrationalität* und Teilabschn. 3.4.1 *Zwei-Ebenen-Modell der Sicherheitspraxis*.

[23] Beim Sein-Sollens-Fehlschluss wird aus einer Menge von deskriptiven Sätzen auf eine normative Aussage geschlossen (ein Istzustand wird zum Sollzustand erhoben). Aus einem Sein kann aber kein Sollen abgeleitet werden. Aus bloßen Fakten folgen noch keine Normen, aus bloßen Tatsachenfeststellungen noch keine Werturteile. Wenn vom Sein auf ein Sollen geschlossen werden soll, muss eine zusätzliche Erklärung abgegeben werden. Der Sein-Sollens-Fehlschluss ist verschieden vom naturalistischen Fehlschluss. Beim naturalistischen Fehlschluss wird versucht, eine moralische Aussage durch eine deskriptive Aussage zu legitimieren. Er „wird begangen, wenn ‚gut' mit Hilfe eines anderen nicht-ethischen, eines natürlichen oder übernatürlichen Begriffs identifiziert wird. Da ‚gut' weder eine natürliche noch eine metaphysische Eigenschaft darstellt, kann es auch keinen natürlichen Gegenstand oder irgendwelche übernatürlichen Eigenschaften geben, die mit ‚gut' identisch wären. Vielmehr stellt ‚gut' einen eigenen Wert an sich dar." Prechtl, Peter: *Naturalistischer Fehlschluss*, in: Prechtl, Peter/Burkhard, Franz-Peter (Hrsg.): Philosophie Lexikon, J. B. Metzler Verlag, Stuttgart 1996, S. 349. Werner schreibt: „Moores Lehre vom naturalistischen Fehlschlusses [sic] ist […] *nicht* mit Humes Lehre vom **Sein-Sollens-Fehlschluss** gleichzusetzen: Erstere besagt, dass moralische *Begriffe* nicht durch nicht-moralische *definiert* werden könnten. Letztere besagt in etwa […], dass moralische *Urteile* nicht ohne Weiteres aus nicht-moralischen Urteilen *logisch folgen* können." Werner, Micha H.: *Einführung in die Ethik*, J. B. Metzler/Springer Verlag, Berlin 2021, S. 196.

Einbeziehung eigener Beobachtungen und Erfahrungen ein Fundament zu entwerfen, auf dem risikoethische Diskussionen rund um das Handeln von Bauingenieuren gründen können. Wenngleich zu konzedieren ist, dass die Ausarbeitung unvermeidbar eine gewisse Einfärbung der Berufstätigkeit des Verfassers der vorliegenden Arbeit erfährt, steht die übergreifende Frage im Vordergrund, wo im Arbeitsalltag von Bauingenieuren, die als Planer, Firmenbauleiter,[24] örtliche Bauüberwacher oder Bauoberleiter[25] in die Entstehung öffentlicher Infrastrukturanlagen eingebunden sind, risikoethische Eingriffspunkte vorliegen, an denen die Fähigkeit des moralischen Urteilens und Handelns aus eigenem Antrieb ansetzen kann.

Drei Kernziele werden verfolgt: Erstens soll das in Fachkreisen brachliegende Thema des risikoethischen Handelns im Arbeitsumfeld von Bauingenieuren belebt werden, um einer fortgesetzten Vernachlässigung risikoethischer Fragestellungen entgegenzuwirken. Zweitens ist beabsichtigt, einen Überblick über risikoethische Rahmenbedingungen zu geben. Dadurch soll interessierten Bauingenieuren zum einen eine Hilfestellung bei der Orientierungsbildung zur Verfügung gestellt werden. Zum anderen sollen sie in die Lage versetzt werden, eigene Überlegungen anzustellen, um rechtfertigbare Entscheidungen unter Unsicherheit fällen und zur Strukturierung künftiger Risikodebatten beisteuern zu können. Drittens werden Perspektiven im Hinblick auf die Möglichkeiten eines risikoethischen Ingenieurhandelns skizziert. Dieser Schritt soll helfen, den Blick für den eigentlichen Gegenstand zu schärfen und die zum Zwecke risikoethischer Konzeptionen notwendige Klärung jener Anforderungen im Ingenieuralltag zu ermöglichen, unter denen im Fall risikoethischer Erwägungen zu entscheiden ist.

Insgesamt will die Arbeit die Relevanz ethischer Aspekte von Risiken in der Ingenieurpraxis hervorheben und einen Beitrag zur Herstellung

---

[24] In der Ingenieurpraxis wird die Person der bauausführenden Firma, die mit bauleitenden Tätigkeiten betraut ist, meist als Bauleiter oder Firmenbauleiter bezeichnet.

[25] In der Praxis werden die Bauoberleitung und die örtliche Bauüberwachung meist in Kombination an ein Ingenieurbüro vergeben. In diesen Fällen nimmt der Bauoberleiter gemäß HOAI unter anderem die Aufsicht über die örtliche Bauüberwachung wahr. Siehe dazu auch, Abschn. 3.5 *Genese von Ingenieurbauwerken*.

konsensfähiger Argumentationslinien beim Thema der Risikoethik im Bauingenieurwesen leisten.

## 1.2 Aufbau der Arbeit

Die Untersuchung gliedert sich in sechs Kapitel. Das erste Kapitel (Einleitung) enthält die thematische Einführung, das Ziel und den Aufbau der Arbeit. Zur weiteren Hinführung auf die spezielle Thematik werden im zweiten Kapitel (Begriffe und Grundlagen) risikoethische Begriffe definiert, deren Unterscheidungen hervorgehoben und Grundsätze vorgestellt, die der leichteren Einordnung risikoethischer Aspekte im Bauingenieurwesen dienen. Das dritte Kapitel (Logik der Arbeits- und Entscheidungsumgebung) nimmt den Arbeitsalltag von Bauingenieuren in den Blick. Es leuchtet die typischen Vorgänge bei der Planung und dem Bau von Infrastrukturanlagen aus und zieht den Rahmen der vorliegenden Arbeit auf. Das vierte Kapitel (Risikoethische Elemente) umreißt konzeptionelle Ansätze risikoethischer Herangehensweisen sowie ethische Kriterien rationaler Risikopraxis. Daneben werden risikoethische Anknüpfungspunkte entfaltet. Im fünften Kapitel (Grundzüge eines risikoethischen Ingenieurhandelns) werden Rückschlüsse aus den bis dahin erarbeiteten Ergebnissen gezogen sowie Abwägungen und Empfehlungen für ein perspektivisches risikoethisches Ingenieurhandeln formuliert. Das sechste Kapitel (Schlussbetrachtung) führt die wesentlichen Arbeitsresultate zusammen und schließt die Arbeit mit einem Ausblick ab.

# 2

# Begriffe und Grundlagen

## 2.1 Technisch-risikoethische Termini

Je nach Wissenschaftsdisziplin variieren die Bedeutungs- und Verwendungszusammenhänge risikoethischer Begriffe in der lebensweltlichen Praxis. Sie werden in engerer oder weiterer Bedeutung verwendet. Selbst im risikoethisch relevanten Literaturbestand werden Begriffe nicht immer einheitlich gebraucht.[1] Gründe für die begriffliche Inkonsistenz dürften unter anderem die vielfältigen Möglichkeiten der Anwendbar-

---

[1] Vergleiche etwa Detzer, Kurt A.: *Unsere Verantwortung für eine umweltverträgliche Technikgestaltung. Von abstrakten Leitsätzen zu konkreten Leitbildern*, in: Verein Deutscher Ingenieure (Hrsg.): VDI-Report 19, ohne Verlagsangabe, Düsseldorf (VDI) 1993, S. 40 f.; Nida-Rümelin, Julian/Rath, Benjamin/Schulenburg, Johann: *Risikoethik*, de Gruyter, Berlin, Boston 2012; Rath, Benjamin: *Entscheidungstheorien der Risikoethik. Eine Diskussion etablierter Entscheidungstheorien und Grundzüge eines prozeduralen libertären Risikoethischen Kontraktualismus*, Diss., Universität Zürich, Tectum Verlag, Marburg 2011; Nida-Rümelin, Julian: *Ethik des Risikos*, in: Nida-Rümelin, Julian (Hrsg.): Angewandte Ethik – Die Bereichsethiken und ihre theoretische Fundierung, Kröner Verlag, Stuttgart 1996; Wagner, Bernd: *Prolegomena zu einer Ethik des Risikos*, Diss., Universität Düsseldorf 2003; Haltaufderheide, Joschka: *Zur Risikoethik – Analysen im Problemfeld zwischen Normativität und unsicherer Zukunft*, Diss. Ruhr-Universität Bochum, Verlag Königshausen & Neumann, Würzburg 2015.

keit des Risikobegriffs und die Standpunkte sein, von denen aus Risikobetrachtungen und -interpretationen vorgenommen werden.

Auch im Bauingenieurwesen hat sich bislang kein verbindliches risikoethisches Vokabular etablieren können. Erschwerend wirkt sich aus, dass keine auf Bauingenieure zugeschnittene risikoethische Fachliteratur verfügbar ist, die Abhilfe schaffen könnte. Für diese Arbeit ergibt sich daraus das Erfordernis, den nachfolgenden Ausführungen eine stichwortartige technische und risikoethische Terminologie voranzustellen. Dazu sind dem einschlägigen Schrifttum maßgebende Begriffsdefinitionen entnommen worden. Ihnen wurden dort, wo es angebracht schien, differenzierende Bemerkungen hinzugesetzt, um den Einstieg in den Kontext der Untersuchung zu erleichtern. Außerdem ist es zur Herstellung einer fachspezifischen Bezugsebene stellenweise notwendig gewesen, Ergänzungen größeren Umfangs vorzunehmen oder gar eigene Definitionen zu platzieren. Darüber hinaus befinden sich über die Arbeit verteilt im Text und in Fußnoten begriffliche Erläuterungen und komplementäre Ausführungen.

**Technisch-risikoethische Termini[2]**
Die Einführung der Termini dient der Verständlichkeit der vorliegenden Arbeit. Eine analytische Klärung der behandelten Begriffe wird nicht angestrebt.

Um nicht den Eindruck einer hierarchischen Ordnung zu erwecken, erfolgt die Begriffsauflistung in alphabetischer Reihenfolge.

**Artefakt**
Ein Artefakt ist ein „Produkt menschlichen Tuns [wie Werkzeuge, Maschinen oder Ingenieurbauwerke, M. S.], etwas künstlich Gewordenes, im Ggs. zum natürlich Entstandenen".[3]

---

[2] Die Begriffsexplikationen erheben weder einen Anspruch auf Vollständigkeit noch auf Endgültigkeit. Das soll jedoch nicht ausschließen, dass sie der Gründung einer Zusammenstellung von festen Begriffen zum Zwecke künftiger risikoethischer Betrachtungen im Bauingenieurwesen zuträglich sein können.

[3] Dommaschk, Ruth: *Artefakt,* in: Prechtl, Peter/Burkhard, Franz-Peter (Hrsg.): Philosophie Lexikon, J. B. Metzler Verlag, Stuttgart 1996, S. 43.

## 2 Begriffe und Grundlagen 15

**Bauwerk**
Ein Bauwerk ist eine „unbewegliche, durch Verwendung von Arbeit und Material in Verbindung mit dem Erdboden hergestellte Sache".[4] Wenn von Bauwerken die Rede ist, sind darunter in der Regel Ingenieurbauwerke der technischen Infrastruktur zu verstehen, zu denen unter anderem Verkehrsanlagen und Anlagen der Ver- und Entsorgung zählen.

**Chance**
Chance bezeichnet die Unsicherheit in einer Entscheidungssituation hinsichtlich derjenigen möglichen Folgen, die als positiv zu bewerten sind, das heißt, eine Chance liegt vor, wenn als Folge einer Handlung mit einer gewissen Wahrscheinlichkeit ein Nutzen (positive Folge) eintritt. Ein Schaden[5] wäre eine negative Folge. Es kann auch eine Chance darstellen, „das Eintreten eines möglichen Schadens zu verhindern oder die Wahrscheinlichkeit eines potentiellen Schadensfalls zu mindern".[6]

Im Zusammenhang mit Risiken stehen Schäden und deren Vermeidung im Vordergrund, nicht Nutzen.[7]

**Dilemma**
Ein Dilemma beschreibt eine Zwickmühle, in der der Bauingenieur zwischen zwei Handlungsmöglichkeiten zu wählen hat, die gleichermaßen unannehmbar scheinen, weil sie entweder Arbeitgeberinteressen oder eigene Wertprinzipien verletzen.

---

[4] Bundesgerichtshof, „Bauwerke-Urteil" vom 16.09.1971 (VII ZR 5/70).

[5] Siehe dazu in diesem Abschnitt *Schaden*.

[6] Nida-Rümelin, Julian/Rath, Benjamin/Schulenburg, Johann: *Risikoethik*, de Gruyter, Berlin, Boston 2012, S. 7.

[7] Aus praktischen Gründen wird auf eine gesonderte Thematisierung des Nutzens im Zusammenhang mit Ingenieurbauwerken verzichtet. Es wird angenommen, dass Bauwerksplanungen und -errichtungen grundsätzlich nicht nutzlos, sondern notwendig sind. Diese Annahme wird von dem Wissen getragen, dass die Lebenswelt gegenteilige Projekte hervorbringt. Ein prägnantes Beispiel ist der Bau der acht monumentalen Stadien für die Fußball-WM in Katar 2022. Die ökologische Absurdität, die verheerende ökonomische Bilanz und die gravierenden Menschenrechtsverletzungen legen Zeugnis dafür ab, dass die Nutzenfrage es immer verdient, gestellt zu werden, nicht zuletzt im Hinblick auf die Nachnutzung von Stätten sportlicher Großveranstaltungen. Vergleiche auch FN 133.

### Entscheidungssituation

Eine Entscheidungssituation bezeichnet den konkreten physischen und sozialen, evaluativ und normativ vorgeprägten Kontext, in dem zwischen verfügbaren Alternativen gewählt werden muss. Binder erläutert: „In einer Entscheidungssituation überlagern sich i. d. R. verschiedene Kriterien und Wertmaßstäbe. Sie speisen sich aus einem Wertesystem, das zu analytischen Zwecken in ethische, zweckrationale, symbolische und weitere Teilsysteme differenziert werden kann. Es besteht jedoch in Wirklichkeit in einer untrennbaren Gesamtstruktur, die sich im Verlauf der Biografie des Handelnden unter Einfluss des kulturellen Umfeldes entwickelt."[8]

Entscheidungssituationen sind dadurch gekennzeichnet, dass Bauingenieure zur Wahl einer Handlung aus mindestens zwei Alternativen aufgefordert sind, wobei übergeordnete Ziele beachtet werden müssen.

### Erwartungswert des Risikos

Der Erwartungswert des Risikos R (in der Literatur teils auch Risikowert genannt) steht für das Produkt eines möglichen Schadens aus einer Ingenieurhandlung, gewichtet mit der Wahrscheinlichkeit seines Eintretens bei Handlungsvollzug. Wolfgang Krohn und Georg Krücken sprechen vom „Erwartungswert eines Ereignisses".[9]

### Ethik, deontologische

Wie die konsequentialistische Ethik untersucht der deontologische[10] Ansatz, welche Handlungen ge- und verboten sind.[11] Der deontologischen

---

[8] Binder, Martin: *Technisches Handeln – Eine Studie zu einem Begriff Technischer Bildung*, Diss., Pädagogische Hochschule Weingarten 2014, S. 71.

[9] Krohn, Wolfgang/Krücken, Georg: *Risiko als Konstruktion und Wirklichkeit*, in: Krohn, Wolfgang/Krücken, Georg (Hrsg.): Riskante Technologien, Reflexion und Regulation. Eine Einführung in die sozialwissenschaftliche Risikoforschung, Frankfurt 1993, S. 13.

[10] Das Adjektiv deontologisch dient „heutzutage ausschließlich der Kategorisierung einer *spezifischen Teilklasse* allgemeiner Konzeptionen normativer Ethik". Werner, Micha H./Düwell, Marcus: *Deontologische Ethik*, in: Grunwald, Armin/Hillerbrand, Rafaela (Hrsg.): Handbuch Technikethik, Springer-Verlag Deutschland, Heidelberg 2021, S. 171.

[11] Nach der normativ-ethischen Denkform der deontischen Logik kann nichts „zugleich geboten u. verboten sein'; ‚was geboten ist, ist auch erlaubt'; ‚was verboten ist, dessen Unterlassung ist geboten'." Höffe, Otfried: *Deontische Logik*, in: Höffe, Otfried (Hrsg.) in Zusammenarbeit mit Maximilian Forschner, Alfred Schöpf und Wilhelm Vossenkuhl: Lexikon der Ethik, 5. neu bearbeitete und erweiterte Auflage, C. H. Beck Verlag, München 1997, S. 42.

Ethik geht es nicht um eine Art der Rechtfertigung und Begründung von Handlungen, bei der sich die Richtigkeit des Handelns an Überlegungen bemisst, die den Charakter von Effizienzerwägungen haben. Die deontologische Ethik orientiert „sich nicht ausschließlich an den Folgen der Maßnahmen für die Zielerreichung",[12] sondern vielmehr auch an der intrinsischen moralischen Qualität von Handlungen, Handlungsprinzipien, Motiven oder Haltungen.

„Eine Handlung wird danach beurteilt, ob sie einer verpflichtenden Regel entspricht",[13] weshalb die deontologische Ethik auch als Pflichtethik bezeichnet wird. Handlungen, die sittlich bindenden Pflichten und damit dem Gesollten entsprechen, sind geboten. Handlungen, die basalen Rechten widersprechen, sind verboten. Dementsprechend ist eine Handlung moralisch gut, wenn der Handelnde sich wegen einer normativ geltenden Verpflichtung für eine bestimmte Handlung entscheidet, wobei sich der gute Wille nicht unmittelbar äußert, sondern nur über die Handlung erschlossen werden kann.[14]

**Ethik, konsequentialistische**
Wie die deontologische Ethik untersucht der konsequentialistische Ansatz, welche Handlungen ge- und verboten sind. Die konsequentialistische Ethik beabsichtigt, „dass zum Erreichen der verfolgten Ziele die optimalen Mittel gewählt beziehungsweise die Konsequenzen optimiert

---

[12] Deutscher Ethikrat (Hrsg.): *Vulnerabilität und Resilienz in der Krise – Ethische Kriterien für Entscheidungen in einer Pandemie*, Berlin, 2022, S. 219.

[13] Pfister, Jonas: *Werkzeuge des Philosophierens*, 2. durchgesehene Auflage, Reclam Verlag, Ditzingen 2015, S. 118.

[14] Wenn in der vorliegenden Arbeit von guten oder schlechten Handlungen die Rede ist, geht es um Handlungsbewertungen in moralischer Hinsicht. Für sich genommen ist eine Handlung weder gut noch schlecht, sondern immer nur in Bezug auf den guten oder schlechten (bösen) Willen, aus dem sie hervorgeht. Wollte man eine Handlung nicht unter moralischen, sondern unter rein pragmatischen Gesichtspunkten betrachten, etwa im Hinblick darauf, ob sie den durch den Willen gesetzten Zweck erreicht, unabhängig davon, ob der Zweck ein moralischer ist, wäre eine Handlung wohl eher als richtig oder falsch zu beurteilen.

werden".[15] Eine Handlung sollte vollzogen werden, wenn sie im Hinblick auf die Maximierung eines Wertes[16] die besten Folgen hat.[17]

Die konsequentialistische Ethik richtet sich an den Folgen aus und macht deren Optimierung zum Maßstab der Handlungsbeurteilung, weshalb die konsequentialistische Ethik auch als Folgenethik bezeichnet wird.[18]

„Eine Handlung wird danach beurteilt, inwiefern sie gute und schlechte Folgen (Konsequenzen) hat."[19] Handlungen sind gut, wenn die Folgen gut sind. Der Handlungsweise wird keine intrinsische moralische Qualität zugeschrieben. Die Handlung mit den besten zu erwartenden Folgen ist nicht nur erlaubt, sondern auch geboten, womit jede andere Handlung verboten ist.

Die Güte nutzbringender Handlungsfolgen ist der einzig relevante Faktor für die Richtigkeit oder Falschheit einer Handlung. Entsprechend hängt die Richtigkeit einer Handlung nur von ihren bereits eingetretenen oder wahrscheinlichen Folgen ab, verglichen mit den Folgen anderer möglicher Handlungen, die an ihrer Stelle durchgeführt werden könnten. Micha H. Werner schreibt: „**Konsequentialistisch** ist eine normativ-ethische Theorie genau dann, wenn sie die **Richtigkeit jeder Handlung vollständig von deren Folgen abhängig** macht."[20]

---

[15] Deutscher Ethikrat (Hrsg.): *Vulnerabilität und Resilienz in der Krise – Ethische Kriterien für Entscheidungen in einer Pandemie*, Berlin, 2022, S. 218.

[16] Beispielsweise die Lebensbedingungen oder die Qualität von Lebensumständen.

[17] Fälle, in denen zwei oder mehrere Handlungen gleich gute Folgen nach sich ziehen, die jeweils besser sind als die Folgen anderer möglicher Handlungen, werden in der vorliegenden Arbeit nicht betrachtet, da sie in der Ingenieurpraxis nicht anzutreffen sind.

[18] „Die Intuition der Folgenoptimierung besagt, daß ein Mensch vernünftig oder rational handelt, wenn er das, was er für erstrebenswert hält, durch seine Handlungen optimiert." Nida-Rümelin, Julian: *Ökonomische Rationalität und praktische Vernunft*, in: Hollis, Martin/Vossenkuhl, Wilhelm (Hrsg.): Moralische Entscheidung und rationale Wahl, R. Oldenbourg Verlag GmbH, München 1992, S. 131.

[19] Pfister, Jonas: *Werkzeuge des Philosophierens*, 2. durchgesehene Auflage, Reclam Verlag, Ditzingen 2015, S. 118.

[20] Werner, Micha H.: *Einführung in die Ethik*, J. B. Metzler/Springer Verlag, Berlin 2021, S. 116.

## Gefahr

In allgemeiner Bedeutung bezeichnet Gefahr die Möglichkeit des Eintretens eines schädlichen Ereignisses. Julian Nida-Rümelin präzisiert den Begriff, indem er ihn auf die Ursachen der Schadensmöglichkeit bezieht. Er sieht Gefahren als *„potentielle kausale Ursachen für Schäden".*[21] Dieser Definition folgend, ist Gefahr der Moment, in dem bei ungehindert ablaufendem Geschehen mit einem konkreten Ereignis gerechnet werden muss, das praktisch erfahrbar werden und Schaden verursachen kann.

Grundsätzlich können Gefahren durch menschliches Handeln entstehen oder natürlicherweise auftreten, etwa in Gestalt von Erdbeben oder Hochwasser. Im Kontext der Ingenieurtätigkeit gehen Gefahren als potenzielle Ursachen für Schäden vielfach aus Abweichungen von definierten Bedingungen oder Zuständen an Ingenieurbauwerken hervor, mit der möglichen Folge systemischer Instabilitäten, wobei die Abweichungen selbst entweder auf Fehler in der Bauwerksplanung, der Bauwerksherstellung (Systemfehler) oder auf von außen kommende Einwirkungen (Störungen) zurückzuführen sind. Ein Ineinandergreifen mehrerer Ursachen für Schäden im Rahmen von Kausalketten oder kausalen Netzwerken ist denkbar.[22]

---

[21] Nida-Rümelin, Julian: *Ethik des Risikos,* in: Nida-Rümelin, Julian (Hrsg.): Angewandte Ethik – Die Bereichsethiken und ihre theoretische Fundierung, Kröner Verlag, Stuttgart 1996, S. 809.

[22] Gefahren sind weder kennzeichnend für Technik noch ein spezieller Aspekt der Ingenieurpraxis oder der Ingenieurverantwortung. Gefahren sind konstitutiv für die menschliche Existenz überhaupt. Sie gehören zum Alltag des menschlichen Handelns (z. B. Straßenverkehr, Sportplatz, Haushalt, Arbeitsplatz). Selbst ingenieurtechnische Einrichtungen, die zur Abwehr von Gefahren errichtet werden, bergen welche in sich, wenn wir beispielsweise an Kanalbauwerke, Regenrückhaltebecken (Abflussspitzendämpfung von Niederschlagsereignissen) oder Deichanlagen (Hochwasserschutz) denken. Mit Blick auf das Polizei- und Ordnungsrecht schreibt Benda: „Eine Gefahr im polizeirechtlichen Sinne liegt vor, wenn eine Sachlage besteht, die bei ungehindertem Geschehensablauf mit hinreichender Wahrscheinlichkeit zu einem Schaden führt; welcher Schadenseintritt hinreichend wahrscheinlich ist, stützt sich auf die allgemeine Lebenserfahrung. Für das technische Sicherheitsrecht bedarf dieser Gefahrenbegriff nach allgemeiner Auffassung einer Verfeinerung, weil die allgemeine Lebenserfahrung nicht ausreiche, um die aus einer technischen Anlage resultierenden Gefährdungen zu erfassen." Benda, Ernst: *Technische Risiken und Grundgesetz,* in: Blümel, Willi/Wagner, Hellmut (Hrsg.): Technische Risiken und Recht, Vortragszyklus des Kernforschungszentrums Karlsruhe und der Hochschule für Verwaltungswissenschaften Speyer, Druck Kernforschungszentrum Karlsruhe 1981, S. 5. Für Marburger herrscht Gefahr, „wenn eine Sachlage besteht, die bei ungehindertem Geschehensablauf mit Wahrscheinlichkeit zu einem Schaden führen würde". Marburger, Peter: *Die Bewertung von Risiken chemischer*

### Gefahr und Risiko, Unterscheidung
Siehe *Risiko und Gefahr, Unterscheidung.*

### Gewissen
Gewissen wird wie folgt definiert: „Mit dem Gewissen (G.) ist die unverzichtbare Schnittstelle benannt, an der sich im Menschen objektive und allgemeine moralische Wert- und Normvorstellungen mit deren subjektiver und konkreter Aneignung kreuzen. Denn im G. manifestiert sich die innere, d. h. zweifelsfreie Überzeugung von der Richtigkeit oder Falschheit der eigenen moralischen Handlungen (Handlungstheorie), Zwecke, Beurteilungen und Entscheidungen; eine Überzeugung, die sich stets vor dem Hintergrund der allgemeinen und objektiv geltenden Moralvorstellungen positioniert und sich demnach in Konformität mit ihnen oder in Differenz zu ihnen versteht, ohne freilich unmittelbar von ihnen abhängig zu sein. Denn das G. umfasst weit mehr als eine bloße Anwendungsinstanz, die allg.-objektive Normen und Prinzipien in die konkrete Praxis umsetzt bzw. auf den konkreten moralischen Einzelfall anwendet. Vielmehr ist das G. selbst der Ort, in dem das Bewusstsein um die Gültigkeit moralischer Richtigkeit oder Falschheit nicht nur subjektiv und undelegierbar verankert ist, sondern in dem die Überzeugungen von „gut" und „böse" bzw. „recht" und „unrecht" in konstitutiver Weise überhaupt erst als für eine Person verbindlich generiert werden."[23]

### Gewissheit
Gewissheit ist ein „Gegenbegriff zum Risiko ... In Situationen der Gewissheit kann die Konsequenz, welche aus einer Handlung folgt oder

---

*Anlagen aus der Sicht des Juristen,* in: Blümel, Willi/Wagner, Hellmut (Hrsg.): Technische Risiken und Recht, Vortragszyklus des Kernforschungszentrums Karlsruhe und der Hochschule für Verwaltungswissenschaften Speyer, Druck Kernforschungszentrum Karlsruhe 1981, S. 27. Kloepfer definiert Gefahr als „Lage, in der bei ungehindertem Ablauf des Geschehens ein Zustand oder ein Verhalten mit hinreichender Wahrscheinlichkeit zu einem Schaden für die Schutzgüter der öffentlichen Sicherheit führen würde". Kloepfer, Michael: *Risiko,* in: Korff, Wilhelm/Beck, Lutwin/Mikat, Paul (Hrsg.): Lexikon der Bioethik Bd. 3, Gütersloher Verlagshaus, Gütersloh 1998, S. 211.

[23] Mandrella, Isabelle: *Gewissen, Gewissensfreiheit, I. Philosophisch,* www.staatslexikon-online.de (abgerufen 05. April 2023).

## 2 Begriffe und Grundlagen

aus einem labilen Zustand resultiert, vollständig und zweifelsfrei vorausgesagt werden."[24] Weil nur eine ganz bestimmte Folge das Resultat einer Situation sein kann und die Angabe einer Eintrittswahrscheinlichkeit bei 100 %, also bei 1 liegt, kann es keine Risikovariante geben. „Es liegt in der Gewissheit keine Form des Risikos vor."[25]

Gewissheit wird als Gegenbegriff zum Risiko geführt,[26] weil ein Risiko bei Gewissheit ausgeschlossen ist.[27]

An der Tatsache, dass Akteure nicht davor geschützt sind, bei einer entscheidungssituativen Gewissheit einer fehlerhaften Annahme zu unterliegen oder sich in einer Gewissheit zu täuschen wird deutlich, dass unsere Lebenswelt von graduell-kontinuierlicher Qualität ist, was erst eine „vollständige Gewissheit" als ein Maximum an Gewissheit erscheinen lässt. Vor diesem Hintergrund bezeichnet „vollständige Gewissheit" den hypothetischen Fall, dass sowohl zu Eintrittswahrscheinlichkeiten von Schäden als auch zu den Schadensausmaßen sämtliche Informationen vorliegen. „Vollständige Gewissheit" ist jedoch eine Fiktion (analog zum „reinen Risiko" und zur „vollständigen Ungewissheit"),[28] denn auch in Situationen, in denen von vollständigem Wissen[29] ausgegangen wird, kann es an relevanten Informationen und Daten mangeln. Fehlerhafte Annahmen und Täuschungen können nicht mit letzter Sicherheit ausgeschlossen werden.

---

[24] Rath, Benjamin: *Ethik des Risikos – Begriffe, Situationen, Entscheidungstheorien und Aspekte*, in: Eidgenössische Ethikkommission für Biotechnologie im Außerhumanbereich (Hrsg.): Beiträge zur Ethik und Biotechnologie/4, Verlag Bundesamt für Bauten und Logistik BBL, Bern 2008, S. 25.

[25] Rath, Benjamin: *Entscheidungstheorien der Risikoethik. Eine Diskussion etablierter Entscheidungstheorien und Grundzüge eines prozeduralen libertären Risikoethischen Kontraktualismus*, Diss., Universität Zürich, Tectum Verlag, Marburg 2011, S. 26.

[26] Wenn Gewissheit auf Wissen beruht, dann wird Gewissheit mit zunehmendem Wissen größer, sodass bei dieser Betrachtung unter semantischen Gesichtspunkten der sprachliche Gegenbegriff zu Gewissheit wohl Ungewissheit wäre, statt Risiko. Vergleiche dazu auch in diesem Abschn. *Ungewissheit*.

[27] Siehe dazu in diesem Abschnitt *Risiko* und Teilabschn. 4.3.3 *Kontinuum der Entscheidung – ein Denkmodell*.

[28] Siehe in diesem Abschnitt *Kontinuum der Unsicherheit* und *Ungewissheit*.

[29] Hier ist von ingenieurtechnisch richtigem Wissen die Rede. Wenn „Wissen eine der wichtigsten Voraussetzungen zur Handlungsbefähigung ist, kann falsches Wissen [...] zu falschen Handlungen führen". Kornwachs, Klaus: *Philosophie für Ingenieure*, 3. Auflage, Hanser Verlag, München 2018, S. 116.

Zur besseren Darstellung risikoethischer Zusammenhänge wird die theoretische Betrachtung, dass ein Risiko bei „vollständiger Gewissheit" sicher ausgeschlossen ist, in den weiteren Ausführungen mitgeführt.[30]

### Güter

Güter sind nicht als Verbrauchs- oder Gebrauchsgüter zu verstehen, sondern als sittliche Güter und insofern als „Strebensziele in dem Sinne, als sie als Voraussetzungen, Mittel u. ‚Material' den gelungenen Vollzug menschlichen Lebens ermöglichen. ... G. sind Inhalte und Ziele unseres Strebens, die als Gegenstände bzw. *Sachverhalte in der Welt* gegeben sind oder sein können. Das bedingt, daß die Verwirklichung eines Gutes die anderer G. beeinträchtigen oder ausschließen kann u. der Mensch zu Distanz, Abwägung, Gewichtung und Auswahl gefordert ist."[31]

### Güter und Werte, Unterscheidung

Siehe *Werte und Güter, Unterscheidung*.

### Handlung

Eine Handlung muss „im weitesten Sinne als zweckbestimmte Transformation einer Anfangssituation in eine Endsituation begriffen werden; dazu gehören als Grenzfälle auch Unterlassungen und reine Sprechakte".[32] Das Konzept der Handlung kann hier nicht ausführlich diskutiert werden. Der klassische Handlungsbegriff verknüpft aber folgende Größen miteinander: Subjekt der Handlung, Gegenstand der Handlung, Ziel der Handlung, Mittel der Handlung, operatives Handlungswissen, Kontext der Handlung und Ergebnis der Handlung. Technisches Handeln ist ein Spezialfall, bei dem die genannten Größen

---

[30] Siehe etwa Abschn. 4.3 *Entscheidungsbildung bei ingenieurtechnischen Aufgaben*.

[31] Forschner, Maximilian: *Güter*, in: Höffe, Otfried (Hrsg.) in Zusammenarbeit mit Maximilian Forschner, Alfred Schöpf und Wilhelm Vossenkuhl: Lexikon der Ethik, 5. neu bearbeitete und erweiterte Auflage, C. H. Beck Verlag, München 1997, S. 120.

[32] Ropohl, Günter: *Neue Wege, die Technik zu verantworten*, in: Lenk, Hans/Ropohl, Günter (Hrsg.): Technik und Ethik, 2. revidierte und erweiterte Auflage, Reclam Verlag, Stuttgart 1993, S. 156.

## 2 Begriffe und Grundlagen 23

bestimmten Kriterien entsprechen müssen. Technisches Handeln wäre etwa ein „solches Handeln, das sich technischer Mittel (seien es Artefakte oder Vorfindliches) zweckorientiert bedient".[33] John Dewey stellt allgemein über das Handeln fest: „Handeln ist, wenn es durch Wissen gelenkt wird, Methode und Mittel, kein Ziel."[34]

Handlungen sind entscheidungsbasiert, was sie von bloßem Verhalten unterscheidet. Für diese Arbeit gilt, dass das Verhalten eines Bauingenieurs eine Handlung ist, wenn er nach seiner Entscheidung zur Handlung, die sich aus der jeweiligen Aufgabenstellung ergibt, aus zweckgerichteten Gründen die Methoden und Mittel wählt, die er zur Zielerreichung benötigt und dafür insoweit verantwortlich ist, als sein Verhalten die Kontrolle über sein Handeln in sich trägt.[35] Kontrolle über sein Handeln besitzt der Bauingenieur, wenn sein „konkreter Wille, der dieses Handeln einleitet und steuert, mit [seinen M. S.] übergeordneten Vorstellungen von der Weise, wie [er M. S.] in Situationen solchen Typs handeln will, übereinstimmt".[36]

**Kontinuum der Unsicherheit**

Die Begriffe Risiko und Ungewissheit lassen sich über die „Vorstellung eines Kontinuums"[37] in Beziehung setzen. Das Risiko ist die der

---

[33] Kornwachs, Klaus: *Philosophie der Technik – Eine Einführung*, C. H. Beck Verlag, München 2013, S. 90 f.

[34] Dewey, John: *Die Suche nach Gewissheit*, Suhrkamp Verlag, Frankfurt/M. 1998, S. 41.

[35] In der zahlreich vorhandenen Literatur zur Handlungstheorie werden Merkmale von Handlungen aufgelistet, die an Alltagsbeispielen veranschaulichen, was eine Handlung von anderen Tätigkeitsformen unterscheidet. Vergleiche etwa Boesch, Ernst Eduard: *Kultur und Handlung. Einführung in die Kulturpsychologie*, Hans Huber Verlag, Bern 1980; Cranach von, Mario: *Die Unterscheidung von Handlungstypen – ein Vorschlag zur Weiterentwicklung zur Handlungspsychologie*, in: Bergmann, Bärbel/Richter, Peter (Hrsg.): Die Handlungsregulationstheorie, Hogrefe Verlag, Göttingen 1994, S. 69–88; Groeben, Norbert: *Handeln, Tun, Verhalten als Einheiten einer verstehend-erklärenden Psychologie*, Franke Verlag Tübingen 1986; Heckhausen, Jutta/Heckhausen, Heinz: *Motivation und Handeln*, Springer Verlag, Heidelberg 2006.

[36] Pothast, Ulrich: *Analytische Philosophie*, in: An der Heiden, Uwe/Schneider, Helmut (Hrsg.): Hat der Mensch einen freien Willen? – Die Antworten der großen Philosophen, Reclam Verlag, Stuttgart 2007, S. 304 f.

[37] Nida-Rümelin, Julian/Rath, Benjamin/Schulenburg, Johann: *Risikoethik*, de Gruyter, Berlin, Boston 2012, S. 9.

Ungewissheit gegenüberliegende Seite des Kontinuums und umgekehrt.[38] Die Extreme des Kontinuums der Unsicherheit sind durch „reines Risiko"[39] und „vollständige Ungewissheit"[40] besetzt. „Reines Risiko" liegt vor, wenn die Informationslage es erlaubt anzugeben, wie wahrscheinlich Schäden in Qualität und Ausmaß im Einzelnen sind. „Vollständige Ungewissheit" liegt vor, wenn Informationen sowohl für die Eintrittswahrscheinlichkeit von Schäden als auch für Schadensausmaße fehlen. „Der Extremfall ‚vollständige Ungewissheit' ist ebenso wie der Fall ‚reines Risiko' theoretischer bzw. fiktiver Natur. Denn auch in Situationen, die als ungewiss aufgefasst werden, sind doch in der Regel Schätzungen bezüglich relevanter Eintrittswahrscheinlichkeiten oder möglicher Konsequenzen möglich."[41]

**Restrisiko**

Als Restrisiko lässt sich „derjenige Teil eines mit einer bestimmten Praxis verbundenen Risikos bezeichnen, der sich durch geeignete und in ihrem Umfang vertretbare Vorsichtsmaßnahmen nicht weiter verringern lässt, ohne die Praxis als Ganze aufzugeben".[42]

**Risiko**

Einem Risiko[43] liegt eine angenommene Ursache-Wirkungs-Beziehung zugrunde. Risiko ist ein Schlüsselterminus dieser Arbeit. Nida-Rümelin hat eine Definition von Risiko mit einem deutlichen Fokus auf den Schaden vorgelegt. Er schreibt: „Risiken bestehen dort, wo bestimmte

---

[38] Siehe dazu auch Teilabschn. 4.3.2 *Entscheidungen unter Unsicherheit*.
[39] Nida-Rümelin, Julian/Rath, Benjamin/Schulenburg, Johann: *Risikoethik*, de Gruyter, Berlin, Boston 2012, S. 9.
[40] Ebenda.
[41] Ebenda., S. 10. Vergleiche dazu auch in diesem Abschnitt *Ungewissheit*.
[42] Nida-Rümelin, Julian/Schulenburg, Johann: *Risiko*, in: Grunwald, Armin/Hillerbrand, Rafaela (Hrsg.): Handbuch Techniketik, Springer-Verlag Deutschland, Heidelberg 2021, S. 26.
[43] Für Hubig ist Risiko immer als menschlich „Gemachtes aufzufassen und sämtliche damit zusammenhängenden Folge- und Komplementärbegriffe [sind, M. S.] als Konstrukte zu begreifen". Hubig, Christoph: *Das Risiko des Risikos. Das Nicht-Gewußte und das Nicht-Wißbare*, Universitas. Zeitschrift für interdisziplinäre Wissenschaft, Heft 4. Wissenschaftliche Verlagsgesellschaft mbH, Stuttgart 1994, S. 313. Beck bietet eine allgemeinere Definition an: Risiken „brechen

## 2 Begriffe und Grundlagen 25

Wahrscheinlichkeiten dafür vorliegen, daß Schäden eintreten."[44] Diese Definition ist grundlegend. Die Möglichkeit des Eintretens eines Schadens ist für Risiken konstituierend, wobei Risiken stets an Ingenieurhandlungen gebunden sind und ein Beziehungsgefüge zwischen

---

nicht schicksalhaft über uns hinein, sie sind vielmehr von uns selbst geschaffen, ein Produkt aus Menschenhand und Menschenkopf, hervorgegangen aus der Verbindung von technischem Wissen und ökonomischem Nutzenkalkül. Risiken dieser Art unterscheiden sich auch deutlich von Kriegsfolgen, kommen sie doch auf friedlichem Weg in die Welt, gedeihen in den Zentren von Rationalität, Wissenschaft und Wohlstand und stehen unter dem Schutz derer, die für Recht und Ordnung zu sorgen haben." Beck, Ulrich: *Weltrisikogesellschaft. Auf der Suche nach der verlorenen Sicherheit*, Suhrkamp Verlag, Frankfurt/M. 2007, S. 57 f. An anderer Stelle hält Beck fest: Die eigentliche soziale Wucht des Risikoargumentes liege „in *projizierten Gefährdungen der Zukunft*. Es sind in diesem Sinne Risiken, die dort, wo sie eintreten, Zerstörungen von einem Ausmaß bedeuten, daß Handeln im nachhinein praktisch unmöglich wird, die also bereits als Vermutung, als Zukunftsgefährdung, als Prognose im präventiven Umkehrschluß Handlungsrelevanz besitzen und entfalten." Beck, Ulrich: *Risikogesellschaft. Auf dem Weg in eine andere Moderne*, Suhrkamp Verlag, Frankfurt/M. 1986, S. 44. Jungermann/Slovic fassen Risiko als ein Merkmal auf, das Objekte, Aktivitäten und Situationen aufgrund von Wahrnehmungs-, Lern- und Denkprozessen zugeschrieben wird. Vergleiche Jungermann, Helmut/Slovic, Paul: *Die Psychologie der Kognition und Evaluation von Risiko*, in: Bechmann, Gotthard (Hrsg.): Risiko und Gesellschaft – Grundlagen und Ergebnisse interdisziplinärer Risikoforschung. Westdeutscher Verlag GmbH, Opladen 1993. Für Höhn drückt sich im Begriff des Risikos „die Erwartung eines Gewinnens bzw. eines Schadens aus, der im Zusammenspiel von entscheidungsabhängigen, zweckgebundenen oder wertbezogenen Handlungen des Menschen und bestimmter Umweltkonstellationen entsteht." Höhn, Hans-Joachim: *Technikethik als Risikoethik. Ansätze einer sozialethischen Risikobeurteilung*, in: Weber, Wilhelm (Hrsg.): Jahrbuch für Christliche Sozialwissenschaften, Bd. 37, Regensberg Verlag, Münster 1996, S. 32. Luhmann spricht von Risiko, „wenn eine Entscheidung ausgemacht werden kann, ohne die es nicht zu einem Schaden kommen könnte [und wenn M. S.] der kontingente Schaden selbst kontingent, also vermeidbar, verursacht wird". Luhmann, Niklas: *Soziologie des Risikos*, de Gruyter, Berlin, Boston 1991, S. 25. Nida-Rümelin bezieht Risiken und Chance aufeinander: „Risiken werden [...] vernünftigerweise um der Chancen willen eingegangen, wobei es auch eine Chance darstellen kann, das Eintreten eines möglichen Schadens zu verhindern oder die Wahrscheinlichkeit eines potentiellen Schadensfalls zu mindern." Nida-Rümelin, Julian/Rath, Benjamin/Schulenburg, Johann: *Risikoethik*, de Gruyter, Berlin, Boston 2012, S. 7. Höffe bringt Chance, Gefahr und Risiko zusammen. Er schreibt: „Unter ‚Chance' verstehe ich den möglichen Nutzen, unter ‚Gefahr' den drohenden Schaden und unter ‚Risiko' das Produkt entweder aus dem Schaden oder aber dem Nutzen mit der Wahrscheinlichkeit, mit der das eine bzw. das andere eintritt. Im Risikobegriff wird also ein Moment präzisiert, das bei den Begriffen von Chance und Gefahr nur vage anwesend ist, die Eintrittswahrscheinlichkeit." Höffe, Otfried: *Moral als Preis der Moderne*. Suhrkamp Verlag, Frankfurt 1993, S. 76.

[44] Nida-Rümelin, Julian: *Ethik des Risikos*, in: Nida-Rümelin, Julian (Hrsg.): Angewandte Ethik – Die Bereichsethiken und ihre theoretische Fundierung, Kröner Verlag, Stuttgart 1996, S. 809. Vergleiche zur Definition von Risiko auch Verein Deutscher Ingenieure (Hrsg.): *Richtlinie 3780, Technikbewertung – Begriffe und Grundlagen*, Beuth Verlag, Berlin 2000, S. 16.

Nichtbetroffenen und Betroffenen entstehen lassen.[45] Damit wird Risiko hier nicht als integraler Bestandteil des Lebens in einer modernen Leistungs- und Industriegesellschaft verstanden, das alltäglich ist und jederzeit auftreten kann, sondern als ein durch Ingenieurhandeln hervorgerufenes mögliches Schadensereignis, dessen Eintreten mit einer gewissen Wahrscheinlichkeit prognostiziert werden kann.[46] Risiko ist eine Funktion der Eintrittswahrscheinlichkeit eines Schadensereignisses. Ein sicheres Eintreten eines Schadens wäre kein Schadensrisiko.

Gegenbegriffe zum Risiko sind Gewissheit[47] und Ungewissheit,[48] denn beide Begriffe schließen die Möglichkeit eines Risikos aus (bei Gewissheit[49] wegen Wissen und bei Ungewissheit wegen Unwissen). Auch der Begriff Unwissen[50] wird in dieser Arbeit als Gegenbegriff zum Risiko geführt.

### Risikoeinschätzung

„Bestimmung des wahrscheinlichen Ausmaßes eines Schadens und der Wahrscheinlichkeit seines Eintritts."[51]

---

[45] Wenn in dieser Arbeit von Betroffenen die Rede ist, so wird auf Menschen Bezug genommen, die von durch Ingenieurhandlungen hervorgerufenen Risiken bzw. Schadenseintritten betroffen wären. Die anthropozentrische Perspektive ist darauf zurückzuführen, dass das Ingenieurhandeln mit der Schaffung und Erhaltung von Infrastrukturanlagen in erster Linie dem praktischen Nutzen zum Zwecke der Wahrung des gesellschaftlichen Wohlstandes dient. Selbstverständlich berühren die genannten Umstände auch die Interessen anderer Lebewesen, speziell höher entwickelter Tiere.

[46] Vergleichbar versteht die DIN EN ISO 12100 Risiko als „Kombination der Wahrscheinlichkeit des Eintritts eines Schadens und seines Schadensausmaßes". DIN Deutsches Institut für Normung: *DIN EN ISO 12100, Sicherheit von Maschinen – Allgemeine Gestaltungsleitsätze – Risikobeurteilung und Risikominderung*, Beuth Verlag, Berlin 2011, S. 8. Ähnlich auch die Richtlinie 3780 des VDI: „Risiko wird definiert als das Produkt aus Schadensumfang (bzw. Gefahrenpotential) und Eintrittshäufigkeit (bzw. Eintrittswahrscheinlichkeit)." Verein Deutscher Ingenieure (Hrsg.): *Richtlinie 3780, Technikbewertung – Begriffe und Grundlagen*, Beuth Verlag, Berlin 2000, S. 16.

[47] Siehe in diesem Abschnitt *Gewissheit*.

[48] Siehe in diesem Abschnitt *Ungewissheit*.

[49] „In Situationen der Gewissheit sind Risiken ausgeschlossen, weil jeder Entscheidungsalternative genau eine Konsequenz zugeordnet ist, deren Eintrittswahrscheinlichkeit trivialerweise 1 ist." Schulenburg, Johann: *Praktische Rationalität und Risiko – Zum Verhältnis von Rationalitätstheorie, deontologischer Ethik und politischer Risikopraxis*, Diss., Ludwig-Maximilians-Universität München 2012, S. 50. Siehe dazu auch in diesem Abschnitt *Gewissheit*.

[50] Siehe in diesem Abschnitt *Unwissen*.

[51] DIN Deutsches Institut für Normung: DIN EN ISO 12100, *Sicherheit von Maschinen – Allgemeine Gestaltungsleitsätze – Risikobeurteilung und Risikominderung*, Beuth Verlag, Berlin 2011, S. 8.

## Risikoethik

Das Anliegen der Risikoethik besteht in der Klärung des normativen Zugangs zu Risiken. Die leitende Frage ist, welche Risiken unter welchen ethischen Gesichtspunkten als akzeptabel angesehen werden bzw. welche Risiken akzeptabel sind, wobei die Frage der Akzeptabilität verschieden ist von der Frage der tatsächlichen Akzeptanz von Risiken.[52]

Die Risikoethik befasst sich mit dem moralisch richtigen Handeln unter den Bedingungen der Unsicherheit (Ungewissheit und Risiko).[53] Sie „argumentiert, wie ihr Name es vermuten lässt, aus der moralphilosophischen Tradition heraus, man könnte etwas vereinfacht sagen, sie ist vornehmlich mit Werten befasst".[54] Risikoethik setzt somit bei der Frage der moralischen Bewertung von Handlungen an, deren Folgen hinsichtlich ihres Eintretens mit gewissen Unsicherheiten behaftet sind, und fragt, „wie sichere Entscheidungen unter bestimmten Bedingungen des Risikos hergestellt werden können".[55] Sie beurteilt „Risiken verursachende oder beinhaltende Handlungen als Handlungen mit im Einzelfall ungewissem Ausgang unabhängig von deren tatsächlich eintretenden Folgen vor der Handlungsausführung".[56] Insofern versteht sie sich „als eine Ethik, die ausschließlich ex ante Bewertungen vornehmen kann".[57]

Liegen weder für die Handlungsfolgen noch für die Wahrscheinlichkeit ihres Eintretens Anhaltspunkte vor, fehlen beide Risikovariablen.[58] „Es ist für die Risikoethik unmöglich [, M. S.] hinsichtlich solcher Situationen eine Aussage zu treffen, da ex ante keine Anhaltspunkte

---

[52] Siehe dazu auch Teilabschn. 4.2.3 *Akzeptanz und Akzeptabilität*.
[53] Siehe dazu Teilabschn. 4.3.2 *Entscheidungen unter Unsicherheit*.
[54] Haltaufderheide, Joschka: *Zur Risikoethik – Analysen im Problemfeld zwischen Normativität und unsicherer Zukunft*, Diss., Ruhr-Universität Bochum, Verlag Königshausen & Neumann, Würzburg 2015, S. 31.
[55] Ebenda, S. 273.
[56] Kampshoff, Klemens: *Berufsbedingte Gesundheitsgefahren und Ethik des Risikos – Kriterien für die vertretbare Zumutung von Gesundheitsrisiken des beruflichen Umgangs mit Kanzerogenen*, Diss., Pädagogische Hochschule Karlsruhe 2011, S. 70.
[57] Rath, Benjamin: *Entscheidungstheorien der Risikoethik. Eine Diskussion etablierter Entscheidungstheorien und Grundzüge eines prozeduralen libertären Risikoethischen Kontraktualismus*, Diss., Universität Zürich, Tectum Verlag, Marburg 2011, S. 25.
[58] Siehe dazu in diesem Abschnitt auch *Unwissen*.

für eine Diskussion gegeben sind."[59] Ex post sind Aussagen auf Basis moralphilosophischer Kriterien nur als nachträgliche Beurteilungen möglich und dies auch nur, wenn sämtliche Einflüsse und Folgen vollzogener Handlungen bekannt sind.[60]

**Risikoethik, deontologische**
Gemäß der deontologischen Risikoethik erfolgt die Beurteilung des moralischen Status einer Handlung nicht ausschließlich hinsichtlich des zu erwartenden Schadens, wie dies bei der konsequentialistischen Risikoethik der Fall ist, sondern auch dahingehend, ob die Handlung angesichts des möglichen Schadens mit Blick auf Verteilungs- und Gerechtigkeitsfragen einer verpflichtenden moralischen Regel entspringt.

**Risikoethik, konsequentialistische**
Unter Risikoaspekten erfolgt die Handlungsbeurteilung ausschließlich über den zu erwartenden Schaden, das heißt „über das Schadensmaß sowie die Veränderung der Wahrscheinlichkeiten, mit denen bestimmte Schadensszenarios eintreten. ... Das Schadensmaß konsequentialistischer Risikoethik ist die Summe der Einzelschäden."[61]

---

[59] Rath, Benjamin: *Ethik des Risikos – Begriffe, Situationen, Entscheidungstheorien und Aspekte:* in: Eidgenössische Ethikkommission für Biotechnologie im Außerhumanbereich (Hrsg.): Beiträge zur Ethik und Biotechnologie/4, Verlag Bundesamt für Bauten und Logistik BBL, Bern 2008, S. 25.

[60] Höhn bemerkt unter Bezugnahme auf Technik: Risikoethik sei Teil „einer Ethik der Prävention und versucht Kriterien des Tuns und Unterlassens gefahrenträchtiger Maßnahmen zu entwickeln. Dabei kommt es entscheidend darauf an, ethische Kriterien nicht in einem unaufhebbaren Kontrast zur Funktionslogik technischen Handelns erscheinen zu lassen, sondern auf ihre Kompatibilität mit den Merkmalen technisch-instrumenteller Rationalität abzustellen." Höhn, Hans-Joachim: *Technikethik als Risikoethik. Ansätze einer sozialethischen Risikobeurteilung*, in: Weber, Wilhelm (Hrsg.): Jahrbuch für Christliche Sozialwissenschaften, Bd. 37, Regensberg Verlag, Münster 1996, S. 42.

[61] Nida-Rümelin, Julian/Rath, Benjamin/Schulenburg, Johann: *Risikoethik,* de Gruyter, Berlin, Boston 2012, S. 151. Soweit zitationsbedingt nicht erforderlich, wird in dieser Arbeit nicht mit dem Begriff Schadensmaß, sondern mit dem Begriff Schadensausmaß operiert.

Eine konsequentialistische Risikoethik ist darauf ausgerichtet, den zu erwartenden Schaden zu minimieren. Verteilungs- und Gerechtigkeitsfragen spielen keine Rolle.[62]

**Risikooptimierung**
Ergreifung von Optimierungsaktivitäten dahingehend, dass Entscheidungsalternativen gegeneinander abgewogen werden und diejenige gewählt wird, die mit dem geringsten Risiko eines Schadenseintrittes verbunden ist.

**Risikosituation**
Allgemein sind Risikosituationen „dadurch charakterisiert, dass man Wahrscheinlichkeiten hat für mögliche Ereignisse, mögliche Weltzustände der Zukunft".[63] Somit liegen Risikosituationen üblicherweise vor, wenn Entscheidungen unter Risiko zu treffen sind, was bedeutet, dass die Folgen einer Handlung nicht sicher feststehen. Die Folgen aus Risikosituationen können „qualitativ (als Nutzen oder Schaden) und gegebenenfalls auch quantitativ (in der Höhe des Nutzens oder im Ausmaß des Schadens) spezifiziert werden".[64] Als Risikosituationen werden diejenigen Lagen von Bauingenieuren bezeichnet, in denen Entscheidungen zu Handlungen gefällt werden müssen, bei denen es mit einer gewissen Wahrscheinlichkeit zu einem Schadenseintritt kommt.[65]

**Risiko und Gefahr, Unterscheidung**
Nida-Rümelin spricht sich dafür aus, den Begriff des Risikos vom Begriff der Gefahr wie folgt zu unterscheiden: „Wo keine Gefahren sind, gibt es auch keine Risiken. Aber nicht jede Gefahr ist ein Risiko. ... Im Gegensatz zur Gefahr bezieht sich das Risiko (irreduzibel) auf

---

[62] Siehe dazu Teilabschn. 4.1.1 *Bayessches Kriterium*.
[63] Nida-Rümelin, Julian: *Was riskieren wir?*, in: Philosophie Magazin, Heft 05/2022, Heftfolge 65, Berlin 2022, S. 19.
[64] Nida-Rümelin, Julian/Schulenburg, Johann: *Risiko*, in: Grunwald, Armin/Hillerbrand, Rafaela (Hrsg.): Handbuch Technikethik, Springer-Verlag Deutschland, Heidelberg 2021, S. 24.
[65] Siehe dazu auch in diesem Abschnitt *Chance* und in Abschn. 2.3 *Typische Risikosituationen*.

Wahrscheinlichkeiten."[66] Diese Unterscheidung wird übernommen.[67] Bezogen auf die Genese von Ingenieurbauwerken[68] hängen die Arten der Gefahren und die daraus möglicherweise erwachsenden Risiken von den jeweils bestehenden Projektphasen (Entwicklungsphase, Planungsphase, Ausschreibungsphase, Ausführungsphase) ab.

**Schaden**
Allgemein handelt es sich beim Schaden um Sach- und/oder Personenschäden. Unter Schaden wird ein materieller oder immaterieller Nachteil (Minderung oder Verlust) an Individualrechtsgütern (z. B. Leben, körperliche Unversehrtheit, Freiheit, Eigentum) verstanden, der sich aus einer Ingenieurhandlung ergibt. Unter Umständen zählen dazu auch Nachteile für später Lebende, wie durch Bautätigkeiten verursachte Flächenverbräuche, Naturraumzerstörungen, Lebensraumzerschneidungen und negative Auswirkungen auf die Artenvielfalt.

**Sicherheit**
„Sicherheit ist eine das Handeln leitende regulative Idee, nicht aber eine zweifelsfrei im physikalisch objektiven Sinn feststellbare Eigenschaft, wie beispielsweise die geometrischen Abmessungen eines Bauteils."[69] Für diese Arbeit gilt: Als Dimension von Technik ist Sicherheit ein

---

[66] Nida-Rümelin, Julian: *Ethik des Risikos*, in: Nida-Rümelin, Julian (Hrsg.): Angewandte Ethik – Die Bereichsethiken und ihre theoretische Fundierung, Kröner Verlag, Stuttgart 1996, S. 809.

[67] Dagegen unterscheidet Luhmann zwischen einem (personenbezogenen) entscheidungsgebundenen Risiko und einer (personenfreien) entscheidungsungebundenen Gefahr: „Die Unterscheidung [von Risiko und Gefahr, M. S.] setzt voraus […], dass in Bezug auf künftige Schäden Unsicherheit besteht. Dann gibt es zwei Möglichkeiten. Entweder wird der etwaige Schaden als Folge der Entscheidung gesehen, also auf die Entscheidung zugerechnet. Dann sprechen wir von Risiko, und zwar von Risiko der Entscheidung. Oder der etwaige Schaden wird als extern veranlasst gesehen, also auf die Umwelt zugerechnet. Dann sprechen wir von Gefahr." Luhmann, Niklas: *Soziologie des Risikos*, de Gruyter, Berlin, Boston 1991, S. 30 f. Luhmann versteht hier unter Umwelt dasjenige, was außerhalb des physischen Systems liegt. Vergleiche zur Unterscheidung System–Umwelt: Luhmann, Niklas: *Soziale Systeme. Grundriß einer allgemeinen Theorie*, Suhrkamp Verlag, Frankfurt a. M. 1999.

[68] Siehe dazu Abschn. 3.5 *Genese von Ingenieurbauwerken*.

[69] Ekardt, Hanns-Peter: *Ausbildung zwischen Ingenieurwissenschaft und Berufsmoral. Erfahrungen aus der Bauingenieurausbildung an der Universität Kassel*, in: Duddeck, Heinz (Hrsg.): Ladenburger Diskurs, Technik im Wertekonflikt, Springer Verlag, Wiesbaden 2001, S. 269.

## 2 Begriffe und Grundlagen 31

Leitgedanke, an dem sich das Handeln der Bauingenieure ausrichtet. In der Ingenieurpraxis wird Sicherheit angenommen, wenn Ingenieurbauwerke gemäß geltender technischer Standards[70] geplant und errichtet werden, spätere Belastungen schadlos aufgenommen und die an eine dauerhafte Betriebs- und Funktionsfähigkeit gestellten Erwartungen erfüllt werden.

**Tragwerk**
Struktur eines Bauwerks, die Bauwerkslasten und Lasten aus äußeren Einwirkungen wie z. B. Verkehrs-, Schnee- oder Windlasten in den Baugrund ableitet.

**Ungewissheit**
„Ungewissheit beschreibt das nicht sicher Gewusste, das in der Zukunft Liegende."[71] In Situationen der Ungewissheit „hat die Person keine Wahrscheinlichkeiten bzw. keine Informationsgrundlage, um Wahrscheinlichkeiten anzunehmen".[72]

Ungewissheit wird als Gegenbegriff zum Risiko geführt,[73] weil ein Risiko bei Ungewissheit ausgeschlossen ist.[74]

Die Fälle, in denen sowohl über die Wahrscheinlichkeiten des Eintretens bestimmter Schäden als auch über die Schäden selbst Unklarheit besteht, „könnten als Entscheidungssituationen umfassender Ungewissheit bezeichnet werden".[75] In der vorliegenden Arbeit ist nicht

---

[70] Siehe dazu Abschn. 3.3 *Technische Standards*.

[71] Rust, Ina: *Sicherheit technischer Anlagen – Eine sozialwissenschaftliche Analyse des Umgangs mit Risiken in Ingenieurpraxis und Ingenieurwissenschaft*, Diss., Universität Kassel, university press Kassel 2004, S. 3.

[72] Nida-Rümelin, Julian: *Ethik des Risikos*, in: Nida-Rümelin, Julian (Hrsg.): Angewandte Ethik – Die Bereichsethiken und ihre theoretische Fundierung, Kröner Verlag, Stuttgart 1996, S. 810.

[73] Wenn Ungewissheit auf Unwissen beruht, dann wird Ungewissheit mit zunehmendem Unwissen größer, sodass bei dieser Betrachtung unter semantischen Gesichtspunkten der sprachliche Gegenbegriff zu Ungewissheit wohl Gewissheit wäre, statt Risiko. Vergleiche dazu auch in diesem Abschnitt *Gewissheit*.

[74] Siehe dazu auch in diesem Abschnitt *Risiko*.

[75] Nida-Rümelin, Julian/Rath, Benjamin/Schulenburg, Johann: *Risikoethik*, de Gruyter, Berlin, Boston 2012, S. 249, FN 173.

von umfassender Ungewissheit die Rede, sondern von „vollständiger Ungewissheit". Sie bezeichnet den Fall, dass weder zu Eintrittswahrscheinlichkeiten von Schäden noch zu den Schadensausmaßen erschöpfende Informationen vorliegen. Allerdings ist die „vollständige Ungewissheit" (analog zum „reinen Risiko")[76] „theoretischer bzw. fiktiver Natur. Denn auch in Situationen, die als ungewiss aufgefasst werden, sind doch in der Regel Schätzungen bezüglich relevanter Eintrittswahrscheinlichkeiten oder möglicher Konsequenzen möglich."[77]

Zur besseren Darstellung risikoethischer Zusammenhänge wird die theoretische Betrachtung, dass ein Risiko bei „vollständiger Ungewissheit" sicher ausgeschlossen ist, in den weiteren Ausführungen mitgeführt.[78]

## Unsicherheit

Von Unsicherheit wird gesprochen, wenn Informationen fehlen, um eine Aussage über Eintrittswahrscheinlichkeiten von Schäden bzw. über Schadensausmaße zu treffen, sodass „eine der beiden Risikovariablen nicht auf der Basis vollständiger Informationen angegeben werden kann".[79] Trotz mangelnder Informationen „lassen sich jedoch Schätzungen in Bezug auf die Risikovariablen vornehmen, d. h. es lassen sich begründete Annahmen über die Quantität der Eintrittswahrscheinlichkeit oder der Qualität und das Ausmaß der Konsequenz machen".[80] Unsicherheit kann als Kontinuum gedacht werden.[81]

---

[76] Siehe in diesem Abschnitt *Kontinuum der Unsicherheit*. „Vollständige Gewissheit" ist ebenfalls eine Fiktion. Siehe dazu in diesem Abschnitt *Gewissheit*.

[77] Nida-Rümelin, Julian/Rath, Benjamin/Schulenburg, Johann: *Risikoethik*, de Gruyter, Berlin, Boston 2012, S. 10. Vergleiche dazu auch in diesem Abschnitt *Kontinuum der Unsicherheit*.

[78] Siehe etwa Abschn. 4.3 *Entscheidungsbildung bei ingenieurtechnischen Aufgaben*.

[79] Rath, Benjamin: *Ethik des Risikos – Begriffe, Situationen, Entscheidungstheorien und Aspekte*, in: Eidgenössische Ethikkommission für Biotechnologie im Außerhumanbereich (Hrsg.): Beiträge zur Ethik und Biotechnologie/4, Verlag Bundesamt für Bauten und Logistik BBL, Bern 2008, S. 15.

[80] Rath, Benjamin: *Entscheidungstheorien der Risikoethik. Eine Diskussion etablierter Entscheidungstheorien und Grundzüge eines prozeduralen libertären Risikoethischen Kontraktualismus*, Diss., Universität Zürich, Tectum Verlag, Marburg 2011, S. 23.

[81] Siehe in diesem Abschnitt *Kontinuum der Unsicherheit*.

## 2 Begriffe und Grundlagen 33

**Unwissen**
Mit Unwissen werden die Situationen bezeichnet, „in denen weder eine Aussage zu einer Eintrittswahrscheinlichkeit noch zu einer Konsequenz gemacht werden kann. ... Weder ist abzusehen, dass irgendeine Konsequenz aus einer Handlung folgen oder aus einem labilen Zustand resultieren kann, noch kann irgendeine Eintrittswahrscheinlichkeit zugeordnet werden. Handelnde sowie betroffene Individuen befinden sich in einer Situation der vollkommenen Ahnungslosigkeit. ... Der Begriff Unwissen kann als Gegenbegriff zum Risiko angesehen werden, da keine der beiden Risikovariablen zur Anwendung kommt."[82]

Unwissen wird als Gegenbegriff zum Risiko geführt,[83] weil ein Risiko bei Unwissen ausgeschlossen ist.[84]

**Verantwortung, moralische**
„Die moralische Verantwortung resultiert aus der Prüfung einer Handlung, deren Folgen und vielleicht auch der Motive, die zu bestimmten Handlungen führen, gegenüber einem eigenen Beurteilungssystem. Dieses Beurteilungssystem, das wir auch eigene Moral oder Gewissen nennen, ist durch bevorzugte Werte (z. B. Leben, Gesundheit, Sicherheit, Wohlstand) und einige Prinzipien (z. B. die Goldene Regel: ‚*Was Du nicht willst, was man Dir tu das füg auch keinem anderen zu*' oder deren akademische Version, den Kantschen Kategorischen Imperativ) gekennzeichnet."[85]

**Wahrscheinlichkeit, objektive**
Der Handelnde ermittelt die bestehende Wahrscheinlichkeit eines Schadenseintrittes auf einer statistisch möglichst breiten Basis, etwa

---

[82] Rath, Benjamin: *Ethik des Risikos – Begriffe, Situationen, Entscheidungstheorien und Aspekte*, in: Eidgenössische Ethikkommission für Biotechnologie im Außerhumanbereich (Hrsg.): Beiträge zur Ethik und Biotechnologie/4, Verlag Bundesamt für Bauten und Logistik BBL, Bern 2008, S. 25.

[83] Wenn Unwissen fehlendes Wissen voraussetzt, dann wird Unwissen mit zunehmend fehlendem Wissen größer, sodass bei dieser Betrachtung unter semantischen Gesichtspunkten der sprachliche Gegenbegriff zu Unwissen wohl Wissen wäre, statt Risiko.

[84] Siehe dazu auch in diesem Abschnitt *Risiko* und *Ungewissheit*.

[85] Kornwachs, Klaus: *Philosophie für Ingenieure*, 3. Auflage, Hanser Verlag, München 2018, S. 205.

mithilfe anerkannter mathematischer Verfahren oder softwaregestützter Werkzeuge. Der Objektivitätsgrad der Wahrscheinlichkeitseinordnung hängt stark von der Menge vorliegender Variablen ab und auch davon, ob und inwieweit diese berücksichtigt werden. Objektive Wahrscheinlichkeitsangaben basieren auf aussagekräftigen Informationslagen und umfassenden Variablenmengen.[86]

Wird in der Ingenieurpraxis von Häufigkeit statt von Wahrscheinlichkeit gesprochen, kann das zu Missverständnissen führen. „Die objektive Wahrscheinlichkeit ist ... nicht über die gemessene Häufigkeit definiert, sondern die Häufigkeiten sind nur ein Indikator dafür, welche objektiven Wahrscheinlichkeiten zugrunde liegen. Die Bestimmung relativer Häufigkeiten setzt zudem voraus, daß von Fall zu Fall der gleiche Ereignistyp vorliegt. Dies kann aber in aller Regel nur vor dem Hintergrund oft weitreichender theoretischer Annahmen beurteilt werden, so daß die vermeintlich unmittelbare empirische Beobachtung objektiver Wahrscheinlichkeiten Fiktion ist."[87]

Im Ingenieuralltag sind objektive Wahrscheinlichkeiten zur Eingrenzung von Schadenseintritten nur schwer herstellbar, weil nie letzte Sicherheit über die Dichte von Informationslagen besteht,[88] die Streuung gemessener Werte um ihren Mittelwert ungewiss ist, soweit welche vorliegen, und die Variablen von Ingenieurbauwerk zu Ingenieurbauwerk verschieden sind.

**Wahrscheinlichkeit, subjektive**
Der Handelnde schätzt ab, wie hoch die Wahrscheinlichkeit eines Schadenseintrittes ist. Diese Abschätzungen werden auf nicht vollständig belastbaren Grundlagen getroffen und beherbergen stets spekulative Momente. Subjektive Wahrscheinlichkeitsangaben basieren auf wenig aussagekräftigen Informationslagen und partiellen Variablenmengen.[89]

---

[86] Allgemein gilt: Je mehr Variablen bekannt sind und in die Betrachtungen einbezogen werden, desto objektiver sind die Wahrscheinlichkeitseinschätzungen.
[87] Nida-Rümelin, Julian: *Ethik des Risikos,* in: Nida-Rümelin, Julian (Hrsg.): Angewandte Ethik – Die Bereichsethiken und ihre theoretische Fundierung, Kröner Verlag, Stuttgart 1996, S. 811.
[88] Vergleiche dazu in diesem Abschnitt *Gewissheit.*
[89] Allgemein gilt: Je weniger Variablen bekannt sind und in die Betrachtungen einbezogen werden, desto subjektiver sind die Wahrscheinlichkeitseinschätzungen.

Da kein Ingenieurbauwerk dem anderen gleicht, die Funktions- und Betriebsbedingungen verschieden und auch die äußeren Verhältnisse nicht identisch sind, lässt die Ingenieurpraxis keine projektübergreifenden Mehrfachverwendungen getroffener Wahrscheinlichkeitseinschätzungen zu. Dennoch ist es in der Praxis nicht unüblich, dass Analogiebildungen vorgenommen werden und auch auf Erfahrungen aus vergleichbaren Fällen zurückgegriffen wird. Ob diese Vorgehensweise unter dem Aspekt der Sachgerechtigkeit auf jeden Einzelfall anwendbar ist, bleibt eine Frage der individuellen Beurteilung.

Wenn Bauingenieure mit Wahrscheinlichkeiten operieren, ist davon auszugehen, dass subjektive Einschätzungen eine maßgebliche Rolle spielen. Insofern greifen Erfahrung und Wahrscheinlichkeit ineinander. Der Anspruch einer objektiv-statistischen Überprüfbarkeit wird nicht erfüllt.

**Werte**

Werte werden überwiegend als außertechnische und außerökonomische Orientierungsregeln zur Rechtfertigung von Präferenzen im Sinne der Bevorzugung von Handlungen für einen gelungenen Vollzug menschlichen Lebens vor anderen Handlungen verstanden. Berücksichtigte Werte sind keine obersten Mittel oder Zwecke, sondern Bestimmungsgründe für das Handeln, die Veränderungen unterliegen können (Wertewandel – verstanden als Verschiebung der Wichtigkeit oder der Bedeutung von Werten untereinander).[90]

**Werte und Güter, Unterscheidung**

Für Christoph Hubig ist es sinnvoll, Werte „als Regeln der Identifizierung von Zwecken zu begreifen, also als Regeln des Strebens, die in bestimmten situativen Kontexten Zwecke des Handelns ... selektieren".[91] Dementsprechend sind Güter in dieser Arbeit als Ziele des Strebens zu

---

[90] Siehe zu „Werte" auch in diesem Abschn. 2.2 *Ethik – Moral – Risikoethik,* FN 126, Abschn. 3.6 *Strukturelle Konfliktebene,* FN 133 und Abschn. 3.7 *Unbeständigkeit von Werten beim ingenieurtechnischen Handeln.*
[91] Hubig, Christoph: *Wert,* 08. Juni 2022, www.staatslexikon-online.de (abgerufen 02. Mai 2024).

verstehen, deren Erreichung einen gelungenen Vollzug menschlichen Lebens ermöglichen.[92]

**Werturteil**
Ein Werturteil ist eine persönliche Stellungnahme zu einem Sachverhalt unter Bezugnahme auf bestimmte Werte wie Normen und Maßstäbe. „Werturteile unterscheiden sich … von Imperativen dadurch, dass sie nicht allein eine präskriptive, sondern auch eine deskriptive Bedeutung haben."[93]

Die nachfolgende Abbildung veranschaulicht das Begriffsgefüge Gewissheit/Ungewissheit/Risiko/Gefahr unter den Bedingungen des Ingenieurhandelns und macht deutlich, dass mit größer werdendem Unwissen die Ungewissheit zunimmt und mit größer werdendem Wissen die Gewissheit – das Maß der Ungewissheit hängt vom Grad des Unwissens ab, das Maß der Gewissheit vom Grad des Wissens. Theoretisch lägen bei vollständigem Unwissen „vollständige Ungewissheit" und bei vollständigem Wissen „vollständige Gewissheit" vor. In beiden Fällen wäre ein Risiko ausgeschlossen. In der Ingenieurpraxis sind „vollständige Gewissheit" und „vollständige Ungewissheit" jedoch nicht anzutreffen.[94]

Demgemäß will die Abbildung zeigen: Je vollständiger die Informationslage zu Handlungsoptionen und eintretenden Folgen aus Ingenieurhandlungen, desto besser sind Gefahren erkennbar und gezielter können Maßnahmen zur Verringerung von Risiken ergriffen werden, das heißt, mit zunehmendem Wissen nimmt Unwissen ab und werden die Eintrittswahrscheinlichkeiten von Schäden kleiner. Je unvollständiger die Informationslage zu Handlungsoptionen und eintretenden Folgen aus Ingenieurhandlungen, desto schlechter sind Gefahren erkennbar und ungezielter sind Maßnahmen, die zur Verringerung von Risiken ergriffen werden, das heißt, mit zunehmendem Unwissen nimmt Wissen ab und werden die Eintrittswahrscheinlichkeiten von Schäden größer.

---

[92] Vergleiche dazu in diesem Abschnitt *Güter*.
[93] Haltaufderheide, Joschka: *Zur Risikoethik – Analysen im Problemfeld zwischen Normativität und unsicherer Zukunft*, Diss., Ruhr-Universität Bochum, Verlag Königshausen & Neumann, Würzburg 2015, S. 110.
[94] Vergleiche dazu auch Teilabschn. 4.3.3 *Kontinuum der Entscheidung – ein Denkmodell*.

## 2 Begriffe und Grundlagen

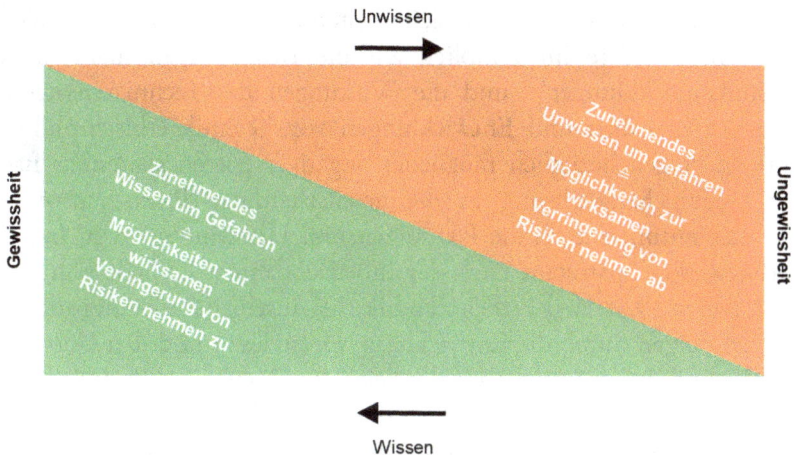

**Abb. 2.1** Zusammenwirkung Gewissheit/Ungewissheit/Risiko/Gefahr

Je größer also das Wissen um Gefahren, desto kleiner das Unwissen – je kleiner das Unwissen, desto kleiner auch die Eintrittswahrscheinlichkeit von Schäden. Je kleiner das Wissen um Gefahren, desto größer das Unwissen – je größer das Unwissen, desto größer die Eintrittswahrscheinlichkeit von Schäden (Abb. 2.1).

## 2.2 Ethik – Moral – Risikoethik

Dieser Abschnitt befasst sich mit grundlegenden Unterschieden zwischen Ethik, Moral und Risikoethik. Daneben wird die Beziehung zwischen der Risikoethik als Teilgebiet der angewandten Ethik[95] und dem nicht philosophischen Bauingenieurwesen erörtert. Dadurch soll herausgestellt werden, in welcher Weise beide, das Bauingenieurwesen und die Risikoethik aufeinander bezogen sind, wenn wir uns mit der Ingenieurethik beschäftigen, ganz ähnlich wie dies bei der Technikethik der

---

[95] Vergleiche etwa Nida-Rümelin, Julian: *Ethik des Risikos,* in: Nida-Rümelin, Julian (Hrsg.): Angewandte Ethik – Die Bereichsethiken und ihre theoretische Fundierung, Kröner Verlag, Stuttgart 1996.

Fall ist, deren Gegenstand „Unsicherheiten im Umgang mit Technik"[96] sind, insbesondere im Hinblick auf die Bedingungen marktfähiger Technikentwicklungen[97] und die Wirkungen des Technikeinsatzes.[98] Wie die Vorhaben und Entwicklungen von Technik ethisch-philosophische Fragen bezüglich möglicher negativer Folgen spätestens nach der Gebrauchseinführung in die gesellschaftliche Praxis aufwerfen, tun dies mitunter auch die Planungen und Herstellungen von Ingenieurbauwerken spätestens nach der Inbetriebnahme. Es ließe sich auch formulieren: Was in der Technikethik die Auseinandersetzung mit negativen Folgen durch die Entwicklung, Herstellung und den Gebrauch von Technik ist, entspricht auf der Seite der Ingenieurethik der Auseinandersetzung mit negativen Folgen durch die Planung, Errichtung und Nutzung von Ingenieurbauwerken, wobei die jeweiligen Folgen selbst nicht vergleichbar sind.

„Ethik soll auf vernünftige Weise klären, an welchen Prinzipien wir unser Leben, unser Handeln, unsere Handlungsbeurteilungen und unsere Institutionen orientieren sollen."[99] Danach hat Ethik es vor allem mit dem zu tun, was wir durch unser Verhalten beeinflussen können.[100] Häufig stehen in der Ethik die Handlungen im Vordergrund, von denen auch andere Menschen betroffen sind.[101] Allerdings bezieht Ethik sich nicht unmittelbar auf singuläre Handlungen und konkrete Handlungssituationen. Vielmehr bedenkt sie das Entstehen moralischer

---

[96] Grunwald, Armin/Hillerbrand, Rafaela: *Überblick über die Technikethik*, in: Grunwald, Armin/Hillerbrand, Rafaela (Hrsg.): Handbuch Technikethik, Springer-Verlag Deutschland, Heidelberg 2021, S. 6.

[97] Zum Beispiel auf den Anwendungsfeldern der Robotik, der künstlichen Intelligenz, der Automatisierung oder der Gentechnik.

[98] Die „Technik selbst ist nicht der Gegenstand der Technikethik, sondern Medium und Anlass, über bestimmte menschliche Handlungskontexte in ethischer Hinsicht zu reflektieren". Grunwald, Armin/Hillerbrand, Rafaela: *Überblick über die Technikethik*, in: Grunwald, Armin/Hillerbrand, Rafaela (Hrsg.): Handbuch Technikethik, Springer-Verlag Deutschland, Heidelberg 2021, S. 6.

[99] Werner, Micha H.: *Einführung in die Ethik*, J. B. Metzler/Springer Verlag, Berlin 2021, S. 238.

[100] Ethische Fragen müssen durch den Menschen beantwortbar sein. Was ohne den Menschen ist, kann nicht zu einem Gegenstand ethischer Überlegungen werden.

[101] Vergleiche Gert, Bernard: *Morality: Its Nature and Justification*, Oxford University Press 2005, S. 14.

## 2 Begriffe und Grundlagen

Regeln und die Auswirkungen von Handlungen in grundsätzlicher Weise. Als steuerndes Element des menschlichen Zusammenlebens sucht sie nach Antworten auf die Frage, welches Vorgehen in bestimmten Situationen das richtige, mithin das moralisch korrekte ist. Auf dem Weg der Überzeugung durch vernünftige Argumente versucht sie „Haltungen, Einstellungen und Handlungsmotive zu beeinflussen".[102]

Ethik begründet fundamentale Prinzipien.[103] „Während Moral ... die geltenden Vorstellungen von gut-böse in einem spezifischen Kontext beinhaltet, reflektiert und hinterfragt die Ethik sie kritisch."[104] Ethik versucht, Optionen des Handelns darzulegen, um den Handelnden anzuleiten bzw. seinen Willen[105] moralisch zu bestimmen. Sie macht den Menschen nicht moralisch, sondern will ihn moralisch entscheidungsfähig machen, indem sie zu verantwortlichem Handeln und zur Reflexion über eigene Gestaltungsvorhaben aufruft. Ethik nimmt „unterschiedliche Wertesysteme in den Blick. Es geht ihr zunächst darum, unterschiedliche Denkmuster wahrzunehmen und zu hinterfragen."[106] Matthias Maring führt zur Ethik aus: „Eine ihrer Hauptaufgaben ist es, die Grundsätze guten und gerechten Handelns zu begründen oder zu rechtfertigen sowie die herrschende Moral kritisch zu untersuchen.

---

[102] Werner, Micha H.: *Einführung in die Ethik*, J. B. Metzler/Springer Verlag, Berlin 2021, S. 260.

[103] Ein Prinzip ist ein oberster Grundsatz. „Prinzipien sind umfassende Vorstellungen von ‚Leitmotiven' einer gesamten beruflichen Praxis oder Lebensführung." Ekardt, Hanns-Peter/Manger, Daniela/Neuser, Uwe et al.: *Rechtliche Risikosteuerung – Sicherheitsgewährleistung in der Entstehung von Infrastrukturanlagen*, Nomos Verlagsgesellschaft mbH, Baden-Baden 2000, S. 202.

[104] Joisten, Karen: *Ethik und Digitalisierung. Oder: Ethik für KI-Systeme. Eine Grundlegung*, in: Zerth, Jürgen/Forster, Cordula u. a. (Hrsg.): 3. Clusterkonferenz „Zukunft der Pflege", Konferenzband Teil 1, PPZ Nürnberg, Nürnberg 2020, S. 12.

[105] Wille wird wie folgt definiert: „Der W. zeichnet den Menschen als ein freies Wesen aus, das nicht naturhaft determiniert ist. Nur aufgrund eines freien W.ns kann ihm Verantwortung für seine Entscheidungen und Handlungen zugeschrieben werden. Dadurch erhält der W. den Stellenwert einer notwendigen Voraussetzung für die Möglichkeit sittlichen Handelns." Prechtl, Peter: *Wille*, in: Prechtl, Peter/Burkhard, Franz-Peter (Hrsg.): Philosophie Lexikon, J. B. Metzler Verlag, Stuttgart 1996, S. 574. Eine Auseinandersetzung mit den philosophischen Positionen zum (freien) Willen oder mit seiner Hinterfragung, wie es etwa die Neurowissenschaften heute tun, ist nicht Gegenstand der Arbeit.

[106] Seckinger, Stefan: *Grenzen der Medizin – Möglichkeit und Notwendigkeit einer Medizinethik*, in: Joisten, Karen (Hrsg.): Ethik in den Wissenschaften – Einblicke und Ausblicke, J. B. Metzler/Springer Verlag, Berlin 2022, S. 88.

Ethik ist argumentative Reflexionsdisziplin."[107] Sie ist wissenschaftliche Reflexion von Moral und als solche einerseits um Begrifflichkeiten bemüht, um über moralisch relevante Sachverhalte befinden zu können, und andererseits um Prinzipien, nach denen die Begründungen moralischer Maximen[108] geleistet werden können. „Ethik ist eine Theorie der Moral, die die Regeln der Moral zu formulieren, allgemeinverbindliche von nichtallgemeinverbindlichen Regeln zu unterscheiden und die allgemeinverbindlichen Regeln zu rechtfertigen oder zu begründen versucht."[109] Als Theorie der Moral bzw. des moralischen Handelns bedenkt Ethik das Entstehen moralischer Maximen, die Grundsätze rechten Handelns und die Auswirkungen von Handlungen. Ethik befasst sie sich auf höherer Ebene mit der „Regulierung unseres Handelns",[110] während die Moral selbst für das Regulativ des praktischen menschlichen Zusammenlebens steht. So gesehen ist Ethik die Wissenschaft der Moral, während Moral ein System von Normen[111] für menschliches Verhalten ist.

Im Unterschied zu moralischen Begründungen, mit denen einzelne Handlungen gerechtfertigt werden sollen, geht es ethischen Begründungsgängen darum, Handeln und Urteilen über den Begriff der Moralität einsichtig zu machen, wobei mit Moralität „jene Qualität gemeint

---

[107] Maring, Matthias: *Einleitung und Übersicht*, in: Maring, Matthias (Hrsg.): Bereichsethiken im interdisziplinären Dialog, Schriftenreihe des Zentrums für Technik- und Wirtschaftsethik am Karlsruher Institut für Technologie, Bd. 6, KIT Scientific Publishing, Karlsruhe 2014, S. 9.

[108] „Maximen bewegen sich ‚unterhalb' von Prinzipien, aber in deren Dienst und erstrecken sich auf einzelne, umfassendere Handlungskomplexe." Ekardt, Hanns-Peter/Manger, Daniela/Neuser, Uwe et al.: *Rechtliche Risikosteuerung – Sicherheitsgewährleistung in der Entstehung von Infrastrukturanlagen*, Nomos Verlagsgesellschaft mbH, Baden-Baden 2000, S. 202. „Eine *Maxime* ist zunächst eine Handlungsanweisung oder Aufforderung, eine Empfehlung oder ein Gebot [...]." Lenzen, Wolfgang: *Liebe, Leben, Tod*, Reclam Verlag, Stuttgart 1999, S. 16.

[109] Steinvorth, Ulrich: *Klassische und moderne Ethik. Grundlinien einer materiellen Moraltheorie*, Rowohlt Verlag, Reinbek bei Hamburg 1990, S. 207.

[110] Jonas, Hans: *Technik, Medizin und Ethik – Praxis des Prinzips Verantwortung*, Suhrkamp Verlag, Frankfurt/M. 1987, S. 302.

[111] Normen sind aufzufassen als „auf soziale Verbindlichkeit und Vereinheitlichung angelegte Verhaltensregeln, die unter Bezug auf Werte in einer gesellschaftlichen Gruppe oder in der Gesamtgesellschaft Verhaltenserwartungen und Handlungsanweisungen bestimmen; Verstöße gegen Normen ziehen Sanktionen nach sich, die von der Missbilligung bis zur Bestrafung reichen können". Verein Deutscher Ingenieure (Hrsg.): *Richtlinie 3780, Technikbewertung – Begriffe und Grundlagen*, Beuth Verlag, Berlin 2000, S. 8.

[ist, M. S.], die es erlaubt, eine Handlung als eine moralische, als eine sittlich gute Handlung zu bezeichnen".[112] Der Ethik geht es nicht um die menschliche Praxis insgesamt, sondern um die moralischen Aspekte dieser Praxis. Insofern ist Ethik nicht als Praxis der Moral, sondern als Theorie der moralischen Praxis zu verstehen. „Die Ethik erörtert alle mit dem Moralischen zusammenhängenden Probleme auf einer allgemeineren, grundsätzlicheren und insofern abstrakteren Ebene, indem sie rein *formal* die Bedingungen rekonstruiert, die erfüllt sein müssen, damit eine Handlung, ganz gleich, welchen Inhalt sie im Einzelnen haben mag, zu recht als eine *moralische* Handlung bezeichnet werden kann. ... Ethik sagt *nicht*, was das Gute ist, sondern wie man dazu kommt, etwas als gut zu bezeichnen."[113] Für die Ethik ist die Bewältigung moralischer Probleme unter konkretem Handlungsbezug charakteristisch.[114]

Über die Moralität einer Handlung entscheiden nicht zufällige Auswirkungen, sondern verfolgte Absichten. Moralität ist Ausweis der moralischen Haltung und insofern ein Grad der Güte des menschlichen Handelns. „Moralität der Zielsetzung und Wahl der richtigen Handlung ergänzen einander, das heißt ein moralisch gutes Ziel und ein pragmatisch gutes Mittel zur Erreichung des Ziels machen zusammen eine vollkommene Handlung aus."[115] Wenngleich Moralität durch Ethik nicht erzeugbar ist, kann Ethik doch über die kognitive Erschließung der Struktur moralischen Handelns und über den Appell an das moralische Bewusstsein auf die Qualität einer Handlungspraxis aufmerksam machen. Der Ethik ist es nicht möglich, ihren jeweiligen Inhalt und tatsächlichen Vollzug ursächlich herbeizuführen. Sie verweist aber „auf die Idee der Freiheit als jenen unbedingten Bezugspunkt, von dem her sich eine Handlung aus dem Verständnis zwischen ihrem Ausgangs- und Zielpunkt als gesollt bestimmen lässt".[116] Die Ziele der Ethik sind

---

[112] Pieper, Annemarie: *Grundlagen der Ethik, Ethik I*, FernUniversität in Hagen, 2010, S. 1.
[113] Ebenda, S. 6.
[114] Vergleiche Thiele, Felix: *Zum Verhältnis von theoretischer und angewandter Ethik*, in: Kamp, Georg/Thiele, Felix (Hrsg.): Erkennen und Handeln, Wilhelm Fink Verlag, Paderborn 2009, S. 332 f.
[115] Pieper, Annemarie: *Grundlagen der Ethik, Ethik I*, FernUniversität in Hagen 2010, S. 30.
[116] Ebenda, S. 41.

allesamt Modifikationen ihres Gesamtzieles: Freiheit[117] im menschlichen Wollen und Handeln. „Im Begriff Moralität wird Freiheit als das Unbedingte gedacht, als der unbedingte Anspruch, Freiheit um der Freiheit willen als das höchste menschliche Gut zu realisieren."[118]

Ethik setzt Freiheit des Handelnden als Prinzip, verstanden als Möglichkeit der jederzeitigen Wahrnehmung ethisch relevanter Freiheitsakte. Dabei zielt Ethik nicht auf Wahrheit[119] ab, sondern fragt nach der moralischen Richtigkeit von Handlungen, der moralischen Güte von Zielen, Motiven oder Haltungen und der Angemessenheit von Situationsdeutungen und Normanwendungen. Ethik kann den Handelnden zwar nicht zwingen, eine als moralisch anerkannte Handlung auch tatsächlich auszuführen bzw. eine als unmoralisch anerkannte zu unterlassen. Als argumentative Reflexionsdisziplin stehen ihr keine Sanktionsmöglichkeiten zur Verfügung. Höchstens kann sie zur Legitimität von Sanktionen Stellung nehmen. Das Recht liberaler Rechtsstaaten lässt aber vielfach Spielräume für moralisch vorbildliches wie für moralisch kritikwürdiges Handeln zu.[120] An dieser Stelle wird zum einen markiert, dass menschliche Freiheit zur Handlung nicht nur Freiheit zum Guten, sondern auch Freiheit zum Bösen bedeutet und zum anderen, dass die ethische Beurteilung nicht mittels einer Überprüfung der Rechtskonformität erfolgen kann.[121]

---

[117] Freiheit bedeutet in der vorliegenden Arbeit „in negativer Bestimmung das Freisein von äußeren Zwängen bzw. das freie, von äußeren Hindernissen ungehinderte Sich-bewegen-Können; in einer positiven Bestimmung impliziert es die Möglichkeit der Selbstbestimmung, der freien Entscheidung und Wahl". Prechtl, Peter: *Freiheit*, in: Prechtl, Peter/Burkhard, Franz-Peter (Hrsg.): Philosophie Lexikon, J. B. Metzler Verlag, Stuttgart 1996, S. 169.

[118] Pieper, Annemarie: *Grundlagen der Ethik, Ethik I*, FernUniversität in Hagen, 2010 S. 20.

[119] In dieser Arbeit wird unter Wahrheit der Anspruch auf unumstößliche Gewissheit über einen Sachverhalt verstanden.

[120] Moral orientiert sich nicht an dem, was rechtlich festgeschrieben ist. Strafbar wäre ein Verstoß gegen gesetzliche Regelungen, nicht aber ein Verstoß gegen moralische Normen. Beispiele sind die Massentierhaltung oder das Hintergehen des Ehepartners mit einem Seitensprung.

[121] Es ist eine Interpretationssache, mit welchen Inhalten die beiden Begrifflichkeiten Gut und Böse zu unterlegen sind. Moralische Werte, Normen und Sitten mögen Trennlinien zwischen Gut und Böse markieren. Allgemeingültige Definitionen gibt es aber nicht. Die Entscheidung über das Gute oder das Böse ergibt sich immer aus dem konkreten Kontext. Von Situation zu Situation kann sich Gutes ebenso voneinander unterscheiden wie Böses. Für das menschliche Handeln heißt dies, dass das Gute und das Böse, erstens, keine eigenständigen Kategorien irgendwo außerhalb und unabhängig der Handelnden sind und, zweitens, dass es nicht möglich ist, sich in dualistischem Denken immer nur zwischen einem als absolut gesetzten Guten und einem als absolut gesetzten Bösen entscheiden zu können. Es kommt auf den Zeitgeist, die Kultur und die gesellschaftliche Verabredung für ein Grundmuster an, das einen Maßstab dafür liefert, was das Gute ist. Vergleiche dazu auch: Markus, Ute/Scobel, Gert: *Zwischen Gut und Böse*, Edition Körber, Hamburg 2021.

## 2 Begriffe und Grundlagen 43

Wir halten für die vorliegende Arbeit fest: Ethik steht in einem engen Verhältnis zur Moral und setzt (erneut) ein, wenn Moral ihre Selbstverständlichkeit verloren hat oder zu verlieren droht. Das ist der Fall, wenn es zu Ziel- und Wertekonflikten oder zu inhaltlichen Veränderungen kommt, wie das etwa an der sich stetig wandelnden Vielfalt des Handelns in postmodernen Gesellschaften ablesbar ist. Moral ist die „Menge an normativen Sätzen, die Handlungen, Intentionen und Folgen von Handlungen bei bekannten Rahmenbedingungen bewerten, gebieten, erlauben oder untersagen".[122] Insofern kann unter Moral die Gesamtheit aller Verhaltensregeln innerhalb einer Gesellschaft zu einem bestimmten Zeitpunkt gefasst werden. Moral ist der verbindliche Grundrahmen, der auf die allgemeine Übereinstimmung über das verweist, was in einer Gesellschaft gelebter Konsens ist. „Durch Gebote und Verbote, durch Normen und Richtlinien werden menschliche Verhaltensmöglichkeiten eingeschränkt, die Frage nach der Begründung und dem Sinn von Normen fällt aber in den Bereich der Ethik."[123] Normen und Richtlinien sind hier selbstverständlich nicht im Sinne technischer Vorgaben zu verstehen, sondern als allgemein anerkannte Regeln, mit denen (künftige, gegenwärtige und zurückliegende) Handlungen hinsichtlich ihrer Akzeptanz geprüft werden können.

Moral übernimmt eine direkt handlungsanleitende Funktion. Der Ethik kommt eine handlungsbeurteilende Funktion zu, indem sie fundamentale Prinzipien begründet, die den Status eines Angebotes haben. Ethik spürt einem Maßstab für sittliches Verhalten nach. Daneben ist sie „bemüht, auch Tugendaspekte in den Fokus zu rücken oder positiv zu bestimmen, welche Handlungen für den Handelnden und die Gesellschaft, in der er lebt, wertvoll sind".[124] Zentral ist die Aufforderung, eine gut begründete moralische Entscheidung als das einsichtig zu

---

[122] Kornwachs, Klaus: *Philosophie für Ingenieure*, 3. Aufl., Hanser Verlag, München 2018, S. 275.

[123] Banse, Gerhard: *Alois Huning: Das Schaffen des Ingenieurs. Beiträge zu einer Philosophie der Technik*, in: Hubig, Christoph/Huning, Alois/Ropohl, Günter (Hrsg.): Nachdenken über Technik – Die Klassiker der Technikphilosophie, 2. unveränderte Auflage, Verlag Edition Sigma, Berlin 2001, S. 184.

[124] Wiegerling, Klaus: *Ethische Kriterien der Technikfolgenabschätzung*, in: Joisten, Karen (Hrsg.): Ethik in den Wissenschaften – Einblicke und Ausblicke, J. B. Metzler/Springer Verlag, Berlin 2022, S. 96.

machen, was jeder selbst zu erbringen hat und sich von niemandem abnehmen lassen darf.

Mit Blick auf das Bauingenieurwesen konstruiert Ethik den Rahmen, unter dem das Handeln des Bauingenieurs als moralisch begriffen werden kann, indem sie analog zu anderen praxisbezogenen Wissenschaften[125] das Verhältnis von Moral und Moralität im Kontext von Ingenieurhandlungen bedenkt. Es kann davon ausgegangen werden, dass sich ein Bauingenieur ethisch einwandfrei und vernünftig verhält, wenn er beabsichtigt, zu planen und zu errichten, was begründeten und allgemein anerkannten Zwecken und Werten[126] entspricht, und wenn er bemüht ist, zu realisieren, was den Zwecken und Werten unter optimalem Gebrauch seiner Möglichkeiten zuträglich ist. Dabei wird seine Moral idealerweise davon getragen, dass „das funktional Richtige zwar integrales Moment verantwortlichen Handelns ist, sich aber nicht darin erschöpft, sondern auch den weiter ausgreifenden Radius des human-,

---

[125] Etwa den Human- und Handlungswissenschaften (z. B. Pflegewissenschaft, Psychologie oder Pädagogik).

[126] In der Literatur gibt es keine einheitliche Definition von Werten. Fest steht aber, dass sie uns bewusst oder unbewusst prägen, Orientierung für unser Handeln geben und Maßstäbe dafür sind, unser Verhalten und das von Mitmenschen einzuordnen. 1) „Unter W.en versteht man die bewußten oder unbewußten Orientierungsstandards u. Leitvorstellungen, von denen sich Individuen u. Gruppen bei ihrer Handlungswahl leiten lassen." Horn, Christoph: *Wert*, in: Höffe, Otfried (Hrsg.) in Zusammenarbeit mit Maximilian Forschner, Alfred Schöpf und Wilhelm Vossenkuhl: Lexikon der Ethik, 5. neu bearbeitete und erweiterte Auflage, C. H. Beck Verlag, München 1997, S. 332. 2) „Werte kommen in Wertungen zum Ausdruck und sind bestimmend dafür, dass etwas anerkannt, geschätzt, verehrt oder erstrebt wird; sie dienen somit der Orientierung, Beurteilung oder Begründung bei der Auszeichnung von Handlungs- und Sachverhalten, die es anzustreben, zu befürworten oder vorzuziehen gilt." Verein Deutscher Ingenieure (Hrsg.): *Richtlinie 3780, Technikbewertung – Begriffe und Grundlagen*, Beuth Verlag, Berlin 2000, S. 6. 3) „Werte, soweit sie sich nicht auf die Perfektionierung der Funktionsfähigkeit beziehen, sind außerhalb der Technik angesiedelt und haben somit nichts mit ihr zu tun." Verein Deutscher Ingenieure (Hrsg.): *Technikbewertung – Begriffe und Grundlagen, Erläuterungen und Hinweise zur Richtlinie 3780*, ohne Verlagsangabe, Düsseldorf 1991, S. 16. 4) „Werte sind klare, fühlbare Phänomene." Scheler, Max: *Der Formalismus in der Ethik und die materiale Wertethik*, Franke Verlag, Bern/München 1966, S. 39. Nach Scheler kommt Werten eine eigenständige Existenz zu, nicht im Sinne eines empirischen Seins, sondern eines idealen Gültigseins. Entsprechend ist die „Materie" der Werte keine sinnlich wahrnehmbare, gegenständlich-objektive Inhaltlichkeit, sondern innere Anschauung. Siehe dazu in diesem Abschn. 2.1 *Technisch-risikoethische Termini, Werte*. Vergleiche auch Abschn. 3.6 *Strukturelle Konfliktebene*, FN 133 und Abschn. 3.7 *Unbeständigkeit von Werten beim ingenieurtechnischen Handeln*.

## 2 Begriffe und Grundlagen 45

sozial- und umweltverträglichen Handelns zu berücksichtigen hat".[127] Die Vernunft[128] reflektiert hier die Rationalität des handelnden Bauingenieurs, indem das Handeln einer Beurteilung unterworfen wird, deren Maß Gesichtspunkte des Verallgemeinerbaren sind.

Hier sei die Anmerkung erlaubt: Nicht erst Seveso (1976), Harrisburg (1979), Bhopal (1984), Tschernobyl (1986) oder Fukushima (2011) veranlassen dazu, die Rationalität technischen und ökonomischen Handelns mit dem Anspruch einer Vernunft aus der Perspektive einer als Einheit zu begreifenden Gesellschaft zu vermitteln. Auch übergreifende Probleme wie etwa die Luft- und Wasserverschmutzungen, die Waldvernichtungen, die industrielle Landwirtschaft, in der mit schwerer Technik und Chemieeinsatz, Monokulturen und engen Fruchtfolgen die Böden ausgelaugt werden und das Bodenleben dezimiert wird, sowie schließlich Extremwetterereignisse wie Überflutungen und Hitzeperioden mit verheerenden Folgen – sie alle fordern eine Befassung mit ethischen Gesichtspunkten bei Technikeinsätzen ab, wenn adäquate Positionen zu existenziell relevanten Strukturproblemen einer modernen Gesellschaft eingenommen werden sollen. Eine der dabei zu überwindenden Schwierigkeiten besteht darin, zur künftigen Gestalt der Gesellschaft durch Entscheidungen in der Gegenwart, also unter unsicheren Bedingungen beizutragen und gleichzeitig ein Bewusstsein für die Nichtausschließbarkeit zu entwickeln, dass sowohl ein aktives Handeln als auch ein Unterlassen in Unkenntnis der Folgen gleichermaßen riskant sein können und es mitunter sogar risikobehafteter erscheint, etwas zu tun, als es geschehen zu lassen.

Dass die tatsächlichen Folgen aus ingenieurseitigen Handlungen zum Zeitpunkt von Entscheidungen über Planungen und Errichtungen von Bauwerken unsicher sind, ist aus moralphilosophischer Sicht

---

[127] Höhn, Hans-Joachim: *Technikethik als Risikoethik. Ansätze einer sozialethischen Risikobeurteilung*, in: Weber, Wilhelm (Hrsg.): Jahrbuch für Christliche Sozialwissenschaften, Bd. 37, Regensberg Verlag, Münster 1996, S. 30.

[128] In der vorliegenden Arbeit wird Vernunft als ein Vermögen verstanden, mit Blick auf Ingenieurhandlungen Gründe kritisch abzuwägen und nach ihnen zu entscheiden.

von zentraler Bedeutung, denn in traditionellen Moraltheorien[129] wird die Unsicherheit von Handlungsfolgen kaum reflektiert. Dabei kennzeichnen Unsicherheiten „letztlich alle zukunftsorientierten und prognosebasierten Entscheidungen".[130] Im Umgang mit unsicheren Folgen beim Bauen bedarf es daher moraltheoretischer Erweiterungen, damit die in ingenieurtechnischen Anwendungskontexten enthaltenen Unsicherheiten angemessen berücksichtigt werden können. Hier bietet sich die Risikoethik an, die definitionsgemäß bei der Frage der moralischen Bewertung von Handlungen ansetzt, deren Folgen hinsichtlich ihres Eintretens mit gewissen Unsicherheiten behaftet sind.[131] Im Hinblick auf Ingenieurhandlungen eignet sie sich zur moralischen Bewertung von Vorhaben, Zielsetzungen und Werturteilen in Situationen, in denen Entscheidungen unter Unsicherheit[132] getroffen werden müssen,

---

[129] Nach einem gängigen Klassifikationsprinzip von Moraltheorien wird zwischen deontologischer Ethik, konsequentialistischer Ethik und Tugendethik unterschieden. Hillerbrand führt zur Tugendethik aus: „Tugenden sind bestimmte Haltungen, Eigenschaften eines (moralischen) Charakters oder tief verankerte Dispositionen, das eigene Handeln und Denken in einer bestimmten Weise auszurichten. [...] Eine Tugendethik befasst sich zentral mit der Frage nach der Kultivierung eines moralischen Charakters als Träger dieser Tugenden. [...] [Sie, M. S.] befasst sich originär mit dem Wie des moralisch Richtigen oder Guten, nicht vordringlich mit dem Was." Hillerbrand, Rafaela/Poznic, Michael: *Tugendethik*, in: Grunwald, Armin/Hillerbrand, Rafaela (Hrsg.): Handbuch Technikethik, Springer-Verlag Deutschland, Heidelberg 2021, S. 166. Tugendethische Konzeptionen spielen in dieser Arbeit keine Rolle. Tugendethiken fragen wesentlich danach, welche Grundhaltungen den einzelnen Menschen zu einem guten Verhalten bewegen. Es erscheint schwierig, den Begriff einer tugendhaften Person mit der ingenieurtechnischen Rationalität zu einem Gesamtkonzept zu vereinen, in dem Sinne, dass dadurch der Komplexität des ingenieurtechnischen Handelns besser Rechnung getragen werden könnte. Tugendethiken zielen nicht auf Handlungsfolgen (Konsequentialismus) oder Handlungen selbst (Deontologie) ab und bleiben insgesamt zu vage, um eine Orientierung zu eröffnen, mit der auf die in dieser Arbeit besprochenen spezifischen risikoethischen Problemlagen im Ingenieuralltag geantwortet werden könnte. Siehe zu den beiden anderen genannten Moraltheorien Abschn. 2.1 *Technisch-risikoethische Termini, Ethik, deontologische* und *Ethik, konsequentialistische*.

[130] Deutscher Ethikrat (Hrsg.): *Vulnerabilität und Resilienz in der Krise – Ethische Kriterien für Entscheidungen in einer Pandemie*, Berlin, 2022, S. 222 f.

[131] Siehe dazu Abschn. 2.1 *Technisch-risikoethische Termini, Risikoethik*.

[132] Siehe dazu Teilabschn. 4.3.2 *Entscheidungen unter Unsicherheit*.

## 2 Begriffe und Grundlagen 47

das heißt, wenn Folgen aus anstehenden Handlungen hinsichtlich ihres Eintretens als Nutzen oder Schaden[133] mit Unsicherheit behaftet sind. Risikoethik spricht sich dabei immer nur für Moralität als die dem Bauingenieur wesentliche freie Grundhaltung des Gut-sein-Wollens aus und erteilt Auskunft darüber, wie im Einzelfall die moralisch angemessene Handlung zu ermitteln ist, vorausgesetzt, dem handelnden Bauingenieur ist bewusst, in welcher Risikosituation[134] er sich befindet, und wenn er eine Vorstellung vom angestrebten künftigen Zustand hat, der durch sein Handeln verwirklicht werden soll.

Für das Verständnis der vorliegenden Arbeit besteht die weitere Aufgabe der Risikoethik darin, Konstellationen von Risikosituationen sowie mögliche Schäden als negative Folgen des Ingenieurhandelns zu identifizieren und Entscheidungsfindungen in der verbindlichen Ingenieurpraxis bei prinzipieller Nichtausschließbarkeit von Schadensereignissen, deren mögliches Eintreten mit einer gewissen Wahrscheinlichkeit prognostiziert werden kann, im Hinblick auf die moralische Vertretbarkeit zu unterstützen.[135] In Opposition dazu steht in der Ingenieurpraxis robust die pessimistische Deutung, ethische Reflexion würde, da sie sich mit den Regeln menschlichen Handelns und mit ihrer Legitimation beschäftige, den technischen Bauprojektfortschritt hemmen

---

[133] Die Unterscheidung in Nutzen und Schaden könnte zu der Annahme verleiten, Nutzen- und Schadenaspekte miteinander verrechnen zu können. Ob die Folge aus einer Handlung aber ein Nutzen (positive Folge) oder ein Schaden (negative Folge) ist, lässt sich nicht verbindlich festlegen, da die Charakterisierung einer Handlungsfolge immer vom jeweils bewertenden Individuum und seiner Perspektive abhängt. Was für die eine Person eine positive Folge ist, kann für eine andere eine negative sein. Da in der vorliegenden Arbeit der Nutzen als Folge aus einer zielgerichtet durchgeführten Ingenieurhandlung feststeht, während ein Schaden vermieden werden soll, findet keine Auseinandersetzung mit der Frage statt, ob es eine kategorische Grenze gibt, die eine Verrechnung ausschließt. Siehe dazu auch Abschn. 2.1 *Technisch-risikoethische Termini, Chance* und *Risikosituation.* sowie FN 7.

[134] Siehe dazu Abschn. 2.1 *Technisch-risikoethische Termini, Risikosituation.* Vergleiche auch Abschn. 2.3 *Typische Risikosituationen.*

[135] Ein möglicherweise aufkommender Gedanke an dieser Stelle ist, die Folgen einer räumlich begrenzten Planung dadurch kontrollieren zu können, dass der Planungsradius weiter gefasst wird. Der Gedanke verkennt, dass das Verhältnis von Planung und negativen (unerwünschten) Folgen grundsätzlich unaufhebbar ist. Aus der Unmöglichkeit der Konzeption *einer* wissenschaftlichen Theorie von der Natur resultiert, dass die Folgen unserer Handlungen mit Bezug auf die Natur als Ganzes prinzipiell nicht vorhersehbar sind. Natur ist kein Gegenstand vollständig kontrollierbarer Eingriffe.

und zu Unfrieden führen, weil irrationale Werte ins Spiel kämen. „Wer die pessimistische Deutung akzeptiert, könnte zu der Annahme neigen, dass moralische Urteile entweder gar keinen Wahrheitswert haben (Nonkognitivismus), keiner rationalen Begründung zugänglich (Skeptizismus), sämtlich fehlerhaft (Irrtumstheorie) oder stets nur im Rahmen bestimmter Urteilskontexte wahr sind (Relativismus)."[136] In der Ingenieurpraxis unterscheiden sich die Ausprägungen der pessimistischen Deutung von Fall zu Fall. Was aber regelmäßig zu fortgesetzter Indifferenz führt, ist die stabile Auffassung, dass ethische Werte rationalen Werten entgegenstehen. Richtig ist zwar, dass das, was rationalitätstheoretisch geboten ist, nicht auch ethisch geboten sein muss. Allerdings kann, was ethisch geboten ist, rationalitätstheoretisch nicht falsch sein. Es „widerspricht dem lebensweltlich verbürgten Anspruch auf Rechtfertigungsfähigkeit individueller Praxis, dass das, was aus normativethischer Perspektive als richtig erkannt wird, zugleich als irrational gekennzeichnet werden kann".[137] Es wäre unplausibel, eine Ingenieurhandlung, die nicht gegen ethische Gebote verstößt und in normativethischer Hinsicht als richtig erkannt wird, als irrational zu bezeichnen und unmittelbar fallenzulassen. Dennoch ist es die Regel, dass Anläufe zu Diskursen um ethische Reflexion unter Bauingenieuren von Vorbehalten, Einwänden und persönlichen Interessen verdrängt werden. Allerdings ist bei entsprechendem Gesprächsinteresse zu beobachten, dass sich verborgene Dissense im Rahmen konstruktiver und selbstkritischer intersubjektiver Erörterungen, das heißt unter Verzicht auf Führungsansprüche und Expertenrollen, durchaus offenlegen lassen. Daraus ergeben sich zuweilen gedankliche Freiräume, in denen prinzipielle Ablehnungen, schwelende Konflikte oder eigene Wertpräferenzen durch eben ethische Reflexion in das Bewusstsein gehoben und diskutiert werden.

Die diskursiven Prozesse innerhalb einer Projektgemeinschaft, auf die hier Bezug genommen wird, verfolgen das Ziel, eine idealerweise konsensuale Entscheidung über die in einer handlungstheoretischen

---

[136] Werner, Micha H.: *Einführung in die Ethik*, J. B. Metzler/Springer Verlag, Berlin 2021, S. 232.
[137] Schulenburg, Johann: *Praktische Rationalität und Risiko – Zum Verhältnis von Rationalitätstheorie, deontologischer Ethik und politischer Risikopraxis*, Diss., Ludwig-Maximilians-Universität München 2012, S. 69.

Fragestellung zur Anwendung kommen sollenden moralischen Maßstäbe herbeizuführen, um sie auf eine möglichst breite Grundlage zu stellen, sodass das Ingenieurhandeln in der Projektgemeinschaft den Status einer moralischen Vertretbarkeit erlangt. Gelegentlich sind die Bemühungen derart erfolgreich, dass mit ethischer Vertiefung untersetzte Arbeitsvorgänge innerhalb einzelner Projektorganisationen mit Produktivitätssteigerungen, Motivationsförderungen und Verständigungen auf der Wertebene angereichert werden, selbst wenn sich zeigt, dass es ausgeschlossen ist, ein organisationsübergreifendes Einvernehmen in ethischen Sachverhalten herzustellen. Trotz solch positiver punktueller Lichtblicke bleibt aber festzustellen, dass es in der Ingenieurpraxis im Großen und Ganzen enorm schwierig, wenn nicht gar unmöglich ist, Diskussionen über moralische Maßstäbe kraft des rationalen Argumentes in Konsense münden zu lassen, denn in Projektgemeinschaften spielen nicht nur moralische Beweggründe eine Rolle, sondern vor allem auch strategische Absichten, die auf gesonderten (z. B. wirtschaftlichen) Motiven gründen. Dementsprechend selten sind ethisch grundierte Diskurse in der Praxis von Bauingenieuren anzutreffen.

Obwohl es mangels moralischer Gewissheiten unmöglich ist, eine vollständige Übereinstimmung darüber herzustellen, was beim Bauen moralisch vertretbar ist, wird an dieser Stelle die These aufgestellt, dass in der derzeitigen Ingenieurpraxis bei risikoexponierenden Handlungen folgendes Prinzip Gültigkeit besitzt: Ist ein Bauingenieur durch die Mitarbeit an der Planung und/oder der Errichtung eines Ingenieurbauwerks daran beteiligt, andere Menschen einem Risiko auszusetzen, während er selbst nicht von dem Risiko betroffen ist, so ist dies risikoethisch zulässig, wenn

1) er von einer öffentlichen Institution die explizite Zustimmung bzw. den Auftrag für seine Tätigkeit erhält;
2) er als risikosetzende Person nachweislich alle ihm zuzumutenden Sorgfaltsmaßnahmen ergreift, wie etwa die Berücksichtigung technischer und gesetzlicher Vorschriften;
3) er seine geplanten Handlungen den Betroffenen gegenüber offenlegt und

4) er davon ausgehen kann, dass ein Schadenseintritt nach aktuellem Stand der technischen Erkenntnisse und dem Maßstab der ingenieurpraktischen Vernunft[138] so unwahrscheinlich ist, dass die Gefahr von den Betroffenen nicht als unzumutbar bewertet würde.

Am Ende der Untersuchung wird auf der Grundlage der gewonnenen Erkenntnisse zu dieser These dahingehend Stellung genommen, ob risikoexponierende Ingenieurhandlungen aus philosophischer Sicht ein Maßstab für Bauingenieure sein können.[139]

## 2.3 Typische Risikosituationen

Gegenstand dieses Abschnitts sind Risikolagen, wie sie sich in den Arbeitsalltagen von Bauingenieuren einstellen können. Bei Risikolagen handelt es sich um Situationen der Unsicherheit, die sogenannten Risikosituationen. Ihre Relevanz für das risikoethische Ingenieurhandeln steht im Mittelpunkt der nachfolgenden Ausführungen. Mit der individuellen Risikosituation, der sozialen Risikosituation, der trivialen Risikosituation und der katastrophalen Risikosituation werden die vier in einschlägigen wissenschaftlichen Publikationen[140] zur Risikoethik enthaltenen Grundtypen skizziert. Jeweils zwei Risikobegriffe stehen dabei in einem antonymen Verhältnis zueinander. Auf „der einen Seite sind individuelle Risiken zu unterscheiden von sozialen Risiken und auf der anderen Seite triviale Risiken von katastrophalen Risiken".[141]

---

[138] Siehe dazu Abschn. 2.5 *Ingenieurrationalität*.

[139] Siehe Abschn. 5.7 *Grundriss einer konsequentialistisch-deontologischen Risikoethik*.

[140] Vergleiche etwa Rath, Benjamin: *Ethik des Risikos – Begriffe, Situationen, Entscheidungstheorien und Aspekte*, in: Eidgenössische Ethikkommission für Biotechnologie im Außerhumanbereich (Hrsg.): Beiträge zur Ethik und Biotechnologie/4, Verlag Bundesamt für Bauten und Logistik BBL, Bern 2008; Nida-Rümelin, Julian/Rath, Benjamin/Schulenburg, Johann: *Risikoethik*, de Gruyter, Berlin, Boston 2012.

[141] Nida-Rümelin, Julian/Rath, Benjamin/Schulenburg, Johann: *Risikoethik*, de Gruyter, Berlin, Boston 2012, S. 25.

Risikosituationen beschreiben „eine Folge des Verhältnisses von Subjekt und Objekt innerhalb der temporalen Grundstruktur zwischen der Gegenwart und der Zukunft, so wie wir sie wahrnehmen".[142] Hier kommt Unsicherheit in der Frage zum Ausdruck, ob mit einer beabsichtigten Handlung das angestrebte Ziel erreicht wird. Hinzu tritt der Umstand des mit einer gewissen Wahrscheinlichkeit eintretenden Schadensereignisses. So kann sich etwa der Fall einstellen, dass das erwünschte Ziel nicht erreicht wird, aber ein Schaden eintritt, oder dass das erwünschte Ziel zwar erreicht wird, parallel dazu aber die Möglichkeit des Eintretens eines Schadensereignisses geschaffen wird. In Risikosituationen haben Bauingenieure keine Veranlassung, auszuschließen, dass aus Handlungen unerwünschte Folgen hervorgehen, deren Eintritte nicht vorhersagbar sind.

Zwar zählen intensive Auseinandersetzungen mit Risiken nicht zu den Regelbeschäftigungen von Bauingenieuren. Gleichwohl sind Risikosituationen charakteristisch für die ingenieurtechnische Praxis. Bauingenieure werden immer wieder mit dem Sachverhalt konfrontiert, nicht sicher zu wissen, ob ihre Handlungen ausschließlich beabsichtigte Folgen nach sich ziehen. Zwischen den Risikosituationen bestehen von Fall zu Fall fließende, teils sehr feine Übergänge und oft auch Überschneidungen. Meist liegen komplexe Konstellationen vor, sodass infrage kommende Entscheidungsoptionen sowohl Nutzen als auch Schäden erwarten lassen und differenzierte Abwägungen zwischen möglicherweise eintretenden Komponenten erforderlich werden. Unter diesen Bedingungen scheint es kaum möglich, exakte Angaben zu erarbeiten, die den Bereich der einen Risikosituation zweifelsfrei von der anderen abgrenzen, auch wenn Abgrenzungen nicht grundsätzlich ausgeschlossen sind.

Aufgrund des begrenzten Rahmens der vorliegenden Arbeit und um nicht Gefahr zu laufen, sich bei einer tiefer gehenden Diskussion um Abgrenzungsprobleme in Details zu verlieren, wird darauf verzichtet, sie

---

[142] Haltaufderheide, Joschka: *Zur Risikoethik – Analysen im Problemfeld zwischen Normativität und unsicherer Zukunft*, Diss., Ruhr-Universität Bochum, Verlag Königshausen & Neumann, Würzburg 2015, S. 149.

zu eingehend zu besprechen. Stattdessen werden die genannten Risikosituationen in ihren entscheidenden Merkmalen sowie ihren wesentlichen Implikationen vorgestellt. Dazu ist ein knapper Überblick über die vier Grundtypen nicht nur hinreichend, sondern auch zweckdienlich. Um die Gemengelage übersichtlich zu halten und eine idealtypische Klärung zu erreichen, werden die Risikosituationen anhand praktischer Anwendungsbeispiele aus dem Ingenieuralltag veranschaulicht.

1) Individuelle Risikosituation:
Eine individuelle Risikosituation ist dadurch gekennzeichnet, dass ein Bauingenieur ein Risiko kennt, dieses trotz dagegensprechender Sicherheitsvorschriften[143] willentlich eingeht und die unmittelbaren Folgen aus dem Risikoeintritt nur ihn selbst betreffen.[144] Er ist Risikourheber und Betroffener in einer Person.[145] Operationen unter mangelnder Kenntnis im Sinne eines Unwissens[146] sind wegen umfänglicher Berufsausbildung und im Idealfall auch wegen bestehender Berufserfahrung ausgeschlossen. In individuellen Risikosituationen handelt der Bauingenieur aktiv und geht die Situation des persönlichen Risikokalküls[147] bewusst ein, ohne dass mit seinem Tun oder

---

[143] Obwohl sicherheitstechnische Vorkehrungen zur Vermeidung von Unfällen geregelt und bekannt sind (z. B. Arbeitsstättenverordnung, Arbeitsschutzgesetz), ist auf Baustellen beim vor Ort tätigen Personal regelmäßig eine gewisse Leichtfertigkeit im Umgang mit dem Schutz von Leib und Leben zu beobachten. Möglicherweise ist das darauf zurückzuführen, dass sich Unfälle oftmals durch ein latentes Zusammenkommen von zeitgleich oder nahezu zeitgleich auftretenden Mehrfachstörungen ereignen, die sich aus Interaktionen von technischen, organisatorischen und menschlichen Fehlern ergeben und die daraus resultierenden Gefahrenlagen nur für erfahrenes Baustellenpersonal frühzeitig erkennbar sind.

[144] Vergleiche dazu auch Shrader-Frechette, K. S.: *Risk and Rationality. Philosophical Foundations of Populist Reforms,* University of California Press, Berkeley 1991, S. 105.

[145] Hier wird auf die individuelle Risikopraxis und direkte mögliche Folgen einer Entscheidung oder einer Handlung rekurriert, was auf die Zuschreibung von Eigenverantwortung abzielt. Es wird angenommen, dass es Bauingenieuren möglich ist, zu entscheiden, individuelle Risiken zu erkennen und diese bewusst und freiwillig einzugehen oder abzulehnen. Diese Annahme ist nicht unrealistisch. Sie wurde getroffen, um die Gestaltung der Diskussion übersichtlich zu halten.

[146] Siehe dazu in diesem Abschn. 2.1 *Technisch-risikoethische Termini, Unwissen.*

[147] Unter einem Risikokalkül wird die Ermittlung des Produktes aus der Eintrittswahrscheinlichkeit eines Ereignisses und dem Wert des aus dem Ereignis resultierenden Schadens verstanden. Diese Vorgehensweise ist weitgehend identisch mit der Ermittlung des Erwartungswertes des Risikos R. Vergleiche dazu in diesem Abschn. 2.4 *Risikokalkulation.*

Unterlassen bestehende Rechte anderer Personen oder Pflichten[148] ihnen gegenüber missachtet werden. Externalitäten liegen nicht vor. Beispiele für individuelle Risikosituationen sind etwa das Betreten eines ungesicherten Rohrgrabens (z. B. Nachrutschen der Grabenwand), der Aufenthalt im nicht einsehbaren Bereich einer Erdbaumaschine (z. B. hinter oder neben einem Bagger – toter Winkel), der Aufenthalt im Gefahrenbereich eines Kranes (z. B. unter einem Fördergut), das Unterlassen des Tragens eines Schutzhelms beim Betreten eines im Rohbau befindlichen Betriebsgebäudes einer Abwasserreinigungsanlage (z. B. herabfallende Gegenstände) oder der Verzicht, sich bei Baumaßnahmen im laufenden Straßenverkehr eine Warnweste anzulegen (z. B. schlechte Sichtbarkeit im Fahrbahnbereich). Individuelle Risikosituationen sind auch auf eine Kollektivbetrachtung hin anwendbar. „Ein Risiko muss nicht notwendig von einem Individuum ausgehen, sondern der Urheber kann auch ein Kollektiv sein. Auch in diesem Fall gilt, dass keine Externalitäten aus der Risikosituation entstehen und alle Konsequenzen lediglich die Mitglieder des Kollektivs betreffen."[149] Ein Beispiel hierzu ist eine Abnahmebegehung eines unterirdisch gelegenen Regenrückhaltebeckens[150] in einer Gruppe unmittelbar vor einem regionalen Starkregenereignis, von dem alle Beteiligten wissen. Hier wäre jeder der Teilnehmer Risikourheber und Betroffener zugleich, denn es würde für alle Gruppenmitglieder leicht einsehbar sein, dass sie sich vor einem

---

[148] Pflicht bezeichnet „relativ scharf konturierte Sollensvorstellungen, deren Geltung unbestritten ist. Ihre reflexive Hinterfragung ist also entweder unsinnig oder geradezu verboten; man hat ihnen schlicht nachzukommen." Ekardt, Hanns-Peter/Löffler, Reiner: *Die gesellschaftliche Verantwortung der Bauingenieure – Arbeitssoziologische Überlegungen zur Ethik der Ingenieurarbeit im Bauwesen*, in: Ekardt, Hanns-Peter/Löffler, Reiner (Hrsg.): Die gesellschaftliche Verantwortung der Bauingenieure, 3. Kasseler Kolloquium zu Problemen des Bauingenieurberufs, Wissenschaftliches Zentrum für Berufs- und Hochschulforschung der Gesamthochschule Kassel, Werkstattberichte – Bd. 19, Kassel 1988, S. 154.
[149] Nida-Rümelin, Julian/Rath, Benjamin/Schulenburg, Johann: *Risikoethik*, de Gruyter, Berlin, Boston 2012, S. 29.
[150] Ein erdüberdecktes Regenrückhaltebecken (RRB) ist eine in Betonbauweise hergestellte geschlossene Kammer, die zufließendes Niederschlagswasser in großen Mengen vorübergehend aufnimmt, um es später kontrolliert in das örtliche Entwässerungssystem abzugeben. Mit der Zwischenspeicherung soll einer Überlastung des weiteren Entwässerungssystems vorgebeugt werden.

aufkommenden Starkregen in die Gefahr plötzlich zufließender Wassermassen begeben.

2) Soziale Risikosituation:
Eine soziale Risikosituation bezeichnet einen Risikotyp, bei dem die „potentiellen Konsequenzen nicht nur die direkt involvierten Individuen betreffen, sondern ebenso unbeteiligte Individuen .... Unbeteiligt bedeutet in diesem Zusammenhang, dass die entsprechenden Individuen nicht Urheber einer Risikosituation sind. Soziale Risikosituationen weisen damit Externalitäten auf."[151]
Risikourheber und Risikobetroffene fallen in sozialen Risikosituationen insoweit auseinander, als „mindestens ein risikobetroffenes Individuum nicht zugleich Risikourheber"[152] ist, wobei die Urheberschaft grundsätzlich „von einem Individuum, einem Kollektiv oder einer Institution ausgehen"[153] kann. Für die Ingenieurpraxis heißt das, dass mindestens eine unbeteiligte Person von einem übertragenen Risiko betroffen ist, wobei der Urheber eines Risikos ein einzelner Bauingenieur sein kann. Meist sind es aber mehrere Baubeteiligte zusammen (z. B. Auftraggeber, Projektteam, Baustellenpersonal), die eine soziale Risikosituation auslösen.

Bei den von einem Risiko betroffen Personenkreis kann es sich um „ein Individuum, ein Kollektiv oder eine Institution"[154] handeln, wobei die Betroffenen entweder willentlich oder unwillentlich mit einem Risiko konfrontiert sind. Allerdings ist es für „die Definition einer sozialen Risikosituation ... unerheblich, ob die Risikobetroffenen willentlich oder unwillentlich einem Risiko ausgesetzt sind.

---

[151] Rath, Benjamin: *Ethik des Risikos – Begriffe, Situationen, Entscheidungstheorien und Aspekte*, in: Eidgenössische Ethikkommission für Biotechnologie im Außerhumanbereich (Hrsg.): Beiträge zur Ethik und Biotechnologie/4, Verlag Bundesamt für Bauten und Logistik BBL, Bern 2008, S. 154.

[152] Rath, Benjamin: *Entscheidungstheorien der Risikoethik. Eine Diskussion etablierter Entscheidungstheorien und Grundzüge eines prozeduralen libertären Risikoethischen Kontraktualismus*, Diss., Universität Zürich, Tectum Verlag, Marburg 2011, S. 29.

[153] Nida-Rümelin, Julian/Rath, Benjamin/Schulenburg, Johann: *Risikoethik*, de Gruyter, Berlin, Boston 2012, S. 30.

[154] Ebenda.

Hingegen ist dies ein erheblicher Unterschied für die risikoethische Diskussion."[155] In ihr nimmt die Frage der ethischen Rechtfertigung einer Risikoübertragung auf unbeteiligte Dritte einen großen Stellenwert ein.[156]
Soziale Risikosituationen sind in der Alltagspraxis von Bauingenieuren nichts Außergewöhnliches. Mit nahezu jeder Errichtung eines Ingenieurbauwerks entstehen Risiken, die Nichtbetroffene auf Betroffene übertragen. Zu den sozialen Risikosituationen zählen etwa Baustellen, die sich im öffentlichen Verkehrsraum befinden. Hier sind Schwerlastverkehr durch Baustellenfahrzeuge, veränderte Verkehrsführungen, Fahrbahnverengungen, Staubentwicklungen im Baustellenbereich, Verkehrssteuerungen oder verschmutzte Fahrbahnen kennzeichnend. Bei diesen Beispielen handelt es sich um soziale Risikosituationen für die Dauer der Baustellenbetriebe.

3) Triviale (gewöhnliche) Risikosituation:
Triviale Risikosituationen sind im Ingenieuralltag ebenfalls regelmäßig anzutreffen. Sie können in drei Varianten auftreten. Bei der ersten Variante sind die Eintrittswahrscheinlichkeit eines Schadens klein und die Ausmaße eines eingetretenen Schadens beträchtlich (aber noch nicht katastrophal), wobei das Schadensausmaß hier auch den Tod von vereinzelten Individuen beinhalten kann.[157] Die zweite Variante beschreibt den Fall, dass die Eintrittswahrscheinlichkeit eines Schadens hoch und das Ausmaß des eingetretenen Schadens gering sind. Die dritte Variante bezeichnet eine vernachlässigbar niedrige Eintrittswahrscheinlichkeit und einen Schaden in unerheblichem Ausmaß. Benjamin Rath schreibt zu dieser Variante: „Situationen, in denen sowohl die Eintrittswahrscheinlichkeit als auch die Konsequenz unbedeutend sind, müssen ebenso als triviale Risiken bezeichnet werden."[158]

---

[155] Ebenda.

[156] Vergleiche zur Legitimation der Risikoübertragung ausführlich Nida-Rümelin, Julian: *Ethik des Risikos*, in: Nida-Rümelin, Julian (Hrsg.): Angewandte Ethik – Die Bereichsethiken und ihre theoretische Fundierung, Kröner Verlag, Stuttgart 1996, S. 825 f.

[157] Vergleiche Nida-Rümelin, Julian/Rath, Benjamin/Schulenburg, Johann: *Risikoethik*, de Gruyter, Berlin, Boston 2012, S. 45.

[158] Rath, Benjamin: *Entscheidungstheorien der Risikoethik. Eine Diskussion etablierter Entscheidungstheorien und Grundzüge eines prozeduralen libertären Risikoethischen Kontraktualismus*, Diss., Universität Zürich, Tectum Verlag, Marburg 2011, S. 43.

Zu einer trivialen Risikosituation zählt etwa der Betrieb eines öffentlichen Regenwasserkanals. Tritt der Fall ein, dass bei starkem Niederschlag wegen Vollfüllung des Kanals kein zusätzliches Regenwasser mehr aufgenommen werden kann, und kommt es deshalb zu örtlichen Überflutungen, bedeutet das nicht automatisch, dass ein Planungs- oder Herstellungsfehler vorliegt und der Kanal unterdimensioniert ist. Vielmehr handelt es sich um ein gewöhnliches Risiko im Sinne eines zwar nicht regelmäßig auftretenden, aber niemals vollkommen ausschließbaren Ereignisses. Dies erklärt sich daraus, dass der sogenannte Berechnungsregen (statistisch zu erwartender Regen von bestimmter Dauer und Stärke) die Grundlage für die Planung und den Bau von Regenwasserkanalsystemen ist. Er ist maßgebend für die Dimensionierungen von Regenwasserkanälen. Während die Dimensionen der Kanäle aber statisch sind, verhalten sich Niederschläge dynamisch, was die Intensitäten und das zeitliche Auftreten angeht. In der Praxis kann es kein Regenwasserkanalsystem geben, dass jede denkbare Niederschlagsmenge aufnimmt und schadlos ableitet. Der Bau und der Betrieb übergroßer Regenwasserkanäle wäre weder ökonomisch vertretbar, noch würde jeder künftige Extremniederschlag sicher abgeleitet werden.

Ein anderes Beispiel für eine triviale Risikosituation sind an Fließgewässer angrenzende natürliche oder eingedeichte Erdoberflächen, die unter bestimmten Niederschlagsbedingungen das die Flussufer übertretende Wasser aufnehmen, indem sie vorübergehend geflutet werden. Diese Retentionsflächen erweitern den Fließquerschnitt und tragen dadurch zur Abschwächung von Hochwasserwellen stromabwärts bei. Aus besagten Gründen sind auch hier die Kapazitätsgrenzen der Retentionsflächen, die eine Wasseraufnahme limitieren, nicht zwingend auf Planungs- oder Herstellungsfehler zurückzuführen.

4) Katastrophale (fatale) Risikosituation:

„Katastrophen sind meistens multidimensionale Ereignisse, d. h. sie haben sowohl tendenziell verschiedene Ursachen als auch viele Betroffene."[159] Die katastrophale Risikosituation im Bauingenieurwe-

---

[159] Nida-Rümelin, Julian/Rath, Benjamin/Schulenburg, Johann: *Risikoethik,* de Gruyter, Berlin, Boston 2012, S. 51.

sen verweist darauf, dass ein Risiko nicht nur technisch gesehen in eine Katastrophe führen kann, sondern, bedeutsamer noch, mit vielen Verletzten, Schwerverletzten und Toten, auch „immer eine soziale Dimension"[160] besitzt. Eine katastrophale Risikosituation liegt vor, wenn „mindestens eine potentielle Konsequenz einen katastrophalen Charakter aufweist",[161] womit die katastrophale Risikosituation im Vergleich zur trivialen Risikosituation ein höheres Ausmaß des jeweiligen Ereignisses aufzeigt, das heißt, das erhöhte Ausmaß des Schadens in einer katastrophalen Risikosituation übersteigt die Grenze des beträchtlichen Ausmaßes eines Schadensereignisses in einer trivialen Risikosituation, was die menschliche Tragik und/oder technische Schäden angeht.

Im Einzelfall gilt es, katastrophale Risikosituationen zu vermeiden. „Weist ein katastrophales Risiko eine hohe Eintrittswahrscheinlichkeit auf, so besteht weitgehender Konsens darüber, dass Reaktionen zu implementieren sind, um das Risiko zu reduzieren."[162] Jedoch ist im Hinblick auf die Ergreifung von vertretbaren Gegenmaßnahmen nicht nur eine hohe Eintrittswahrscheinlichkeit von Relevanz, sondern auch die Vergegenwärtigung der katastrophalen Folge selbst, sodass im Fall eines potenziell katastrophalen Schadensereignisses bereits eine geringe Eintrittswahrscheinlichkeit erhöhte Aufmerksamkeit verlangt und möglicherweise ganz anders zu bewerten ist als eine mathematisch gleichhohe oder höhere Eintrittswahrscheinlichkeit bei einem deutlich geringeren Schaden. Besteht also Anlass, katastrophale Folgen nicht ausschließen zu können, ist einer entsprechenden Eintrittswahrscheinlichkeit vernünftigerweise Beachtung zu schenken, selbst wenn sie gering ist. „Grundsätzlich gilt ... für die Definition katastrophaler Risiken, dass ihre Höhe nicht von vordringlicher Relevanz ist, sondern dass schon das Vorhandensein einer

---

[160] Rath, Benjamin: *Entscheidungstheorien der Risikoethik. Eine Diskussion etablierter Entscheidungstheorien und Grundzüge eines prozeduralen libertären Risikoethischen Kontraktualismus*, Diss., Universität Zürich, Tectum Verlag, Marburg 2011, S. 54.

[161] Nida-Rümelin, Julian/Rath, Benjamin/Schulenburg, Johann: *Risikoethik*, de Gruyter, Berlin, Boston 2012, S. 48.

[162] Ebenda, S. 51.

katastrophalen Konsequenz für eine entsprechende Charakterisierung hinreicht."[163] Dennoch kommt es in der Praxis immer wieder zu verhängnisvollen Zwischenfällen, wie die folgende Auflistung nationaler Beispiele von Großschäden[164] im Tief- und Hochbau zeigen.[165] Infrastrukturanlagen, hier Ver- und Entsorgungsanlagenbau:

- 2015 Potsdam/Bundesstraße 2, Oberflächeneinbruch wegen Unterspülung;
- 2019 Köln/Brabanter Straße, Oberflächeneinbruch wegen Unterspülung;
- 2020 Köln/Innere Kanalstraße, Oberflächeneinbruch wegen Unterspülung.

Infrastrukturanlagen, hier Tunnelbau:

- 1994 München/Trudering, Oberflächeneinbruch wegen einströmendem Grundwasser in U-Bahn-Baustelle;
- 2009 Köln/Severinstraße, Oberflächeneinbruch wegen einströmendem Grundwasser in U-Bahn-Baustelle;
- 2017 Rastatt/DB-Tunnel, Gleisabsenkung der unterquerten Rheintalbahn, Ursache ist möglicherweise zu schneller Rohrvortrieb, sodass sich ein Tübbingring, an dem sich die Rohrvortriebsmaschine abdrückte, verschob und dadurch Boden eingebrochen ist.

---

[163] Ebenda, S. 49.
[164] Im Infrastrukturanlagenbau entstehen Großschäden häufig durch Absackungen bzw. Einstürze von Fahrbahnoberflächen infolge von Grundwassereinbrüchen bzw. -entnahmen oder durch Hohlraumbildungen im Boden infolge von Unterspülungen durch undichte Wasser führende Leitungen. Im konstruktiven Ingenieurbau entstehen Großschäden vielfach durch ein Versagen von Tragstrukturen infolge statischer Überlastungen oder Materialermüdungen.
[165] An einem hier nicht weiter betrachteten Beispiel eines zur Energieerzeugung aus Wasserkraft genutzten Staudamms, bei dem es durch Erosionsvorgänge, Materialermüdung oder Erdbeben (zu Letzteren bestehen in seismologischen Kreisen Unsicherheiten darüber, ob die immensen Drücke aufgestauten Wassers an der Auslösung von örtlichen Erdbeben beteiligt sind) zu einem Bruch kommt, könnte sich die ethische Frage entzünden, ob ein möglicher schlagartiger Verlust einer großen Anzahl an Menschenleben anders zu bewerten ist als ein ebenso großer oder größerer Verlust an Menschenleben, der sich über einen längeren Zeitraum verteilt. Spricht also das Katastrophenpotenzial von Staudämmen als eigenständiges System gegen diese Form der Energieerzeugung und ist der alljährlich statistisch erwartbare Tod mehrerer Tausend Menschen im Straßenverkehr durch Technikanwendung zur Fortbewegung und zum Gütertransport akzeptabler, nur weil er über die Zeit verteilter eintritt und nicht schlagartig in einer einzigen Katastrophe?

## 2 Begriffe und Grundlagen

Konstruktiver Ingenieurbau, hier Brückenbau:

- 1985 Heidelberg/Czernybrücke, Einsturz wegen Konstruktionsfehler;
- 1988 Stockstadt/Mainbrücke, Einsturz wegen fehlerhafter Statik des Tragwerkplaners;
- 2016 Schraudenbach/Talbrücke, Einsturz wegen Traggerüstüberlastung nach Betoneinfüllung.

Konstruktiver Ingenieurbau, hier Hallenbau:

- 1997 Halstenbek/Turnhalle, Einbruch Dachkonstruktion, Ursache vorzeitige Entfernung eines Stützgerüstes;
- 2000 Bayreuth/Turnhalle, Einbruch Dachkonstruktion, Ursache Fehler beim Bau;
- 2006 Bad Reichenhall/Eissporthalle, Einbruch Dachkonstruktion, Ursache war ungeeigneter Holzleim.

5) *Kombination von Risikosituationen:*

Bis hierher wurden die Antonyme individuelle Risikosituation / soziale Risikosituation und triviale Risikosituation / katastrophale Risikosituation als die vier Grundtypen von Risikosituationen im Berufsalltag von Bauingenieuren erörtert. Es zeigt sich, dass die Beteiligung bzw. Betroffenheit von Personen gut für eine Unterscheidung der beiden Risikosituationen des Gegensatzpaares individuelle Risikosituation / soziale Risikosituation geeignet sind, während sich für das Gegensatzpaar triviale Risikosituation / katastrophale Risikosituation das Schadens-ausmaß und die Eintrittswahrscheinlichkeit eines Schadens zur Unterscheidung anbieten. Allerdings schließen die herausgearbeiteten Unterschiede die Kombination einer Risikosituation mit einer Risikosituation aus dem jeweils anderen Paar nicht aus. Da sich Risikosituationen im Baugeschehen nur selten scharf einem der genannten Typen zuordnen lassen, sind Schnittmengen von Risikosituationen die Regel. So kann es etwa zwischen einer individuellen und einer trivialen Risikosituation zu Überlagerungen kommen. Ja, es ist für Bauingenieure gar nicht anders denkbar, dass viele ihrer täglichen Handlungen zwischen diesen beiden Risikosituationen vollzogen werden. Beispiele sind das Herabgehen einer Rohbautreppe, das

Besteigen einer Leiter oder der Aufenthalt im Umfeld von betriebener Maschinentechnik. Und auch die Fahrten zum Arbeitsplatz mit dem Pkw stellen individuelle und zugleich triviale Risikosituationen dar. Hingegen ist eine Kombination aus individueller Risikosituation und katastrophaler Risikosituation nicht denkbar, da „eine katastrophale Risikosituation … notwendig eine soziale Dimension besitzt und die Grenzen einer individuellen Risikosituation folglich überschreitet".[166]

Eine soziale Risikosituation ist sowohl mit einer trivialen als auch mit einer katastrophalen Risikosituation kombinierbar. Ein Beispiel für die Kombination soziale Risikosituation/triviale Risikosituation wäre eine Autobahnbaustelle (z. B. beengte Verkehrsverhältnisse, ungewohnte Verkehrsführungen, Materialtransporte zur Baustelle). Bei unangepasster Fahrgeschwindigkeit oder Unachtsamkeit würde sich eine katastrophale Risikosituation einstellen können (erhöhtes Unfallrisiko), sodass dann die Kombination soziale Risikosituation/katastrophale Risikosituation vorläge. Ein weiteres Beispiel für die Kombination soziale Risikosituation/katastrophale Risikosituation sind in öffentlichen Fahrbahnbereichen errichtete Kanalbauwerke. In jeder Phase der Planung und Errichtung solcher Bauwerke kann es zu Fehlern im Sinne einer Nichteinhaltung von sogenannten technischen Standards[167] kommen. Bei Fehlern in der Planung nehmen Schadensentwicklungsprozesse[168] bereits in der frühen Bauwerksgenese ihren Anfang. Sie werden möglicherweise in die Ausführungsphase übernommen und bleiben unerkannt. Vielfach werden Anfänge von Schadensentwicklungsprozessen auch erst mit Fehlern bei den Ausführungsarbeiten gesetzt.[169]

---

[166] Nida-Rümelin, Julian/Rath, Benjamin/Schulenburg, Johann: *Risikoethik*, de Gruyter, Berlin, Boston 2012, S. 53.

[167] Siehe dazu insbesondere Abschn. 3.3 *Technische Standards*.

[168] Eine detailreiche Auseinandersetzung mit der Ursachenvielfalt und der Entwicklung von Schäden an Abwasseranlagen findet sich in Scheffler, Michael/Rohr-Suchalla, Katrin: *Schäden an Grundstücksentwässerungsanlagen – Ursachen, Folgen, Sanierung, Rechtsfragen*, Fraunhofer IRB Verlag, Stuttgart 2010.

[169] Fehler bei der Planung und/oder der Ausführung lösen immer das Risiko vorzeitiger Sanierungsmaßnahmen (Reparatur, Renovierung, Erneuerung) aus, weil betriebsnotwendige technische Eigenschaften nicht gegeben sind.

## 2 Begriffe und Grundlagen

Werden etwa nach der Inbetriebnahme eines Mischwasserkanals regelmäßig Bauwerksuntersuchungen (z. B. TV-Inspektionen) durchgeführt und werden dabei identifizierte Wandungs- bzw. Rohrverbindungsschäden umgehend saniert, bleibt es bei sozialen Risikosituationen. Bleiben Überprüfungen des Kanals jedoch aus und werden Schäden nicht erkannt oder erkannte nicht saniert, stellen sich katastrophale Risikosituationen ein. In diesen Fällen wird Schadensentwicklungen kein Einhalt geboten. So kann durch Undichtigkeiten austretendes Wasser zu Spüleffekten führen, was Hohlraumbildungen im anstehenden Boden nach sich zieht, wodurch dessen Stützwirkung verloren geht und der Fahrbahnunterbau geschwächt wird, sodass es zu Absackungen bzw. Einbrüchen von Fahrbahnoberflächen kommen kann. Aufgrund der enormen Wassermengen, die vor allem über große Regen- und Mischwasserkanäle abgeleitet werden, sind öffentliche Fahrbahnbereiche, in die diese Ingenieurbauwerke eingebracht sind, besonders betroffen (Abb. 2.2).

Es sei hier noch einmal angemerkt, dass Ingenieurhandlungen nur in Ausnahmefällen einer bestimmten Risikosituation zugeordnet werden können, sodass sich Bauingenieure meist nicht eindeutig in einer der besprochenen Risikosituationen befinden. Risikosituationen können „in den seltensten Fällen als typenreine Risikosituationen betrachtet werden […]."[170] In aller Regel liegen die tatsächlichen Risikosituationen in den

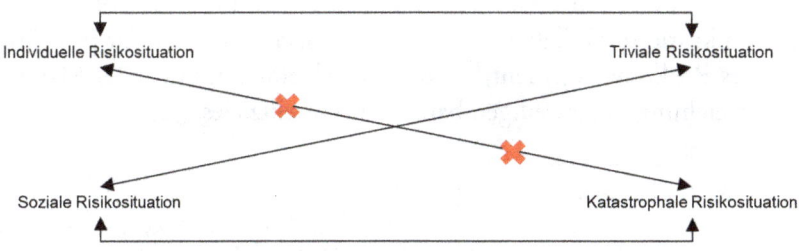

**Abb. 2.2** Kombinationsmöglichkeiten von Risikosituationen

---

[170] Nida-Rümelin, Julian/Rath, Benjamin/Schulenburg, Johann: *Risikoethik*, de Gruyter, Berlin, Boston 2012, S. 53.

Zwischenbereichen und dies wegen vielfältiger möglicher Wechselwirkungen durchaus facettenreich.

## 2.4 Risikokalkulation

Die Risikokalkulation fußt gewöhnlich auf statistischen Erhebungen sowie auf entscheidungs- und wahrscheinlichkeitstheoretischen Überlegungen. Sie bietet sich an, wenn hinsichtlich der Risikorealität genügend relevantes Datenmaterial für Hochrechnungen vorliegt und ein befürchteter Schaden quantitativ bestimmbar ist. Im Baugeschehen sind solche Konstellationen nicht anzutreffen. Zu different sind die Bedingungen des Bauens (z. B. Grundwasser, Tragfähigkeit des Bodens, naturschutzräumliche Anforderungen, bodenmechanische Parameter, bestehende Infrastrukturanlagen). Identische Risikolagen, denen belastbare Informationen etwa zu standardisierten Auslegungen von Bauwerksgründungen entnommen werden könnten, stellen sich nicht ein. Dementsprechend sind Extrapolationen von Erkenntnissen aus der Vergangenheit in die Zukunft auf der Grundlage gesicherter Daten (z. B. Langzeitanalysen) bei wiederkehrenden Randbedingungen in der Baupraxis ausgeschlossen.[171] Selbst mit der Unterstützung ausgewiesener Computersimulationen lassen sich nicht sämtliche bedeutsamen Verhältnisse und deren Schwankungsbreiten erfassen (z. B. Extremwetterereignisse). Aus diesen Gründen erfolgt der Umgang mit Risiken im Bauwesen nicht nach ausgesuchten detaillierten technischen Vorgaben für fest strukturierte Verhalten[172] oder streng nach Leitlinien für projektbezogenes Risikomanagement,[173] sondern teleologisch unter der Maßgabe der Erreichung des jeweiligen baulichen Projektzieles.

---

[171] Siehe dazu auch Abschn. 5.1 *Verständigung über Risiken*.

[172] Zum Beispiel DIN Deutsches Institut für Normung: *DIN EN ISO 12100, Sicherheit von Maschinen – Allgemeine Gestaltungsleitsätze – Risikobeurteilung und Risikominderung*, Beuth Verlag, Berlin 2011.

[173] „Zum Bereich des Risikomanagements zählen […] die Fragen und Probleme der praktischen (sozialen, politischen etc.) Umsetzung von Risikoentscheidungen. Hierzu werden auch die Erkenntnisse und Erfahrungen aus dem Bereich der Risikokommunikation sowie partizipative und Mediationsverfahren bei Risikoentscheidungen gerechnet." Wagner, Bernd: *Prolegomena zu einer Ethik des Risikos*, Diss., Universität Düsseldorf 2003, S. 51.

Risiken sind typisch für das Ingenieurhandeln. Mit jedem bewussten, zweckgerichteten und kalkulierten Eingriff in die Natur oder in eine bereits bestehende technische Infrastruktur und mit jeder Baumaßnahme sind Risiken verbunden. Es handelt sich bei ihnen nicht um schicksalhafte Erduldungen, sondern um bewusste Inkaufnahmen von Möglichkeiten des Eintretens von als negativ einzuordnenden Ereignissen um angestrebter positiver Zwecke willen.

Bei der Auseinandersetzung mit Risiken kann in drei aufeinanderfolgende Phasen unterschieden werden. Es sind dies die Risikoidentifikation, die Risikobewertung und die Risikobeurteilung. „Während Risikoidentifikation und Risikobewertung deskriptive Fragen zum Gegenstand haben (‚Was ist der Fall?'), ist die Phase der Risikobeurteilung auf der normativen Ebene anzusiedeln (‚Welche Entscheidung bzw. Handlung ist richtig?')."[174]

*Phase 1: Risikoidentifikation*
Schulenburg bemerkt: „Bestimmte potentielle Konsequenzen sind nur dann als Risiken zu qualifizieren, wenn sie entweder durch das Handeln von Akteuren hervorgerufen werden, oder aber wenn das Wissen um sie die Möglichkeit schafft, die Wahrscheinlichkeit ihrer Realisierung oder aber das Ausmaß ihrer Folgen durch entsprechendes Handeln zu beeinflussen."[175] Daraus erwächst das Erfordernis, dass die Identifikation von Risiken unter umsichtigen Betrachtungen und auf Basis möglichst differenziert zusammengetragener Informationen erfolgen sollte. Bei selektiven Wahrnehmungen besteht die Gefahr, dass unvollständiges und möglicherweise auch unzutreffendes Datenmaterial in die beiden folgenden Phasen gelangt, womit folgerichtig an der Zuverlässigkeit der Arbeitsergebnisse, die aus den Phasen hervorgehen, gezweifelt würde,

---

[174] Nida-Rümelin, Julian/Schulenburg, Johann: *Risikobeurteilung/Risikoethik*, in: Grunwald, Armin (Hrsg.): Handbuch Technikethik, Springer-Verlag Deutschland, ursprünglich erschienen bei J. B. Metzler'sche Verlagsbuchhandlung und Carl Ernst Poeschel Verlag, Stuttgart 2013, S. 223.

[175] Schulenburg, Johann: *Praktische Rationalität und Risiko – Zum Verhältnis von Rationalitätstheorie, deontologischer Ethik und politischer Risikopraxis*, Diss., Ludwig-Maximilians-Universität München 2012, S. 43.

was kostentreibende Korrekturen bzw. Ergänzungen zur Folge haben könnte.

Bei der Risikoidentifikation „geht es um die Frage ‚Was ist ein Risiko?' beziehungsweise ‚Welche Situationen sind als risikobehaftet zu betrachten?'".[176] Im Bauingenieurwesen gibt es keine allgemein anerkannten Ober- und Untergrenzen für „Risikobehaftetes", die hier anwendbar wären. Unzweifelhaft ist jedoch, dass ein identifiziertes Risiko als Planungs- und Ausführungsoption ausfallen würde, wenn

a) es sehr bedrohlich und aufgezwungen wäre;
b) es nicht beeinflussbar sein und hohe soziale, sachliche und ökologische Schadens- und Katastrophenpotenziale bergen würde;
c) weder individuelle noch kollektive Nutzenaspekte eine Rolle spielen würden und
d) wenn über das Risiko kein oder nur ein geringes subjektives Wissen vorläge.

*Phase 2: Risikobewertung*
Seit Verfahren zur Berechnung von Wahrscheinlichkeiten existieren, ist es möglich, den Risikobegriff durch numerische Ermittlung zu konkretisieren. Meist werden die jeweiligen Einschätzungen aus der zahlenmäßig ausgedrückten Eintrittswahrscheinlichkeit eines Schadensereignisses und dem zahlenmäßig ausgedrückten Schaden generiert.[177] Durch diese formalisierte Vorgehensweise hat die Risikobewertung im Vergleich zur nachfolgenden Risikobeurteilung einen objektiveren Charakter.

Die Risikobewertung ist „durch zwei Fragen gekennzeichnet, die (zumindest implizit) unterschiedliches Gewicht entweder auf die Wahrscheinlichkeits- oder auf die Schadenskomponente von Risikosituationen

---

[176] Nida-Rümelin, Julian: *Die Philosophie des Risikos*, 20. November 2015, www.risknet.de (abgerufen 29. Mai 2022).

[177] Monetäre Quantifizierungen von Schäden werden in der vorliegenden Arbeit nicht betrachtet. Es ist höchst umstritten, ob beispielsweise einem Menschenleben ein ökonomischer Wert gegenübergestellt werden könnte, naturräumliche Verluste in Geldeinheiten gemessen werden könnten oder Ökonomisierungen von sozialen und ökologischen Schäden in ethischer Sicht vertretbar wären.

## 2 Begriffe und Grundlagen 65

legen: zum einen die Frage ‚Wie hoch ist das Risiko?' (Fokus auf Wahrscheinlichkeiten), zum anderen die Frage ‚Wie groß ist das Risiko?' (Fokus auf potenziellen Schäden)."[178] Risikobewertung bedeutet also, ein identifiziertes Risiko im Hinblick auf die Wahrscheinlichkeit eines Schadenseintrittes und des möglichen Schadensausmaßes anhand anerkannter Bewertungskriterien abzuschätzen, um eine werthaltige Zuschreibung formulieren zu können.

Im Bauwesen bietet es sich an, die Risikobewertung über eine mathematische Verrechnung der zwei Risikobeiträge Eintrittswahrscheinlichkeit und Schadensausmaß vorzunehmen. Aus der Verrechnung geht ein Erwartungswert des Risikos R hervor. Er ist das Ergebnis der aus der Versicherungsmathematik stammenden Formel, die die Variablen Eintrittswahrscheinlichkeit w eines Schadensereignisses und den Schadenswert S zu einem Produkt verknüpft[179]:

$$R = w \times S$$

Mit R = Erwartungswert des Risikos R (Schaden/Zeiteinheit),
w = Eintrittswahrscheinlichkeit (Ereignis/Zeiteinheit),
S = Schadenswert (Schaden/Ereignis)

Der Erwartungswert des Risikos R beschreibt die Wahrscheinlichkeit des Eintretens eines Schadensereignisses. Kaufmann notiert unter Bezugnahme auf Frank Knight[180]: „Ein Risiko gilt hier als Produkt aus der Wahrscheinlichkeit, daß ein bestimmtes schädigendes Ereignis eintritt (w), und dem Ausmaß des Schadens, der mit dem Ereignis verbunden ist (S). Es gilt also: R = w x S, und sofern der Schaden in Geld gemessen wird, läßt sich hiermit vorzüglich rechnen. Dies ist der einfachste Risikobegriff, weil er sich nur auf ein einzelnes Ereignis und seine Wahrscheinlichkeit bezieht, wie dies für den Versicherungsfall

---

[178] Nida-Rümelin, Julian: *Die Philosophie des Risikos*, 20. November 2015, www.risknet.de (abgerufen 29. Mai 2022).
[179] Die Risikoformel wird „in übertragener Form [...] auch in der Wirtschafts-, Sozial- und Rechtswissenschaft verwendet." Rust, Ina: *Sicherheit technischer Anlagen – Eine sozialwissenschaftliche Analyse des Umgangs mit Risiken in Ingenieurpraxis und Ingenieurwissenschaft*, Diss., Universität Kassel, university press Kassel 2004, S. 173.
[180] Knight, Frank: Risk, Uncertainty and Profit, Cornell University Library, New York 1921.

charakteristisch ist."[181] Wegen des rationalen Umgangs von Handlungsfolgen favorisiert Carl Friedrich Gethmann die Bezeichnung „rationaler Risikobegriff".[182]

Wird der Risikobegriff „als allgemeine Bezeichnung eines Kontinuums unsicherer Entscheidungssituationen zwischen den Extremen ‚reines Risiko' und ‚vollständige Ungewissheit' aufgefasst, so stellt die versicherungsmathematische Formel [Risiko = Schadenswert x Eintrittswahrscheinlichkeit] den Extremfall des ‚reinen Risikos' dar."[183]

Es ist evident, dass der Zweck der Formel darauf abzielt, die Höhe eines Risikos numerisch zu bestimmen, also eine Kennzahl zur quantitativen Beschreibung eines Risikos festzulegen. Die beiden konstituierenden Komponenten sind: Eintrittswahrscheinlichkeit w (Ereignis/Zeiteinheit) und Schadenswert S (Schaden/Ereignis). Der Grad eines Risikos ist gleich dem Produkt der Komponenten mit der Dimension (Schaden/Zeiteinheit). Der Erwartungswert des Risikos R stellt damit ein Maß für die Wahrscheinlichkeit des Eintretens eines Schadens dar, der durch eine Handlung hervorgerufen werden kann.

Die Risikobewertung kommt in der Schadensprognose zum Ausdruck, die sich an der Eintrittswahrscheinlichkeit des Schadens und an seiner Größe orientiert. Mit Blick auf Ingenieurhandlungen sprechen allerdings gleich mehrere Gründe dafür, dass der formale Ansatz zur Risikobewertung für das Bauingenieurwesen nicht in jedem Fall hinreichend ist.[184]

---

[181] Kaufmann, Franz-Xaver: *Risiko – Verantwortung – Verantwortlichkeit*, in: Eifler, Günter, Saame O. (Hrsg.): Wissenschaft und Ethik, Mainzer Universitätsgespräche, Mainz 1992, S: 82. S. 82.

[182] „Nur der Risikobegriff, der Wahrscheinlichkeit mit Schadensausmaß verbinde[t, M. S], ist ein denkbares Instrument für die rationale Bewältigung von geschickhaft eintretenden Handlungsfolgen; er soll daher abgekürzt ‚rationaler Risikobegriff' heißen." Gethmann, Carl Friedrich: *Zur Ethik des Handelns unter Risiko im Umweltstaat*, in: Gethmann, Carl Friedrich/Kloepfer, Michael (Hrsg.): Handeln unter Risiko im Umweltstaat, Springer-Verlag Berlin, Heidelberg 1993, S. 2.

[183] Nida-Rümelin, Julian/Rath, Benjamin/Schulenburg, Johann: *Risikoethik*, de Gruyter, Berlin, Boston 2012, S. 6. Vergleiche auch Nida-Rümelin, Julian/Schulenburg, Johann: *Risiko*, in: Grunwald, Armin/Hillerbrand, Rafaela (Hrsg.): Handbuch Technikethik, Springer-Verlag Deutschland, Heidelberg 2021, S. 25. Siehe zu „reines Risiko" und „vollständige Ungewissheit" Teilabschn. 4.3.2 *Entscheidungen unter Unsicherheit*.

[184] Siehe dazu Abschn. 5.2 *Kritik an der Risikobewertung nach der Formel $R = w \times S$*.

## 2 Begriffe und Grundlagen 67

*Phase 3: Risikobeurteilung*
Die Risikobeurteilung befasst sich mit der Frage, ob ein identifiziertes und bewertetes Risiko eingegangen werden sollte oder nicht. In der Risikobeurteilung „geht es um normative Aspekte: Ist ein zuvor identifiziertes und bewertetes Risiko vertretbar und ist es akzeptabel?"[185] Während die Frage der Vertretbarkeit eines Risikos eher die ökonomische Ebene der Risikobeurteilung betont, zielt die Frage der Akzeptabilität[186] eher auf die ethische Ebene der Risikobeurteilung ab. „Beide Aspekte, (ökonomische) Vertretbarkeit und (ethische) Akzeptabilität, haben jedoch einen einheitlichen normativen Hintergrund: Es geht darum, ob ein Risiko *vernünftigerweise* eingegangen werden sollte oder nicht; ein infrage stehendes Risiko soll daraufhin überprüft werden, welche Gründe dafür oder dagegen sprechen, es einzugehen. Insgesamt geht es bei Risikobeurteilungen also um Überlegungen, welche Kriterien der Risikopraxis als vernünftig gelten können und – darin inbegriffen – wie sich eine entsprechend ausgestaltete Risikopraxis zu ethischen Erwägungen verhält."[187] Durch die vergleichsweise hohe individuelle Einflussnahme (Werte und normative Überzeugungen, die zumindest teilweise individueller Natur sind), hat die Risikobeurteilung im Vergleich zur vorausgehenden Risikobewertung einen subjektiveren Charakter.

Bei der Risikokalkulation ist zwischen den Herangehensweisen von Laien als Nichtfachleuten und Experten als Fachleuten zu unterscheiden. Für Laien sind vornehmlich qualitative Aspekte bei der Einschätzung von Risiken von zentraler Bedeutung. Sie orientieren sich meist an verschiedenen mit der jeweiligen Risikoquelle verbundenen Charakteristiken und beurteilen diese. Ortwin Renn und Michael Zwick schreiben: „Im Gegensatz zu technischen Risikoexperten nehmen Laien Risiken als ein komplexes, mehrdimensionales Phänomen wahr, bei dem

---

[185] Nida-Rümelin, Julian: *Die Philosophie des Risikos,* 20. November 2015, www.risknet.de (abgerufen 29. Mai 2022).
[186] Siehe dazu auch Teilabschn. 4.2.3 *Akzeptanz und Akzeptabilität*.
[187] Nida-Rümelin, Julian/Schulenburg, Johann: *Risikobeurteilung/Risikoethik,* in: Grunwald, Armin (Hrsg.): Handbuch Technikethik, Springer-Verlag Deutschland, ursprünglich erschienen bei J. B. Metzler'sche Verlagsbuchhandlung und Carl Ernst Poeschel Verlag, Stuttgart 2013, S. 223.

subjektive Verlusterwartungen (geschweige denn die statistisch gemessene Verlusterwartung) nur eine untergeordnete Rolle spielen, während der Kontext der riskanten Situation maßgeblich die Höhe des wahrgenommenen Risikos beeinflußt."[188] Danach besteht die Auseinandersetzung mit Risiken für Laien vorwiegend auf der Basis risikobeurteilender Aspekte, unter Auslassung risikobewertender Aspekte. Experten hingegen bevorzugen eine wissenschaftliche Perspektive und wählen eine risikobewertende, analytische Herangehensweise. Sie verlegen sich darauf, Risiken vor allem mithilfe formalisierter Vorgehensweisen in ihrem quantitativen Ausmaß einzuordnen, bevor sie zur Risikobeurteilung übergehen.[189]

## 2.5 Ingenieurrationalität

Die Ingenieurpraxis kann als ein Feld verstanden werden, auf dem Bauingenieure zwei Handlungsintuitionen folgen. Die eine ist die Rationalität, die andere die Prinzipienorientierung. In Bezug auf die Handlungsintuitionen des rationalen und des prinzipienorientierten Handelns stellt Nida-Rümelin fest: „Eine Person handelt rational (oder vernünftig), wenn ihre Handlungen im Hinblick auf die Ziele dieser Person sinnvoll erscheinen (als ein gutes Mittel gelten können, um diese Ziele zu erreichen). Die andere Intuition (die Intuition der Prinzipienorientierung) besagt, daß vernünftiges Handeln darin besteht, bestimmten Prinzipien oder Kriterien zu gehorchen."[190] Der Berufsalltag von Bauingenieuren verlangt, beide Intuitionen anzuwenden und sie im Handeln zu vereinen.

---

[188] Renn, Ortwin/Zwick, Michael: *Risiko- und Technikakzeptanz*, Springer-Verlag, Berlin, Heidelberg 1997, S. 90.
[189] Bei der Frage der Gründe für die Unterschiede zwischen den Herangehensweisen dürfte auch von Bedeutung sein, dass Laien in der Regel von Risiken betroffen sind, die Experten schaffen. In der Risikokommunikation der Ingenieurpraxis spielen faktisch ungleich verteilte Betroffenheitsgrade eine große Rolle. Siehe zu „Experten-Laien-Kommunikation" Abschn. 5.3 *Risikokommunikation zwischen Nichtbetroffenen und Betroffenen*.
[190] Nida-Rümelin, Julian: *Ökonomische Rationalität und praktische Vernunft*, in: Hollis, Martin/Vossenkuhl, Wilhelm (Hrsg.): Moralische Entscheidung und rationale Wahl, R. Oldenbourg Verlag GmbH, München 1992, S. 131.

Die Prinzipienorientierung ist der baulichen Praxis geschuldet, die in erheblichem Umfang von technischen Standards[191] bestimmt wird. Ihr Gebrauch vermittelt ein prinzipienorientiertes Ingenieurhandeln. Gleichwohl lässt sich das Arbeitshandeln des Bauingenieurs nicht auf den bloßen Vollzug von technischen Standards reduzieren. Sie sollten anwenderseitig stets auf Widerspruchsfreiheit zu parallel geltenden Publikationen geprüft werden. Zudem ist es geboten, technische Standards hinsichtlich der enthaltenen allgemein anerkannten Regeln der Technik (a. a. R. d. T.)[192] mit einer gewissen Zurückhaltung zu betrachten, solange Zweifel an ihrer Aktualität bestehen. „Dies erfordert kritische Distanz bei gleichzeitiger Anerkennung des prinzipiellen Geltungsanspruchs, also eine prinzipienorientierte, postkonventionelle Urteilsfähigkeit."[193]

„Eine Person handelt rational, wenn ihre Handlungen im Hinblick auf die Ziele dieser Person sinnvoll erscheinen. Handlungen sind im Hinblick auf die Ziele einer Person sinnvoll, wenn sie als ein gutes Mittel gelten können, diese Ziele zu erreichen",[194] führt Nida-Rümelin aus. Folglich geht ein Bauingenieur rational vor, wenn er Handlungen so wählt, dass er seine Zielerreichung optimiert, das heißt, dass nicht nur rational handelt, wer aus den sich bietenden Alternativen die beste auswählt, wenn sie benötigt wird, sondern auch bereits derjenige, der frühzeitig und vorsorglich aktiv wird, indem er Alternativen vor der praktischen Umsetzung entwickelt, sie sozusagen in die Welt hinein entwirft. Diese ausgeprägte Folgenbetrachtung lässt durchschillern, dass die konsequentialistische Herangehensweise im Arbeitsalltag von Bauingenieuren gängige Praxis ist. Allerdings überzeugt sie aus ethischer Sicht nicht, denn bei einer rein konsequentialistischen Herangehensweise bleibt der im Risikofall möglicherweise aufkommende Interessenunter-

---

[191] Siehe Abschn. 3.3 *Technische Standards*.
[192] Siehe dazu Abschn. 3.2 *Unbestimmte Rechtsbegriffe*.
[193] Ekardt, Hanns-Peter: *Das Sicherheitshandeln freiberuflicher Tragwerksplaner. Zur arbeitsfunktionalen Bedeutung professioneller Selbstverantwortung*, in: Mieg, Harald/Pfadenhauer, Michaela (Hrsg.): Professionelle Leistung – Professional Performance. Positionen der Professionssoziologie. UVK Verlagsgesellschaft mbH, Konstanz 2003, S. 182 f.
[194] Nida-Rümelin, Julian: *Das rational choice-Paradigma: Extensionen und Revisionen*, in: Nida-Rümelin, Julian (Hrsg.): Praktische Rationalität. Grundlagenprobleme und ethische Anwendungen des rational choice-Paradigmas, de Gruyter, Berlin, New York 1994, S. 3.

schied zwischen Entscheidern und Betroffenen unberücksichtigt, womit Verteilungs- und Gerechtigkeitsaspekte[195] ins Hintertreffen geraten können.[196]

Ingenieurrationalität, verstanden als ein zielgerichtetes ingenieurseitiges Handeln, das aus vernünftigen Gründen hervorgeht, wobei objektivierbare Erklärungen abgegeben werden können, die erkennen lassen, zu welchen Zwecken diese oder jene Entscheidung für eine Handlung getroffen oder nicht getroffen wurde, nimmt in der Ingenieurpraxis dort ihren Anfang, wo zu ersten Problemstellungen je nach ihrer kognitiven Zurichtung mögliche Lösungsräume und entsprechende Lösungspfade eröffnet oder zumindest grob abgesteckt werden. Bereits die dazu erforderlichen konstitutiven Leistungen des Bauingenieurs (die Unterstützungsarbeit bei der Problemkonstitution des Auftragnehmers eingeschlossen)[197] sind im Lichte der Ingenieurrationalität zu betrachten. Dabei bedarf es, was die Unsicherheit von Handlungsfolgen angeht, nachvollziehbar einer ingenieurseitigen Hinwendung in die Auseinandersetzung mit den jeweils bestehenden Eintrittswahrscheinlichkeiten. So macht beispielsweise eine geringe Wahrscheinlichkeit für den Eintritt einer erwünschten Folge bei einer zugleich hohen Wahrscheinlichkeit des Eintretens einer unerwünschten Folge eine Korrektur des Handlungszieles und/oder der Herangehensweise erforderlich, um die Eintrittswahrscheinlichkeit der erwünschten Folge deutlich überwiegen zu lassen.

Die Ingenieurrationalität stellt insbesondere im Bereich der Anlagen- und Infrastrukturtechnik umfassende Ansprüche an den Bauingenieur, da gleich mehrere Rationalitätsdimensionen in die Ingenieurpraxis integriert sind. In erster Linie müssen geschaffene technische Lösungen im späteren Betrieb definierte Wirksamkeitsanforderungen erfüllen. So

---

[195] Vergleiche dazu insbesondere Abschn. 5.7 *Grundriss einer konsequentialistisch-deontologischen Risikoethik.*
[196] Dieser Zusammenhang wird erneut besprochen. Siehe Abschn. 5.6 *Merkmale konsequentialistischer und deontologischer Ansätze.*
[197] Vergleiche, Abschn. 3.1, *Verhältnis Auftraggeber–Auftragnehmer.*

muss ein herzustellender Straßenaufbau[198] auf bestimmte verkehrstechnische Beanspruchungen ausgerichtet sein. Eine Entwässerungsanlage muss berechnete Wassermengen aufnehmen und schadlos ableiten können. Und auf einer Abwasserreinigungsanlage muss die Einsteuerungsmöglichkeit der Behandlungstechnik auf wechselhafte Abwasserverschmutzungsgrade und variierende Mengen zulaufenden Abwassers sichergestellt sein. Des Weiteren haben geschaffene Lösungen rechtlichen, technischen, ökologischen und ökonomischen Vorgaben zu genügen. Darüber hinaus müssen Ingenieurbauwerke sozial akzeptiert werden. Hier tritt der Umstand hinzu, dass die in der Welt des Wünschenswerten erhobenen Ansprüche nicht grundsätzlich in solche der Technik überführbar sind. Was rechtlich umsetzbar, technisch möglich, ökologisch sinnvoll und ökonomisch machbar ist, kann unter sozialethischen Gesichtspunkten ausgeschlossen sein.

Die übergeordneten Rationalitätsdimensionen konkretisieren sich in den Rationalitätskriterien der Betriebssicherheit, der Übereinstimmung mit gesetzlichen oder quasi gesetzlichen Vorgaben (z. B. Verordnungen, Erlasse), der technischen Machbarkeit, der Vereinbarkeit mit ökologischen Belangen und ökonomischen Erwartungen sowie der sozialen Akzeptanz.[199] Alle Rationalitätskriterien stehen im Zusammenhang mit zueinander teils entgegenstehenden Zielvorstellungen der direkt oder indirekt am Bau Beteiligten, zu denen private und öffentliche Auftraggeber, Baufirmen und Ingenieurbüros (gegebenenfalls mit Subunternehmern), Verwaltungen, Sonderfachleute und kritische Bürgerinitiativen zählen. Sie alle bringen unterschiedliche Ansprüche mit dem aus ihrer Sicht erforderlichen Nachdruck ein.

In der Ingenieurpraxis lassen die Absichten beteiligter Parteien vielfach darauf schließen, dass sie vornehmlich lokale, mithin einseitige Bezugskreise fokussieren. Andererseits zeigt sich, dass eigennützige Interessen und standhaft vertretene Positionen über diverse Grade der Verallgemeinerbarkeit aufgelockert werden können und Tendenzen einer

---

[198] Der Straßenaufbau besteht im Querschnitt von unten nach oben betrachtet aus dem Untergrund, dem Unterbau und dem Oberbau.
[199] Siehe dazu auch Teilabschn. 4.2.3 *Akzeptanz und Akzeptabilität*.

Generalisierbarkeit von Interessen herstellbar sind. Dies ist besonders im Hinblick auf das Rationalitätskriterium der sozialen Akzeptanz von Bedeutung, bei dem Verteilungs- und Gerechtigkeitsaspekte eine herausragende Rolle spielen können. „Das Verhältnis von Vorteilen und Belastungen, das Angehörigen eines Gemeinwesens … zugemutet werden kann, formuliert ein verteilungs- und gerechtigkeitstheoretisches Problem, das nicht in einer ökonomischen Kosten/Nutzen-Rechnung aufgeht",[200] stellt Höhn fest.[201] Hier ist dann die Projektorganisation gefordert, Lösungen herbeizuführen oder herbeiführen zu lassen, die möglichst bei allen Beteiligten auf Einvernehmen stoßen. Dieser Weg ist nicht ohne Dialogbereitschaft und adäquate Gesprächsangebote denkbar. Erfahrungsgemäß führt er am ehesten zur Konsensbildung, wenn für Beteiligte wahrnehmbar symmetrische Chancen zur Verwirklichung individueller Vorsätze bestehen, aber eingesehen werden muss, dass widerstreitende Interessen ein vollständiges Durchbringen eigener Absichten verhindern, sodass unter den beteiligten Parteien verschiedene Stufen der Entschärfung und Vermittlung notwendig werden, bis schließlich eine finale Konstellation vorliegt und Bereitschaft besteht, sie als Kompromiss zu verstehen, der stellenweise zwar als Beschneidung aufgefasst wird, dem nach übereinstimmendem Verständnis in der Überzeugung wechselseitiger Betroffenheiten jedoch eine weitgehende Zumutbarkeit[202] innewohnt und der gesamte Verhandlungsprozess im Sinne eines Projektfortgangs abgeschlossen werden kann.

Die umfassenden Vernunftansprüche des Bauingenieurs und dessen normatives Arbeitsfeld rechtfertigen die Forderung, dass ihm die (nicht explizit honorarwürdige) Aufgabe der Moderation und Herbeiführung

---

[200] Höhn, Hans-Joachim: *Technikethik als Risikoethik. Ansätze einer sozialethischen Risikobeurteilung*, in: Weber, Wilhelm (Hrsg.): Jahrbuch für Christliche Sozialwissenschaften, Bd. 37, Regensberg Verlag, Münster 1996, S. 39 f.

[201] Die Frage, ob die Möglichkeit einer moralischen Unvertretbarkeit eines bestimmten Ingenieurshandelns durch die Einhaltung technischer Standards ausgeschlossen werden kann, wird weiter unten thematisiert. Siehe dazu Teilabschn. 3.3.4 *Technische Standards – Ethik – Recht*.

[202] „Wird von Zumutbarkeit gesprochen, ist darin enthalten, dass der Person etwas auferlegt wird, was sie vermeiden will, es aber von ihr zu teilende rationale Gründe gibt, dies dennoch anzunehmen. Man könnte also auch von Akzeptabilität sprechen. Auf normativer Ebene sind beide Begriffe synonym. Ist etwas zumutbar, ist es auch akzeptabel." Rippe, Klaus Peter: *Risiko, Ethik und die Frage des Zumutbaren*, Zeitschrift für philosophische Forschung, Bd. 67, Vittorio Klostermann Verlag, Frankfurt am Main 2013, S. 529.

## 2 Begriffe und Grundlagen 73

gemeinsam getragener Werturteile zufällt.[203] Wird ein qualifizierter Bauingenieur mit solcherlei kommunikativen Aufgaben betraut, steht für ihn allerdings so lange kein Erfolg in Aussicht, wie er sich nicht bewusst macht, dass Rationalitätskriterien hinsichtlich der Planung und Erstellung eines Ingenieurbauwerks nicht förderlich sind, soweit sie auf die Verwirklichung eines einzigen Handlungszweckes oder weniger Handlungszwecke abzielen. Das Ingenieurhandeln benötigt an dieser Stelle Bemühungen um diverse Bezüge auf die optimale Verknüpfung vielfältiger, miteinander verkoppelter und/oder einander widerstreitender Vorstellungen, ganz gleich, welche Tätigkeit der Bauingenieur selbst am Planungs- und Baugeschehen aktuell wahrnimmt oder bislang wahrgenommen hat. Dementsprechend besteht das vorrangige ingenieurtechnische Ziel hier darin, Handlungsmöglichkeiten, Chancen und Risiken offen zu diskutieren, gemeinsame Werturteile zu erarbeiten und diese im Sinne einer weiteren erfolgreichen Projektbearbeitung planerisch und baulich umzusetzen. Dazu muss sich der Bauingenieur zum Zwecke einer situationsbezogenen Integration der Vielfalt bestehender Vorstellungen in das jeweilige Gegenüber hineinversetzen, um einen Eindruck darüber zu gewinnen, was es beabsichtigt.

Auch die Förderung der Erarbeitung gemeinschaftlich getragener Werturteile ist als ein Charakteristikum der Ingenieurrationalität zu verstehen. Denn in faktischen Wertkonsensen kommen nicht nur eine weitgehende Übereinstimmung von Wertvorstellungen und Haltungen sowie eine Annäherung von Interessenunterschieden bezüglich eines entsprechenden ingenieurtechnischen Sachverhalts zum Vorschein, sondern auch eine miteinander getragene Zielorientierung auf Basis eines Wollens (im Gegensatz zu Normen, die als Ge- und Verbote auf der Basis eines Sollens zu verstehen sind).

Um Irritationen vorzubeugen, sei abschließend der Hinweis erlaubt, dass Ingenieurrationalität nicht ohne technische Rationalität denkbar ist. Unter technischer Rationalität ist im Bauingenieurwesen die Erfüllung bestimmter Anforderungen an Verfahren, Produkte und Gerät-

---

[203] Vergleiche dazu auch Abschn. 5.1 *Verständigung über Risiken* sowie Abschn. 5.4 *Spezielles Wissen bei Ingenieurhandlungen*.

schaften zu verstehen, wobei die Anforderungen analog zur Ingenieurrationalität durch vernünftige Gründe gestützt werden. Es ist eingängig, dass die auf Baustellen für den Gebrauch vorgesehenen Werkzeuge, Gerätschaften und Maschinentechniken jederzeit verfügbar und funktionsfähig sein müssen. Gleiches gilt für Verfahren, wie z. B. zur grabenlosen Rohr- oder Kabelverlegung. Baustoffliche Vorräte müssen in ausreichender Menge zur Verfügung stehen und Orders frühzeitig ausgelöst werden, um kostenträchtige Stillstandzeiten zu vermeiden, die dem ausführenden Auftragnehmer anzulasten wären. Und schließlich müssen fertiggestellte bauliche Strukturen geforderte statische und dynamische Eigenschaften aufweisen. Technische Rationalität ist immer dort gefragt, wo baustellenbezogene Vollzugsaufgaben mit technischen Mitteln wahrzunehmen sind. Oft ist es ein Bauingenieur des ausführenden Unternehmers, der mit der Leitung beauftragter und geplanter Vorgänge auf Baustellen betraut ist. Ihm obliegt es dann, die zweckbezogene Ausrichtung und die Angemessenheit der technischen Mittel sicherzustellen und insgesamt über die Arbeitsfortgänge zu wachen.

Technische Rationalität ist zwar „konstitutiv für Ingenieurrationalität, macht ihren Kern aus, ist aber dennoch grundsätzlich verschieden von der Rationalität der Ingenieurpraxis".[204] Beide zeichnen sich dadurch aus, dass verfügbares Wissen zur Erreichung des jeweils gegebenen Zweckes planvoll und zielgerichtet eingesetzt wird. Ein elementarer Unterschied ist aber, dass technische Rationalität im Gegensatz zur Ingenieurrationalität kaum in isolierter Sacharbeit vollbracht werden kann. Weder sind praktische Angelegenheiten bei laufendem Betrieb auf der Baustelle ausschließlich über technische Standards oder Software regelbar, noch können sie an den Arbeitsvorgängen und Vorhaben anderer Baubeteiligter vorbei durchgeführt werden. Auch lassen sie sich nicht auskoppeln oder zeitlich verschieben. Ein weiterer Unterschied besteht darin, dass Ingenieurrationalität im Vergleich zur technischen Rationalität umfassender ist. Ingenieurrationalität muss vom Bauingenieur selbst konzipiert werden, das heißt, er muss für sich das Konzept

---

[204] Ekardt, Hanns-Peter: *Risiko in Ingenieurwissenschaft und Ingenieurpraxis*, in: Braunschweigische Wissenschaftliche Gesellschaft: Jahrbuch 1999, J. Cramer Verlag, Braunschweig 2000, S. 168.

der Vorgehensweise zur Erreichung eines jeweiligen Gesamtzieles entwerfen. Hier steht nicht theoretische Rationalität im Vordergrund, die im wissenschaftlichen Subsystem eine zentrale Rolle spielt, sondern die alltägliche Ingenieurrationalität als praktische Rationalität[205] mit ihren prozessualen Abläufen. Mit jeder Realisierung von Ingenieurrationalität werden technische Rationalität, die Herstellung des Ingenieurbauwerks und auch die Logistik mitgedacht. So geht aus den Planunterlagen eines Ingenieurbauwerks im Idealfall hervor, welche Fertigungsschritte auf der Baustelle in etwa anfallen, welche Maschinentechnik notwendig und welches Facharbeiterpersonal erforderlich sein werden, sodass zwischen Aufwand, Kosten und Dauer der Arbeiten grob abgewogen werden kann. „Technische Rationalität zehrt [hier, M. S.] von den Rahmenbedingungen, die ihr praktische Ingenieurrationalität setzt."[206]

---

[205] „Ingenieurrationalität als praktische Rationalität qualifiziert ganze und komplexe Praxiszusammenhänge bis hin zu einer die Berufsausübung prägenden Lebensform." Ekardt, Hanns-Peter: *Das Sicherheitshandeln freiberuflicher Tragwerksplaner. Zur arbeitsfunktionalen Bedeutung professioneller Selbstverantwortung*, in: Mieg, Harald/Pfadenhauer, Michaela (Hrsg.): Professionelle Leistung – Professional Performance. Positionen der Professionssoziologie. UVK Verlagsgesellschaft mbH, Konstanz 2003, S. 178.

[206] Ekardt, Hanns-Peter: *Risiko in Ingenieurwissenschaft und Ingenieurpraxis*, in: Braunschweigische Wissenschaftliche Gesellschaft: Jahrbuch 1999, J. Cramer Verlag, Braunschweig 2000, S. 169.

# 3

# Logik der Arbeits- und Entscheidungsumgebung

**Vorbemerkung**
Die Tätigkeiten von Bauingenieuren unterscheiden sich nicht grundsätzlich von der Ingenieurpraxis in anderen Bereichen (z. B. Energietechnik, Holztechnik, Sicherheitstechnik, Elektrotechnik). Das Arbeitshandeln bei der Planung und der Errichtung von Ingenieurbauwerken weist aber Besonderheiten auf, durch die ein verbindliches Reden von Entscheidungen unter Unsicherheit erst fruchtbar wird, wenn diese Besonderheiten einbezogen werden. Um sie zu veranschaulichen, bedarf es der Besprechung typischer Hergänge im Ingenieuralltag – in ihm bildet sich eine Logik der Arbeits- und Entscheidungsumgebung ab, der Bauingenieure nicht entfliehen können.

Das Planen und Bauen von Ingenieurbauwerken[1] stellt Bauingenieure regelmäßig vor Herausforderungen. Zwar sind einfache Infrastrukturanlagen meist ohne größere Probleme in vorhandene örtliche Systeme integrierbar. Sachliche Basisstrukturen können aber nicht hintergangen werden. Und je komplizierter eine Planung und der anschließende Bau, desto aufwendiger ist der Ingenieuraufwand insgesamt. Zumeist sind es externe Abhängigkeiten, aus denen für Anlagen der technischen Infrastruktur strenge Grenzen der kognitiven Planungsautonomie des handelnden Bauingenieurs erwachsen. Dies lässt sich gut an modernen Abwasserreinigungsanlagen illustrieren. Sie stellen nicht selten den entsorgungstechnischen Kern ganzer Ortsentwässerungsnetze dar. Die mehrstufigen Anlagen unterliegen wegen ihrer teils hochkomplexen Komponenten einer gewissen inneren Dynamik und lassen pauschale Übernahmen rechnerischer oder technischer Planungsansätze von anderen Anlagenplanungen und -umsetzungen nicht zu. Wie in vielen anderen Fällen ist das Ingenieurhandeln auch hier wegen variierender örtlicher Anforderungen und Verfahrens- bzw. Ergebnisvorgaben nicht determiniert. Beispielsweise sind die Wirkungsgrade der Anlagen stark von den spezifischen Zulaufbedingungen abhängig. Auf instabile Verhältnisse im Zustrom[2] reagieren sie überaus empfindlich, was durch entsprechende Nachsteuerungen im Anlagenbetrieb auszugleichen ist, soweit dort Möglichkeiten wirksamer Einflussnahmen bestehen. Betriebliche Eventualitäten dieser Art können selbst durch sorgfältigste Planungsarbeit nicht umgangen werden.

---

[1] Ingenieurbauwerke bestehen ganz überwiegend aus vertrauten und häufig verwendeten Baustoffen, Fertigteilen und Verbindungselementen. Sie entstehen in weithin bekannten Arbeitsgängen geplant und errichtet, wenngleich sie in ihrer konkreten Ausbildung, ihrem Kontext und in ihrer Funktion jeweils Einzelanfertigungen darstellen, sodass sie aufgrund dieses Unikatcharakters in der Literatur gelegentlich als *Einmalbauwerke* bezeichnet werden. Vergleiche Ekardt, Hanns-Peter/Manger, Daniela/Neuser, Uwe et al.: *Rechtliche Risikosteuerung – Sicherheitsgewährleistung in der Entstehung von Infrastrukturanlagen,* Nomos Verlagsgesellschaft mbH, Baden-Baden 2000, S. 71. Dass in der Ingenieurpraxis beständig neue Erkenntnisse im Zusammenhang mit chemischen bzw. physikalischen Sachverhalten eintreffen, die zu partiellen Änderungen und Anpassungen etwa bei Bauproduktverbindungen, Materialübergängen oder Berechnungsverfahren führen, ist der wissenschaftlich-technischen Weiterentwicklung im Baubereich geschuldet.

[2] Zum Beispiel schwankende Abwassermengen, Abwassertemperaturen oder Abwasserinhaltsstoffe.

## 3.1 Verhältnis Auftraggeber–Auftragnehmer

„Dem Handeln steht weder die Vergangenheit ... noch die Gegenwart, sofern sie das Ergebnis der Vergangenheit ist, offen, sondern nur die Zukunft",[3] schreibt Hannah Arendt. Auch das Handeln von Bauingenieuren ist auf Künftiges ausgerichtet, wenn sie sich mit technischen Planungen und Errichtungen von Ingenieurbauwerken befassen. Innerhalb dieser Arbeits- und Verantwortungsbereiche geht es immer um die Gewährleistung bestimmter technischer Anforderungen. In erster Linie sind dies die Standsicherheit und die Funktionsfähigkeit von Ingenieurbauwerken. Daneben sind Auftraggebervorstellungen etwa zu besonderen Einrichtungen oder Betriebsweisen zu berücksichtigen.

In den meisten Fällen bietet es sich an, bereits bei der Projektbeschreibung auf die Fähigkeiten eines in Frage kommenden Bauingenieurs zurückzugreifen. Dem potenziellen Auftraggeber einer ingenieurtechnischen Aufgabe ist in vielen Fällen nicht bewusst, was er im Detail wollen kann oder sollte, wenn er beabsichtigt, ein bestimmtes bauliches Projekt zu initiieren. Auch ist er oftmals nicht in der Lage, seine projektbezogenen Vorstellungen so in einen technischen Rahmen zu fassen, dass innerhalb des ingenieurseitigen Projekthandelns sofort erschlossen werden kann, was im Einzelnen gewünscht wird. Das ist nicht nur einem Mangel an ingenieurtechnischem Wissen geschuldet, sondern mitunter auch darauf zurückzuführen, dass die Einbettung eines baulichen Vorhabens in einen infrastrukturellen Kontext vor beschränkten bzw. ausgeschlossenen Aneignungen schwieriger Material- und Anlagentechniken sowie unvollständigen Beschreibungen der Beziehungen zwischen der Infrastrukturanlage und ihrem sozial-ökologischen Umfeld steht.

Die Erfahrung lehrt allerdings auch, dass selbst ein maximal ordnungsgemäßes Handeln des Bauingenieurs von Unwägbarkeiten begleitet ist. Der Ingenieuralltag birgt zwei hervorstehende Unwägbarkeitsmomente, durch die das Ingenieurhandeln von Unsicherheit bestimmt ist:

---

[3] Arendt, Hannah: *Wahrheit und Lüge in der Politik*. 6. Aufl., Piper Verlag, München 2021, S. 84.

1) Bauingenieure wissen nicht, ob sich alle erwünschten Folgen an ihre Handlungen anschließen. Sie wissen auch nicht, ob unerwünschte Folgen ausbleiben, wenn sich erwünschte im Abschluss an ihre Handlungen einstellen. Das Eintreten erwünschter Folgen von ingenieurtechnischen Handlungen schließt das Eintreten unerwünschter nicht prinzipiell aus.

2) Bauingenieure bringen bautechnische Lösungen hervor, in der Annahme, dass dadurch definierte Umgänge mit bestimmten künftigen Ereignissen erfolgen. Sie arbeiten auf einen gewünschten baulichen Zustand hin. Er liegt vor, wenn sich die aus Handlungen hervorgehenden Parameter und Bauwerkseigenschaften mit erwarteten Handlungsergebnissen decken. Ob mit einem fertiggestellten Ingenieurbauwerk die bezweckte Anlagenfunktion geschaffen worden ist, zeigt die Praxis. Beispiel: Mit einer errichteten Entwässerungsanlage zur Aufnahme und Ableitung von Wasser im Niederschlagsfall liegt der gewünschte bauliche Zustand vor, das heißt, die Vorkehrungen für die Zweckerfüllung sind erbracht. Ob mit dem fertiggestellten Ingenieurbauwerk auch der Zweck erfüllt wird (Entwässerung von Regenwasser), ist erst bei entsprechender Wetterlage feststellbar.

Kommt über die Vergabe von Ingenieurleistungen eine Zusammenarbeit mit dem Bauingenieur zustande, die es dem Auftraggeber ermöglicht, Ideen und anfängliche unspezifische Zielvorstellungen mithilfe baufachlicher Beratungs- und Unterstützungsleistungen schrittweise auszuformulieren bzw. zu schärfen, ist dies oft der Start in eine konstruktiv-partnerschaftliche Projektarbeit. Mit einer ersten Vorhabens- und Problembeschreibung des Auftraggebers, mit einer Problemkonstitution des Bauingenieurs und anschließenden ingenieurseitigen skizzenhaften Lösungsvorschlägen beginnt ein Wechselspiel der Konkretisierung, das eine gewisse Sachlogik[4] in der Beziehung zwischen den zwei bautypischen Prozessen der Problemstellung und der technischen Problemlösung

---

[4] Hinter der Sachlogik stehen folgerichtige und bewährte Bearbeitungsstufen, die bestimmte systematische Vorgehensweisen ingenieurtechnischen Handelns im Hinblick auf die Verfolgung bzw. Umsetzung von Interessen, Zielen, Perspektiven, Schwerpunktsetzungen etc. unter Berücksichtigung gegebener Rahmenbedingungen abfordern.

abbildet. Der Prozess der Problemstellung besteht im Kern aus Formulierungsarbeit, bei der infrastrukturelle Fakten, Vorstellungen des Auftraggebers und technische Randbedingungen eine Rolle spielen. Er endet nach vollständiger Erschließung der Sachlage und zweifelsfreier Problemidentifizierung, soweit es sich nicht bereits um bekannte Umstände handelt, an denen Anpassungen oder notwendige Komplettierungen vorzunehmen sind, die aus zwingenden Gründen noch nicht berücksichtigt werden konnten. Mit der Vorlage einer in sich schlüssigen Problemstellung, kommt der Prozess der technischen Problemlösung in Gang, ohne dass zu befürchten ist, sich mit Lösungsarbeit zu befassen, die nicht oder nur ansatzweise auf eine Problemstellung abgestimmt ist. Die technische Problemlösung besteht wesentlich aus Planungsarbeit.

Eine Intensivierung der Zusammenarbeit zwischen Auftraggeber und Auftragnehmer wird erforderlich, wenn der Auftraggeber aus seiner Sicht zwar in sich geschlossene und plausible Problemlösungsvorgaben an den Bauingenieur mit dem Auftrag zur planerischen Umsetzung übergibt, die für diesen jedoch zu eng gezogen sind oder zu weit gehen und deren Übernahme er nicht für möglich hält, ohne technische Festlegungen zu verletzen, ökologische Erfordernisse zu missachten, soziale Belange zu vernachlässigen oder ökonomische Bedingungen zu übergehen. Bauingenieure sträuben sich, technische Herausforderungen bei unrealistischen Erfolgsaussichten anzunehmen, was noch einmal für die Sinnhaftigkeit einer frühzeitigen Einbindung des Bauingenieurs spricht.

Die beiden Prozesse bringen oft erweiterte planungs- und bauvorbereitende Empfehlungen hervor, beispielsweise zu Baugrunderkundungen, zu Bodenuntersuchungen, zu Bauvarianten (z. B. offene Bauweise) oder zur Bauvertragsform (z. B. Einheitspreisvertrag). Alle Optionen stehen in einem Kreisbezug zueinander, sodass die Problemstellung und die technische Problemlösung abgeändert werden und Umstellungen erfahren können, bis realisierbare entscheidungsauslösende Gründe vorliegen.

Auftraggeberseitig wird in der Regel eine aktive Mitwirkung des Bauingenieurs an der Erarbeitung der Problemstellung und der Konzeptionierung der technischen Problemlösung erwartet. Seine Tätigkeit wird von Projektbeginn an von einer Vertrauenszuwendung durch den

Auftraggeber getragen, durch die ihm nicht nur die persönliche Wertschätzung entgegengebracht wird, die eine effektive und zielorientierte Zusammenarbeit fördert. Auch wird ein gewisser Gestaltungsraum geöffnet, in dem der Bauingenieur einerseits sein Können und Wissen einbringen kann, mit dem andererseits aber die Erwartung verbunden ist, dass Fantasie, Kreativität und eine fachliche Sicht der Dinge entfaltet werden.

Die Auffassung, dass der Bauingenieur bloß technische Probleme nach bestem Wissen und Gewissen zu lösen hat, ist unhaltbar und nicht zielführend. Der mitwirkende Bauingenieur übt erheblichen Einfluss sowohl auf die Problemstellung als auch auf die sich daraus für ihn ergebenden Aufgaben der technischen Problemlösung und deren Abwicklung aus. Daraus erwächst nicht nur eine Problemstellungs- *und* Problemlösungsverantwortung, sondern auch eine Mitverantwortung[5] dafür, auf welche Zielvorstellungen sich der Auftraggeber letztlich einlässt. Folglich wäre es unzureichend, würde der Bauingenieur sich ausschließlich bestehenden technischen Problemen unter routinehafter Anwendung ingenieurwissenschaftlicher Instrumentarien zuwenden wollen. Die Tätigkeit des Bauingenieurs beschränkt sich nicht darauf, mechanisch und erfolgsorientiert Normenvollzugsleistungen zu erbringen und Mathematikaufgaben zu lösen. Neben überschaubaren Standardaufgaben hat er von der ersten Kontaktaufnahme mit dem Auftraggeber an auch schöpferische Leistungen zu erbringen. Für das Verhalten des Bauingenieurs heißt das, auftraggeberseitige Vorstellungen so weit wie möglich zu berücksichtigen, dabei aber die eigene Perspektive und die bestehenden Bedingungen in der Arbeits- und Entscheidungsumgebung nicht aufgeben zu können. Hinzu kommt, dass sich der Bauingenieur neben der Umsetzung technischer Anforderungen damit zu befassen hat, dass er seine Arbeit nicht unabhängig von örtlichen bzw. regionalen Stimmungen verrichten kann. Um auch unter diesen Bedingungen zu Lösungen zu gelangen, bedarf es der Bemühung erweiterter Fähigkeiten.

---

[5] Siehe zu „Mitverantwortung" des Bauingenieurs auch Abschn. 5.5 *Zur Problematik der Verantwortung in der Projektarbeit.*

## 3 Logik der Arbeits- und Entscheidungsumgebung

Dazu zählen methodische Kenntnisse, Wertvorstellungen, Engagement und Urteilsfähigkeit.[6]

Der Bauingenieur hat mehr zu tun, als technische Standards[7] heranzuziehen, sie planerisch umzusetzen und anschließend die Werkserstellung zu leiten oder zu begleiten. Er hat kommunale Willensbildungs- und Entscheidungsprozesse mit ingenieurtechnischen Aufgaben zu verschränken und dabei technische Erfordernisse zu berücksichtigen, die Vereinbarkeit mit ökologischen Gesichtspunkten mitzunehmen, die Sozialverträglichkeit zu bedenken, die Wirtschaftlichkeit einzuplanen und auch die ästhetische Seite zu betrachten. Im Einzelfall darf und soll er sogar ein Wort zur Politikkompatibilität wagen. Eine reine Ausführungsverantwortung für Ingenieurarbeit ist jedenfalls zurückzuweisen.

Analytische Leistungen zur Aufstellung von Lösungsangeboten bezüglich der einschlägigen Kriterien Sicherheit, Funktionsfähigkeit, Kosten und ökologische Verträglichkeit stellen Bauingenieure nicht vor große Probleme. Die Ingenieurausbildung ist derartig breit angelegt, dass Absolventen über die jeweils notwendigen Befähigungen und Instrumente verfügen und diese auch gezielt einsetzen können. Allerdings gibt es arbeitslogisch betrachtet weder eine abschließende Auflistung noch eine sachlich begründete Unter- und Obergrenze für Bearbeitungsaufwände von Bauingenieuren, die einer rechtlichen Pflicht zur Erfüllung eines Ingenieurvertrags entsprechen. So bedarf es etwa im Hinblick auf die Kalkulation von Untersuchungsumfängen und Konzeptionierungsaufwänden einer ingenieurseitigen Selbstmobilisierung. Das lässt sich gut am Beispiel der Honorarordnung für Architekten und

---

[6] Hubig spricht im Zusammenhang mit der Fähigkeit zur sachlichen Beurteilung von praktischer Urteilskraft und beschreibt sie als „diejenige Vermögen des Menschen, mittels dessen der Bezug konkreter Anschauungen zu allgemeinen Gesetzen hergestellt wird." Hubig, Christoph: *Historische Wurzeln der Technikphilosophie*, in: Hubig, Christoph/Huning, Alois/Ropohl, Günter (Hrsg.): Nachdenken über Technik – Die Klassiker der Technikphilosophie, 2. unveränderte Auflage, Verlag Edition Sigma, Berlin 2001, S. 33. Für Kuhlmann ist Urteilskraft „die Kompetenz der klugen Anwendung des Allgemeinen (der Regel, des Gesetzes) auf das Besondere, die Situation, den Fall". Kuhlmann, Wolfgang: *Angewandte Ethik, Ethik III*, FernUniversität in Hagen, 2010, S. 73.
[7] Siehe dazu Abschn. 3.3 *Technische Standards*.

Ingenieure (HOAI)[8] verdeutlichen. Was nach der Idee des Werkvertrags an Arbeitsaufwand zur Erbringung von relativ allgemein gehaltenen HOAI-Grundleistungen[9] bei der Planung und Errichtung eines Ingenieurbauwerks eigentlich zwischen den Vertragspartnern auszuhandeln wäre, bleibt weitgehend eine Angelegenheit des Bauingenieurs. Er ist bei der Anfertigung eines Ingenieurangebotes auf sich gestellt, was die Veranschlagung der Honorare für HOAI-Grundleistungen beispielsweise für das Klären der Aufgabenstellung, das Ermitteln von Planungsrandbedingungen oder das Untersuchen alternativer Lösungsmöglichkeiten angeht, jeweils inklusive aller Nebenarbeiten[10] und Bearbeitungstiefen. Die Schwierigkeit für den Bauingenieur besteht hier darin, dass die zum Zeitpunkt der Erarbeitung eines Ingenieurangebotes zu kalkulierenden Arbeiten zur Erbringung von geforderten HOAI-Grundleistungen nicht überblickt werden können. Folgt auf die Angebotsabgabe eine Beauftragung durch Unterzeichnung des Ingenieurvertrags, kommt es bei der Abrechnung von HOAI-Grundleistungen nach der Fertigstellung des Ingenieurbauwerks häufig zu Diskussionen, wenn das in Rechnung gestellte Honorar für tatsächlich erbrachte Arbeitsaufwände die ursprüngliche Kalkulation signifikant übertrifft und der Auftraggeber die geforderte Honorarerhöhung ablehnt. Für den Bauingenieur wird hier die Frage der Stringenz eines Ingenieurvertrags als Werkvertrag

---

[8] *Verordnung über die Honorare für Architekten- und Ingenieurleistungen (Honorarordnung für Architekten und Ingenieure – HOAI) in der Fassung von 2021*, www.hoai.de (abgerufen 25. November 2024). Die HOAI ist eine Rechtsverordnung der Bundesregierung zur Regelung der Honorare für Architekten- und Ingenieurleistungen in Deutschland. Die HOAI listet sogenannte Leistungsbilder auf. Unter dem Begriff Leistungsbild ist ein stichpunktartig abgestecktes Leistungsspektrum zu verstehen, das der Auftragnehmer zu leisten hat. Details werden im Vertrag geregelt. Jedes Leistungsbild untergliedert sich in neun Leistungsphasen, wobei die Leistungsphasen wiederum in Grundleistungen und besondere Leistungen unterteilt sind. Siehe dazu auch 1. Kapitel *Einleitung*, FN 7. Siehe des Weiteren in diesem Abschn. 3.5 *Genese von Ingenieurwerken*.

[9] Bei Grundleistungen handelt es sich um Leistungen, die im Allgemeinen zur ordnungsgemäßen Erfüllung eines Auftrags zu erbringen sind. Die Grundleistungen zum Leistungsbild Ingenieurbauwerke finden sich in Anlage 12 (zu § 43 Absatz 4) der HOAI. Die Grundleistungen zum Leistungsbild Verkehrsanlagen finden sich in Anlage 13 (zu § 47 Absatz 2) der HOAI. Vereinbarungsgemäß werden die beiden Leistungsbilder in dieser Arbeit nicht getrennt voneinander betrachtet.

[10] Dazu zählen etwa Untersuchungen, Überarbeitungen, Diskussionsteilnahmen und Entscheidungsherbeiführungen.

aufgeworfen, denn wenn ein Vertrag über standardisierte und allgemein formulierte Beschreibungen von HOAI-Grundleistungen zur Planung und Errichtung eines Ingenieurbauwerks gegen Vergütung geschlossen wird, die tatsächlich erbrachten Auftragnehmerleistungen am Ende jedoch über die ursprünglich kalkulierten hinausgehen, dann erhalten die nicht kalkulierten aber angefallenen Arbeiten des Auftragnehmers den Charakter nicht vergütungswürdiger Mehrleistungen, soweit sie auftraggeberseitig nicht anerkannt werden, womit der Kontrakt über Leistungen zur Erbringung eines geschuldeten Ingenieurbauwerks den Aufwand des Auftragnehmers wegen Unvollständigkeit verfehlen würde. Derartige Situationen stellen sowohl Auftraggeber als auch Auftragnehmer vor Probleme. Für den Auftraggeber ist es schwierig, fehlende Leistungsanteile angesichts allgemein formulierter HOAI-Grundleistungen scharf einzugrenzen, weil kaum eine griffige Möglichkeit besteht, ausgebliebene Leistungsanteile an insgesamt unbestimmt gehaltenen HOAI-Grundleistungen als objektive Vertragsverletzung festzustellen und die angeblich nicht erbrachten, aber abgerechneten Ingenieurleistungen zum Zwecke einer Honorarkürzung zu beziffern. Und für den Auftragnehmer ist es aus gleichen Gründen schwierig, seinen Mehraufwand glaubhaft und nachvollziehbar darzulegen.[11] So viel bis hierher zu HOAI-Grundleistungen.

Die Tätigkeit des Bauingenieurs ist keinesfalls nur von technischen Überlegungen geprägt. Bereits zum Zeitpunkt der ersten Kontaktaufnahme mit dem Auftraggeber unterliegt der Bauingenieur in der Arbeits- und Entscheidungsumgebung leitenden Mechanismen: Einerseits hält die spezifische Arbeits- und Entscheidungsumgebung für das ingenieurpraktische Handeln (z. B. Problemkonkretisierungen und -zerlegungen, Annäherungen an Lösungsentscheidungen) individuelle Gestaltungsaussichten zur erfolgreichen Aufgabenbewältigung bereit, die es dem Bauingenieur erlauben, sein Denken und Handeln zwischen technischen, ökologischen, sozialen und wirtschaftlichen Gesichtspunkten

---

[11] Verhärtete Auffassungen zwischen Honoraransprüchen für angeblich erbrachte Ingenieurleistungen und Honorarablehnungen wegen angeblich nicht erbrachter Ingenieurleistungen führen in der Praxis nicht selten in kostenträchtige juristische Verfahren.

abzuwägen und Entscheidungen zwischen Nutzen und Aufwand, Arbeit und Nebenarbeit sowie Qualität und Kosten verbindlich zu treffen. Andererseits unterliegen Bauingenieure insoweit limitierenden Komplexen, als dass ingenieurtechnische Handlungen an flankierende Vorgaben gebunden sind, vor allem an technische Standards, die bei der Leistungserbringung nicht ignoriert werden können.[12]

## 3.2 Unbestimmte Rechtsbegriffe

Die Planung und die Errichtung von Anlagen der technischen Infrastruktur dienen der Herstellung baulicher Zustände, die bestimmte Anforderungen erfüllen. So zeigt sich etwa an Ingenieurbauwerken der Abwasserentsorgung, dass sie wesentlich zur Siedlungshygiene sowie zum Schutz von Boden und Grundwasser beitragen. Der übergreifende Leitgedanke der grundsätzlichen Unverzichtbarkeit von Infrastrukturanlagen ist durch ein dichtes Geflecht aus rechtlichen und technischen Vorgaben geregelt, was für die mit der Bauwerksgenese befassten Personen bedeutet, dass fundierte Kenntnisse über technische Prinzipien, qualitative Anforderungen, ökologische Zusammenhänge und rechtliche Maßgaben[13] vorliegen müssen. Da an der bestehenden Gesetzeslage ablesbar ist, dass der technischen Infrastruktur ein sehr hoher Stellenwert beigemessen wird, ist insbesondere die Kenntnis rechtlicher Grundlagen von Bedeutung. Sie müssen Bauingenieuren und auch den Betreibern fertiggestellter Ingenieurbauwerke hinreichend bekannt sein, damit geforderte Funktionalitäten und Betriebssicherheiten der Anlagen dauerhaft unter Einhaltung rechtlicher Regelungen gewährleistet werden.

Neben den allgemeinen rechtlichen Rahmenbedingungen sind die im Bauwesen anerkannten wissenschaftlichen, technischen und handwerklichen Erfahrungswerte, die sich durchweg als notwendig und richtig

---

[12] Für den folgenden Abschnitt wurde stellenweise Gebrauch gemacht von Scheffler, Michael: *Moralische Verantwortung von Bauingenieuren – Problemstellungen, Perspektiven, Handlungsbedarf*, Springer Fachmedien, Wiesbaden 2019.

[13] Zu nennen sind in erster Linie das Wasserhaushaltsgesetz (WHG), Landeswassergesetze (LWG), Eigenkontrollverordnungen (EKVO), kommunale Satzungen sowie technische Vorschriften in ihren jeweils aktuellen Fassungen.

erwiesen haben, von Relevanz. Sie werden unter der Wendung „allgemein geltende Regeln der Technik" subsumiert, wobei diese in unbestimmte Rechtsbegriffe als jeweils spezifische Techniksstufen aufgegliedert sind. Durch die Techniksstufen wird auf unterschiedliche Sicherheits- und Ausgestaltungsgrade bei technischen Produkten, Ausführungen, Materialien oder Verfahren verwiesen.

Die unbestimmten Rechtsbegriffe spielen dahingehend eine bedeutende Rolle, dass sie den Gesetzgeber davon befreien, auf Technikentwicklungen mit Änderungen von Gesetzestexten reagieren zu müssen. Mit der Differenzierung der allgemein geltenden Regeln der Technik in unbestimmte Rechtsbegriffe wird erreicht, das eher statische Recht problemloser auf die dynamischere Technikentwicklung abstimmen zu können. Nach allgemeiner Auffassung muss der Gesetzgeber „mit unbestimmten Rechtsbegriffen operieren ... Der verfassungsrechtlich gebotene Grundsatz der gesetzlichen Bestimmtheit und des Gesetzesvorbehalts läßt sich wegen der Dynamik der technischen Entwicklung nicht voll realisieren."[14]

In der Baupraxis sind drei unbestimmte Rechtsbegriffe relevant. Bei den allgemein anerkannten Regeln der Technik (a. a. R. d. T.)[15] handelt es sich nach Ingenstau/Korbion um technische Regeln, „die in der technischen Wissenschaft als theoretisch richtig erkannt sind und feststehen sowie insbesondere in dem Kreise der für die Anwendung der betreffenden Regeln maßgeblichen, nach dem neuesten Erkenntnisstand vorgebildeten Techniker durchweg bekannt und aufgrund fortdauernder praktischer Erfahrung als technisch geeignet, angemessen und notwendig

---

[14] Benda, Ernst: *Technische Risiken und Grundgesetz*, in: Blümel, Willi/Wagner, Hellmut (Hrsg.): Technische Risiken und Recht, Vortragszyklus des Kernforschungszentrums Karlsruhe und der Hochschule für Verwaltungswissenschaften Speyer, Druck Kernforschungszentrum Karlsruhe 1981, S. 8. Hier zeichnet sich ein gewisses Dilemma ab. Einerseits ist gesetzliche Bestimmtheit geboten, andererseits muss das Recht flexibel genug auf unvorhergesehene bzw. neue Situationen wie etwa Technikänderungen anwendbar sein. Mit der Beantwortung der Frage, wie unbestimmte Rechtsbegriffe in der Praxis aktuell zu spezifizieren sind, werden Sachverständige beauftragt.

[15] Die allgemein anerkannten Regeln der Technik (a. a. R. d. T.) gehen auf eine Entscheidung des Reichsgerichts vom 11. Oktober 1910 zurück (IV 644/10, RGSt 44, 75, 79). Bis heute ist der § 319 StGB *Baugefährdung* der einzige gesetzliche Paragraf, in dem die a. a. R. d. T. als Tatbestandsmerkmal benannt sind.

anerkannt sind."[16] Die a. a. R. d. T. bilden das Basisniveau[17] der Anforderungen für die Planung und den Bau von Ingenieurbauwerken.

Unter den a. a. R. d. T. sind bewährte Prinzipien und Lösungen zu verstehen, die formell korrekt eingeführt worden sind, selbst wenn sich (noch) keine systematische, theoretische Begründung eines naturgesetzlichen Zusammenhangs angeben lässt. Einzig die Praxis hat hier validierende Potenz. Dementsprechend sind die a. a. R. d. T. das Ergebnis wiederholter Anwendungen und werden von auf dem jeweiligen Fachgebiet arbeitenden Fachleuten für richtig befunden, wobei das Anforderungsniveau aus der fachlichen Mehrheitsmeinung bzw. dem Konsens der Experten innerhalb privatrechtlicher regelsetzender Einrichtungen wie Verbände, Fachgemeinschaften und anderer Zusammenschlüsse hervorgeht.[18] Dadurch, dass die a. a. R. d. T. „in einer Zeit permanenter technischer Neuerungen einem kontinuierlichen Änderungsprozess unterworfen"[19] sind, können sich Rechtsanwender wie Gerichte, Verwaltungen und Anwälte bei Bedarf darauf beschränken, die aktuell herrschende Auffassung unter den Praktikern heranzuziehen und dies mit dem Terminus a. a. R. d. T. zum Ausdruck zu bringen.

Im Gegensatz zu den anderen hier aufgeführten unbestimmten Rechtsbegriffen findet der Stand der Technik (S. d. T.) in § 3 WHG Nummer 11 explizit eine Definition. Danach ist der S. d. T. der „Entwicklungsstand fortschrittlicher Verfahren, Einrichtungen oder Betriebsweisen, der die praktische Eignung einer Maßnahme zur Begrenzung von Emissionen in Luft, Wasser und Boden, zur Gewährleistung der Anlagensicherheit, zur Gewährleistung einer umweltverträglichen Abfallentsorgung oder sonst zur Vermeidung oder Verminderung von Auswirkungen auf die Umwelt zur Erreichung eines allgemein hohen Schutzniveaus

---

[16] Ingenstau, Heinz/Korbion, Hermann: *Verdingungsordnung für Bauleistungen*, 12. Auflage, Werner Verlag, Düsseldorf 1993, S. 1262. Die DIN EN 45020 definiert die a. a. R. d. T. als „technische Festlegung, die von einer Mehrheit repräsentativer Fachleute als Wiedergabe des Standes der Technik angesehen wird". Deutsches Institut für Normung: *DIN EN 45020, Normung und damit zusammenhängende Tätigkeiten – Allgemeine Begriffe*, Beuth Verlag, Berlin 2007, S. 19.

[17] Das Basisniveau gilt für das gesamte deutsche Umwelt- und Technikrecht.

[18] Siehe dazu auch Teilabschn. 3.4.3 *Zusammenspiel von objektiver Sicherheit und Sicherheitsaussagen*.

[19] Schaumann, Peter: *Verantwortung im zivilen Ingenieurwesen*, in: Hieber, Lutz/Kammeyer, Hans-Ulrich (Hrsg.): Verantwortung von Ingenieurinnen und Ingenieuren, Springer Verlag Wiesbaden 2014, S. 109.

für die Umwelt insgesamt gesichert erscheinen lässt".[20] In der DIN EN 45020 wird der S. d. T. verstanden als „entwickeltes Stadium der technischen Möglichkeiten zu einem bestimmten Zeitpunkt, soweit Produkte, Prozesse und Dienstleistungen betroffen sind, basierend auf entsprechenden gesicherten Erkenntnissen von Wissenschaft, Technik und Erfahrung".[21] Benda spricht von der „Gesamtheit der unter Berücksichtigung neuester Erkenntnisse gewonnenen sicherheitstechnischen Lösungen".[22]

Der S. d. T. hat eine einheitliche Legaldefinition erfahren, die für das gesamte öffentliche Recht bedeutsam ist. Maßgebend ist hier nicht die herrschende Auffassung von Fachleuten, sondern ein fortschrittsgebundenes Niveau der Technik. Betriebliche Erprobungen sind keine Voraussetzung. Auf eine allgemeine Anerkennung am Markt wird verzichtet. Daran ist erkennbar, dass der S. d. T. über die Erkenntnisse und Anwendungen der a. a. R. d. T. hinausgeht und als ein auf diesen aufbauendes technisches Anforderungsniveau zu betrachten ist. Es bedingt lediglich die Gewähr der Eignung. Dies kann in der betrieblichen Praxis bedeuten, dass eine vorhandene technische Durchschnittsbeschaffenheit oder eine bewährte Technik zur Sicherung eines Schutzniveaus für die Natur (a. a. R. d. T.) gegebenenfalls nicht mehr den gestellten Anforderungen genügt. Die Beibehaltung einer bewährten konventionellen Praxis reicht nicht mehr aus, wenn der realisierte technische Fortschritt geeignetere Verfahren, Einrichtungen oder Betriebsweisen hervorgebracht hat.

Der Stand von Wissenschaft und Technik (S. v. W. u. T.) wird wie der S. d. T. definiert. Darüber hinaus ist jedoch die nach neuesten wissenschaftlichen Erkenntnissen angewandte Technik von Bedeutung. Hier prägt nicht die technische Machbarkeit, sondern der wissenschaft-

---

[20] *Gesetz zur Ordnung des Wasserhaushalts (Wasserhaushaltsgesetz – WHG)* vom 31. Juli 2009 (BGBl. I S. 2585), zuletzt durch Artikel 2 des Gesetzes vom 18. August 2021 (BGBl. I S. 3901), www.gesetze-im-internet.de (abgerufen 20. September 2021). Der Wortlaut findet sich auch im *Gesetz zum Schutz vor schädlichen Umwelteinwirkungen durch Luftverunreinigungen, Geräusche, Erschütterungen und ähnliche Vorgänge (Bundes-Immissionsschutzgesetz – BImSchG)*, vom 17. Mai 2013 (BGBl. I S. 1274), zuletzt geändert durch Artikel 2 vom 20. Juli 2022 (BGBl. I S. 1362), www.gesetze-im-internet.de (abgerufen 24. August 2022).

[21] Deutsches Institut für Normung: *DIN EN 45020, Normung und damit zusammenhängende Tätigkeiten – Allgemeine Begriffe*, Beuth Verlag, Berlin 2007, S. 17.

[22] Benda, Ernst: *Technische Risiken und Grundgesetz*, in: Blümel, Willi/Wagner, Hellmut (Hrsg.): Technische Risiken und Recht, Vortragszyklus des Kernforschungszentrums Karlsruhe und der Hochschule für Verwaltungswissenschaften Speyer, Druck Kernforschungszentrum Karlsruhe 1981, S. 7.

liche Erkenntnisstand den Begriff. Der S. v. W. u. T. steht im Wasserrecht nicht im Vordergrund, da eine direkte technische Verwirklichung neuester wissenschaftlicher Erkenntnisse mangels praktisch anwendbarer Techniken noch nicht umgesetzt werden kann. Der jeweils angebotene S. v. W. u. T. stellt „immer nur ein in unterschiedlichster Weise interpretierbares ‚Angebot' dar".[23]

Bei der genaueren Betrachtung der genannten unbestimmten Rechtsbegriffe a. a. R. d. T, S. d. T. und S. v. W. u. T. wird deutlich, dass sie in Beziehungen zueinander stehen. Während der Grad der Absicherung durch praktische Erfahrungen von den a. a. R. d. T. über den S. d. T. zum S. v. W. u. T. abnimmt, steigen die technischen Anforderungen an. Das heißt, dass Techniken, die dem S. v. W. u. T. entsprechen, stets ein hohes Maß an technischer Entwicklungsreife besitzen. Sie erfüllen aber nicht die Anforderungen der praktischen Tauglichkeit, wie das bei den a. a. R. d. T. der Fall ist. Dieser Status ist erst erreicht, wenn Bewährungsnachweise aus der Praxis vorliegen (Abb. 3.1).

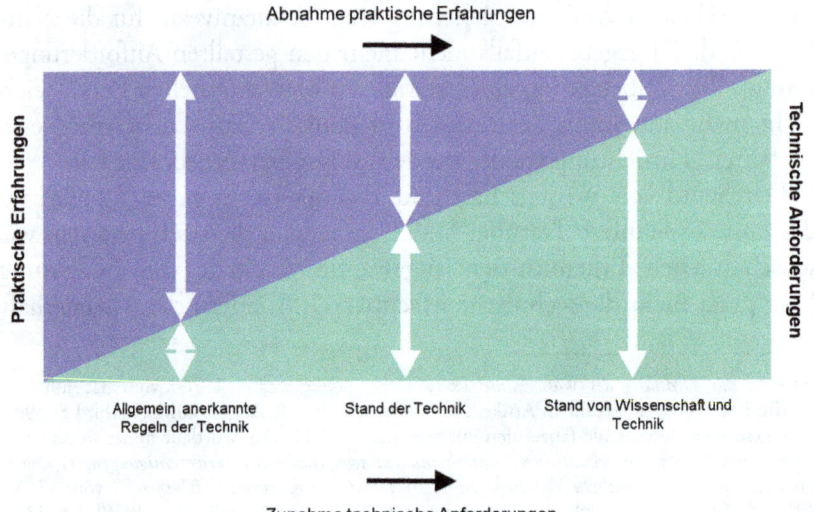

**Abb. 3.1** Unbestimmte Rechtsbegriffe

---

[23] Rapp, Friedrich: *Die normativen Determinanten des technischen Wandels,* in: Lenk, Hans/Ropohl, Günter (Hrsg.): Technik und Ethik, 2. revidierte und erweiterte Auflage, Reclam Verlag, Stuttgart 1993, S. 41.

## 3.3 Technische Standards

Zur Anwendung und Umsetzung staatlicher Anforderungen im Wasserrecht wird regelmäßig auf den Sachverstand privatrechtlicher anerkannter regelsetzender Vereinigungen zurückgegriffen. Zu den privatrechtlichen Regelwerken zählen beispielsweise die Richtlinien des VDI (Verein Deutscher Ingenieure), die Normen des DIN (Deutsches Institut für Normung), die technischen Regeln des DVGW (Deutscher Verein des Gas- und Wasserfaches) oder das Regelwerk der DWA (Deutsche Vereinigung für Wasserwirtschaft, Abwasser und Abfall).[24] „Derartige Regelwerke sind lebendiger Ausdruck der technischen Selbstverwaltung, die sich Ingenieure als Rahmen geben, und der gesetzlich anerkannt ist."[25] Das Regelwerk der DWA besitzt in der Siedlungswasserwirtschaft ein hohes Maß an Anerkennung. Es besteht zu einem großen Teil aus Arbeits- und Merkblättern. Die Regeln für die Ingenieurpraxis sind vor allem in den DWA-Arbeitsblättern enthalten. Die Merkblätter des DWA-Regelwerks bieten Empfehlungen und Hilfen zur Lösung technischer und betrieblicher Probleme an. Sie erfüllen nicht die Voraussetzungen für die allgemeine Anerkennung, geben aber aktuelle Diskussionsstände wieder und sind in Ergänzung zu den Arbeitsblättern nutzbar.

Die technischen Regelungen privatrechtlicher anerkannter Einrichtungen, die in der Baupraxis zu berücksichtigen sind und zur Vereinheitlichung von technischen Vorgaben beitragen sollen, werden als technische Standards bezeichnet. Sie vereinen wissenschaftliche Erkenntnisse, wirtschaftliche Ziele und pragmatische Erwägungen. Den technischen Standards kommt insbesondere die Aufgabe zu, Qualitätsanforderungen, Begriffsbildungen, Prüfverfahren, Baustoffe,

---

[24] Die vom Bundesministerium für Verteidigung (BMVg) und der Bundesanstalt für Immobilienaufgaben (BImA) herausgegebenen Richtlinien des BFR (Baufachliche Richtlinien Abwasser des Bundes) gelten für die Planung, den Bau und den Betrieb von abwassertechnischen Anlagen in Liegenschaften des Bundes im Zuständigkeitsbereich des Bundesministeriums der Verteidigung (BMVg) und des Bundesministeriums des Innern, für Bau und Heimat (BMI) gemäß den Richtlinien für die Durchführung von Bauaufgaben des Bundes (RBBau).
[25] Noske, Harald: *Empfehlungen aus persönlicher Praxiserfahrung*, in: Hieber, Lutz/Kammeyer, Hans-Ulrich (Hrsg.): Verantwortung von Ingenieurinnen und Ingenieuren, Springer Verlag Wiesbaden 2014, S. 43.

Planungsgrundsätze, Berechnungsvorgänge und andere Themenfelder zu präzisieren und zu standardisieren. Technische Standards geben die a. a. R. d. T. wieder.
Auch die Planung und der Bau von Ingenieurbauwerken sind durch technische Standards normiert. Sie sind für das baupraktische Handeln zentral. Durch ihren hohen Grad an Bestimmtheit (Detailliertheit und Schriftlichkeit) können beispielsweise Abweichungen zwischen technischen Vorgaben und vor Ort stattfindenden praktischen Bautätigkeiten gut erfasst werden. Auch lassen sich Qualitäten von Dienstleistungen und Ingenieurbauwerken vorgeben und nach der Erbringung bzw. Fertigstellung überprüfen.[26] Daneben sind technische Standards „stark vom Ziel der *Gewährleistungen von Sicherheit* beherrscht. Dies resultiert aus der Verbindung eines ‚natürlichen' und eines spezifisch gesellschaftlich-historischen Sachverhalts des Bauens."[27] In erster Linie geht es hier um die Sicherheit von Leben, Gesundheit und Sachgütern sowie um den Schutz der Natur. Insgesamt stellen technische Standards institutionalisierte Richtigkeitsgrade für die Planung und den Bau von Ingenieurbauwerken dar und sind unerlässliche Hilfsmittel zur Erzeugung von Sicherheitsaussagen.[28]

Auch wenn den technischen Standards in der Praxis vielfach vorauseilt, dass sie quasi selbstvollziehend sind,[29] in dem Sinne, dass ohne sie kein Bauen möglich wäre, erzielen sie nicht schon durch sich selbst unmittelbar objektive Wirkung. Sind sie im Ingenieuralltag nicht bekannt und kommen auch nicht über Vermittlungsinstanzen ins Spiel, laufen

---

[26] In Fällen von Verletzungen technischer Standards im Rahmen eines Planungs- oder Bauauftrags kann ein zweifaches System aktiviert werden, indem auf privatrechtlicher Ebene zunächst Nachbesserungen eingefordert werden und bei Verweigerung oder Erfolglosigkeit auf gesetzlicher Ebene strafrechtliche Sanktionen drohen.
[27] Ekardt, Hanns-Peter/Löffler, Reiner/Hengstenberg, Heike: *Arbeitssituationen von Firmenbauleitern*, Campus Verlag, Frankfurt/Main, New York 1992, S. 223.
[28] Vergleiche Abschn. 3.4 *Technische Sicherheit*.
[29] Vergleiche Rust, Ina: *Sicherheit technischer Anlagen – Eine sozialwissenschaftliche Analyse des Umgangs mit Risiken in Ingenieurpraxis und Ingenieurwissenschaft*, Diss., Universität Kassel, university press Kassel 2004, S. 3.

sie ins Leere. Zur Erreichung eines erwarteten Verhaltens müssen sie zwingend den Weg über den Bauingenieur nehmen. Nur so lässt sich die Wirksamkeit der Inhalte technischer Standards bei der Planung und dem Bau von Ingenieurbauwerken entfalten. Ingenieurarbeit ist „im Bauwesen auf Schritt und Tritt durch das technische Regelwerk vermittelt. Jedes einzelne Bauvorhaben, aber auch die technisch-wissenschaftlichen Entwicklungen des Bauens sind mit der Anwendung und Weiterentwicklung des technischen Regelwerkes verbunden."[30] Wenn beim Anwender allerdings Hintergrundwissen fehlt, ohne das technische Standards nicht verstanden und gewürdigt werden können, ist die richtige und vollständige Anwendung und Auslegung einzelner Regelwerke gefährdet oder gar ausgeschlossen, womit auch das erwartete Ingenieurverhalten ausbleibt.

### 3.3.1 Rechtliche Gültigkeit

Technische Standards setzen Maßstäbe für technisch einwandfreies Handeln. Sie besitzen in der Baupraxis eine außerordentlich große Bedeutung, da sie nach der überwiegenden Mehrheit von Fachleuten und nach allgemeinem Rechtsverständnis die a. a. R. d. T. und damit Mindestanforderungen enthalten, was die Planung und den Bau von Ingenieurbauwerken betrifft. Gleichwohl stellen die Ausarbeitungen regelsetzender Vereinigungen freiwillig anzuwendende Handlungsempfehlungen dar. Technische Standards sind rechtlich nicht verbindlich und verfügen daher auch nicht über eigene Durchsetzungsverfahren. Sie dienen der „faktischen Ausfüllung abstrakter rechtlicher Anforderungen, wie sie in unbestimmten Rechtsbegriffen ... enthalten sind".[31] Deutlich wird dies,

---

[30] Ekardt, Hanns-Peter/Löffler, Reiner/Hengstenberg, Heike: *Arbeitssituationen von Firmenbauleitern*, Campus Verlag, Frankfurt/Main, New York 1992, S. 223.

[31] Rust, Ina: *Sicherheit technischer Anlagen – Eine sozialwissenschaftliche Analyse des Umgangs mit Risiken in Ingenieurpraxis und Ingenieurwissenschaft*, Diss., Universität Kassel, university press Kassel 2004, S. 87.

wenn technische Standards im Rahmen vertraglicher Vereinbarungen gefordert werden, wie in Bau- oder Leistungsverträgen. In diesen Fällen erlangen sie sehr wohl rechtliche Verbindlichkeit. Auch kann das Recht auf sie Bezug nehmen und ihnen Rechtscharakter verleihen. So lässt sich über die Aufnahme in öffentliche Rechtsvorschriften die Pflicht zur Anwendung festschreiben. Werden technische Standards etwa in Eigenüberwachungs- oder Eigenkontrollverordnungen der Länder oder in Entwässerungssatzungen der Kommunen explizit erwähnt oder allgemein gefordert, stellen sie rechtlich verpflichtende Vorgaben dar. Sie sind rechtlich bindend, wenn sie Inhalt von Verträgen werden oder der Gesetzgeber ihre Berücksichtigung vorschreibt. Hanns-Peter Ekardt hat zu diesem Aspekt geschrieben: „Das Technische Regelwerk sollte immer in der Balance zwischen Recht und professioneller Orientierung gehalten werden. Es sollte also nicht als Vorschrift, als Recht in anderer Erscheinung institutionalisiert werden. Das Regelwerk sollte ein Ausdrucksmittel professioneller Techniksteuerung sein und insofern immer unter dem Vorbehalt professionellen Urteils im Einzelfall stehen."[32]

Dass mit der alleinigen Veröffentlichung technischer Standards noch keine rechtliche Relevanz gegeben ist, wurde höchstrichterlich festgestellt. Nach einem Urteil des Bundesgerichtshofes (BGH) zu DIN-Normen aus dem Jahre 1998 sind DIN-Normen „keine Rechtsnormen, sondern private technische Regelungen mit Empfehlungscharakter. Sie können die anerkannten Regeln der Technik wiedergeben oder hinter diesen zurückbleiben."[33] Weiterhin sei es nicht maßgebend, welche DIN-Norm zum Zeitpunkt der Bauausführung Gültigkeit besitzt, sondern ob die Bauausführung zum Zeitpunkt der Abnahme den derzeit geltenden a. a. R. d. T. entspricht. Nach diesem Urteil sind Planungs- und Bauleistungen nicht schon allein aufgrund einer Regelwerksabweichung mangelhaft, da normierte Vorschriften vom technischen

---

[32] Ekardt, Hanns-Peter: *Die Stauseebrücke Zeulenroda. Ein Schadensfall und seine Lehren für die Ingenieurverantwortung*, in: Sonderdruck aus Stahlbau 67, Heft 9, Berlin 1998, S. 14.
[33] Bundesgerichtshof, „DIN-Normen-Urteil" vom 14.05.1998 (VII ZR 184/97).

Fortschritt überholt sein oder Fehler enthalten können. In diesen Fällen ist der aktuellere S. d. T. zu wählen und nicht mehr die a. a. R. d. T. Von einzelnen technischen Standards kann also durchaus abgewichen werden, wenn über eine alternative technische Lösung das Sicherheitsziel in mindestens gleicher Güte erreicht werden kann.[34]

Auch aus einer Reihe weiterer Rechtsprechungen geht hervor, dass die Mangelfreiheit baulicher Leistungen nicht allein an der Einhaltung von technischen Standards festgemacht werden kann.[35] Weil technische Standards überarbeitungswürdig sein können, ist ihre Verbindlichkeit nicht automatisch gegeben.

## 3.3.2 Steuerungswirkungen

Aktuell geltenden technischen Standards wird in der Ingenieurpraxis verpflichtende Anwendung zugeschrieben, weil in ihnen die einzige Erkenntnisquelle für ein ingenieurseitig ordnungsgemäßes Verhalten bei der Abarbeitung technischer Aufträge gesehen wird.[36] Durch die Benutzung technischer Standards wird das Ingenieurverhalten dahingehend gesteuert, dass Störungen von Sicherheitsgewährleistungen in den Bereichen, in denen sie sonst nicht ausgeschlossen werden könnten, weitgehend vermieden werden.

---

[34] Hier stellt sich die Frage nach der feststellenden Instanz (Gerichte, Sachverständige).
[35] Vergleiche Bundesgerichtshof, „Bauwerke-Urteil" vom 16.09.1971 (VII ZR 5/70); Bundesverwaltungsgericht, „Meersburg-Urteil" vom 22.05.1987 (4 C 33-35/83); Bundesgerichtshof, „DIN-Normen-Urteil" vom 14.05.1998 (VII ZR 184/97); Oberlandesgericht Karlsruhe, Beschluss vom 09.11.2006 (VII ZR 19/06).
[36] Ekardt und Löffler stellten 1991 in einer empirischen Untersuchung fest, dass man Normen aus der ingenieurpraktischen Perspektive als Abbild der Wirklichkeit betrachte, sie wie Lehrbücher behandle und sich auf die Richtigkeit der Normeninhalte verlasse. Vergleiche Ekardt, Hanns-Peter/Löffler, Reiner: *Regulierungsfunktionen technischer Normen in der Praxis der Bauingenieure*, in: Schuchardt, Wilgart (Hrsg.): Technische Normen und Bauen, Kooperationsprinzip und staatliche Verantwortung, EG-Binnenmarkt und eine umweltverträgliche Stadtentwicklung als Herausforderung an die Baunormung, ohne Verlagsangabe, Düsseldorf 1991, S. 52.

In der Ingenieurpraxis liegen fünf Hauptgründe vor, technischen Standards eine herausragende Bedeutung zuzusprechen:

1) Akzeptanz der öffentlichen Auftraggeber:
Öffentliche Auftraggeber und Genehmigungsbehörden orientieren sich fast ausnahmslos an einschlägigen technischen Standards, insbesondere an den technischen Normen des DIN und am Regelwerk der DWA. Sie enthalten operative Sätze, über die Sachwissen, Beschaffenheitsanforderungen, Grenzwerte oder produkt- und materialspezifische Eigenschaften transportiert werden. Darüber hinaus beschreiben sie Verfahren, Messtechniken und Vorgehensweisen zur Erreichung von Qualitätszielen und bestimmten Anforderungen. Qualifizierte ingenieurtechnische Entwürfe, denen technische Standards zugrunde liegen, werden von öffentlichen Auftraggebern und Genehmigungsbehörden in aller Regel akzeptiert. Davon abweichende Planungsarbeiten wirken inhaltlich weniger überzeugend und reduzieren die Annahmebereitschaft.[37]

2) Vertragsrechtliche Verbindlichkeit:
Auftraggeberseitig gewünschte technische Standards werden in die Vertragsunterlagen aufgenommen, meist sogar durch explizite Benennungen. Dadurch erhalten technische Standards eine privatrechtliche Verbindlichkeit und nehmen eine „wichtige Funktion für die Konkretisierung der vertraglichen Leistungsbeziehungen der Baubeteiligten zueinander"[38] ein. Den Anwendern technischer Standards fällt es im Haftungsfall leichter, die Einhaltung der erforderlichen Sorgfalt anhand bestimmter normativer Vorgaben darzulegen und so dem Vorwurf der Fahrlässigkeit entgegenzuwirken.

3) Arbeitsroutine:
Viele Ingenieurbüros haben sich Musterlösungen zurechtgelegt und halten Softwareprodukte vor, auf die bei Bedarf zurückgegriffen wird.

---

[37] Bei der Erarbeitung regelkonformer qualifizierter Planungsleistungen schwingen unzweifelhaft ökonomische Motive mit. Sie haben immer auch eine potenziell akquisitorische Funktion.
[38] Rust, Ina: *Sicherheit technischer Anlagen – Eine sozialwissenschaftliche Analyse des Umgangs mit Risiken in Ingenieurpraxis und Ingenieurwissenschaft*, Diss., Universität Kassel, university press Kassel 2004, S. 106.

In Letztere sind häufig relevante technische Standards eingearbeitet, die regelmäßig aktualisiert und angepasst werden. Mithilfe der elektronischen Werkzeuge lassen sich Planungslösungen und Bemessungsvorgänge schnell, unproblematisch und zugleich im Einklang mit gegenwärtig bedeutsamen a. a. R. d. T. bearbeiten.

4) Qualität und Wirtschaftlichkeit:
Meist gibt es keinen Grund von technischen Standards abzuweichen. Sie stehen gewöhnlich für Qualität und Wirtschaftlichkeit. Drängen sich im Einzelfall gewisse Vorteile auf oder sprechen spezielle Anforderungen dafür, von der gewohnten Praxis abzuweichen und auf eine technische Alternative umzuschwenken, die nicht den a. a. R. d. T. entspricht, ist die Planung häufig aufwendiger und letztlich auch strittiger als unter der Beibehaltung etablierter technischer Standards. Gegen das Verlassen technischer Standards sprechen zudem Unsicherheiten in der Frage, ob ein Abweichen von normativen Planungsprinzipien und Bemessungsansätzen einer vertragsrechtlichen Verletzung wegen der Nichtbeachtung bestehender a. a. R. d. T. gleichkommt.[39]

5) Ingenieurausbildung:
Während sich richtiges Handeln in der Philosophie grundsätzlich auf (möglichst) verallgemeinerbare Standards beispielsweise in Bezug auf Gerechtigkeit oder auf Vorstellungen eines guten Lebens bezieht, wird in der Ingenieurausbildung gelehrt, dass die Heranziehung vorliegender technischer Standards bereits als richtiges Handeln zu verstehen ist und die Arbeitsergebnisse das Niveau allgemeiner Akzeptanz erreichen. Durch den starken Bezug auf technische Standards in der Ingenieurausbildung entsteht eine hohe faktische Bindewirkung über das Studium hinaus, die dadurch gesteigert wird, dass technische Standards in der Sprache der Ingenieure geschrieben werden und nicht auf eine Transformation in die Terminologie ihres jeweiligen Anwendungsfeldes angewiesen sind.

---

[39] Siehe dazu auch Teilabschn. 3.3.4 *Technische Standards – Ethik – Recht*.

Da sich die Ingenieurpraxis durch eine besonders markante Ausprägung einer Objektivierung verbindlicher Orientierungen auszeichnet, kommt technischen Standards zusammen mit anderen Vorgaben wie Rechtsverordnungen, Richtlinien oder Erlassen der Charakter normativer Steuerungsmedien zu. Sie flankieren die Tätigkeiten der Bauingenieure und können nicht hintergangen werden, wobei die jeweilige Arbeits- und Entscheidungsumgebung die Punkte vorgibt, an denen Arbeitsergebnisse überhaupt greifen können.

### 3.3.3 Ziele

Ingenieurbauwerke der Siedlungswasserwirtschaft haben nicht nur Anforderungen zum Schutz der natürlichen Umwelt, sondern auch zur Gesundheit der Bevölkerung und zum allgemeinen Wohlstand zu erfüllen. Bei der Planung und dem Bau von Ingenieurbauwerken kommt technischen Standards daher die Aufgabe zu, Qualitäts- und Sicherheitsniveaus vorzugeben, wobei „sie Sicherheit als Fehlen von Gefährdungszuständen verstehen und diese nach Wahrscheinlichkeit und Schwere möglicher Schäden bestimmen".[40] Dazu bieten technische Standards anwendungsbezogene Orientierungshilfen an. Sie enthalten etwa Plan- oder Detailzeichnungen,[41] zahlenbasierte Darstellungen (z. B. absolute Werte, Formeln, Berechnungsgänge, Tabellenwerte) und stoffbezogene Angaben. Konkrete Zusicherungen darüber, dass bestimmte Ereignisse nach der Erstellung von Infrastrukturanlagen keinesfalls eintreten, werden nicht geliefert. Auch können keine festen Sicherheitsgewährleistungen als erreichbare Ziele entnommen werden, da technische Standards nicht mit schriftlichen Begründungen versehen und gewisse Risiken niemals ausschließbar sind. Gleichwohl versprechen technische Standards, dass vernünftigerweise nicht mit unerwünschten Folgen gerechnet werden muss,

---

[40] Ekardt, Hanns-Peter/Manger, Daniela/Neuser, Uwe et al.: *Rechtliche Risikosteuerung – Sicherheitsgewährleistung in der Entstehung von Infrastrukturanlagen*, Nomos Verlagsgesellschaft mbH, Baden-Baden 2000, S. 193.

[41] „Die Zeichnung ist die Sprache des Ingenieurs." Kornwachs, Klaus: *Philosophie für Ingenieure*, 3. Aufl., Hanser Verlag, München 2018, S. 15.

## 3 Logik der Arbeits- und Entscheidungsumgebung

wenn alle sicherheitstechnisch relevanten Schritte wie korrekte Berechnungen, planerische Anforderungen, Werkstoffauswahlen, Konstruktionsauslegungen, sachgerechte Herstellungen und Montagearbeiten berücksichtigt bzw. vorgenommen werden.

Die Intention der technischen Standards, nämlich das technische Handeln mit den a. a. R. d. T. in feste Regeln einzubetten, wird in der Praxis nicht durchgängig erfüllt. Einerseits ist der Begriff a. a. R. d. T. nicht greifbar hinterlegt, sondern unbestimmt gefasst (unbestimmter Rechtsbegriff). Dadurch kann es im Einzelfall schwierig werden festzustellen, ob die a. a. R. d. T. eingehalten worden sind oder nicht. Auch decken technische Standards aus eingängigen Gründen nicht jede in der Ingenieurpraxis auftretende Spezifikation ab.[42] Andererseits besteht ein Zielkonflikt zwischen der Konkretisierungstiefe und der Anwendbarkeit technischer Standards. Je konkreter die normative Anforderung, desto größer wird zwar die Möglichkeit einer regelgerechten fehlerfreien Gestaltung. Mit der Erhöhung des Konkretisierungsgrades eines technischen Standards reduziert sich aber die Anzahl seiner Anwendungsfälle.[43] Dennoch haben sich die regelsetzenden Vereinigungen darauf verlegt, vor dem Hintergrund eines möglichst fehlerfreien Planens und Bauens insbesondere im Hinblick auf Qualität und Sicherheit in sich abgeschlossene Sachverhalte in technischen Standards niederzulegen. Hieraus erklärt sich die Masse der Werke, deren Anzahl und Umfänge in Europa ständig steigen.[44]

Für Bauingenieure, seien es Planer, Firmenbauleiter, örtliche Bauüberwacher[45] oder Bauoberleiter, hat sich eine unübersichtliche Streuung von technischem Wissen mit Widersprüchen, Parallelbestimmungen und

---

[42] Bei anhaltend differenten Auffassungen unter Baubeteiligten werden zur Klärung fachlich ausgewiesene Sachverständige hinzugezogen.

[43] Es scheint überlegenswert, bei der Erarbeitung technischer Standards auch die Problemadäquanz und die Wirklichkeitsnähe als Maßstäbe für die Konkretheit heranzuziehen.

[44] Praktische Erfahrungen belegen, dass aus der scheinbar schrankenlosen Erarbeitung und Veröffentlichung von technischen Standards noch kein durchgehend kostensparendes und ressourcenschonendes Bauen resultiert.

[45] Örtliche Bauüberwachung.

zahlreichen Querverweisen ergeben.[46] Um hier nicht den Überblick zu verlieren und um der Vielfalt der Arbeitsaufgaben im Ingenieuralltag gerecht zu werden, ist der Bauingenieur gehalten, die für seine Projekte relevanten technischen Standards zu kennen, über ein konstruktiv-technisches Verständnis zu verfügen, eine gewisse Kreativität zu besitzen sowie eine stichhaltige Problemlösekompetenz[47] einsetzen zu können, um den Anforderungen in der Ingenieurpraxis gerecht zu werden.

### 3.3.4 Technische Standards – Ethik – Recht

Für das Bauingenieurwesen sind zahlreiche Regularien entwickelt worden, darunter Güteansprüche, Qualitätsanforderungen und Verhaltensregeln. Eine entscheidende Rolle spielen die technischen Standards als rechtlich nicht bindende technische Regeln.[48] Obwohl offiziell keine Verpflichtung zur Benutzung besteht, ist der Bauingenieur mit den technischen Standards verschiedensten Regelwerken privatrechtlich anerkannter Einrichtungen unterworfen, die er nicht ignorieren kann. Bei einer Missachtung würde er sich unter Umständen dem Vorwurf aussetzen, gegen die a. a. R. d. T. zu verstoßen, die in eben den technischen Standards abgebildet werden.[49]

In der Baupraxis gilt das Prinzip, dass Leistungen an Planer oder Baufirmen nicht ohne Verträge vergeben werden, denen Termine, Vergütungen, Leistungsumfänge und weitere Festlegungen entnommen werden können und in denen bestimmte technische Standards aufgeführt sind, die Qualitätsanforderungen, Baustoffe, Bemessungsgrundsätze und andere bautechnische Aspekte regeln. In diesen Fällen sind technische Standards Vertragsgegenstand, womit ihnen rechtliche Bedeutung zukommt.

---

[46] Es ist ein Gesamtwerk an technischen Standards entstanden, das einer sinnvollen Systematisierung und sachgerechten Anwendung entgegensteht. Vergleiche dazu Scheffler, Michael: *Management groß angelegter Grundstücksentwässerungsanlagen*, Fraunhofer IRB Verlag, Stuttgart 2012, S. 42.

[47] Darunter fallen Kompetenzen wie Analysefähigkeit, Sachverhaltseingrenzung, Alternativentwicklungen, zielorientiertes Denken und Lernbereitschaft.

[48] Siehe dazu Teilabschn. 3.3.1 *Rechtliche Gültigkeit*.

[49] Siehe dazu Abschn. 3.2 *Unbestimmte Rechtsbegriffe*.

Durch die sich daraus ergebende Verpflichtung zur Beachtung verlieren sie ihre formal zugeschriebene Möglichkeit der freiwilligen Nutzung.[50]

Es gibt praktisch keine Planungs- oder Bauvertragsunterlagen ohne explizit benannte technische Standards.[51] Sie stellen für Bauingenieure regelmäßig verpflichtende Vertragsbestandteile dar und sind dadurch als gesetzesähnliche Vorgaben aufzufassen, die im Rahmen der Planung und dem Bau von Infrastrukturanlagen zu berücksichtigen sind. Technische Standards nehmen einen quasirechtlichen Charakter ein, ohne selbst Gesetz zu sein.

Die Benennung technischer Standards in den Vertragsunterlagen ist sowohl für Auftragnehmer als auch für Auftraggeber von Nutzen. Auftragnehmer können im Falle reklamierter planerischer oder baulicher Mängel[52] eingeforderte Mängelbehebungen gegebenenfalls zurückweisen, indem sie sich auf vertraglich festgeschriebene technische Standards berufen. Auftraggeberseitig können gewisse Erwartungen an die Qualität und Ausführung planerischer und baulicher Leistungen durch Bezugnahme auf vereinbarte technische Standards eingefordert werden. Überdies trägt die Benennung technischer Standards für beide Parteien dazu bei, Vorsorge etwa für den Fall zu treffen, dass substanziiert Klage bei Gericht eingereicht werden soll bzw. einer Klage nach der Verfahrenseröffnung entgegenzuwirken ist, indem jeweils die Möglichkeit besteht, auf den baulich geforderten Soll- oder den hergestellten Istzustand zu verweisen und sich dabei auf die im Vertrag genannten technischen Standards zu berufen.

Die Nichteinhaltung vertraglich verankerter technischer Standards ist justiziabel. Auf moralische Normen, die im Gegensatz zu technischen Standards keine Bezugsgrößen mit Eindeutigkeitscharakter darstellen, trifft das nicht zu. Ein Verstoß gegen technische Standards ist ein Verstoß gegen die a. a. R. d. T., und nur der ist juristisch relevant. Eine Verletzung moralischer Normen ist vor Gericht nicht einklagbar und zieht keine rechtlichen Schritte nach sich.

---

[50] Siehe dazu Teilabschn. 3.3.2 *Steuerungswirkungen.*
[51] Das gilt zumindest für die öffentliche Baupraxis.
[52] Aus der Sachverständigentätigkeit ist bekannt, dass zwischen Mangel und Schaden, obwohl grundverschieden, meist nicht sauber getrennt wird. Und ob Mängel oder Schäden tatsächlich vorliegen, ist noch einmal eine ganz andere Frage.

Der Rückgriff auf anzuwendende technische Standards erfolgt in der Regel derartig automatisiert, dass Fragen oder Bemerkungen zur moralischen Vertretbarkeit des baulichen Handelns, dort, wo sie ausdrücklich geäußert werden, etwas Exotisches an sich haben. Dabei besteht längst breites Einvernehmen darüber, dass das Bauen nicht mehr nur ein rein technisch-ökonomischer Vorgang ist. Die ständige Erweiterung technischer Vorgaben um zukunftsorientierte soziokulturelle und ökologische Belange sowie die damit verbundenen Unsicherheiten implizieren, dass zur habitualisierten Befolgung technischer Standards anwenderseitig ethische Perspektiven hinzutreten müssen. Eine geschlossene, „systematisch durchgebildete und argumentativ strukturierte Ingenieurethik nach dem Modell der Ingenieurwissenschaft"[53] wird es nicht geben. „Angesichts der Entwicklungsdynamik, der Orientierungs- und Bewertungsschwierigkeiten können kaum ethische Generalkonzepte über die konstanten Grundverantwortlichkeiten ... gegeben werden. Daher ist die einzige Möglichkeit, sich den künftigen ethischen Herausforderungen gewachsen zu zeigen, die moralische Bewußtheit."[54] Dazu müsste sich bei Bauingenieuren ein Bewusstsein für ethisches Handeln entwickeln, um in konkreten Fällen schnell und unbürokratisch zu angemessenen, das heißt akzeptablen und begründbaren Entscheidungen für oder gegen individuelle Handlungen, zu gelangen. Hier erschweren jedoch die geltenden Rahmenbedingungen des Ingenieurhandelns eine ergebnisoffene Entfaltung ethischer Überlegungen. Schon eine Erarbeitung professionsethischer Kriterien steht derzeit vor hohen Hürden. Es fehlt an verfügbarem Freiraum, weil das Kostendenken, wirtschaftliche Abhängigkeiten und eben die Anwendung technischer Standards im Berufsalltag der Bauingenieure dominieren.[55] In der Ingenieurpraxis nehmen berufsethische Ansätze und moralische Bestrebungen im Vergleich

---

[53] Scheffler, Michael: *Moralische Verantwortung von Bauingenieuren – Problemstellungen, Perspektiven, Handlungsbedarf,* Springer Fachmedien, Wiesbaden 2019, S. 182.

[54] Lenk, Hans: *Zur Sozialphilosophie der Technik,* Suhrkamp Verlag, Frankfurt/M. 1982, S. 240 ff.

[55] Um überhaupt zu realisieren, wo und inwieweit Spielräume bestehen, die notwendigerweise mit ethischer Reflexion und Urteilskraft zu füllen wären, müsste zunächst der routineartig eingespielte Entscheidungsmodus, der auf der Abarbeitung klar operationalisierbarer technischer Standards basiert, durchbrochen werden.

## 3 Logik der Arbeits- und Entscheidungsumgebung

zu technischen Standards eine nachrangige, teils bedeutungslose Position ein.

Vor diesem Hintergrund sehen sich Standesorganisationen (z. B. Ingenieur-, Naturwissenschaftlervereinigungen) dazu veranlasst, Unterstützung anzubieten, indem sie ethische Orientierungsleitbilder wie Verhaltenskodizes für Bauingenieure formulieren. Die Kodizes beinhalten „ethische Pflichten in Bezug auf andere Betroffene, zunftinterne Normen, Verhaltensregeln gegenüber Berufskollegen, Rollenpflichten gegenüber Arbeitgebern und Partnern".[56] Sie unterstellen eine besondere moralische Verantwortung und stehen der Ingenieurethik als Versuch nahe, einen Standesethos ihrer speziellen Vereinigung zu begründen. Auch lassen sie erkennen, dass dem ingenieurtechnischen Dienst zum Zwecke des Allgemeinwohls eine überragende Bedeutung beigemessen wird. Aber sie beantworten keine Fragen zur individuellen Verantwortung und führen auch nicht in Verantwortungszuweisungen, aus denen sich Verantwortungsübernahmen ergeben würden.[57] Zudem sind sie als Verhaltensnormen von so allgemeiner Art, dass sie unter geringfügigen Anpassungen auf viele andere Berufe anwendbar wären.[58] Und schließlich bleibt die Nichtanerkennung von zu moralischem Handeln aufrufenden Verhaltenskodizes juristisch gesehen folgenlos[59] – analog zur Verletzung moralischer Normen und wieder (typischerweise) im Gegensatz zu einem Verstoß gegen technische Standards. Letztere selbst sind in diesem Punkt nicht problemlösend. Zwar verweisen berufliche Standesorganisationen darauf, dass auch ethische Erwägungen in die Erarbeitung technischer Standards einfließen. Danach können Werthintergründe bei der Festlegung technischer Spezifika durchaus eine Rolle

---

[56] Meihorst, Werner: *Technikethik und Ingenieurethos*, in: Wendeling-Schröder, Ulrike/Meihorst, Werner/Liedtke, Ralf (Hrsg.): Der Ingenieur-Eid: ethische – naturphilosophische – juristische Perspektiven, Verlag Neue Wissenschaft, Bretten 2000, S. 22.

[57] Siehe dazu auch Abschn. 5.5 *Zur Problematik der Verantwortung in der Projektarbeit.*

[58] Dass die Verhaltensnormen allgemein gehalten sind, dürfte der Tatsache geschuldet sein, dass es unmöglich ist, sämtliche Problemstellungen unter Einbeziehung aller speziellen Randbedingungen, die sich in der Praxis stellen, in berufsethischen Kodizes unterzubringen.

[59] Außerhalb des Rechts muss eine Verletzung moralischer Normen nicht folgenlos bleiben. So können etwa soziale Sanktionen folgen, die von unausgesprochenem Groll bis zu sozialer Exklusion reichen oder (bei Unternehmen) zu öffentlichem Boykott führen können.

spielen, ohne dass dies in technischen Standards selbst unmittelbar erkennbar ist. Allerdings schließt eine Einhaltung von technischen Standards nicht schon die Möglichkeit einer moralischen Unvertretbarkeit eines bestimmten Ingenieurhandelns aus. Die ethische Risikoproblematik etwa ist mit der Berücksichtigung technischer Standards noch nicht erledigt, wie die Beispiele von Großschäden zeigen.[60]

Ethische Berufsgrundsätze von Standesorganisationen mögen in der Theorie zugkräftig sein, ihre Umsetzung in der weitgehend regelgeleiteten Ingenieurpraxis ist aber aus besagten Gründen ausgesprochen schwierig. Deshalb ist es zumindest fraglich, inwieweit allgemeine professionsethische Kodizes tatsächlich eine Wirkung auf das Verhalten der Adressaten haben – beispielsweise mit dem Grundsatz „Berücksichtige bei Handlungsentscheidungen stets die Interessen und Bedürfnisse der künftigen und jetzigen Betroffenen und schade möglichst niemandem.", der sinngemäß allen Ingenieurkodizes entnommen werden kann.[61]

Der jeweilige Werthorizont des Bauingenieurs, die Konzentration auf technisches Wissen sowie seine Einbindung in hierarchische Strukturen stehen der Verwirklichung und Umsetzung von Ingenieurkodizes im Wege. „Die sachlichen Unterschiede in der individuellen Berufsausübung legitimieren Differenzierungen in den jeweils vorherrschenden Formen des moralischen Bewusstseins."[62] Deshalb kann die Antwort auf die Frage des moralischen Handelns nicht allein über allgemein gehaltene berufsethische Kodizes gegeben werden, wie wir sie von Ingenieurvereinigungen kennen.

Berufliche Standesorganisationen stellen Ethikkodizes bereit, indem sie versuchen, soziale Interessen und ökologische Belange aufzugreifen. Damit zielen sie auf moralisch hoch einzuordnende Erwartungen für das öffentliche Wohl ab. Eine breite Umsetzung ethischer Berufsgrundsätze bleibt unter den Bedingungen einer durch bauliche Entstehungsroutinen,

---

[60] Siehe dazu Abschn. 2.3 *Typische Risikosituationen*.
[61] Der Frage, welchen praktischen Stellenwert ethische Leitbilder und Verhaltenskodizes für Bauingenieure unter diesen Umständen einnehmen können, außer dass sie Werturteile einer Fachgemeinschaft zum Ausdruck bringen, indem gruppenethisch beschrieben wird, was vertretbar ist und was nicht und was für wünschenswert gehalten wird und was nicht, wäre gesondert nachzugehen.
[62] Scheffler, Michael: *Moralische Verantwortung von Bauingenieuren – Problemstellungen, Perspektiven, Handlungsbedarf,* Springer Fachmedien, Wiesbaden 2019, S. 182 f.

## 3 Logik der Arbeits- und Entscheidungsumgebung

technische Funktionsprinzipien und ökonomische Maßgaben weitgehend determinierten Praxis aber aus. Die bloße Veröffentlichung von Ingenieurkodizes läuft nicht schon auf die Ausbildung einer Berufsethik bei Bauingenieuren hinaus. Allenfalls wird über formale Appelle solcherart zur Ausprägung individueller Überzeugungen aufgerufen, die es zweifelsfrei braucht um ethische Grundsätze zu befolgen.[63]

Im Bauingenieurwesen steht die Berücksichtigung ethischer Prinzipien vor erheblichen Schwierigkeiten. Zwar werden die a. a. R. d. T. anerkanntermaßen in technischen Standards dokumentiert. Ohne mit großem Widerspruch rechnen zu müssen, darf die Befolgung der Vorgaben technischer Standards als die selbstverständlichste Form der Wahrnehmung von technischer Verantwortung in der täglichen Arbeit von Bauingenieuren verstanden werden. „Im Kontext von Ingenieuraufgaben tritt der Fall der Verantwortung typischerweise dann ein, wenn das im weiteren Sinn beauftragte Produkt nicht fristgerecht fertiggestellt wurde, wesentliche Aspekte seiner Funktion nicht hinreichend erfüllt oder aus seiner Funktionalität heraus unvorhergesehene (meist negative) Seiteneffekte entstehen, die mit geltenden Normen und Recht aus Sicht einer spezifischen Gruppe oder gesellschaftlichen Institution nicht zu vereinbaren sind."[64] Aber diese Verantwortung beschränkt sich auf reines technisch richtiges Handeln. Moralisch relevante Inhalte können technischen Standards nur selten entnommen werden. Kollidieren quasirechtliche technische Standards mit eigenen moralischen Ansprüchen und ergeben sich Spannungen, geraten Bauingenieure mitunter in ein Dilemma.[65] Dies ist etwa der Fall, wenn ethische Bedenken gegen ein Ingenieurvorhaben sprechen, indem fundierte Naturschutzbelange gegen die Umsetzung eines Projektes vorgebracht werden, es aber aus

---

[63] Bauingenieure halten sich nicht grundsätzlich außerhalb der Reichweite von Ethikkodizes auf. Es ist überhaupt nicht ausgeschlossen, dass sie über ein hinreichendes Maß an ethischer Urteilskraft und moralischer Selbstkontrolle verfügen, sich an Ethikkodizes orientieren wollen oder gar dazu entscheiden, es zu tun – trotz bestehender beruflicher Zwänge. Siehe dazu auch Abschn. 3.6 *Strukturelle Konfliktebene*.

[64] Krafczyk, Manfred: *Risiko und Verantwortung modellbasierter Analyse und Prognosen von Ingenieursystemen*, in: Hieber, Lutz/Kammeyer, Hans-Ulrich (Hrsg.): Verantwortung von Ingenieurinnen und Ingenieuren, Springer Verlag Wiesbaden 2014, S. 137.

[65] Siehe dazu Abschn. 3.6 *Strukturelle Konfliktebene*.

ökonomischen und vertragsrechtlichen Gründen nicht aufgegeben werden soll.

Technische Standards sind ausschließlich darauf ausgelegt, weithin anerkannte Regeln für die Planung und den Bau von Ingenieurbauwerken zu dokumentieren und zu vereinheitlichen. Daraus wird normenkonformes Ingenieurverhalten abgeleitet, mit dem Ziel, ein weitgehend standardisiertes Planungs- und Baugeschehen zu erreichen. Durch die Positivierung ihrer gleichsam rechtsprägenden Eigenschaft und ihre Dominanz erschweren technische Standards nicht nur die Bildung eines Verpflichtungs-/Verantwortungsbewusstseins bei Bauingenieuren. Durch ihre Verschlossenheit für ethische Einflechtungen bzw. Erweiterungen vereiteln sie auch den Durchbruch neuer Ideen zum Nachteil der praktischen Nutzbarkeit und der Plausibilität sich bietender ethischer Orientierungen.

Werner schreibt: „Für die moralische Beurteilung von … Handlungen sind innere Einstellungen und Motive entscheidend. Einstellungen und Motive sind jedoch als solche nicht erzwingbar."[66] Das trifft auch auf Bauingenieure zu. Sie benötigen zur moralischen Beurteilung und Einordnung von Ingenieurhandlungen einen systematisch gewährleisteten Freiraum, der der Bereitschaft zur Bildung einer entsprechenden individuellen Gesinnung und Motivation zuträglich ist. Es steht jedoch zu befürchten, dass diese Forderung in der Ingenieurpraxis nicht umsetzbar ist, solange technischen Standards ein Vorrang eingeräumt wird.

## 3.4 Technische Sicherheit

Im öffentlichen Interesse wird an Bauingenieure die Forderung gestellt, dass infrastrukturelle Anlagen sowohl als Ganzes als auch in ihren Teilen eine ausreichende Standsicherheit[67] besitzen, um Unfälle abzuwenden,

---

[66] Werner, Micha H.: *Einführung in die Ethik,* J. B. Metzler/Springer Verlag, Berlin 2021, S. 257.

[67] Das Standsicherheitsprinzip ist nicht verhandelbar. Auch lässt es sich in Bezug auf ein konkretes Ingenieurbauwerk nicht gegen einen anderen Wertgesichtspunkt moralisch abwägen. Standsicherheit ist eine nicht moralische Tatsache. Tatsachen dieser Art sind nicht moralisch, weil aus ihnen moralisch nichts folgt.

Sachschäden zu vermeiden und die Funktionsfähigkeit errichteter Ingenieurbauwerke aufrechtzuerhalten. Die Gewährleistung dieser technischen Sicherheit an infrastrukturellen Anlagen erfolgt über Instrumente der Gesetzgebung und der vollziehenden Verwaltung im Rahmen der bestehenden Genehmigungs- und Überwachungspraxis. Maßgeblich tragen aber Planungs- und Bautätigkeiten zur technischen Sicherheit infrastruktureller Anlagen bei, soweit eine Orientierung am Recht und an technischen Standards erfolgt.

### 3.4.1 Zwei-Ebenen-Modell der Sicherheitspraxis

Die Entstehung infrastruktureller Anlagen vermittelt, dass die Ingenieurpraxis in Fragen der technischen Sicherheit in zwei Ebenen unterteilt werden kann. Sie lassen sich unter Einbeziehung der jeweils erforderlichen formalen Operationen modellhaft wie folgt darstellen (Abb. 3.2).

Das Zwei-Ebenen-Modell der Sicherheitspraxis unterscheidet zwischen der Ebene 1/Praxisebene und der Ebene 2/operative Ebene. Auf der Ebene 2 werden die Sicherheitsaussagen aufgestellt, die auf der Ebene 1 zur Herstellung von objektiver Sicherheit benötigt werden. Aus Gründen einer besseren Übersicht erfolgt eine Konkretisierung dieser Spezifizierungen im nächsten Teilabschnitt, während sich der daran anschließende Teilabschnitt mit dem Zusammenspiel von objektiver Sicherheit und Sicherheitsaussagen befasst. Zunächst wird das Grundprinzip des Zwei-Ebenen-Modells ohne die beiden Praxiselemente vorgestellt.

Die Ebene 1 ist von Ingenieurrationalität geprägt und insofern als Praxisebene einzuordnen, als die Verschränkung sozialer Interaktionen zwischen den Baubeteiligten zum Ausdruck kommt. Unter enger Bezugnahme auf den jeweils bestehenden Kontext versuchen Auftraggeber, Ingenieurbüros, Behörden und im Idealfall auch die interessierte Öffentlichkeit anfangs oft nur ungenau beschriebene sicherheitstechnische Angelegenheiten zu konkretisieren und als Aufgabenstellungen zu konstituieren. Dazu werden Konzepte erarbeitet, deren Eigenschaften hervorgehoben, Vor- und Nachteile gegeneinandergestellt und aussichtsreiche Lösungsalternativen miteinander verglichen. Ziel ist es, die infrage

# M. Scheffler

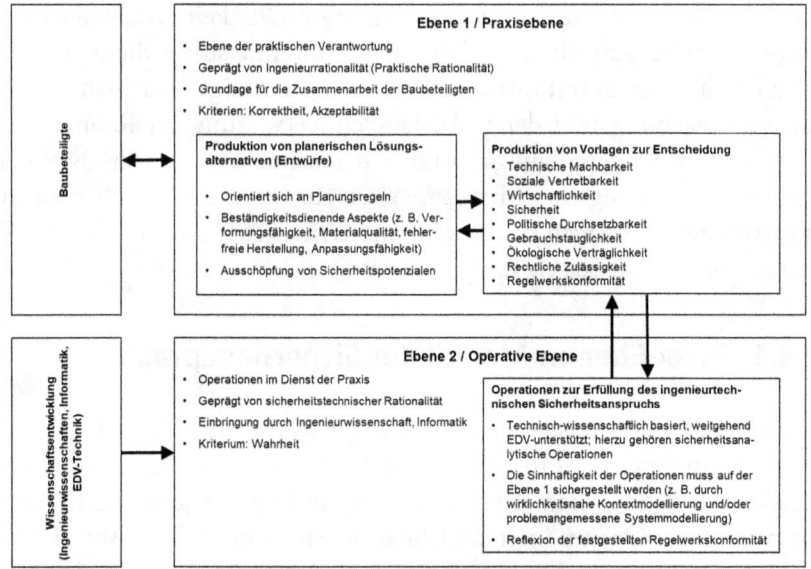

**Abb. 3.2** Zwei-Ebenen-Modell der Sicherheitspraxis[68]

kommenden Lösungsalternativen zu bewerten und zu belastbaren Vorlagen zur Entscheidung etwa bezüglich der Wirtschaftlichkeit, der politischen Durchsetzbarkeit, der ökologischen Verträglichkeit oder der rechtlichen Zulässigkeit zu gelangen.

Auf der Ebene 1 haben wir es ingenieurseitig mit rationalem Handeln[69] zu tun. Charakteristisch sind interne Rückkopplungen zwischen der Produktion von planerischen Lösungsalternativen und der Produktion von Vorlagen zur Entscheidung, die an Projektbeteiligte weiterzureichen sind, vor allem an diejenigen, die sie erwarten, wie Auftraggeber oder Genehmigungsbehörden. Auf der Ebene 1 wird objektive Sicherheit hergestellt.

---

[68] Ekardt, Hanns-Peter/Manger, Daniela/Neuser, Uwe et al.: *Rechtliche Risikosteuerung – Sicherheitsgewährleistung in der Entstehung von Infrastrukturanlagen*, Nomos Verlagsgesellschaft mbH, Baden-Baden 2000, S. 92 (stark modifiziert).

[69] „Rational handeln heißt, die (kausalen) Folgen des eigenen Handelns zu optimieren." Nida-Rümelin, Julian/Rath, Benjamin/Schulenburg, Johann: *Risikoethik*, de Gruyter, Berlin, Boston 2012, S. 135.

Die Ebene 2 ist von sicherheitstechnischer Rationalität[70] geprägt, die immer einer Abstimmung auf praktische Tauglichkeit (praktische Sinngebung) auf der Ebene 1 bedarf. Die Ebene 2 bringt Sicherheitsaussagen hervor. An die Formulierung von Sicherheitsaussagen werden mit Blick auf die Nachvollziehbarkeit durch Dritte erhöhte Anforderungen gestellt. Sie sind zentral in der Kommunikation an der Schnittstelle von Technik und Recht. Zu den formalen Operationen auf der Ebene 2 „gehören z. B. die Anforderungen an die Wirklichkeitsnähe, Differenziertheit, Genauigkeit der den Operationen zugrundeliegenden Modelle, hierzu gehört der ganze Kontextuierungsaufwand".[71]

Im Zuge des allgemeinen technischen Fortschritts hat es in den letzten Jahrzehnten auch im Baubereich enorme Entwicklungen gegeben. So hat sich die Arbeitsproduktivität rund um die Planung und Errichtung von Ingenieurbauwerken dank technischer Unterstützung erhöht. Während sich die Verhältnisse, Erwartungen und Bedingungen auf der Ebene 1 aber kaum geändert haben, sind auf der Ebene 2 erhebliche Wandlungen zu verzeichnen. Hier haben Softwareentwicklungen ganz neue ingenieurwissenschaftliche Potenziale hervorgebracht, mit denen es möglich ist, anspruchsvollere Problemstellungen wirklichkeitsnäher zu bearbeiten und wirtschaftlichere Problemlösungen herbeizuführen, wodurch auch das Handeln auf der Ebene 1 an Qualität gewinnt.

## 3.4.2 Konkretisierung von objektiver Sicherheit und Sicherheitsaussagen

Die Sicherheitspraxis der Bauingenieure ist durch zwei grundlegende Modi gekennzeichnet. Zum einen ist es die Herstellung objektiver Sicherheit durch Planung und Ausführung auf der Ebene 1 – Objektgestaltung –, zum anderen die Aufstellung von Sicherheitsaussagen durch

---

[70] Eine Auseinandersetzung mit den Begriffen Ingenieurrationalität und technische Rationalität findet sich in Abschn. 2.5 *Ingenieurrationalität*.

[71] Ekardt, Hanns-Peter: *Ausbildung zwischen Ingenieurwissenschaft und Berufsmoral. Erfahrungen aus der Bauingenieurausbildung an der Universität Kassel*, in: Duddeck, Heinz (Hrsg.): Ladenburger Diskurs, Technik im Wertekonflikt, Springer Verlag, Wiesbaden 2001, S. 263 f.

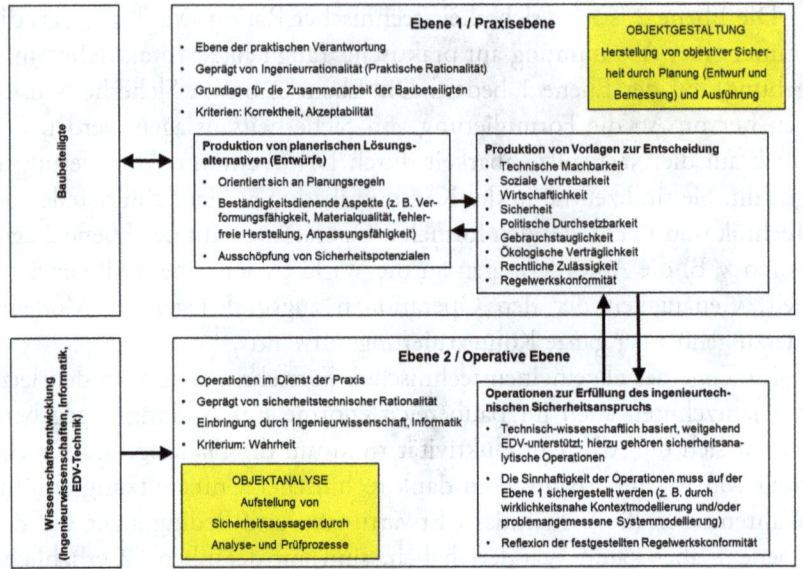

**Abb. 3.3** Zwei-Ebenen-Modell der Sicherheitspraxis mit Objektgestaltung und Objektanalyse[73]

Analyse- und Prüfprozesse auf der Ebene 2 – Objektanalyse.[72] Beide Komponenten sind sicherheitstechnisch von hoher Bedeutung.

1) Objektive Sicherheit
Objektive Sicherheit wird durch die Planung sowie im Anschluss durch die Ausführung hergestellt (Ebene 1 – Objektgestaltung). Zu den auf objektive Sicherheit abzielenden Planungsregeln zählen Stetigkeit gewährleistende Aspekte. Hier stechen relevante technische Standards hervor. Sie sind konstitutiver Bestandteil der täglichen Arbeit des Bauingenieurs und üben insbesondere in der Planungsphase richtunggebenden Einfluss aus (Regelwerkskonformität). Allerdings

---

[72] Vergleiche dazu auch Ekardt, Hanns-Peter/Manger, Daniela/Neuser, Uwe et al.: *Rechtliche Risikosteuerung – Sicherheitsgewährleistung in der Entstehung von Infrastrukturanlagen*, Nomos Verlagsgesellschaft mbH, Baden-Baden 2000, S. 89.
[73] Ebenda, S. 92 (stark modifiziert).

darf das nicht zu bedenkenloser Anwendung im Sinne eines routinemäßigen Gebrauchs verleiten. Eine Abstimmung auf technische Standards ist bei der Tagesarbeit zwar eine notwendige, aber keine hinreichende Bedingung in sicherheitstechnischer Hinsicht. Eine mechanische Regelanwendung wäre aufgrund von vielfach nur schwer überschaubaren Besonderheiten nicht vertretbar.

Die Anwendung technischer Standards ist an professionelle Orientierung, das heißt an praktische, situationsgerechte Urteilsfähigkeit, gebunden. Ihre Anwendungsbereiche und -möglichkeiten in der Praxis sind deutlich anspruchsvoller, als dies zum Zeitpunkt von Regelwerkserstellungen und -veröffentlichungen erschlossen werden könnte. Dass technische Standards zwangsläufig relativ abstrakt bleiben müssen, hat sachlogische Gründe: Einerseits werden für die Phasen der Bauwerksgenese[74] grundlegende, breit anwendbare Festlegungen zur technischen Sicherheit getroffen, ohne spezifische Bauwerksdaten einzubeziehen. Andererseits finden einzelfallbezogene Kontextbedingungen in allgemein geltenden technischen Standards nachvollziehbar keinen Niederschlag. Es bedarf hier also vielfältiger ingenieurseitiger Übertragungs- und Darstellungsleistungen sowie eigenständiger Konkretisierungen. Weitere Stetigkeit gewährleistende Aspekte im Objektgestaltungsprozess sind Verformungsfähigkeit, eine fehlerfreie Herstellung und die Anpassungsfähigkeit an bestehende infrastrukturelle Elemente. Auch sie lassen sich in Recht und Regelwerk kaum konkretisieren und sind ebenfalls einer bedenkenlosen Anwendung technischer Standards entzogen, sodass auch ihnen mit Urteilsfähigkeit zu begegnen ist.

Der jeweilige Planer muss in der Lage sein, mit einer Einschätzung der objektiven Sicherheit jederzeit Rechenschaft über das momentane Sicherheitsmaß seiner Bauwerksplanung abzulegen. Nur eine plausible Rechenschaftsabgabe über den aktuellen Sicherheitstatbestand trägt zur objektiven Sicherheit des Betrachtungsgegenstandes bei, weil sie bei Bedarf in Konsequenzen für den Anlagenentwurf[75] und

---

[74] Siehe dazu Abschn. 3.5 *Genese von Ingenieurbauwerken*.
[75] Der Begriff Anlagenentwurf umfasst hier sämtliche Planungsstufen der HOAI (HOAI-Leistungsphasen [LPH]). Siehe dazu Teilabschn. 3.5.1 *Sachlogik im Arbeitsumfeld des Planers (LPH 1, 2, 3, 4 und 5)*.

die Anlagenauslegung führt, derart, dass Überrechnungen, Anpassungen oder Korrekturen vorgenommen werden und dies wegen des bestehenden Kreisprozesses zwischen Entwurf und Bemessung in der Planungsphase auch umstandsfrei möglich ist. Für die Herstellung von objektiver Sicherheit hat der Anlagenentwurf eine mindestens so große Bedeutung wie die Anlagenbemessung.[76] Dass die Sicherheitsbeiträge nur im Rahmen einer Auseinandersetzung über die der künftigen Ausführung vorauslaufenden Planunterlagen abgegeben werden können, ist darauf zurückzuführen, dass mit jeder grundsätzlichen Planungsentscheidung für ein bestimmtes Ingenieurbauwerk typische Risiken sowie Möglichkeiten und Erfordernisse sicherheitstechnischer Maßnahmen mitgegeben werden. Die Tatsache, dass in der Sicherheitsfrage eine Bezugnahme auf die künftige bauwerkliche Ausführung erfolgt, ist sachlogischen Notwendigkeiten und nicht hintergehbaren Strukturen in der Planungspraxis geschuldet.[77]

2) Sicherheitsaussagen

Sicherheitsaussagen (Ebene 2 – Objektanalyse) unterscheiden sich je nach Ingenieurbauwerk (Wasserversorgungs-, Kanal-, Verkehrs- oder Abwasserreinigungsanlage), nach dem Schadenspotenzial des jeweiligen Werks, den rechtlichen Sicherheitsanforderungen und dem Stand der Bauwerksgenese (z. B. Vorbesprechung, Entwurfsplanung, Ausführung oder Inbetriebnahme). Sie sind das „Ergebnis der sachlogisch bedingten Vergewisserungen über die Sicherheit".[78] Zu den Elementen zur Aufstellung von Sicherheitsaussagen zählen etwa störfallbezogene Systemanalysen (z. B. Steuerung von Abwasserhebeanlagen, Einrichtungen zur Volumenstromsteuerung), Festlegun-

---

[76] Im Rahmen der Bemessung werden die für die Gestalt, die Größe und die Funktion des Ingenieurbauwerks erforderlichen Maße für einzelne Abschnitte und Komponenten ermittelt. Die Bemessung ist Teil der Planung, zu der je nach Planungsstufe unter anderem Detailzeichnungen, Kostenberechnungen und der Erläuterungsbericht zählen.
[77] Vergleiche Teilabschn. 3.5.1 *Sachlogik im Arbeitsumfeld des Planers (LPH 1, 2, 3, 4 und 5)*.
[78] Ekardt, Hanns-Peter/Manger, Daniela/Neuser, Uwe et al.: *Rechtliche Risikosteuerung – Sicherheitsgewährleistung in der Entstehung von Infrastrukturanlagen*, Nomos Verlagsgesellschaft mbH, Baden-Baden 2000, S. 105.

gen von Versagensmechanismen, Gefahrenprofile und Strategien zur Risikoabwehr.[79] Diese Reihung lässt erkennen, dass die Aufstellung „von Sicherheitsaussagen erneut gestalterische, kreative und nicht nur analytisch-diagnostische Akte"[80] erfordert. So ist es notwendig, Schadenseintritte, materialüberbeanspruchende Einwirkungen oder zustandsbeeinträchtigende Ereignisse vorauszudenken, denn ohne solche Zukunftsszenarien können keine belastbaren Sicherheitsaussagen generiert werden. Es lassen sich „nur Sicherheitsaussagen gegenüber Schadensmechanismen treffen, die man auch antizipiert hat".[81] Wird ein bestimmtes Risiko nicht gedanklich durchgespielt, kann eine auf es bezogene Sicherheitsaussage nicht seriös abgegeben werden.

Sicherheitsaussagen stellen ein zentrales Bindeglied zwischen normativen Sicherheitserwartungen und der technischen Realisierung dar. Insofern sind sie zwingende Voraussetzung zur Erfüllung des Sicherheitsanspruchs in der Ingenieurpraxis. Allerdings implizieren sie mit ihrem Erscheinen noch keine soziale Zustimmung.[82] Die Berücksichtigung rein technischer Sicherheitsgesichtspunkte führt noch nicht in gesellschaftliche Akzeptanz[83] der Ingenieurleistung.

### 3.4.3 Zusammenspiel von objektiver Sicherheit und Sicherheitsaussagen

Das praktische Handeln der Bauingenieure auf Ebene 1 – Objektgestaltung – basiert auf ingenieurwissenschaftlich fundierten Operationen. Diese Operationen ereignen sich auf der technisch-wissenschaftlich an-

---

[79] Im Tiefbau werden konkrete Sicherheitsaussagen häufig von (Rohr-)Statikern und Geologen hervorgebracht. Letztere befassen sich mit Untersuchungen zur Belastungsfähigkeit, des Setzungsverhaltens oder der Versickerungsfähigkeit des jeweils anstehenden Bodens.
[80] Ekardt, Hanns-Peter: *Risiko in Ingenieurwissenschaft und Ingenieurpraxis*, in: Braunschweigische Wissenschaftliche Gesellschaft: Jahrbuch 1999, J. Cramer Verlag 2000, S. 171.
[81] Ekardt, Hanns-Peter: *Das Sicherheitshandeln freiberuflicher Tragwerksplaner. Zur arbeitsfunktionalen Bedeutung professioneller Selbstverantwortung*, in: Mieg, Harald/Pfadenhauer, Michaela (Hrsg.): Professionelle Leistung – Professional Performance. Positionen der Professionssoziologie. UVK Verlagsgesellschaft mbH, Konstanz 2003, S. 179.
[82] Vergleiche dazu Teilabschn. 4.2.1 *Zustimmung*.
[83] Vergleiche dazu Teilabschn. 4.2.3 *Akzeptanz und Akzeptabilität*.

gelegten Ebene 2 – Objektanalyse. Ihr kommt nicht nur eine dienend-instrumentelle Funktion für die Bauwerksgenese zu. Aufgrund ihrer Wissenschaftlichkeit und technischen Möglichkeiten stellt sie auch einen dynamischen Faktor für die gesamte Ingenieurpraxis dar, der die Behandlung von immer differenzierter werdenden Fragestellungen gestattet, wodurch bewährte sicherheitsrelevante Erfahrungen durchaus veralten können, denn im Interesse der Sicherheit lässt sich über Informationsbeschaffungen, Untersuchungen von Alternativen und Steigerungen der Wirklichkeitsnähe von Systemmodellierungen immer noch mehr tun. Mitunter stellt sich zwischen dem Prozess der Gewährleistung von technischer Sicherheit und dem Wissensfortschritt sogar ein ambivalentes Verhältnis ein. In diesen Fällen trägt Wissenszuwachs zwar zur Steigerung der technischen Sicherheit bei, wegen der Unabgeschlossenheit aber eben auch zu Befremden, wenn nicht gar zu Skepsis.[84]

Im Dienste der Produktion von planerischen Lösungsalternativen und der Produktion von Vorlagen zur Entscheidung (Ebene 1) werden auf Ebene 2 Berechnungen auf mathematisch-physikalischer Grundlage durchgeführt. Die Ergebnisse der formalen Operationen auf Ebene 2 unterliegen dem Geltungsanspruch der Wahrheit (in der Baustatik beispielsweise der Einhaltung von Gleichgewichtskriterien, in der Hydraulik den Kontinuitätsbedingungen). Die Sinnhaftigkeit der auf dieser Ebene erarbeiteten Ergebnisse, das heißt deren Relevanz für das Ingenieurhandeln, ist auf der praktischen Ebene, der Ebene 1 zu validieren. Beide Ebenen sind über wiederkehrende und wechselseitig aufeinander ausgerichtete Vorgänge miteinander verknüpft.

Ekardt stellt zwar fest: „Der Terminus der ‚Sicherheitsaussage' bildet sowohl begrifflich wie auch in seiner operativen Bedeutung einen Gegenbegriff zur Idee der objektiven Sicherheit, auf die die Entwurfs- und Ausführungspraxis zielt."[85] In der Sicherheitskommunikation von Bau-

---

[84] Skepsis wird gefördert, wenn etwa die Frage aufkommt, ob immer präzisere Daten und umfangreichere Berechnungen in einer niemals vollständig sicheren Welt tatsächlich bessere Entscheidungen für die Zukunft garantieren können – eine Vielfalt an Informationen kann auch in eine falsche Vorstellung von Sicherheit führen oder dazu benutzt werden, eine gewisse Entscheidungsgüte zu vermitteln, um Unsicherheitsaspekte zu überspielen.

[85] Ekardt, Hanns-Peter/Manger, Daniela/Neuser, Uwe et al.: *Rechtliche Risikosteuerung – Sicherheitsgewährleistung in der Entstehung von Infrastrukturanlagen,* Nomos Verlagsgesellschaft mbH, Baden-Baden 2000, S. 95 f.

ingenieuren besteht aber weitgehend Einigkeit darüber, dass umsichtig erstellte Planungs- und Ausführungsarbeiten im Rahmen der Objektgestaltung (Ebene 1) prinzipiell Beiträge zur technischen Sicherheit liefern, soweit relevante Sicherheitserfordernisse mitgedacht werden bzw. die Arbeiten auf der Grundlage technischer Standards erfolgen. Und selbstverständlich ist auch die Aufstellung von Sicherheitsaussagen im Rahmen der Objektanalyse (Ebene 2) ein Beitrag zur objektiven Sicherheit, wenn daraus etwa Konsequenzen für den Anlagenentwurf und die Anlagenauslegung gezogen werden.

Für den Fortgang der Arbeit bleibt festzuhalten, dass technische Sicherheit im gesamten Planungs- und Bauprozess von Ingenieurbauwerken zumindest insoweit hergestellt werden kann, wie dies mithilfe technischer Standards möglich ist, da sie mit den a. a. R. d. T. die Mindestanforderungen[86] enthalten, was die Planung und den Bau von Ingenieurbauwerken betrifft. Bezogen auf Risiken bedeutet das, dass diese insoweit minimiert werden können, wie dies über eine Berücksichtigung und Anwendung technischer Standards möglich ist, so weit also, wie die Berücksichtigung der in technischen Standards niedergelegten Regelungen der Vermeidung des Eintretens bestimmter Risiken dienen.

Eine vollständige Sicherheit gegen sämtliche Risiken kann es aus begreiflichen Gründen nicht geben. Sicherheit, das heißt hier die Ausschließbarkeit bestimmter Risiken, findet zwangsläufig dort ihre Grenzen, wo die der fachlichen Mehrheitsmeinung bzw. dem Konsens der Experten innerhalb privatrechtlicher regelsetzender Einrichtungen entspringenden technischen Standards aufhören Empfehlungen und Informationen zur Herstellung von Sicherheit im Sinne des Ausschlusses von Risiken vorzuhalten.[87] Dementsprechend werden Entscheidungen

---

[86] Siehe dazu Teilabschn. 3.3.1 *Rechtliche Gültigkeit*.

[87] Es steht jedermann frei, über die in geltenden technischen Standards enthaltenen a. a. R. d. T. hinauszugehen. So könnte sich ein Bauherr für die Umsetzung einer erhöhten technischen Sicherheit entscheiden und diese herstellen (lassen). Die Frage, ob es sich bei dieser individuellen Festlegung tatsächlich um die Herstellung eines höheren Maßes an technischer Sicherheit handeln würde (oder um eine technische Unzulässigkeit), wäre aber noch nicht beantwortet. Sicher wäre jedoch, dass sich der Bauherr mit seiner Entscheidung, trotz guter Absicht, nach allgemeinem Rechtsverständnis zunächst einmal außerhalb technischer Standards bewegen und damit von den a. a. R. d. T. abweichen würde. Siehe dazu auch Abschn. 3.2 *Unbestimmte Rechtsbegriffe*. Und vertragliche Vereinbarungen spielen hier noch einmal eine gesonderte Rolle. Siehe Teilabschn. 3.3.1 *Rechtliche Gültigkeit*.

unter Unsicherheit[88] in der Ingenieurpraxis nicht etwa getroffen, weil technische Standards fehlerhaft oder unvollständig sind, sondern weil die Bereitstellung von Informationen zur Vermeidung von Risiken aus Gründen der Nichtbeschaffbarkeit ausbleiben muss. Von technischen Standards kann nicht verlangt werden, dass sie alle relevanten Falltypen ausdrücklich regeln und sämtliche Informationen zu nicht vorhersehbaren Ereignissen bereithalten. Folglich ist eine diesbezügliche Unzulänglichkeit unvermeidlich. Durch diesen Umstand ist der Bauingenieur immer auch gezwungen, in eigener Regie risikobezogene Entscheidungen unter Unsicherheit außerhalb von technischen Standards zu fällen.

## 3.5 Genese von Ingenieurbauwerken

Der Berufsalltag von Bauingenieuren wird von der Ingenieurbauwerksgenese überformt. Sie lässt sich gut anhand der neun Leistungsphasen der HOAI[89] veranschaulichen, die dem Leistungsbild Ingenieurbauwerke nach § 43 HOAI zugeordnet sind. Die Leistungsphasen lassen sich in vier Hauptphasen unterteilen. Die *Entwicklungsphase* besteht aus der Grundlagenermittlung, deren Gegenstand basale Projektierungsaspekte wie das Klären der Aufgabenstellung oder die Eruierung von Planungsrandbedingungen sind. Der Übergang von der Entwicklungsphase in die *Planungsphase* ist wegen der Erarbeitung von Lösungsoptionen und Optimierungen, die immer zu Anpassungen der Aufgabenstellung führen können, fließend. Die Planungsphase selbst ist mehrstufig angelegt und endet dort, wo die Objektplanung zum Abschluss gelangt, das heißt, wenn die Ausführungsplanung endgültig vorliegt. An sie schließt sich die Phase der Leistungsausschreibung an – die *Ausschreibungsphase*. Ist die Vergabe des Auftrags ausgeschriebener Leistungen vollzogen und sind Verträge gezeichnet, beginnt die *Ausführungsphase*. Diese Phase nimmt in der Regel am meisten Zeit in Anspruch

---

[88] Siehe dazu Teilabschn. 4.3.2 *Entscheidungen unter Unsicherheit.*
[89] Siehe dazu Abschn. 3.1 *Verhältnis Auftraggeber–Auftragnehmer.*

## 3 Logik der Arbeits- und Entscheidungsumgebung

und kann bei unvorhersehbaren Ereignissen während der Bauwerkserrichtung dazu führen, dass geplante Bauzeiten nicht eingehalten werden und berechnete Baukosten angepasst werden müssen. Die Ausführungsphase ist die letzte Hauptphase der Genese von Ingenieurbauwerken. Sie endet mit der Bauwerksabnahme nach § 12 VOB/B,[90] soweit die VOB Vertragsbestandteil ist, das heißt mit der offiziellen Entgegennahme der erbrachten baulichen Leistungen durch den Auftraggeber.

In der folgenden kommentierten Tabelle sind die Elemente nach § 43 HOAI (Leistungsbild Ingenieurbauwerke) aufgeführt. Die linke Spalte enthält die Bezeichnungen der neun Leistungsphasen und die jeweiligen prozentualen Sätze, mit denen die Leistungsphasen bewertet werden und die Bestimmung des jeweiligen Honoraranteils mittels der Honorartafeln nach § 44 HOAI erfolgt.[91] Den Leistungsphasen stehen mit den entsprechenden HOAI-Grundleistungen[92] die sachlogischen Phasen des ingenieurtechnischen Handelns gegenüber (mittlere Spalte). In der rechten Spalte sind die jeweiligen Hauptakteure aufgeführt.

Die in der Tab. 3.1 dargestellte Phasenstruktur dient einer groben Orientierung. Es ist ersichtlich, dass die Hauptakteure der Baubeteiligten in den vier Hauptphasen zu nicht identischen Zeitpunkten tätig sind. In Ingenieurbüros mit Planungs- und Bauleitungsabteilungen ist die Bearbeitung der Hauptphasen je nach Umfang und Komplexität des Büroauftrags häufig auf zwei oder mehr Personen verteilt. Die Arbeiten von der Grundlagenermittlung bis zur Ausführungsplanung werden von der Planungsabteilung (LPH 1, 2, 3, 4 und 5) übernommen, während die Bauleitungsabteilung maßgeblich mit der büroseitigen Koordination, der Überwachung, der Kontrolle sowie der Abrechnung von Ausführungsarbeiten betraut ist (LPH 6, 7 und 8).

---

[90] Deutsches Institut für Normung: *VOB, Vergabe- und Vertragsordnung für Bauleistungen – Teil B: Allgemeine Vertragsbedingungen für die Ausführung von Bauleistungen*, Beuth Verlag, Berlin 2019.

[91] Zur Leistungsphase 8 sei angemerkt, dass die Bauoberleitung sowohl des Leistungsbildes Ingenieurbauwerke (§ 43 der HOAI) als auch des Leistungsbildes Verkehrsanlagen (§ 47 der HOAI) eine Grundleistung ist, während die örtliche Bauüberwachung unter die Besonderen Leistungen fällt und dadurch jeweils einer gesonderten Beauftragung bedarf.

[92] Siehe dazu Abschn. 3.1 *Verhältnis Auftraggeber–Auftragnehmer*, FN 8.

Tab. 3.1 Phasen der Genese von Ingenieurbauwerken gemäß HOAI § 43

| Leistungsphasen (LPH) § 43 Leistungsbild Ingenieurbauwerke gemäß HOAI | Sachlogische Phasen des ingenieurtechnischen Handelns Generative Leistungen (Überblick Grundleistungen gemäß HOAI, Anlage 12 [zu § 43 Absatz 4]) | Hauptakteure |
|---|---|---|
| Grundlagenermittlung (LPH 1), 2 % | *Entwicklungsphase* (z. B. Klären der Aufgabenstellung, Nutzungs-, Funktions-, Bedarfsplanung, Ortsbesichtigung) | Ingenieurbüro, Auftraggeber |
| Vorplanung (LPH 2), 20 % | *Planungsphase 1/4* (z. B. alternative Lösungsmöglichkeiten, Planungskonzept, Kostenschätzung) | Ingenieurbüro |
| Entwurfsplanung (LPH 3), 25 % | *Planungsphase 2/4* (z. B. fachspezifische Berechnungen, zeichnerische Darstellung, Mengenermittlung, Vorabstimmung Genehmigungsfähigkeit, Kostenberechnung, Erläuterungsbericht) | Ingenieurbüro |
| Genehmigungsplanung (LPH 4), 5 % | *Planungsphase 3/4* (z. B. Vervollständigen, Anpassen und Zusammenstellen aller Planungsunterlagen, Abstimmung mit Behörden) | Ingenieurbüro, Auftraggeber, Genehmigungsbehörde |
| Ausführungsplanung (LPH 5), 15 % | *Planungsphase 4/4* (z. B. Einarbeitung aller fachspezifischen Anforderungen, vollständige zeichnerische Darstellung, Berechnung und Erläuterung zur Objektplanung, Detailzeichnungen, Vervollständigen der Ausführungsplanung während der Objektausführung) | Ingenieurbüro |

(Fortgesetzt)

**Tab. 3.1** (Fortgesetzt)

| Leistungsphasen (LPH) § 43 Leistungsbild Ingenieurbauwerke gemäß HOAI | Sachlogische Phasen des ingenieurtechnischen Handelns Generative Leistungen (Überblick Grundleistungen gemäß HOAI, Anlage 12 [zu § 43 Absatz 4]) | Hauptakteure |
|---|---|---|
| Vorbereitung der Vergabe (LPH 6), 13 % | Ausschreibungsphase 1/2 (z. B. Ermitteln der Mengen, Anfertigen der Leistungsbeschreibungen und der Vertragsbedingungen, Zusammenstellen der Vergabeunterlagen) | Ingenieurbüro, Auftraggeber |
| Mitwirkung bei der Vergabe (LPH 7), 4 % | Ausschreibungsphase 2/2 (z. B. Einholen, Prüfen und Werten von Angeboten, Zusammenstellen der Vertragsunterlagen, Mitwirken bei der Vergabe) | Ingenieurbüro, Auftraggeber |
| Bauoberleitung (LPH 8),[93] 15 % | Ausführungsphase (z. B. Aufsicht über die örtliche Bauüberwachung, Abnahme von Bauleistungen, Antrag auf behördliche Abnahmen, Objektübergabe, Rechnungsprüfung) | Ingenieurbüro, Auftraggeber, Anlagenbetreiber, Baufirma, zuständige Behörde |

(Fortgesetzt)

---

[93] Gegen die Beauftragung der Bauoberleitung (Grundleistung) und die örtliche Bauüberwachung (Besondere Leistung) an ein Ingenieurbüro wird vielfach der Einwand erhoben, dass sich ein Auftragnehmer nicht selbst überwachen könne. Für die Gütestelle Honorar- und Vergaberecht e. V. (GHV) ist es jedoch kein ungewöhnlicher Vorgang, die Bauoberleitung und die örtliche Bauüberwachung an einen Auftragnehmer zu vergeben, soweit die entsprechenden Aufgaben von verschiedenen Personen übernommen werden. Lasse sich die Aufsicht über die örtliche Bauüberwachung allerdings nicht belegen, komme eine Honorarminderung in Betracht. Hierbei sei zu berücksichtigen, dass die Aufsicht über die örtliche Bauüberwachung selbst nicht noch einmal eine vollständige Grundleistung aus Leistungsphase 8 des § 43 darstelle, sondern nur eine Teilleistung. Die Honorarminderung liege deshalb bei maximal 1 % des Gesamthonorars für Ingenieurbauwerke. Im Übrigen obliege es grundsätzlich dem Auftraggeber, welche Inhalte er beauftrage und welche nicht (Telefonat mit der GHV, Mannheim am 24.01.2022).

**Tab. 3.1** (Fortgesetzt)

| Leistungsphasen (LPH) § 43 Leistungsbild Ingenieurbauwerke gemäß HOAI | Sachlogische Phasen des ingenieurtechnischen Handelns Generative Leistungen (Überblick Grundleistungen gemäß HOAI, Anlage 12 [zu § 43 Absatz 4]) | Hauptakteure |
|---|---|---|
| Objektbetreuung (LPH 9), 1 % | *Betriebsphase* (z. B. Objektbegehungen zur Feststellung von Mängeln innerhalb Verjährungsfristen für Gewährleistungsansprüche, Objektbegehung vor Ablauf der Verjährungsfristen) | Ingenieurbüro, Auftraggeber |

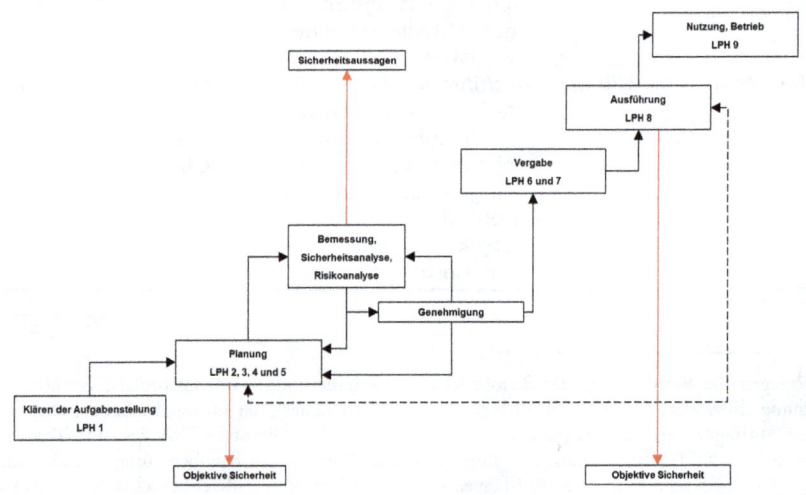

**Abb. 3.4** Phasen der Genese von Ingenieurbauwerken und deren Einfluss auf die Sicherheit

Die Abb. 3.4 stellt eine Synthese aus der Abb. 3.3 (Zwei-Ebenen-Modell der Sicherheitspraxis mit Objektgestaltung und Objektanalyse)[94] und der Tab. 3.1 (Phasen der Genese von Ingenieurbauwerken gemäß HOAI § 43) dar.

Anhand der HOAI-Leistungsphasen wird übersichtlich herausgestellt, an welchen Stellen der Bauwerksgenese objektive Sicherheit entsteht und an welcher Stelle Sicherheitsaussagen hervorgebracht werden. Sowohl in allen Planungsphasen als auch in der Ausführungsphase wird Einfluss auf die objektive Sicherheit genommen, während Sicherheitsaussagen in der Sicherheits- und Risikoanalyse ausschließlich während der Planungsphasen, vor Beginn des Vergabeverfahrens aufgestellt werden. Dadurch können an der Schlüsselstelle der Bauwerksgenese unter Zugrundelegung von validem Datenmaterial zum Zwecke einer probabilistischen Beschreibung von Einwirkung und Widerstand gewisse Versagensszenarien konstruiert und Schadensausmaße eingegrenzt werden. Je nach Wirktiefe und Aussagekraft bedenklicher Ergebnisse der Sicherheitsanalyse und/oder Risikoanalyse können diese zur Rückkehr in eine der Planungsphasen zur Durchführung von Anpassungen oder zur Herstellung von Modifikationen veranlassen.

Es kommt vor, dass die erarbeiteten Planungsunterlagen, die der Baufirma zur Verfügung gestellt werden, nicht den Informationsbedarf liefern, der auf der Baustelle benötigt wird. Dazu soll die gestrichelte Linie in der Abbildung verdeutlichen, dass wichtige planerische Korrekturbedarfe oder erforderliche Nacharbeiten, die während der Ausführung festgestellt werden, aber keines genehmigenden Verwaltungsaktes bedürfen, direkt über die örtliche Bauüberwachung an das planende Personal gemeldet und durchgeführte Planungsarbeiten auf umgekehrtem Wege wieder an die Baufirma zurückgereicht werden können, die sie dann vor Ort in ihre Arbeiten übernimmt. Auf diese Weise werden über die optionale Verbindung durch einen Impuls aus der Praxis planungsseitig ein Beitrag zur objektiven Sicherheit hervorgebracht und im Anschluss daran ein vergleichbarer Beitrag ausführungsseitig erschaffen.

---

[94] Siehe Teilabschn. 3.4.2 *Konkretisierung von objektiver Sicherheit und Sicherheitsaussagen.*

## 3.5.1 Sachlogik im Arbeitsumfeld des Planers (LPH 1, 2, 3, 4 und 5)

Die Planungspraxis (Entwurf und Bemessung) ist mit Blick auf die herzustellende Sicherheit trotz aller Freiheitsgrade und Entscheidungsmöglichkeiten, die Bauingenieuren als Planern geboten werden, durch eine gewisse Sachlogik determiniert, indem die physische Gestalt ingenieurtechnischer Anlagen und die in diesen Anlagen ablaufenden Prozesse über Beschreibungen, Funktionen, zeichnerische Darstellungen und Bemessungen gemäß technischer Standards in aufeinander aufbauenden Planungsstufen vorausgedacht werden. Absicht ist es, Prognosen über die gesamthafte Erscheinung, Wirkung und Funktion von Ingenieurbauwerken abzugeben.[95] Die gedankliche Vorwegnahme der künftigen Wirklichkeit ist ein charakteristisches Merkmal der ingenieurtechnischen Planungspraxis.

Die spätere technische Sicherheit eines Ingenieurbauwerks ist weitgehend davon abhängig, welche Randbedingungen der Bauwerksgenese in der Planungsphase zugrunde gelegt werden. Hier ist es vor allem die Entwurfsplanung, die beispielsweise darüber entscheidet, ob das spätere Ingenieurbauwerk unübersichtlich oder einfach strukturiert ist, welche Form und Größe es hat und ob es in Bezug auf Planungsfehler für bauliche Schäden anfällig oder robust[96] ist.

Die folgenden stichpunktartigen Erläuterungen grundlegender Planungsschritte sollen anhand ausgesuchter professioneller Leistungen zeigen, in welchem Umfang sie sicherheitstheoretische Anteile in sich tragen und welche Bedingungen zur Erzeugung von objektiver Sicherheit (Ebene 1/Praxisebene) und Sicherheitsaussagen (Ebene 2/operative Ebene) erfüllt sein müssen.[97]

---

[95] Beispiele sind die Stabilität von Erddämmen, der materialschonende Einbau von Abwasserrohren, die Tragfähigkeit von Böden oder das Verhalten von Baustoffen unter Belastungen. Rechnergestützte 3D-Visualisierungen gehören in weiten Teilen der ingenieurtechnischen Arbeit mittlerweile zum Alltag.
[96] Das Leitbild der Robustheit ist eher ein Entwurfsprinzip und weniger ein Bemessungsprinzip.
[97] Vergleiche Teilabschn. 3.4.2 *Konkretisierung von objektiver Sicherheit und Sicherheitsaussagen*.

- Modellbildung:
"Die parallele Entwicklung der Datenverarbeitung in Ingenieurwissenschaften und Technik haben die Modellierungs- und Analysegrenzen stark verändert im Sinne fortschreitender Wirklichkeitsnähe und Validität der Analysen."[98] Diese Entwicklung ist mittlerweile so weit fortgeschritten, dass zur Beurteilung der Eigenschaften eines Objektentwurfes im Hinblick auf eine Sicherheitsaussage durch Analyse- und Prüfprozesse (Objektanalyse) auf multimodale Softwarelösungen mit recht hoher realitätsbezogener Aussagekraft zurückgegriffen werden kann, wobei sich die Modellierungs- und Analyseleistungen nicht nur auf das Objekt als Systemganzes konzentrieren, sondern immer auch auf möglichst viele seiner Elemente, wie konstruktive Details, örtliche Kontextbeziehungen, das Materialverhalten, Lagerungsbedingungen oder das Systemverhalten bei betrieblichen Beanspruchungen. So liefern zum Einsatz gebrachte Softwarelösungen auch bei Fragen zum Transport von Wasser inzwischen qualifizierte Daten und Informationen zum physikalischen Verhalten technischer Systeme aus dem Bereich der Strömungsmechanik. Als Beispiele für softwaregestützte Modellierungswerkzeuge seien hier Berechnungsprogramme für die Hydraulik von Entwässerungskanälen oder die Bemessung und Ausgestaltung von Behandlungsstufen auf Abwasserreinigungsanlagen genannt.

Modellierungs- und Analyseaufwände hängen markant von der jeweils angestrebten Wirklichkeitsnähe und der gewünschten Aussagekraft der Analysen ab. Dabei ist die aus den Modellierungen erwachsende prinzipielle Differenz zwischen der baulich zu gestaltenden Wirklichkeit und ihrer vorwegnehmenden modellhaften Abbildung der Sachlogik in der Planungspraxis geschuldet.[99] Selbstverständlich reichen softwaregestützte Sicherheitsaussagen immer nur so weit, wie verwertbare Analyseergebnisse vorliegen.

---

[98] Ekardt, Hanns-Peter: *Risiko in Ingenieurwissenschaft und Ingenieurpraxis*, in: Braunschweigische Wissenschaftliche Gesellschaft: Jahrbuch 1999, J. Cramer Verlag 2000, S. 178. Logisch gesehen kann es allerdings keine faktischen Modellierungs- und Analysegrenzen geben. In Abhängigkeit des jeweils verfügbaren Verfahrens können sie über jedes schon erreichte Maß hinaus erhöht werden.

[99] Vergleiche dazu auch Teilabschn. 3.5.3 *Vier-Perspektiven-Modell*.

- Die Zerlegung von Entwurfsaufgaben:
  Eine sicherheitsbegründende Zerlegung von Entwurfsaufgaben bei öffentlichen Infrastrukturanlagen ist vor allem angeraten, wenn komplexe oder unübersichtliche Ingenieurbauwerke zu planen sind. Bleibt für diese Fälle eine Zerlegung im Dienste der objektiven Sicherheit aus, kann es zu Verträglichkeitsproblemen zwischen erarbeiteten Teillösungen kommen, weil Abstimmungserfordernissen nicht Rechnung getragen worden ist. Werden dadurch die an den entsprechenden Schnittstellen möglicherweise entstehenden Abstimmungsdefizite nicht von einer Sicherheitsaussage erfasst, kann ein Schadenspotenzial unbemerkt bleiben und früher oder später in ein Schadensereignis münden.
  In der Planungspraxis ist es pragmatisch, bereits dort eine zweckbestimmte Zerlegung von Entwurfsaufgaben vorzunehmen, wo Lösungen über generative Akte hervorgebracht werden sollen, seien es ganze Systeme wie etwa die Auswahl der Behandlungsstufen von Abwasserreinigungsanlagen oder nur Elemente wie etwa Details zu einer Reinigungsstufe.

- Phasenstruktur:
  Die Planungen von Ingenieurbauwerken vollziehen sich in aufeinanderfolgenden Phasen, zwischen denen charakteristische Folgebeziehungen bestehen. Dieser sachlogische Tatbestand hat seinen Niederschlag in den Leistungsbildern der HOAI gefunden. Das dort dokumentierte Muster der Phasenabfolge ist von erheblichem Belang, insbesondere für technisch einwandfreie Vorgehensweisen während der Genese von Ingenieurbauwerken im Hinblick auf die Gewährleistung von objektiver Sicherheit.
  Die Planungspraxis ist aufgrund möglicher Rückkopplungen und Mehrfachdurchläufen von Phasen zirkulär ausgerichtet. Besonders deutlich tritt dies bei unscharfen Problem- bzw. Aufgabenstellungen hervor, wenn sich in sachlogisch späteren Phasen herausstellt, dass Annahmen oder Vorgaben aus früheren nicht aufrechterhalten werden können oder wenn grundlegende planerische Ergänzungen erforderlich werden. In diesen Fällen müssen zurückliegende Phasen

gegebenenfalls erneut durchlaufen werden. Zunehmende Unübersichtlichkeit, komplexe Bauwerksbeschaffenheiten und mangelhafte Kommunikation unter den Planungsbeteiligten können ebenfalls zu kreisförmigen Beziehungen unter den Phasen führen. Je vertrauter die Entwurfsaufgabe aber wird und je größer die Erfahrung der Bearbeiter, umso eher stellen sich eine Linearisierung der Phasenabfolge und objektive Sicherheit ein.

Zum Zwecke belastbarer Resultate und um möglichst zutreffende und umfassende Vorhersagen abgeben zu können, müssen planende Bauingenieure wohlüberlegt vorgehen, was die Wahl und Handhabung zur Verfügung stehender Werkzeuge angeht. Dies betrifft vor allem den mittlerweile verbreiteten Umgang mit computergestützten Berechnungs- und Darstellungstools, die Faustformeln, Zahlentabellen und Diagrammlösungen längst verdrängt haben. Ingenieurseitig genutzte Softwareprodukte können eine ausgesprochen hilfreiche Unterstützung bei Planungsarbeiten sein. So lässt sich mit mathematischen Modellen das Niederschlags-Abfluss-Verhalten in Einzugsgebieten realitätsnah abbilden. Hochwasserereignisse können simuliert werden, etwa zum Zwecke der Ermittlung von Bemessungswerten für wasserbauliche Maßnahmen. Mit technisch ausgelegter Software können hydraulische Fragestellungen zur Abwasserableitung und Wasserversorgung bearbeitet, Abwasserreinigungsanlagen bemessen, Bauwerke dimensioniert, betriebliche Funktionen gesteuert, Versickerungsanlagen berechnet und Wasserhaushaltsbilanzierungen durchgeführt werden. Im Bereich der Standsicherheit und der Vorhersage baulicher Zustandsentwicklungen kommen Softwareprodukte ebenfalls zum Einsatz. Und mit betriebswirtschaftlich ausgerichteten Computerprogrammen werden Bauabläufe reguliert, Baufortschritte gesteuert, Investitionsplanungen durchgeführt, Bauabrechnungen erstellt und Bauprozesse simuliert. Stets soll die (künftige) Realität theoretisch im Jetzt erfasst werden. Jede Ingenieursoftware ist aber nur so gut, wie die jeweils relevanten veränderlichen Größen mitbedacht werden, denn computergestützte Nachbildungen realistischer Vorgänge durch künstliche Bedingungen und Verhältnisse sind immer von gewählten Parametern beeinflusst, unter denen die künftige Wirklichkeit „errichtet" wird. Gleichzeitig reicht jedes Szenario nur so weit, wie sich die Fantasie seines Verfassers der Realität nähert, das heißt, der Blick auf die die Ingenieurbauwerke definierenden funktionalen Erfordernisse, die Zielvorgaben und die örtlichen Verhältnisse gerichtet wird.

Die diversen Softwareprodukte stellen dem Bauingenieur eine Programmumgebung zur Verfügung, in der das Verhalten eines geplanten oder auch bestehenden Systems in Abhängigkeit seiner Komplexität berechnet und abgebildet werden soll. Dazu bedarf es modellintern einer konsistenten Verknüpfung unterschiedlicher Modellebenen, von denen jede einzelne a priori fehlerbehaftet sein kann, sei es bei den Details mathematisch-physikalischer Formulierungen, bei der Festlegung von Randbedingungen oder bei der Wahl geeigneter Materialien mit entsprechenden Eigenschaften. Als Ergebnis aller vom Nutzer vorzugebenden Eigenschaften wird nach mehr oder weniger umfangreichen Berechnungen ein der Größe nach variabler Datensatz erzeugt, den es mithilfe geeigneter softwarebasierter Visualisierungstechniken in Bezug auf bestehende Fragestellungen zu interpretieren gilt. Weil die zur Verfügung stehenden Werkzeuge enormen Einfluss auf künftige Arbeitsresultate haben, ist eine gewisse theoretische Modellierungskompetenz gefordert. Aus der Tatsache, dass prinzipiell auf jeder Modellierungsebene systemisch oder anwenderseitig Fehler entstehen können und auch nicht zu erwarten ist, dass eine Programmumgebung von sich aus bereits sämtliche nutzerseitigen Anforderungen erfüllt, ergibt sich die Forderung an den Bauingenieur, die Berechnungsergebnisse qualitativ und quantitativ einzuordnen, um zu belastbaren Aussagen über die Genauigkeit seiner Analysen respektive Prognosen zu gelangen und um insgesamt beurteilen zu können, welches Vertrauen in die Berechnungsergebnisse, deren Zuverlässigkeit davon abhängt, ob realitätsnahe Anfangs- und Randbedingungen bekannt und in die Modellberechnungen eingeflossen sind, gesetzt werden kann.

In der Ingenieurpraxis ist zu beobachten, dass den inneren Abläufen bei Simulationsrechnungen, den Programmfunktionen und der Qualität erzeugter Berechnungsdaten allzu häufig vertrauensvoll gegenübergetreten wird. Das „Ergebnis, vor allem, wenn es bereits grafisch und farbig aufbereitet ist, suggeriert einen Anschein von Plausibilität und Objektivität".[100] Dadurch wird oft übersehen, dass die spezifische Weise, in der die Wirklichkeit modellhaft konstruiert wird, einer Begründung bedarf. Dies betrifft etwa die Frage, ob Ergebnisse aus computergestützten Berechnungs- und Simulationsvorgängen tatsächlich wünschenswert sind oder die Bedürfnisse nachfolgender Generationen verletzt werden, sodass die aus einer unkritischen Übernahme mathematischer, physikalischer und informationstechnischer Berechnungsergebnisse resultierende Unsicherheit mitunter zu einer Nutzung der Werkzeuge als geschlossene Systeme mit unbekannten Risiken führt. Bedient sich der Bauingenieur zu leichtfertig Simulations- und Berechnungsprogrammen und steht er den Ergebnissen unreflektiert gegenüber, werden diese nicht auf Korrektheit geprüft. Kommt es etwa wegen falsch gewählter Eingangsparameter zu falschen Simulations- oder Berechnungsergebnissen und werden diese nicht als solche erkannt, fließen sie in die weitere Projektarbeit ein, was zu schwerwiegenden Folgen für die spätere Funktionalität des realen Ingenieurbauwerks und selbstverständlich in erhebliche Kostenaufwendungen führen kann. In solchen Fällen liegt ein klarer Verstoß gegen die Mindestbedingungen verantwortlichen Ingenieurhandelns vor, selbst wenn der Bauingenieur sich der Tragweite der Problematik nicht bewusst ist und ein Vorsatz entfällt.

### 3.5.2 Sachlogik im Arbeitsumfeld des Firmenbauleiters

Die Tatsache, dass es planungstheoretisch nicht möglich ist, auf Projektionen des noch nicht Existierenden zu verzichten, wirkt sich auch auf die Ausführung aus. Es sind hier nicht nur das Planungsobjekt, das im Detail unscharf und in gewisser Hinsicht unvollständig bleibt, sondern

---

[100] Kornwachs, Klaus: *Philosophie für Ingenieure,* 3. Auflage, Hanser Verlag, München 2018, S. 98.

auch der physische Kontext vor Ort, der nicht in Gänze bekannt ist. Im Tiefbau spielt der Baugrund regelmäßig eine große Rolle (z. B. Altlasten, Grundwasser, Tragfähigkeit des Bodens, naturschutzräumliche Situation, bodenmechanische Parameter, bestehende Infrastrukturanlagen). Es ist niemals ausgeschlossen, dass während der Ausführung aufkommende örtliche Tatbestände dazu führen, vom üblichen Prozedere Abstand zu nehmen, beabsichtigte Vorgehensweisen zu verlassen und fallbezogene Modifikationen zu ergreifen.

Wegen der systematisch begrenzten Möglichkeiten der Planung, die spätere Wirklichkeit zu entwerfen, ist für die Ausführung zu bedenken, dass sie nicht allein auf der Grundlage vorliegender technischer und ablauforganisatorischer Planungsunterlagen erfolgen kann. Unter den Herstellungsbedingungen des Bauwesens sind die für Planungen prinzipiell geltenden Vorbehalte in Bezug auf erreichbare Vollständigkeit, Plausibilität und Endgültigkeit zu ausgeprägt. Diese Tatsache nimmt Einfluss auf die Aufgabe des Firmenbauleiters, „die der Planung unvermeidlich zugrunde zu legenden Annahmen und die real vor Ort angetroffenen Tatbestände des Baugrunds, des Wetters, der Verfügbarkeit von Plänen, Personal, Gerät, Material, der Verträglichkeit oder Unverträglichkeit von Teilplänen zur Deckung zu bringen".[101] Die aus diesen Bemühungen hervorgehenden Erkenntnisse können in nachträgliche Planungserweiterungen bzw. -anpassungen führen. Insofern besteht zwischen der Anlagenausführung und der Anlagenplanung eine gewisse Zirkularität.[102]

Die folgende stichpunktartige Auflistung gibt einen Einblick in das Spektrum regelmäßig wiederkehrender Aufgaben und Funktionen des Firmenbauleiters bei linearem Ablauf der Genese von Ingenieurbauwerken. Die Arbeit des Firmenbauleiters ist immer auch ein Herstellen und dies in doppeltem Sinne. Einerseits findet seine Tätigkeit direkt Eingang in den Primärprozess, der durch Zielvorgaben und Kontrollen charakterisiert ist, etwa bei der Herstellung von Straßen oder Kanalisationen.

---

[101] Ekardt, Hanns-Peter/Löffler, Reiner/Hengstenberg, Heike: *Arbeitssituationen von Firmenbauleitern*, Campus Verlag, Frankfurt/Main, New York 1992, S. 161.
[102] Vergleiche dazu Abb. 3.4: *Phasen der Genese von Ingenieurbauwerken und deren Einfluss auf die Sicherheit.*

## 3 Logik der Arbeits- und Entscheidungsumgebung

Bevor dieser Primärprozess jedoch beginnen kann, bedarf es andererseits der vorausschauenden Konstitution eines geplanten Ablaufes anstehender technischer Schritte beim Firmenbauleiter. Dazu muss der Prozess ideell vorgezeichnet werden, und dies gegebenenfalls auch mehrfach, weil die Festlegung einer Vorzugsvariante nur über die Produktion alternativer Möglichkeiten und entsprechender Abwägungen erreichbar ist. In der Praxis hat sich eine teleologische Auslegung der Unterteilung der Tätigkeit von Firmenbauleitern in drei aufeinanderfolgende Hauptarbeitsstufen etabliert.

Arbeitsvorbereitende Tätigkeiten
- Studium der Vergabeunterlagen, insbesondere des Leistungsverzeichnisses und Planunterlagen
- Angebotskalkulation (Arbeitskräfte, Gerät, Baustoffe, Fertigungsverfahren, Anfragen an Subunternehmer, Baustofflieferanten, evtl. einleitende Tätigkeiten zur Gründung einer Arbeitsgemeinschaft), Angebotsabgabe
- Bei Auftragserhalt: Studium und Gegen- bzw. Mitzeichnung des Bauvertrags, soweit nicht Aufgabe der Firmenleitung
- Abstimmung mit dem Auftraggeber bzw. dem beauftragten Ingenieurbüro über den Baubeginn
- Fertigungsplanung (sachliche und zeitliche Abläufe, Planung der Baustelleneinrichtung und der Versorgung der Baustelle mit Energie und Wasser, Veranlassung und Entwurf von Baubehelfen wie stützende Hilfskonstruktionen)
- Vorbereitung der Vergabe von Unteraufträgen, Auswahl von Subunternehmern, Führen von Vergabegesprächen
- Maßnahmen aller rechtlichen, institutionellen, politischen Absicherungen der Bauausführung in Abstimmung mit dem Auftraggeber bzw. dem beauftragten Ingenieurbüro, Grundstückseigentümern, Anliegern, Bürgerinitiativen, sonstigen Betroffenen und Behörden (Bauaufsicht, Prüfingenieure, Genehmigungsbehörde)

Arbeitsbegleitende Tätigkeiten
- Erarbeiten und Prüfen der gelieferten (und gegebenenfalls korrigierten/ergänzten) Ausführungsunterlagen
- Leitung und Überwachung der Baustellentätigkeiten, Vertretung und Ansprechpartner der Baustellenbelegschaft gegenüber der Firmenleitung
- Repräsentanz der Firma gegenüber Subunternehmen, dem Auftraggeber bzw. dem beauftragten Ingenieurbüro, Behörden und sonstigen Dritten
- Fortgesetzte Disposition des Einsatzes von Arbeitskräften, Maschinen und Gerät
- Veranlassen erforderlicher Material-, Baustoff- und Halbfertigteilproduktlieferungen (z. B. Beton, Stahl, Schalung)
- Konstruktion und Einrichten von Baubehelfen
- Sachgerechter Umgang und Verarbeitung mit kontingenten Einflüssen wie Witterungsereignissen, Störungen in der Energie- und Wasserversorgung, Ausfall von Arbeitskräften/Gerät/Maschinen, Abstimmungen bezüglich parallel laufender Baustellen, Einwände von Behörden, Behinderungsanzeigen, Verzögerungen bei Planprüfungen durch Prüfingenieure
- Erfassen erbrachter Bauleistungen und Lieferungen sowohl der eigenen Firma als auch der Subunternehmer (Aufmaße und Dokumentationen)
- Prüfen der Rechnungen der Subunternehmer und der Lieferanten, Freigabe und Veranlassung von Zahlungen
- Nachträge zum Bauvertrag (Feststellung der Erfordernisse, Aufstellung der Nachtragskalkulation, Erarbeitung von Nachtragsangeboten, Aushandlung und Einholung der Anerkennung von in Rechnung zu stellenden Leistungen und Preisen mit dem Auftraggeber bzw. dem beauftragten Ingenieurbüro)
- Abschlagsrechnungen an Auftraggeber bzw. an beauftragtes Ingenieurbüro auf Grundlage durchgeführter Aufmaße und aufgestellter Dokumentation

Arbeitsnachbereitende Tätigkeiten
- Ankündigung der Fertigstellung, Erwirkung der Abnahme erbrachter Leistungen und Teilleistungen
- Abbau und Räumen der Baustelle, Wiederherstellung des umliegenden Geländes
- Aufstellung von Schlussrechnungen
- Gegebenenfalls Nachkalkulation als Beitrag zur Gewinnung von innerbetrieblichen Aufwandsdaten
- Ausführung von Arbeiten im Rahmen der Gewährleistung

Die Trias legt offen, dass sich die Praxis des Firmenbauleiters zu einem Großteil unter Bedingungen ereignet, die von ihm nur begrenzt beeinflusst werden können. Unvollständige Planunterlagen, Witterungseinflüsse, zahlreiche direkt oder indirekt am Bau Beteiligte mit unterschiedlichen und teils unvereinbaren Interessen sowie die Vielzahl an technischen Standards und gesetzlicher Vorschriften bestimmen den Alltag der vor Ort tätigen Baufirma und des Firmenbauleiters.

### 3.5.3 Vier-Perspektiven-Modell

An der Genese von Ingenieurbauwerken ist ablesbar, dass die Planungen und Ausführungen unter Beteiligten stattfinden, die mit jeweils ganz spezifischen Aufgaben betraut sind und bestimmte Erwartungen besitzen. In dem Personenkreis heben sich vier Hauptblickrichtungen auf das jeweilige Ingenieurbauwerk ab (Abb. 3.5).

Erste Perspektive
Die erste Perspektive ist die des Nutzers. Er ist an der Fertigstellung eines Ingenieurbauwerks interessiert, das seinen Ansprüchen genügt. Ist er nicht nur Nutzer, sondern auch Maßnahmenträger, wie dies etwa bei kommunalen Planungen und Bauwerkserrichtungen oft der Fall ist (z. B. Abwasserreinigungsanlagen, Wohnstraßen, Wasserwerke), gibt er auch Termine, Qualitäten und Kosten vor. Die erste Perspektive ist im Schadensfall aber auch die der faktisch betroffenen Bürger. Sie haben

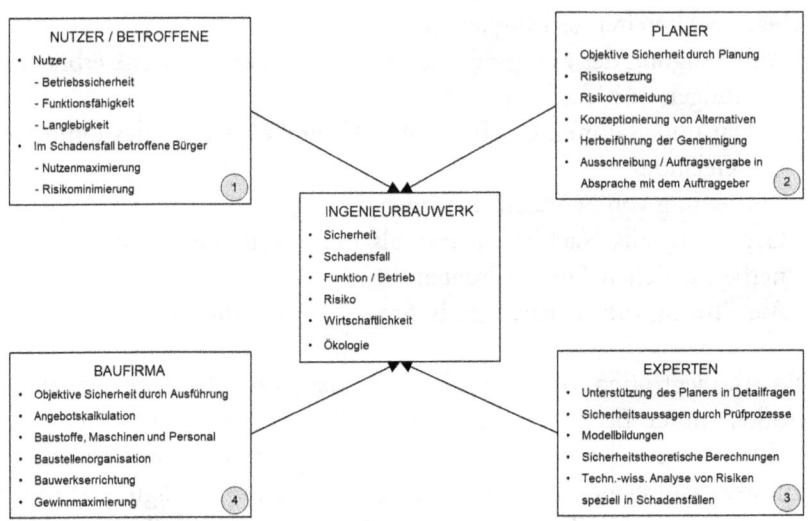

**Abb. 3.5** Vier-Perspektiven-Modell auf Ingenieurbauwerke

deshalb ein besonderes Interesse daran, Risiken möglichst klein zu halten und den Nutzen als wünschenswerte Folge zu maximieren. Im Fall des Eintretens von Schäden überformt diese erste Perspektive die Berichterstattung in den Medien im Vergleich zu den anderen Perspektiven aus leicht eingängigen Gründen.

*Zweite Perspektive*

Die zweite Perspektive ist die des Planers. Kennzeichen dieser Perspektive ist der Vorblick (ex ante). Sie beschreibt die Sicht einer auf die Zukunft ausgerichteten risikosetzenden und zugleich risikominimierenden Praxis. Diese widersprüchlich erscheinenden Praxisanteile sind der Sachlogik im Arbeitsumfeld des Planers bei der Auseinandersetzung mit der Zukunft geschuldet.[103] Einerseits ist es dem Planer nicht möglich, das Setzen von Risiken zu vermeiden, wenn er in die Zukunft plant, ande-

---

[103] Vergleiche dazu auch Teilabschn. 3.5.1 *Sachlogik im Arbeitsumfeld des Planers (LPH 1, 2, 3, 4 und 5)*.

## 3 Logik der Arbeits- und Entscheidungsumgebung

rerseits ist er bemüht, diese Risiken durch Sicherheitsstrategien wieder einzufangen, indem Abwägungen etwa im Hinblick auf alternative Sicherheitsgewinne und -aufwände stattfinden. Das maßgebliche Arbeitsergebnis des Planers ist der Entwurf. Mit ihm „werden unvermeidlich Risiken gesetzt und zugleich Sicherheitspotentiale eröffnet".[104] Die Entwurfsqualität wirkt sich bestimmend auf die jeweiligen Grade der bestehenden Risiken und verfügbaren Sicherheitspotenziale aus. Dadurch ist die zweite Perspektive nicht nur die einer risikosetzenden und risikominimierenden Praxis. Durch Handlungen ist sie auch maßgeblich an der Entstehung bzw. Vermeidung von Schadensfällen beteiligt.

Dritte Perspektive
Die dritte Perspektive ist die des Experten. Weil er dem Planer in speziellen Detailfragen und ausgesuchten Einzelaspekten unterstützend zuarbeitet, ist auch seine Tätigkeit zur Erzeugung von Risiko- und Sicherheitsaussagen auf die Zukunft ausgerichtet. Am Beispiel eines entwässerungstechnischen Vorhabens lässt sich das Zusammenspiel der zweiten und dritten Perspektive gut veranschaulichen: Die Planung einer Kanalbaumaßnahme fällt in die zweite Perspektive (Planer). Zu den routinemäßigen Arbeiten zählen dort Berechnungen des künftigen Abwasseranfalls, der Rohrdimensionen, des Sohlliniengefälles sowie des erforderlichen Bodenaushubs. Wird seitens des Auftraggebers zusätzlich eine statische Berechnung des Rohrleitungssystems zur Nachweisführung der Eignung des vorgesehenen Rohrtyps für die jeweiligen Verlegebedingungen und die späteren Erd- und Verkehrslasten gefordert, bedarf es eines Experten für die Anfertigung einer Rohrstatik, der dann die dritte Perspektive einnimmt. Er wendet ingenieurwissenschaftlich fundierte sicherheitstheoretische Berechnungsverfahren an und führt gegebenenfalls Modellierungen durch. Auf diese Weise bilden sich in der Praxis mehr oder weniger zirkuläre Abläufe zwischen Erfordernis, Entwurf und Nachweis heraus, wobei dieser funktionale Kreispro-

---

[104] Ekardt, Hanns-Peter: *Das Sicherheitshandeln freiberuflicher Tragwerksplaner. Zur arbeitsfunktionalen Bedeutung professioneller Selbstverantwortung*, in: Mieg, Harald/Pfadenhauer, Michaela (Hrsg.): Professionelle Leistung – Professional Performance. Positionen der Professionssoziologie. UVK Verlagsgesellschaft mbH, Konstanz 2003, S. 180.

zess verschränkt ist mit fortgesetzten Interaktionen, hier zwischen dem Rohrstatiker, dem Auftraggeber, dem Planer und dem Rohrhersteller.

Die dritte Perspektive wird auch in Schadensfällen eingenommen. Nach Schadensereignissen nimmt sie jedoch den Rückblick ein und kehrt sich in die das Geschehen in seiner technischen Ursache und in seinem Verlauf rekonstruierende Analyse um. Im Gegensatz zur zweiten Perspektive (Planer) und auch im Gegensatz zu den Unterstützungsleistungen, die der Experte für den Planer erbringt, beziehen sich die Risiko- und Sicherheitsaussagen des Experten, der mit der Schadensuntersuchung betraut ist, auf die Vergangenheit (ex post), etwa zur Prüfung und Bewertung zurückliegender erbrachter technischer Leistungen im Hinblick auf Übereinstimmung mit technischen Standards. Der Experte handelt in diesen Fällen in einem prozessualen Sinn. Aus seiner diagnostizierenden, analytisch angelegten Perspektive heraus können etwa Schlüsse zu Fragen der zweiten Perspektive gezogen werden. Von besonderem Interesse ist dies in Streitfällen für Organe der Justiz, die sich der Zuarbeit von Experten bedient (z. B. gerichtlich bestellte Sachverständige).

Vierte Perspektive
Die vierte Perspektive ist die der ausführenden Baufirma und gegebenenfalls deren Subunternehmer. Sie wird aktiviert, wenn der Auftrag für die Errichtung eines Ingenieurbauwerks auf einer genehmigten Planungsgrundlage (Ausführungsplanung) erteilt worden ist. In den Aufgabenbereich der Baufirma fallen unter anderem die Materialbeschaffung, die Maschinen- und Personalgestellung, der Baustellenbetrieb sowie das Bauen nach den a. a. R. d. T. zum Zwecke der Umsetzung des planerisch bereits bestehenden Ingenieurbauwerks in die bauliche Praxis.

## 3.6 Strukturelle Konfliktebene

Unter Ingenieurverantwortung wird nicht mehr verstanden, sich weitgehend frei von technischen Regeln vornehmlich durch die Fähigkeit und Anwendung von Wissen in der täglichen Arbeit auszuzeichnen, wie das bis weit in das 20. Jahrhundert hinein gang und gäbe war. Die

## 3 Logik der Arbeits- und Entscheidungsumgebung 135

Gründlichkeit des Ingenieurhandelns orientiert sich heute typischerweise an technischen Standards. Vielfach wird es als erste Pflicht betrachtet, seine Leistungen im Abgleich mit ihnen zu erbringen. Dieser Standpunkt schließt aber nicht aus, Ingenieurverantwortung auch als urteilende und prüfende Instanz zu verstehen. Ekardt betont, dass „die Ingenieurpraxis in ihrer Alltäglichkeit dadurch geprägt ist, zwar in erster Näherung das geschriebene Richtige tun zu sollen, zu diesem aber in zweiter Näherung eine abwägende, urteilende, manchmal auch widerständige Distanz einnehmen zu müssen".[105] Ingenieurverantwortung beschreibe „nicht einen techniksteuernden Wirkungsmechanismus, sie beschreibt auch nicht eine normative, sozial geltende Tatsache wie sie das häufig beschworene (und relevante) Berufsethos von Bauingenieuren darstellt. Sie bezeichnet eine Reflexionskategorie und einen Praxismodus, die sich beide auf die soziale und psychische Identität von Bauingenieuren beziehen, deren Praxis in der Planung und im Bau der technischen Infrastruktur besteht. Zwischen Ingenieurverantwortung als berufsmoralischer Reflexionskategorie und als Modus einer offenen Praxis aus eigenem Antrieb zum einen und sozial geltendem Berufsethos zum anderen bestehen kategoriale Differenzen."[106]

Dessen ungeachtet ziehen Bauingenieure es vielfach vor, sich in Alltagssituationen „an das Recht zu halten und an genaue Vorschriften – insbesondere dann, wenn die nur intern erlassen worden sind – als sich ... persönlich zu exponieren".[107] In der Ingenieurpraxis haben technische Standards über einen legitimen Konventionalismus hinaus zu einer

---

[105] Ekardt, Hanns-Peter: *Was heißt Ingenieurverantwortung? Verantwortung erster und zweiter Ordnung und die Alltäglichkeit professioneller Selbstkontrolle*, Uni Kassel 1997, unpaginiert. Vergleiche dazu auch Lenk, Hans: *Die ethische Verantwortung des Bauingenieurs – Das Verantwortungsproblem in der Technik*, in: Stiftung Bauwesen (Hrsg.): Der Bauingenieur und seine gesellschaftspolitische Aufgabe, Schriftenreihe der Stiftung Bauwesen, Heft 1, Stuttgart 1996, S. 62.

[106] Ekardt, Hanns-Peter: *Was heißt Ingenieurverantwortung? Verantwortung erster und zweiter Ordnung und die Alltäglichkeit professioneller Selbstkontrolle*, Uni Kassel 1997, unpaginiert.

[107] Lenk, Hans: *Zur Verantwortung des Ingenieurs*, in: Maring, Matthias (Hrsg.): Verantwortung in Technik und Ökonomie, Schriftenreihe des Zentrums für Technik- und Wirtschaftsethik an der Universität Karlsruhe (TH), Band I, Universitätsverlag Karlsruhe 2009, S. 23.

Art Anwendungsgehorsam bei weitgehendem Verzicht auf ethische Überlegungen respektive moralisch vertretbare Handlungen geführt – im Bauwesen wird das Richtige getan, wenn den Vorgaben geltender technischer Standards gefolgt wird. Bei besonders starken Ausrichtungen auf technische Standards werden sie sogar als Urquellen aufgefasst, die Wissen, Handlungsanweisungen und vor allem das Wollen von Experten verkörpern, und diese fremden Kompetenzen werden in die Handlungs- und Arbeitsvollzüge des aufnehmenden Bauingenieurs importiert. Diese Art des Umgangs mit Technikanweisungen oder -vorgaben mag Normenkonformität absichern. In moralischer Hinsicht wird jedoch Entäußerung gefördert. Technische Standards als zwingend einzuhaltende Orientierungsvorgabe zu betrachten, ist sicher richtig, in ethischer Hinsicht aber nicht genug.[108] Moralische Verantwortung kann nur wahrgenommen werden, wenn sich der Bauingenieur so weit auf Ethik einlässt, dass er in die Lage versetzt wird, sein Handeln bzw. die an ihn gerichtete Handlungserwartung kritisch zu reflektieren und auf die moralischen Kategorien des Guten und Richtigen zu überprüfen. Zur Berücksichtigung technischer Standards gesellt sich hier die Aufforderung zur Prüfung der ethischen Vertretbarkeit des Ingenieurhandelns.[109] Die engen beruflichen Anforderungen und Erwartungen stehen dem jedoch entgegen.

In weiten Teilen sind Bauingenieure Arbeitnehmer in Unternehmen der Wirtschaft. Als Unternehmensangestellte verfolgen sie legitimerweise individuelle Ziele. Dazu zählen gelungene Projektdurchführungen, ein sicheres Einkommen, Anerkennung und Karriere. Werden Arbeitgeberinteressen erfüllt, wird beruflicher Erfolg bestätigt. Versteigt sich

---

[108] Es ist immer nur der Mensch, der sich mit ethischen Fragen befasst, nicht Tiere, Pflanzen und Landschaften. In ihm finden Werte und Normen ihren Ausgangspunkt. Aber es würde dem ethischen Ansatz zuwiderlaufen, würden ausschließlich ihm diese Werte und Normen zugesprochen.

[109] Bei der Frage, welche Spielräume für ethische Abwägungen bestehen könnten, drängen sich zwei Gesichtspunkte auf. Zum einen könnte es sein, dass in technischen Standards formulierte Regelungen oder verwandte Begriffe selbst interpretationsbedürftig sind und es bei deren Anwendung insofern eine gewisse ethische Urteilskraft braucht. Zum anderen könnte es sein, dass es konkurrierende bzw. kollidierende technische Standards gibt, sodass es Urteilskraft bräuchte zu entscheiden, welche der Standards einschlägig sind.

## 3 Logik der Arbeits- und Entscheidungsumgebung

der Bauingenieur jedoch zu ethischen Überlegungen, gerät er schnell in Konfliktsituationen, wenn er vor einer Wahl zwischen zwei gleich unerwünschten Handlungen bzw. Handlungsfolgen steht – dort die Werte des Unternehmens, hier die eigenen Werte und Haltungen.[110] Kommen bei einem arbeitsrechtlich gebundenen Bauingenieur etwa Bedenken auf, die Folgen seiner Handlung moralisch verantworten zu können, erlebt er das nicht selten als grundlegenden Loyalitätszwiespalt.[111] Möglicherweise stellt er fest: „Fachliche und selbst rechtliche Gewissenhaftigkeit im Detail reichen nicht aus, solange Zweifel an der ethischen Begründbarkeit der gesamten Aufgabe bestehen."[112] Solche Lagen sind für moralisch handeln wollende Bauingenieure kaum zu vermeiden. Regelmäßig stehen technische und ökonomische Gesichtspunkte innerhalb des Projektfortschrittes bei der Beurteilung des Handelns im Vordergrund. Bauingenieure, die in ihrer täglichen Arbeit auch ethische Grundsätze berücksichtigen wollen, weil sie sich beispielsweise für die

---

[110] So kann etwa der Wert eines Straßenbauunternehmens für den Inhaber darin bestehen, wirtschaftlich erfolgreich zu sein und den Auftrag eines Straßenneubaus auf bislang unbebautem Land umzusetzen, während dem eingeplanten Firmenbauleiter wegen des Naturraumverlustes nach einigen Überlegungen Zweifel kommen, die firmenseitige Bauleitung vor Ort zu übernehmen.

[111] Im Mai 1980 stürzte das Dach der Berliner Kongresshalle (Schwangere Auster) knapp 23 Jahre nach dem Bau teilweise ein. Ein maßgeblicher Ingenieur des Bauunternehmens, das die Kongresshalle zusammen mit anderen Firmen gebaut hatte, erkannte bereits acht Jahre zuvor Nachbesserungsbedarf an der Baukonstruktion. Er teilte das dem Vorstand seines Unternehmens mehrfach mündlich und schriftlich mit. Der jedoch scheute sich, tätig zu werden und forderte zum Stillschweigen auf. Aufgrund des schlechter werdenden Arbeitsklimas wurde der Ingenieur schließlich im Wege eines arbeitsgerichtlichen Vergleichs in den vorzeitigen Ruhestand entlassen. Festzuhalten bleibt: Der Ingenieur hatte die Verantwortung für seine Arbeit ernst genommen und sich in seinem Unternehmen exponiert. Wegen der Loyalität gegenüber seinem Arbeitgeber und der Verbundenheit mit seinem Fach, das nicht ins Gerede kommen sollte, unterließ er es, mit dem Vorfall vor die Öffentlichkeit zu treten. Über die Häufigkeit solch verdeckter Konflikte liegen keine Zahlen vor. Die Dunkelziffer dürfte aber erheblich sein. Vergleiche dazu auch Ropohl, Günter: *Verantwortung in der Ingenieurarbeit*, in: Maring, Matthias (Hrsg.): Verantwortung in Technik und Ökonomie, Schriftenreihe des Zentrums für Technik- und Wirtschaftsethik an der Universität Karlsruhe (TH), Band I, Universitätsverlag Karlsruhe 2009, S. 37.

[112] Ropohl, Günter: *Verantwortung in der Ingenieurarbeit*, in: Maring, Matthias (Hrsg.): Verantwortung in Technik und Ökonomie, Schriftenreihe des Zentrums für Technik- und Wirtschaftsethik an der Universität Karlsruhe (TH), Band I, Universitätsverlag Karlsruhe 2009, S. 40.

Bewahrung von Naturräumen einsetzen,[113] stoßen spätestens bei weisungsbefugten Vorgesetzten auf wenig Verständnis bis hin zu kategorischem Widerstand, wenn diese bevorzugt danach trachten, ökonomische Erfolge zu erringen oder aus anderen Gründen eine ablehnende Auffassung gegenüber ethischen Belangen vertreten. „Der Vorgesetzte erscheint als Repräsentant einer höheren Ordnung, die über die rechtlichen Verpflichtungen hinaus eine prinzipiell unabgrenzbare höhere Verbindlichkeit in Anspruch nimmt."[114] Für den Bauingenieur heißt das: Scheitert eigenes Verantwortungsbewusstsein an kooperativem Weisungsrecht, muss er seine Wertvorstellungen verletzen, indem er ihnen zuwiderhandelt. Andernfalls drohen ihm empfindliche Folgen für seine berufliche Karriere oder die wirtschaftliche Existenz. Derlei Unterwerfungserfahrungen machen Bauingenieure, sobald verantwortungsbezogene Selbststeuerung mit fremd auferlegten Vorgaben konfligiert.

Konkurrieren hohe Güter[115] miteinander und lassen solche Situationen keine moralisch vorzugswürdige Entscheidung zu, weil etwa alle Optionen gleich schlecht sind, entstehen dilemmatische Lagen, die sich früher oder später nachteilig auf die persönliche Motivation auswirken. Für Walter Ch. Zimmerli ist bei mangelhafter Motivation von Mitarbeitern der Zwiespalt der entscheidende Faktor, den die Mitarbeiter „zwischen den Prinzipien ihrer eigenen Moralität und den Zielen verspü-

---

[113] In Deutschland werden immer mehr Naturräume von der Verkehrsinfrastruktur „in immer kleinere Teilstücke zerlegt. Das hiesige Straßennetz umfasst aktuell knapp 830.000 Kilometer, 230.000 davon für den überörtlichen Verkehr. Jahr für Jahr wächst es im Schnitt um weitere 10.000 Kilometer. Hinzu kommen ein fast 40.000 Kilometer umfassendes Schienennetz und das 7.300 Kilometer lange Netz der Bundeswasserstraßen mit ihren über lange Strecken durch Dämme und Spundwände verbauten Ufern. [...] Inzwischen weiß man, dass die Fragmentierung von Naturräumen wesentlicher Treiber des galoppierenden Artensterbens ist. Die größte Sperrwirkung entfalten dabei Verkehrswege, die mehrere Verkehrswege eng bündeln, etwa Autobahnen mit paralleler ICE-Strecke." Netz, Hartmut: *Fragmentierte Lebensräume*, in: Naturschutz heute, Mitgliedermagazin des NABU, Dierichs Druck + Media GmbH, Kassel 2022, S. 11.

[114] Picht, Georg: *Wahrheit, Vernunft, Verantwortung*, Klett-Cotta Verlag, Stuttgart 1996, S. 320.

[115] „Der Ausdruck Güter wird in einem sehr weiten Sinne verstanden, er kann sittliche Güter und außermoralische Güter, Rechtsgüter, Grundgüter und Bedarfsgüter, soziale Güter, individuelle Rechte, die Entwicklung von Fähigkeiten und die Befriedigung von Bedürfnissen, sowie die Erfüllung von Pflichten umfassen." Fuchs, Michael: *Güterabwägung*, 08. Juni 2022, www.staatslexikon-online.de (abgerufen 24. März 2024). Siehe auch Abschn. 2.1 *Technisch-risikoethische Termini, Güter*.

ren, die sie beruflich zu verfolgen haben".[116] Günter Ropohl spielt auf das Verhältnis von Arbeitgeber und Mitarbeiter an, wenn er schreibt: „Selbst wo Einsicht in die Folgen möglich ist, wird die individuelle Handlungsmacht und Verantwortungsfähigkeit durchweg durch die Auftrags- und Weisungsabhängigkeit des einzelnen Planers und Ingenieurs begrenzt."[117] An anderer Stelle führt er aus: „Ingenieure sind also in ihrem technischen Handeln individualethisch überhaupt nicht souverän, sondern im Gegenteil arbeitsrechtlich amputiert. Ihre Verantwortungsfähigkeit wird durch vertragliche Weisungsgebundenheit und Geheimhaltungspflicht gegenüber dem Arbeitgeber oder Dienstherrn radikal beschnitten. Wegen dieser arbeitsrechtlichen Bindungen hat individuelle Moralität nur geringe Chancen, einen effektiven Beitrag zur Techniksteuerung zu leisten."[118] Es sind diese Konfliktsituationen, denen Bauingenieure nicht entkommen können.[119]

Im Individuum, von dem Friedrich Rapp spricht, das „keiner fremden, äußeren Gewalt"[120] unterworfen ist, kommt Freiheit als Fähigkeit zum Ausdruck, eigenständig Handlungsoptionen zu erarbeiten und zu nutzen sowie das Handeln an tragfähigen Gründen auszurichten. Freiheit ist eine entscheidende Bedingung für die Übernahme von Verantwortung. Ohne eine Freiheit der Entscheidung ist Verantwortung bei Aufgabenerfüllungen nicht denkbar. Es ist eine Sache, relevante Randbedingungen zu erfassen und Kontextfaktoren zu bewerten, um eine Handlung auf bestehende Umstände abzustimmen. Eine andere ist es,

---

[116] Zimmerli, Walter Ch.: *Technikverantwortung in der Praxis – Perspektiven einer Unternehmenskultur von morgen,* in: Verein Deutscher Ingenieure (Hrsg.): Ingenieurverantwortung und Technikethik – Standpunkte, Informationen, Aktivitäten, ohne Verlagsangabe, Düsseldorf 1991, S. 35.

[117] Ropohl, Günter: *Neue Wege, die Technik zu verantworten,* in: Lenk, Hans/Ropohl, Günter (Hrsg.): Technik und Ethik, 2. revidierte und erweiterte Auflage, Reclam Verlag, Stuttgart 1993, S. 162.

[118] Ropohl, Günter: *Verantwortung in der Ingenieurarbeit,* in: Maring, Matthias (Hrsg.): Verantwortung in Technik und Ökonomie, Schriftenreihe des Zentrums für Technik- und Wirtschaftsethik an der Universität Karlsruhe (TH), Band I, Universitätsverlag Karlsruhe 2009, S. 49.

[119] Davon zu unterscheiden wäre wohl das im Reich der Freiheit angesiedelte, durch keinerlei Restriktionen eingeschränkte Werten und Wollen, das sich in individuellen oder kollektiven moralischen Motiven, Prioritäten, Ziel- und Wertsetzungen sowie Sinnschöpfungen äußert.

[120] Rapp, Friedrich: *Die Dynamik der modernen Welt: Eine Einführung in die Technikphilosophie,* Junius Verlag, Hamburg 1994, S. 165.

erfasste Randbedingungen und bewertete Faktoren in die Umsetzung einzubeziehen. Mit jeder neuen Aufgabenstellung muss immer auf ein Neues entschieden werden. Diese Unzulänglichkeit macht eine freie Entscheidungsfindung im menschlichen Handeln erforderlich. „Nur als frei geleistete geht Verantwortung über verrechenbare Zuständigkeit hinaus. Grundsätzlich gesagt: Für die ethische Verantwortung gibt es keine Bereiche, die ihr von technologischen Funktionen her einfach vorgegeben werden und in die man nur ‚eingewiesen' zu werden braucht. Die ethische Verantwortung muss sich ihre Aufgabenbezirke allererst in Freiheit erschließen, auch und gerade dann, wenn sie begreift, dass die Bewältigung dieser Aufgaben zumeist in rein sachlicher Arbeit besteht."[121] Die Freiheit des Subjektes führt zwar dazu, dass Entscheidungen immer auch mit radikaler Unbestimmtheit verbunden sind. Ohne eine Freiheit aber, „die Handlungsalternativen eröffnet und ohne Gründe, die manche der Handlungsalternativen als ‚wünschenswert', ‚gut', oder ‚geboten' andere hingegen als ‚nicht wünschenswert', ‚schlecht' oder ‚verboten' auszeichnen, existiert keine Verantwortung – und damit auch keine Verantwortungsethik".[122]

Bauingenieure benötigen für eine verantwortungsbewusste Tätigkeit einerseits eine innere Freiheit zur reflexiven Distanzierung und andererseits eine äußere Freiheit, um Druck und Verpflichtungen (z. B. dem Arbeitgeber und/oder technischen Standards gegenüber) nicht wehrlos ausgeliefert zu sein. Erst indem sie sich von etwas befreien (negative Freiheit), etwa von äußeren Festlegungen oder inneren Restriktionen, gewinnen sie Freiheit zu etwas, etwa zu Bindungen an eigene sinnhafte Orientierungen für das Handeln. Wird diese Freiheit erkannt und genutzt, leitet sich daraus nicht nur die Möglichkeit der Verantwortungsübernahme ab, sondern auch die eines tatsächlich verantwortungsvollen Handelns. Dies entspricht dann nicht einer Verzettelung, sondern einer

---

[121] Schulz, Walter: *Philosophie in der veränderten Welt,* Verlag Günther Neske, Pfullingen 1984, S. 712.
[122] Hartung, Gerald/Köchy, Kristian/Schmidt, Jan C. et al.: *Einleitung,* in: Hartung, Gerald/ Köchy, Kristian/Schmidt, Jan C. et al. (Hrsg.): Naturphilosophie als Grundlage der Naturethik – Zur Aktualität von Hans Jonas, Verlag Karl Alber, Freiburg/München 2013, S. 12.

## 3 Logik der Arbeits- und Entscheidungsumgebung

konsequenten Ablösung aus einer einengenden Spezialisierung im Sinne eines bewusst zukunftsorientierten Tätigseins. Ein Bauingenieur, der beabsichtigt, moralisch verantwortlich handeln zu wollen, hält sich zwischen äußeren Sachzwängen, hier zu verstehen als eine von sachlicher Notwendigkeit eingeschränkte Handlungsfreiheit, und seinen eigenen Wertvorstellungen auf.[123] In der üblichen Ingenieurpraxis bezieht sich seine Handlungsverantwortung entweder auf eine spezielle Aufgaben- und Rollenverantwortung (interne Verantwortung, die sich z. B. auf die Beachtung bestehender Verhaltensstandards innerhalb der eigenen Tätigkeitsumgebung oder eine Rechenschaftspflicht bezieht) oder auf eine moralische Verantwortung (externe Verantwortung, die sich z. B. auf die Verantwortung für die Gesundheit oder die Sicherheit Dritter bezieht), das heißt, die Handlungsverantwortung kann entweder als spezielle Aufgaben- und Rollenverantwortung oder als moralische Verantwortung wahrgenommen werden.[124] Entweder folgt der Bauingenieur den Anweisungen seines Arbeitgebers, oder er fühlt sich ethischen Werten verpflichtet und widersetzt sich. Im Hinblick auf den Umgang mit technischen Standards bedeutet das, dass sich Bauingenieure in der Praxis zwischen Regeltreue und Regeldistanz aufhalten. In beiden Fällen würde die Konkretisierung der einen

---

[123] Bei näherer Untersuchung des Konfliktes zwischen außermoralischen und moralischen Verpflichtungen wären bei der Rede von Sachzwängen zwei Aspekte in Betracht zu ziehen. So wäre zu klären, ob Sachzwang eine harte Grenze der Handlungsfreiheit meint, die nur eine bestimmte (sachbezogene) Handlung zulässt und andere Handlungsdurchführungen strikt verhindert. Für diesen Fall besteht möglicherweise gar kein Konflikt. Oder aber es verhält sich so, dass der Sachzwang selbst ein normativer Zwang ist und einen moralischen Hintergrund hat, will sagen: Dort, wo eine individuelle moralische Verpflichtung mit vertraglichen Verpflichtungen gegenüber dem Arbeitgeber kollidiert, ist insoweit ein Konflikt vorstellbar, als auch die vertraglichen Verpflichtungen moralische Bedeutung haben, beispielsweise weil es für einen Arbeitnehmer (z. B. mit Blick auf die eigene Familie) eine moralisch unzumutbare Härte bedeuten würde, seinen Job zu verlieren oder weil die Einhaltung vertraglicher Verpflichtungen im Interesse der gesellschaftlichen Ordnung moralisch bedeutsam ist. Die philosophisch interessante Frage, ob und inwieweit moralische Pflichten durch andere moralische Pflichten aufgewogen werden können und wie Sachzwänge als etwas, das gegen moralische Werte ins Spiel gebracht werden kann, verstanden werden müssen, ist nicht Gegenstand der vorliegenden Arbeit.

[124] Die moralische Verantwortung reicht über die bloße Aufgaben- und Rollenverantwortung hinaus. Vergleiche Lenk, Hans: *Ethikkodizes für Ingenieure. Beispiele der US-Ingenieurvereinigungen*, in: Lenk, Hans/Ropohl, Günter (Hrsg.): Technik und Ethik, 2. revidierte und erweiterte Auflage, Reclam Verlag, Stuttgart 1993, S. 207.

Vorstellung die der jeweils anderen unterdrücken. Dadurch, dass der Bauingenieur hier einem (moralischen) Entscheidungsproblem ausgesetzt ist, bei dem sich zueinander unverträgliche Handlungsalternativen gegenüberstehen, die richtig und falsch zugleich sind – richtig in dem Sinne, dass ein sachlicher Grund für die Durchführung einer Handlung vorliegt (z. B. Selbstverpflichtung, der Anweisung des Arbeitgebers zu folgen), und falsch in dem Sinne, dass bei der Entscheidung für diese Handlung zwangsläufig persönliche moralische Gebote vernachlässigt werden –, sieht er sich in einem scheinbar unauflösbaren moralischen Dilemma gefangen, weil keine der bestehenden Handlungsoptionen gewählt werden kann, ohne die andere zu übergehen. Handelt er gegen seine Überzeugungen und kündigt nicht, stellt sich die „Einsicht in das moralische Dilemma ... wenn überhaupt, erst viel später ein, wenn existentielle berufliche und private Verpflichtungen bereits eingegangen worden sind, und wenn bei einem Arbeitsplatz- oder Berufswechsel viel mehr zu verlieren wäre".[125] Ähnlich schreibt Klaus Kornwachs: „Dilemmata sind Situationen, in denen man, gleich wie man entscheidet, schwerlich akzeptable Konsequenzen zu gegenwärtigen hat. Entweder man verletzt eine eigene Wertvorstellung, oder es sind empfindliche Folgen für die eigene wirtschaftliche oder bürgerliche Existenz zu erwarten."[126] Hier wird anschaulich aufgezeigt, dass die Auflösung ethischer Dilemmata von Bauingenieuren keine individuelle Angelegenheit ist, sondern mindestens eine zwischen den Arbeitgebern von Bauingenieuren und ihnen selbst als Arbeitnehmer. „Nur im gemeinsamen Diskurs kann man angemessen ethischen Dilemmata begegnen, denn in der Sache des Dilemmas liegt, das [sic] es nicht die eine richtige Antwort gibt.",[127] so Karen Joisten.

---

[125] Alpern, Kenneth D.: *Ingenieure als moralische Helden,* in: Lenk, Hans/Ropohl, Günter (Hrsg.): Technik und Ethik, 2. revidierte und erweiterte Auflage, Reclam Verlag, Stuttgart 1993, S. 186.

[126] Kornwachs, Klaus: *Philosophie der Technik – Eine Einführung,* C. H. Beck Verlag, München 2013, S. 105 f.

[127] Höpfner, Lukas (Interview 10.09.2021): *Digitalisierung im Gesundheitswesen: grandioses Hilfsmittel, aber niemals Universallösungsprodukt,* www.esanum.de (abgerufen 18. Dezember 2021).

Hans Lenk stellt fest, dass das Bestreben um ein ethisch verantwortliches Handeln nicht nur in ein Dilemma, sondern „für angestellte Ingenieure gar in ein Trilemma führt: Die Orientierung am Gemeinwohl steht oft im Konflikt mit dem eigenen Karriereinteresse und/oder dem Geschäftsinteresse des Unternehmens. Der Ingenieur hat in einem Dreirollenkonflikt als Techniker, als Angestellter und als mündiger Bürger zu leben."[128] Selbst wenn der Bauingenieur sein Karriereinteresse oder seine Sorge um die wirtschaftlichen Verhältnisse zurückstellt, steht er immer noch zwischen den Anweisungen seines Arbeitgebers und Selbstverpflichtungen aus ethischen Motiven heraus und gerät so mindestens in ein **Dilemma.** Er muss dann „entweder seinem Arbeitgeber gehorchen und sein Gewissen unterdrücken oder seinen Überzeugungen folgen und kündigen".[129]

Paul Hoyningen-Huene sieht nicht nur ein Dilemma bzw. Trilemma, sondern einen möglichen Konflikt mit bis zu sechs Polen: „Erstens den spezifisch egoistischen Interessen eines Individuums (Geld, Ansehen, Macht, Karriere etc.); zweitens den technischen Anforderungen an die Ingenieurarbeit (Sorgfalt, Genauigkeit, Normenkonformität etc.); drittens bei angestellten Ingenieuren der Loyalität gegenüber dem Arbeitgeber (Effizienz der Arbeit, Geschäftsgeheimnis etc.); viertens der Fairness gegenüber anderen Ingenieuren innerhalb der gleichen Firma oder außerhalb ihrer (Wettbewerbsbestimmungen, Honorierung etc.); fünftens der Loyalität gegenüber dem Auftraggeber (dessen Geschäftsgeheimnis, Erfüllung des Auftrags etc.); sechstens der inhaltlichen Orientierung der Ingenieurarbeit am Gemeinwohl. Natürlich liegen diese sechs Pole weder notwendig noch dauernd im Konflikt; aber es ist doch zu sehen, dass in der Ingenieurrolle damit eine erhebliche Spannung

---

[128] Lenk, Hans: *Verantwortungsfragen in der Technik,* in: Verein Deutscher Ingenieure (Hrsg.): Ingenieurverantwortung und Technikethik – Standpunkte, Informationen, Aktivitäten, ohne Verlagsangabe, Düsseldorf 1991, S. 17. Vergleiche auch Lenk, Hans: *Die ethische Verantwortung des Bauingenieurs – Das Verantwortungsproblem in der Technik,* in: Stiftung Bauwesen (Hrsg.): Der Bauingenieur und seine gesellschaftspolitische Aufgabe, Schriftenreihe der Stiftung Bauwesen, Heft 1, Stuttgart 1996, S. 41.

[129] MacCormac, Earl R.: *Das Dilemma der Ingenieurethik,* in: Lenk, Hans/Ropohl, Günter (Hrsg.): Technik und Ethik, 2. revidierte und erweiterte Auflage, Reclam Verlag, Stuttgart 1993, S. 225.

angelegt ist."[130] Es wird deutlich, dass sich die Frage, welchem Pol sich Bauingenieure in einer konkreten Entscheidungssituation inwieweit verpflichtet fühlen, für sie schnell zu einer ebenso beziehungsreichen wie unentscheidbaren Angelegenheit ausbilden kann.

Für die Fälle, dass auf der einen Seite das Handeln nach eigener Einsicht und eigenem Gewissen steht und auf der anderen die Erwartung eines stillschweigenden Einverständnisses bzw. eines Mitwirkens an einer als moralisch unannehmbaren Handlung, werden ethische Grundsätze des Ingenieurberufes zur Seite gestellt, wie sie beispielsweise vom VDI entwickelt worden sind.[131] Sie sprechen sich oft für die Bildung geeigneter Einrichtungen aus, an die sich Ingenieure bei moralischen Konflikten wenden können. So empfiehlt der VDI: „In berufsmoralischen Konfliktfällen, die nicht zusammen mit Arbeit- und Auftraggebern gelöst werden können, suchen Ingenieurinnen und Ingenieure institutionelle Unterstützung bei der Verfolgung ethisch gerechtfertigter Anliegen. Notfalls ist die Alarmierung der Öffentlichkeit oder die Verweigerung weiterer Mitarbeit in Betracht zu ziehen. Um solchen Zuspitzungen vorzubeugen, unterstützen Ingenieurinnen und Ingenieure die Bildung geeigneter Einrichtungen, insbesondere auch im VDI."[132] Solche Empfehlungen zu kooperativen Konfliktlösungen implizieren, dass für Bauingenieure stets Zustände herstellbar wären, die das Tragen von moralischer Verantwortung ermöglichen und deren Permanenz bewahren können. Tatsächlich aber sind derartige Vorstellungen in der Praxis aus genannten Gründen kaum durchsetzbar, weil ethische Grundsätze des Ingenieurberufes gegenüber wirtschaftlichen Interessen und technischen Standards in einer zu schwachen Position stehen, um durchgängig auf diverse Arbeitsaufträge und Projektinteressen spürbar einwirken zu können.

---

[130] Hoyningen-Huene, Paul: *Zur Verantwortung von Ingenieuren.* Deutscher Verlag der Wissenschaften, Berlin 1991, S. 91.
[131] Vergleiche dazu auch Teilabschn. 3.3.4 *Technische Standards – Ethik – Recht.*
[132] Verein Deutscher Ingenieure (Hrsg.): *Ethische Grundsätze des Ingenieurberufs,* Düsseldorf 2002, S. 6. Die individuelle Frage der „Verfolgung ethisch gerechtfertigter Anliegen" wäre gesondert zu beurteilen.

## 3 Logik der Arbeits- und Entscheidungsumgebung

Entsprechen Arbeitgeberziele nicht den moralischen Werten des einzelnen Bauingenieurs, bewegt sich dieser in einem Zwiespalt, wenn er ethisch verantwortlich handeln will, aber erfahren muss, dass dies wegen strenger beruflicher Rahmenbedingungen und dem fachspezifisch-regulativen Zwangscharakter technischer Standards nur eingeschränkt möglich, wenn nicht ausgeschlossen ist. Der Bauingenieur müsste bei einer moralischen Entscheidung und der anschließenden Durchführung ethikrelevanter Handlungen den Interessen seines Arbeitgebers entgegentreten und mit Sanktionen und Diskriminierungen, vielleicht sogar mit der Gefährdung seiner Anstellung rechnen. Selbst höchste individuelle Wertpriorisierungen schützen nicht vor unangenehmen Konsequenzen – bei der einen wie bei der anderen Entscheidungsvariante. Aus diesen Gründen schlagen sich ethische Werte – wenn man sie so versteht wie der Verantwortungsethiker Hans Jonas – in der Ingenieurpraxis kaum nieder.[133]

Bauunternehmen und Ingenieurbüros sind an der Erreichung ökonomischer Ziele interessiert. Dementsprechend nehmen Kosten und Gewinne im Berufsalltag von Bauingenieuren einen großen Raum ein. Bauingenieure wissen: Sie werden für Projektplanungen und Bauwerkserrichtungen eingestellt und bezahlt. Stören oder behindern sie durch die Befolgung ethischer Regeln die Projektarbeit, werden sie als Arbeitnehmer uninteressant. Zwar bleibt es Bauingenieuren grundsätzlich überlassen, ob und in welcher Weise sie ihren in vielerlei Hinsicht unbestimmten Arbeitsvertrag ausgestalten. Gehen sie aber dazu über, ihre ethischen Absichten gegenüber dem Arbeitgeber durchzusetzen, legen sie zumindest teilweise ihre eigenen Arbeitsbedingungen fest. Durch diesen Import partikulärer Interessenlagen greifen sie in die Arbeitsorganisation und die Projektabwicklung ein, was sicher nicht der Arbeitgebervorstellung entspricht. Von Bauingenieuren wird erwartet, dass

---

[133] „Werte' sind Ideen vom Guten, Rechten und Anzustrebenden, die unter Trieben und Wünschen, mit denen sie sich wohl verbünden können, doch mit einer gewissen Autorität gegenübertreten, nämlich mit dem Anspruch, daß man sie als verbindlich anerkennt und also in sein eigenes Wollen, Trachten oder wenigstens Achten aufnehmen ‚soll'." Jonas, Hans: *Technik, Medizin und Ethik – Praxis des Prinzips Verantwortung*, Suhrkamp Verlag, Frankfurt/M. 1987, S. 55 f. Siehe zu „Werte" auch Abschn. 2.1, *Technisch-risikoethische Termini, Werte* und Abschn. 2.2 *Ethik – Moral – Risikoethik*, FN 126.

sie erteilte Aufgaben erfüllen. Neben der Befolgung von Konformitätszwängen haben sie die jeweils geltenden technischen Standards zu beachten. Diese geben die a. a. R. d. T. bzw. den S. d. T. zur Erfüllung qualitativer und funktionstechnischer Anforderungen an Ingenieurbauwerke wieder, womit Bauingenieure sich damit zu befassen haben, die Inhalte technischer Standards in die Praxis umzusetzen.

Werden technische Standards bei Projektabschlüssen vertraglich verankert und sind sie dadurch bei der Planung und Errichtung von Ingenieurbauwerken zu berücksichtigen, reicht es rechtlich gesehen meist aus, wenn die Verantwortungswahrnehmung mit der Beachtung der Inhalte der anzuwendenden technischen Standards abgesichert wird. Diese Fälle stehen sozusagen für die Erfüllung normativ festgeschriebener, nicht unterschreitbarer Minimalanforderungen. Mit der Hinwendung zu ethischen Regeln würde gegen bestehende bauvertragliche Vereinbarungen verstoßen, etwa derart, dass Erstellungsverpflichtungen verletzt oder Fertigstellungstermine überschritten würden. In jedem Fall würde außerhalb technischer Standards gehandelt. Ekardt fragt hier zu Recht nach der Bedeutung, „die berufsmoralischen Erwartungen oder Vorsätzen in einem Praxisfeld überhaupt zukommt, das von politischen Zuständigkeiten und wirtschaftlichen Interessen geprägt ist, dass rechtlich wie kaum ein anderer Bereich durchreguliert ist und das unter aktiver Mitwirkung der selber betroffenen Praktiker der Regulierung durch das technische Regelwerk unterworfen ist. Wo bleibt hier überhaupt Raum für einen moralischen Begriff wie den der Verantwortung? Wir könnten das Thema deshalb auch in der Weise abwandeln: Wozu eigentlich Ingenieurverantwortung?"[134]

Dort, wo individuelle Verantwortung für Handlungsfolgen wahrgenommen werden müsste, aber zu übernehmen moralisch nicht vertretbar ist, mag es auf den ersten Blick angebracht erscheinen, eine bewusste Unterlassung als legitimen Ausweg zu betrachten, um für Konsequenzen aus dem eigenen Handeln keine Verantwortung tragen zu müssen. Und es gibt tatsächlich „Fälle, wo man dieser Verantwortung

---

[134] Ekardt, Hanns-Peter: *Was heißt Ingenieurverantwortung? Verantwortung erster und zweiter Ordnung und die Alltäglichkeit professioneller Selbstkontrolle*, Uni Kassel 1997, unpaginiert.

am besten dadurch gerecht wird, dass man die Menschen und die Dinge in Ruhe lässt, dass man also nicht handelt, sondern sich des Handelns enthält".[135] Nur ist das für den Bauingenieur keine Alternative, schon gar keine durchhaltbare. Er kann sich Handlungen nicht einfach durch Unterlassung entziehen. Vielmehr steht er vor der Aufgabe, das jeweilige Pro und Kontra abzuwägen und am Ende eine planungs- oder bautechnische Entscheidung auf der Basis der Abwägung von Gründen zu treffen. Darüber hinaus wird von ihm erwartet, dass er Stellung nimmt bzw. Position bezieht und individuelle Verantwortung übernimmt. Auf diesem Boden lässt sich nur schwer eine fundierte berufsethische Ausrichtung von Bauingenieuren im Arbeitsalltag etablieren. Zu sehr ist er durch technische Standards, rechtliche Regelungen und wirtschaftliche Interessen determiniert.[136]

## 3.7 Unbeständigkeit von Werten beim ingenieurtechnischen Handeln

Bauingenieure verfügen über Fähigkeiten und Kenntnisse, die sie zum Zwecke der Planung und Errichtung von Ingenieurbauwerken einbringen. Dabei befolgen sie technische Regeln, die sie als Überbau eines formal angelegten, idealhaften Leitbildes des technischen Handelns betrachten. In diesem speziellen Korridor bewegen sie sich nicht mehr als Bürger im Rahmen ihrer beruflichen Tätigkeiten, vergleichbar mit anderen Arbeitnehmern. Das reduziert Bauingenieure jedoch nicht auf technische Aufgaben ausführende Organe, die sich über Normenadäquanz und vollendete, mängelfreie Planunterlagen und Bauwerkserrichtungen legitimieren. Vielmehr erbringen sie unter der Nutzung ihrer einzigartigen Einfluss- und Einwirkmöglichkeiten auf die an sich schützenswerte Natur, mit denen sie sich vom Gros der Bevölkerung

---

[135] Picht, Georg: *Wahrheit, Vernunft, Verantwortung*, Klett-Cotta Verlag, Stuttgart 1996, S. 324.
[136] Für den folgenden Abschnitt wurde stellenweise Gebrauch gemacht von Scheffler, Michael: *Moralische Verantwortung von Bauingenieuren – Problemstellungen, Perspektiven, Handlungsbedarf,* Springer Fachmedien, Wiesbaden 2019.

abheben, technische Leistungen zum Zwecke des gesellschaftlichen Wohlergehens. Wer über derartig effektreiche Verwirklichungsoptionen verfügt und von ihnen Gebrauch macht, trägt eine besondere Verantwortung, dies so schonend zu tun, dass Beeinträchtigungen der Natur möglichst ausbleiben.

Was Bauingenieure als handelnde Wesen in erster Linie auszeichnet, ist ein problembewusstes Verhalten dahingehend, dass sie wissen, wie anspruchsvolle Aufgaben bautechnisch zu lösen sind, wobei sie sich dazu auf keine andere Autorität verlassen können als auf die eigene Anstrengung. Dass es aber auch Situationen gibt, die auffordern, von abgegrenzten Positionen einmal abzurücken und in ausgeruhte Denkprozesse bzw. Kommunikationen einzutreten, mit der Bereitschaft, durch den Verzicht auf gewohnte Standpunkte und routinemäßige Verfahrensweisen mehr Raum für moralische Überlegungen zu schaffen, hat sich in der Ingenieurpraxis bislang nicht wahrnehmbar durchsetzen können. Das ist in der Hauptsache darauf zurückzuführen, dass Bauingenieure mit den mehrfach erwähnten technischen Standards und den ökonomisch intendierten Arbeitgeberinteressen vor unüberwindbaren Hindernissen stehen. Moralische Ingenieurverantwortung, die sich an professioneller Selbstkontrolle und Selbststeuerung orientiert, kommt im Arbeitsalltag kaum zur Entfaltung.[137] Dabei fehlt es Bauingenieuren nicht an Verantwortungsbewusstsein, verstanden als individuelle Bereitschaft, sich zu den jeweiligen Folgen des eigenen Handelns unter moralischen Gesichtspunkten zu befragen oder berufsethische Regeln zu beachten. Allerdings ist es nicht ausreichend, „moralische Verantwortung gegenüber Personen und Lebewesen"[138] zu übernehmen und zu

---

[137] Der Einwand, dass technische Standards doch bereits Teil der professionellen Selbstkontrolle und Selbststeuerung wären, weil Bauingenieure an der Erarbeitung der technischen Standards beteiligt seien und dadurch rechtliche und moralische Überlegungen berücksichtigt würden, ist kritisch zu sehen. Zumindest ist er nicht durchgängig haltbar. Bei der Formulierung technischer Standards mögen Werthintergründe teilweise eine Rolle spielen. Allerdings schließt ein Ingenieurhandeln unter Einhaltung technischer Standards nicht automatisch die Möglichkeit einer moralischen Unvertretbarkeit aus. Siehe dazu auch Teilabschn. 3.3.4 *Technische Standards – Ethik – Recht.*
[138] Lenk, Hans: *Die ethische Verantwortung des Bauingenieurs – Das Verantwortungsproblem in der Technik,* in: Stiftung Bauwesen (Hrsg.): Der Bauingenieur und seine gesellschaftspolitische Aufgabe, Schriftenreihe der Stiftung Bauwesen, Heft 1, Stuttgart 1996, S. 49.

## 3 Logik der Arbeits- und Entscheidungsumgebung

meinen, mit der Beachtung von technischen Konventionen, Recht und Gesetz sei der Bereitschaft bereits Genüge getan. Und an Ingenieure gerichtete formale Aufforderungen zur Erfüllung bestimmter Pflichten, unter die auch ethische Leitbilder und Verhaltenskodizes fallen, wie sie von Standesorganisationen (z. B. Ingenieurvereinigungen) bekannt sind, bieten ebenfalls keine Gewähr, dass bei Ingenieurhandlungen bestehenden Moralprinzipien gefolgt wird. Ohne die Verfasstheit des jeweiligen Praxiskontextes kann es keine Interpretation von Moralprinzipien geben.

Als an der Gestaltung der Umwelt maßgeblich Mitwirkende sind Bauingenieure bemüht, auch die zum jeweiligen Orts- und Landschaftsbild bestehenden Wertvorstellungen einfließen zu lassen.[139] Dabei haben sie zu bedenken, dass wegen der langjährigen Nutzungsdauern von Ingenieurbauwerken nicht nur augenblickliche Wertvorstellungen zum Maßstab dafür gemacht werden können, was künftigen Generationen als nützlich und sinnvoll erscheint. Zwar bilden sich momentan weltanschauliche Grundorientierungen in vielfältigen Lebensstilen und Formen ab, die wiederum mit unterschiedlichsten Denk- und Verhaltensmustern verkoppelt sind. Später Lebende können aber andere Auffassungen zu Lebensgestaltungen und technischen Eingriffen in die Natur vertreten oder in andere Richtungen denken, als wir es heute tun. Was zu einer bestimmten Zeit angemessen und richtig erscheint, kann zu einem späteren Zeitpunkt seinen Sinn verlieren. Auch auf die technische Infrastruktur und die Baukultur bezogene Wertvorstellungen stehen nie endgültig fest, sind prinzipiell diskutabel und können vor allem mit Blick auf künftige Generationen auseinandergehen.[140] Die Entwicklung von Wertvorstellungen ist grundsätzlich ein dynamischer, kein je abschließbarer Prozess. Daher fordert technisches Handeln bei der Planung und Herstellung von infrastrukturellen Anlagen immer

---

[139] Auch die Arbeit und Arbeitsresultate von Bauingenieuren selbst sind ständig gesellschaftlichen Wertungen ausgesetzt.

[140] So setzte vor etwa fünf Jahrzehnten ein Wandel der Leitbilder des Gewässerausbaus ein. Waren einst geradlinige Kanalisierungen von Fließgewässern in bautechnischer Hinsicht beherrschend, ist es heute der mäandrierende Gewässerausbau zur Wiederherstellung von naturnahen Gewässerstrukturen und Artenvielfalt.

eine weitgehende Übereinstimmung mit Wertvorstellungen ein, von denen zu erwarten ist, dass sie über die Zeit bis zur Verwirklichung von Ingenieurbauwerken und weit in den Anlagenbetrieb hinein Gültigkeit besitzen.

Für Bauingenieure empfiehlt es sich, eine gewisse Klugheit einzubringen und Optionen zur Realisierung unterschiedlicher Werte offenzuhalten.[141] Sie müssen dazu Wertvorstellungen und möglichst auch Lebensbedingungen künftiger Generationen mitdenken und vor ihr „inneres Auge"[142] holen, indem sie bereits mit Beginn der Planungsarbeiten, etwa für Hochwasserschutzanlagen, für die Wasserversorgung oder für den Verkehrswegebau wertsichtig sind, das heißt versuchen, ihre technischen Vorhaben an geltenden Wertsetzungen auszurichten, ohne dabei künftig wahrscheinliche Wertvorstellungen aus dem Blick zu verlieren. Es kommt hier darauf an, in einer pluralistischen Gesellschaft das Phänomen des die Ingenieurtechnik betreffenden Wertepluralismus selbst als Wert zu begreifen und in der Bewusstheit anzuerkennen, dass eventuelle Richtigkeitskriterien aus heutiger Sicht erst in Bezug auf spätere Zustände und Tatsachen greifen, künftige Betroffene sich aber nicht an aktuellen Diskursen über Vernünftigkeit und Wünschbarkeit beteiligen können.[143] Auch dieser Aspekt fällt unter die Dynamik der Entwicklung von Wertvorstellungen.

---

[141] In diesem Kontext ist die klugheitsethische Vorstellung von Hubig und Luckner interessant. Einer Klugheitsethik geht es „nicht nur darum, das Feld des *Erlaubten* und evtl. *Gebotenen*, sondern auch und vielmehr darum, das für die Selbstorientierung der Akteure wichtigere (und größer gefasste) Feld des *Ratsamen* abzustecken". Hubig, Christoph, Luckner, Andreas: *Klugheitsethik/Provisorische Moral,* in: Grunwald, Armin (Hrsg.): Handbuch Technikethik, Springer-Verlag Deutschland, ursprünglich erschienen bei J. B. Metzler'sche Verlagsbuchhandlung und Carl Ernst Poeschel Verlag, Stuttgart 2013, S. 149.

[142] Ferguson, Eugene: *Das innere Auge. Von der Kunst des Ingenieurs,* Birkhäuser Verlag, Basel 1993.

[143] Wir leben in einer pluralistischen Gesellschaft, „in der das Problem nicht darin liegt, dass wir keinen Wertekanon mehr hätten, sondern dass wir nicht mehr *einen* allgemeinverbindlichen Wertekanon, sondern *viele* haben. Und das ist gemeint mit der Rede von der pluralistischen Gesellschaft: Unter Bedingungen des Wertepluralismus muss Abschied genommen werden von der Vorstellung der einen allgemeinverbindlichen Ethik." Zimmerli, Walter Ch.: *Verantwortung kennen oder Verantwortung übernehmen? Theoretische Technikethik und angewandte Ingenieurethik,* in: Hieber, Lutz/Kammeyer, Hans-Ulrich (Hrsg.): Verantwortung von Ingenieurinnen und Ingenieuren, Springer Verlag Wiesbaden 2014, S. 25.

## 3 Logik der Arbeits- und Entscheidungsumgebung

Aus dem Wertepluralismus ragen ökologische Belange als Wert heraus. Ihre Universalitätsunterstellung ist unproblematisch, denn Vorstellungen eines guten Lebens stehen notwendig in Verbindung mit einer intakten Natur als Lebens- und Erholungsraum. Dass technisches Handeln angesichts der naturräumlichen Belastungen einer ökologischeren Ausrichtung bedarf, ist eine berechtigte ethische Forderung.[144] Schon vor über dreißig Jahren hat Rapp betont: „Geboten ist ein Konsens der ökologischen Vernunft, durch den wir uns gleichsam vor uns selbst, vor den Auswirkungen eines kurzsichtigen, egoistischen Handelns schützen. Es geht um eine selbstgewählte kollektive Verpflichtung, bei der der einzelne nur sich selbst gehorcht und dabei doch frei bleibt, weil er sich keiner fremden, äußeren Gewalt unterwirft. In diesem Zusammenhang kommt dann der sinnvoll eingesetzten Technikbewertungsdiskussion eine wichtige Aufklärungsfunktion zu."[145] Dieser Vorschlag zielt auf eine insgesamt technikkritischere und ökologischere Ausrichtung der Gesellschaft ab. Rapp lässt offen, wie diese Gesellschaft letztlich aussehen könnte oder sollte und welche Wege beschritten werden müssten, um sie zu bilden. Er setzt einen Denkstartpunkt und hebt das Erfordernis hervor, dass wir unser ökologisch defizitäres Verhalten (nicht nur) im Umgang mit Technik hinter uns lassen müssen, soll das Leben auf Dauer nicht in Gefahr geraten. Allerdings ist Veränderung durch Erkenntnis allein noch nicht erreicht. Es braucht ein beharrliches Umsteuern, eine ingenieurseitige Ausweitung des Denkens, um verinnerlichte Praxiskonventionen zu überwinden. Eine entscheidende Rolle spielt dabei die Frage wirksamer Wertmaßstäbe für die Natur und welche Normen sich daraus ableiten lassen.[146]

---

[144] Zur Gewährleistung einer generationenübergreifenden Lebensqualität müssen das technische Handeln und Verhalten bereits in der Bauleitplanung (Flächennutzungsplan – vorbereitender Bauleitplan/Bebauungsplan – verbindlicher Bauleitplan) auf ökologische Belange abgestimmt werden (z. B. Gewässerreinhaltung, Klimaschutz, Grundwasserneubildung, Lärmreduzierung, Artenschutz).

[145] Rapp, Friedrich: *Die Dynamik der modernen Welt: Eine Einführung in die Technikphilosophie*, Junius Verlag, Hamburg 1994, S. 165.

[146] Die Notwendigkeit zur Aufstellung von wirksamen Wertmaßstäben für die Natur mutet insofern paradox an, als sich die Notwendigkeit aus eben dem Zustand ergibt, in den wir Menschen die Natur trotz bestehender Wertmaßstäbe Schritt für Schritt versetzen sowie aus den beklagenswerten Signalen, die sie uns regelmäßig zurückspielt. Das spricht nicht für eine Bereitschaft, sich an selbst gesetzten Wertmaßstäben konsequent auszurichten.

Ohne modifizierte Einstellungen, die sich an den Bedarfen der natürlichen Umwelt und den Lebensvoraussetzungen orientieren, werden Bauingenieure keinen begehbaren Weg aus ihrer vornehmlich technischen Handlungsumgebung finden. Insbesondere braucht es ein besseres Erkennen möglicher unerwünschter Folgen durch technisches Handeln. Aufgrund ihres fachlich breit angelegten Studiums können Bauingenieure eingrenzen, welche Folgen eintreten können bzw. welche Risiken bestehen, falls bestimmte Zustände hergestellt werden, die dann gegebenenfalls abzulehnende Wirkungen hervorbringen. Aus der Fähigkeit zur Prognose dessen, was – was unter Umständen die Bauingenieure herbeiführen – geschehen kann, ergeben sich zwar noch keine konkreten Empfehlungen zu Zielen, Prioritäten, Interessen oder Bedürfnissen. Vielfach lässt sich aber formulieren, was unter wohldefinierten Zielvorgaben und Randbedingungen mit einer gewissen Wahrscheinlichkeit geschehen bzw. nicht geschehen wird. Und innerhalb dieses Rahmens können Bauingenieure meist auch sagen, welcher Weg, das heißt, welche Mittel und Vorgehensweisen jeweils optimal sind, um unerwünschte Folgen weitestgehend zu vermeiden.

Die Praxis der Bauingenieure muss ethischer begriffen werden. Eine kognitiv und moralisch reife Praxisform liegt vor, wenn Gestaltungsmöglichkeiten wahrgenommen und technische Standards zwar beachtet, aber auch zum Gegenstand des Urteilens, also des Abwägens im Lichte zentraler Wertprinzipien erhoben werden. Dank ihres Intellektes und Verstandes sind Bauingenieure in der Lage, traditionellen Ansätzen gegenüber differenzierte Positionen einzunehmen. „Die funktions- und innovationssichernde Kunst des Technikers und Ingenieurs ist es geradezu, die Dinge auch einmal ‚verkehrt', aus einer ganz anderen, vielleicht von vielen sogar als ‚falsch' diffamierten Perspektive zu betrachten und entsprechend strukturell zu wandeln, technisch zu verändern."[147]

Bauingenieure sind täglich Problemlösende, die durch ihre technischen Handlungen auf die Lebensbedingungen der Menschen, die

---

[147] Liedtke, Ralf: *Von der Technologie zur Technosophie*, in: Wendeling-Schröder, Ulrike/Meihorst, Werner/Liedtke, Ralf (Hrsg.): Der Ingenieur-Eid: ethische – naturphilosophische – juristische Perspektiven, Verlag Neue Wissenschaft, Bretten 2000, S. 93.

Gesellschaft und die Natur einwirken. Mit Rapp sind vier Merkmale für das technische Handeln bezeichnend:

1. Es ist an *ideelle Voraussetzungen* gebunden (z. B. an den Stand des technischen Wissens und Könnens).
2. Es wird von der *Bereitschaft* (Motivation) getragen, die technischen Möglichkeiten im Sinne des Gebrauchs einzusetzen (z. B. Funktionsfähigkeit eines Ingenieurbauwerks).
3. Es ist an *konkrete Voraussetzungen* gebunden (z. B. Rohstoffe, Maschinen, Werkzeuge, geeignete Organisationsformen, Arbeitsteilung[148]).
4. Technische Handlungen können neben ihren intendierten Zwecken *Rückwirkungen* auf den Menschen und die Umwelt haben (z. B. Krankheiten wegen Umweltverschmutzungen).[149]

Aufgrund dieser Merkmale ist der Bauingenieur nicht bloß ein technischer Macher und Problemlöser, der in einen gewissen Fortschrittsprozess funktional eingespannt ist. Er ist auch gefordert, die kulturelle, ökologische und soziale Dimension seines Schaffens zu erfassen und die Resultate seines Tuns abzuschätzen. Damit berührt technisches Handeln über Projektierungsgrenzen und -vorgaben hinweg immer auch die Themenfelder Fähigkeit, Absicht, Ressourcen, Zeit und Folgen. Es bleibt in den wenigsten Fällen auf ein einziges Bauprojekt beschränkt und ist selten rein individuelles Handeln mit geringen örtlichen Wirkungen.

Das Handeln des Bauingenieurs findet im mathematisch-physikalischen und im lebensräumlichen Gegenstandsbereich statt. In beide greift er kraft erhaltener Befugnis ein, die ihm durch sein Wissen über statische, dynamische, mechanische und andere Gesetzmäßigkeiten zuerkannt wird. Es gehört zum Charakter seiner Tätigkeit, das erworbene

---

[148] Unter Arbeitsteilung wird in der vorliegenden Arbeit die Aufteilung einer Gesamtleistung auf mehrere Personen innerhalb einer Projektgruppe oder Arbeitsgemeinschaft verstanden, in der jeder Beteiligte sein besonderes Wissen und Können zur Lösung der Kollektivaufgabe beisteuert. Arbeitsteilung kann verschiedene Gründe haben (z. B. Produktionsteilung, Aufgabenspezifizierung).

[149] Vergleiche Rapp, Friedrich: *Analytische Technikphilosophie*, Alber Verlag, Freiburg (Breisgau) 1978, S. 30 ff.

Wissen innerhalb seines Aktivitätsraumes anzuwenden. So weit die Macht des Bauingenieurs aber auch reichen mag, sie ist keinesfalls unbegrenzt und „durch Achtung, Vorsorge und gar Fürsorge für andere Menschen und Lebewesen einzuschränken – also durch Moral und Recht. Das Wissen erhöht nicht nur die Macht, sondern auch die Verantwortung.",[150] führt Lenk aus. Auch Jonas zufolge ist Macht als Handlungsbefugnis und Entscheidungsgewalt immer mit Verantwortung verknüpft. Für ihn steht fest, dass „Verantwortung eine Funktion der Macht ist. Ein Machtloser hat keine Verantwortung."[151] Mit zunehmender Macht wächst die Verantwortung. Und weil jede Fähigkeit „als solche" oder „an sich" gut und nur durch Missbrauch schlecht werde, appelliert Jonas: „Gebrauche die Macht, vergrößere sie, aber missbrauche sie nicht."[152]

Als ein mit Macht ausgestattetes handelndes Subjekt muss der Bauingenieur anerkennen, dass die Ziele des technischen Handelns außerhalb der rein technischen Sphäre liegen. Sie gehen aus Wünschen und Absichten hervor, womit er in das Spannungsfeld von Wirtschaft und Politik gerät. Das Praxisfeld der Bauingenieure ist mal mehr und mal weniger von wirtschaftlichen Interessen und politischen Einflussnahmen geprägt. Immer aber ist das technische Handeln als ein Prozess innerhalb der Natur zu verstehen, deren „Eigenrecht"[153] zu achten ist. Eben deshalb steht der Bauingenieur als Wissensträger im Vollzug seiner Arbeit auch vor ethischen Entscheidungen. Die moralische Vertretbarkeit der Nutzung von theoretischem und praktischem Wissen ist in jedem Einzelfall zu prüfen. Jeder Bauingenieur muss sein Gewissen beanspruchen und seinen Weg der Verantwortungswahrnehmung finden. Das Recht auf eine Tätigkeit und die Übernahme planerischer und ausführender Aufgaben im Rahmen gestalterischer Aktivitäten, die baulich, sozial und

---

[150] Lenk, Hans: *Verantwortungsfragen in der Technik*, in: Verein Deutscher Ingenieure (Hrsg.): Ingenieurverantwortung und Technikethik – Standpunkte, Informationen, Aktivitäten, ohne Verlagsangabe, Düsseldorf 1991, S. 17.

[151] Jonas, Hans: *Technik, Medizin und Ethik – Praxis des Prinzips Verantwortung*, Suhrkamp Verlag, Frankfurt/M. 1987, S. 272.

[152] Ebenda, S. 42.

[153] Jonas, Hans: *Das Prinzip Verantwortung – Versuch einer Ethik für die technologische Zivilisation*, Suhrkamp Verlag, Frankfurt/M. 2003, S. 29.

**3 Logik der Arbeits- und Entscheidungsumgebung**

ökologisch gerechtfertigt sein müssen, ist gleichzeitig die Verpflichtung, vor sich selbst zwischen Anspruch und Notwendigkeit sowie zwischen Wunsch und Sinnhaftigkeit zu vermitteln.

In der Richtlinie 3780[154] des VDI heißt es: „Ziel allen technischen Handelns soll es sein, die menschlichen Lebensmöglichkeiten durch Entwicklung und sinnvolle Anwendung technischer Mittel zu sichern und zu verbessern. Die fachliche Aufgabe des Ingenieurs besteht zunächst darin, hierfür geeignete technische Systeme zu entwickeln und deren *Funktionsfähigkeit* sicherzustellen. Darüber hinaus gilt es, einen möglichst sinnvollen Gebrauch von den stets nur in begrenztem Umfang vorhandenen Ressourcen (Rohstoffe, Energie, Arbeit, Zeit, Kapital usw.) zu machen, sodass die technische Funktion auf sparsame und damit wirtschaftliche Weise erreicht wird. Die Auswahl unter den verschiedenen technischen Möglichkeiten erfolgt deshalb nach Kriterien der *Wirtschaftlichkeit*. Funktionsfähigkeit und Wirtschaftlichkeit werden jedoch nicht um ihrer selbst willen erstrebt. Technische Systeme werden hergestellt und benutzt, um menschliche Handlungsspielräume zu erweitern. Sie stehen im Dienste außertechnischer und außerwirtschaftlicher Ziele. Werte, an denen sich solche Ziele orientieren, sind insbesondere *Wohlstand, Gesundheit, Sicherheit, Umweltqualität, Persönlichkeitsentfaltung* und *Gesellschaftsqualität*."[155] Das bedeutet nicht, „nur bereits vorhandene Technik an diesen Werten zu messen. Viel wichtiger ist es, antizipatorisch gesellschaftliche, wirtschaftliche, physische, psychische und ethische Konsequenzen zu erkennen, um rechtzeitig auf Entscheidungen Einfluß nehmen zu können."[156]

---

[154] Die Richtlinie ist aus Diskussionen unter Philosophen hervorgegangen, die sich mit den beruflichen Anforderungen des Ingenieurs befasst haben. Sie wurde 1991 erstmals veröffentlicht. In Bezug auf die Verankerung der Technikfolgenabschätzung in den Ingenieurwissenschaften kann ihr nicht genug Wertschätzung entgegengebracht werden.

[155] Verein Deutscher Ingenieure (Hrsg.): *Richtlinie 3780, Technikbewertung – Begriffe und Grundlagen*, Beuth Verlag, Berlin 2000, S. 12. Siehe auch Abschn. 5.8 *Integration deontologischer Kriterien in die Ingenieurrationalität*.

[156] Huning, Alois: *Ethische und soziale Verantwortung des Ingenieurs*, in: Verein Deutscher Ingenieure (Hrsg.): Ingenieurverantwortung und Technikethik – Standpunkte, Informationen, Aktivitäten, ohne Verlagsangabe, Düsseldorf 1991, S. 15.

Mehr denn je ist der Bauingenieur auch dafür verantwortlich, sich um Konfliktlösungen zu bemühen, kreativ zu denken und die Öffentlichkeit aufzuklären. Auch an dieser Forderung müssen sich Bauingenieure kraft ihres verfügbaren Wissens messen lassen. Neben der Öffnung für Wertediskussionen stellt sie eine weitere obligatorische Leitforderung dar, trotz aller ökonomischen und formalen Zwänge. Der Charakter des technischen Handelns darf nicht davon abhalten, Moralprinzipien einzubeziehen. Denn selbst wenn Technik „gutwillig für ihre eigentlichen und höchst legitimen Zwecke eingesetzt wird, hat sie eine bedrohliche Seite an sich, die langfristig das letzte Wort haben könnte. Und Langfristigkeit ist irgendwie ins technische Tun eingebaut. ... Das Risiko des ‚Zuviel' ist immer gegenwärtig in dem Umstand, daß der angeborene Keim des ‚Schlechten', d. h. Schädlichen, gerade durch das Vorantreiben des ‚Guten', d. h. Nützlichen, mitgenährt und zur Reife gebracht wird. Die Gefahr liegt mehr im Erfolg als im Versagen – und doch ist der Erfolg nötig unter dem Druck der menschlichen Bedürfnisse",[157] hält Jonas fest. Bauingenieure, die durch ihre Handlungen maßgeblich in die Natur und das menschliche Umfeld eingreifen, müssen sich ihrer besonderen Aufgabe bewusst sein. Die Aufgabe der Bauingenieure geht über die Technik bzw. das technische Handeln, bei dem die Natur, die physische Welt, als stets verfügbarer Untersuchungs- und Gestaltungsgegenstand, das heißt als passives Objekt, von dem angenommen wird, dass es für technische Gestaltung jederzeit offensteht, weit hinaus.

An dieser Stelle sei noch ein Blick auf die Wirkungen langwieriger Prüf- und Genehmigungsverfahren geworfen, die hinsichtlich der Unbeständigkeit von Werten beim technischen Handeln eine große Rolle spielen. Ist es beabsichtigt, eine öffentliche Infrastrukturanlage zu planen und zu bauen, sind förmliche Verwaltungswege zu durchlaufen, damit bauplanungs- und bauordnungsrechtliche Details nicht übersehen sowie öffentliche und private Belange geprüft werden. Das verwaltungstechnische Prüf- und Genehmigungsverfahren folgt einer

---

[157] Jonas, Hans: *Technik, Medizin und Ethik – Praxis des Prinzips Verantwortung*, Suhrkamp Verlag, Frankfurt/M. 1987, S. 43.

## 3 Logik der Arbeits- und Entscheidungsumgebung

spezifischen bürokratischen Rationalität. Es erzwingt und ermöglicht eine Sicherheitskommunikation unter den Beteiligten, weil es dem Auftraggeber, dem planenden Ingenieur, den Genehmigungs- und Fachbehörden sowie der interessierten Öffentlichkeit sowohl Beteiligungspflichten als auch -rechte verschafft. Das führt zu einer Stärkung von Sicherheitsinteressen und zu einer Hervorhebung gesellschaftlicher Wertvorstellungen. Dieser Vorzug des Verfahrens ist nicht zu unterschätzen. Denn schon in frühen Planungsphasen baulicher Ingenieurvorhaben, seien es verkehrstechnische oder wasserwirtschaftliche Maßnahmen, zeigt sich gelegentlich, dass Wertvorstellungen in sehr unterschiedlichen Dimensionen berührt werden.[158] Auch ist nicht ausgeschlossen, dass die öffentliche Meinung von Wertvorstellungen geprägt ist, die aus technischer Sicht ganz anders erscheinen.

Nachteilig ist, dass Prüf- und Genehmigungsverfahren für öffentliche Bauten wegen bürokratischer Wege häufig viel Zeit in Anspruch nehmen und planungstechnische Überarbeitungen erforderlich werden.[159] Bei langen verwaltungsseitigen Bearbeitungsdauern besteht die Gefahr, dass es zu einer schleichenden Erosion von Planungsgrundlagen kommt, indem etwa genehmigungsrelevante Aspekte veralten oder zugrunde gelegte technische Standards zurückgezogen und durch Neuerscheinungen ersetzt werden. Auch ist es nicht ausgeschlossen, dass in der Planungsarbeit untergebrachte Wertvorstellungen nicht mit den gegenwärtigen übereinstimmen, weil sie über die Zeit eine Änderung erfahren haben. Und schließlich können lange Verwaltungsprozesse dazu führen, dass bauliche Realisierungen wegen des fortschreitenden Wertewandels in der Öffentlichkeit nicht mehr begrüßt werden. An dieser

---

[158] Duddeck schreibt: „Bei Bewertungskriterien für technische Objekte, die nicht durch die technischen Normen- und Regelwerke erfasst werden, sondern aus Werten folgen, liegen ganz andere Verantwortlichkeiten vor. Denn bei Verstoß gegen sie kann man nicht haftbar gemacht werden [...] da man nach bestem Willen und Wollen gehandelt hat, technisch alles richtig gemacht hat, und weil Fehlentscheidungen meist erst später sichtbar werden." Duddeck, Heinz: *Einführung in den Diskurs „Handeln der Ingenieure in einer auf andere Werte orientierten Gesellschaft"*, in: Duddeck, Heinz (Hrsg.): Ladenburger Diskurs, Technik im Wertekonflikt, Springer Verlag, Wiesbaden 2001, S. 16 f.

[159] Oftmals werden lange Bearbeitungszeiten auch durch personelle Engpässe in öffentlichen Bauverwaltungen und Ingenieurbüros verursacht.

Stelle gibt sich das *Dreiecksproblem Bauwerk–Verwaltung–Bevölkerung* dadurch zu erkennen, dass sich innerhalb langwieriger Prüf- und Genehmigungsverfahren der Wandel gesellschaftlicher Wertvorstellungen rascher vollziehen kann als der Verfahrens- bzw. Projektfortschritt erfolgt. Davon betroffen sind im Übrigen auch politische Wertvorstellungen, die sich beispielsweise aufgrund zwischenzeitlich angepasster Gesetzeslagen ändern können.

Der deutlichste Bezug der planerischen Ingenieurarbeit auf die Zivilgesellschaft ergibt sich durch die Wirkzusammenhänge im Infrastrukturbau und die unvermeidlichen Prognosevorbehalte langfristiger Planungsmaßnahmen. Sobald zwischen einem Auftraggeber und einem Auftragnehmer ein Ingenieurvertrag über die Planung einer Infrastrukturanlage geschlossen wird, ist die dritte Partei – die der betroffenen Nutzer und der zukünftigen Generationen – im Bunde, ohne dass diese jedoch bei den Verhandlungen dabei ist und selber ihre Interessen vertreten kann. Diesen Interessen wird in weiten Teilen nur insoweit entsprochen, als die heute Beteiligten, die Bauingenieure, sich zu deren Treuhändern erklären. Sie sind in der Lage, die Folgen ihrer Entscheidungen in ihre Vorhaben aktiv einzubeziehen. Als zu ethisch verantwortlichem Handeln Befähigte haben sie „die gesamtgesellschaftlichen Wirkungen und Effekte der eigenen Arbeit kontinuierlich einzuschätzen und zu bewerten".[160] Bauingenieure müssen sich auf die Unumkehrbarkeit von Prozessen einlassen und explizit zu einem achtsamen Umgang mit dem Sachverhalt verpflichten, dass der Einzelne zwar kaum für spätere Fehlentwicklungen zur Rechenschaft gezogen werden kann, aber als Beteiligter am Gesamtgeschehen in der Verantwortung gegenüber der Öffentlichkeit und folgenden Generationen steht, deren vermeintliche Wertvorstellungen in angemessener Weise zu berücksichtigen.

---

[160] Verein Deutscher Ingenieure (Hrsg.): *Ingenieurausbildung für die digitale Transformation – Zukunft durch Veränderung*, VDI-Studie 2019, S. 32, www.vdi.de (abgerufen 30. Juli 2021).

## 3.8 Kennzeichnende Merkmale der Ingenieurpraxis im Überblick

Zum Zwecke einer besseren Orientierung enthält die nachfolgende Übersicht ausgesuchte Merkmale der Praxis des Bauingenieurs. Die Auflistung ist eine stichpunktartige Zusammenfassung von bis hierher herausgearbeiteten Charakteristika seines Arbeitsalltags:

a) Projektorganisation

- Beauftragung zur Erbringung von Ingenieurleistungen nach HOAI;
- Funktions- und Arbeitsteilung mit unterschiedlicher Adressierung (Auftraggeber, Planer, Baufirma, Betreiber, Behörde, Sachverständiger);
- Kompatibilitätserfordernis (Schnittstellenabstimmung zur Vermeidung von Redundanzen).

b) Normativität

- unbestimmte Rechtsbegriffe (Differenzierung der allgemein geltenden Regeln der Technik in unbestimmte Rechtsbegriffe zum Zwecke der besseren Abstimmung des eher statischen Rechts auf die dynamische Technikentwicklung);
- technische Standards (aufzufassen als Katalog von Maßstäben für technisch einwandfreies Handeln/sind stark von der Sicherheitsgewährleistung bestimmt/werden als Anleitungen zur Herstellung von Sicherheit interpretiert);
- Vorbehalt des professionellen Urteilens (Plausibilitätsprüfungen bei Zweifeln an der Eindeutigkeit technischer Standards/Widerspruchsfreiheit zu parallel geltenden Publikationen/Anwendbarkeit mit Blick auf Aktualität).

c) Technische Sicherheit

- Erzeugung von objektiver Sicherheit (Planung und Ausführung);
- Erzeugung von Sicherheitsaussagen (Analyse- und Prüfprozesse/ Entwicklung von Störfallszenarien);

- Sicherheitsziele (z. B. Betriebssicherheit, Funktionsfähigkeit, Verkehrssicherung, Langlebigkeit).

d) Planung und Errichtung von Ingenieurbauwerken

- Komplexität (Topologie, Einbindung in bestehende Infrastruktur, Betrieb, Verfahrenstechnik bei der Herstellung);
- vieldimensionale Qualität (Einflussnahme auf die Qualität eines Ingenieurbauwerks in jeder Phase der Bauwerksgenese in unterschiedlichen Graden möglich);
- Generierung von Risiken der aktiv Handelnden (Tätigkeiten von am Bau Beteiligten sind immer mit Risikosetzungen verbunden, die zu Gefahren für Bürger werden können, insbesondere im Anschluss von Bauwerksfertigstellungen);
- Prognosevorbehalte wegen unscharfer und unzureichend vorhersagbarer Wirkungen von infrastrukturellen Eingriffen (große zeitliche und soziale Distanz, z. B. Wasserversorgung: Unsicherheit bei Entwicklungen zum Trinkwasserbedarf/Abwasserentsorgung: Unsicherheit bei der Dimensionierung von Entwässerungskanälen bei Mischsystem/Straßenbau: Unsicherheit bei der Auslegung auf künftige Verkehrsaufkommen).

e) Sachlogische Grundtatbestände:

- kein linearer Planungsprozess (Entwurf und Bemessung verlaufen nicht geradlinig, sondern in Schleifen/dies konfligiert gegebenenfalls mit Verfahrenskonzeptionen);
- variierende Kontextbezüge (Entwicklungen von Wissenschaft, Technik, Recht und technischen Standards);
- konstitutiver Charakter der Planung (Planung geht über routinemäßige Entwurfs- und Bemessungsbearbeitung hinaus/je nach Erfordernis sind Lösungsalternativen hervorzubringen, spezifische Einwirkungen zu bedenken, außergewöhnliche Bedingungen einzubeziehen und Störfallszenarien zu entwickeln);
- freier Planungsaufwand (Aufwand für Planung ist sachlogisch nicht begrenzt und bedarf praktisch verantworteter Haltentscheidungen).

## 3 Logik der Arbeits- und Entscheidungsumgebung

f) Risikobetrachtungen

- Risikoanalyse (in Bezug auf kontingente bzw. außergewöhnliche Einwirkungen);
- Risikokalkulation (Risikoidentifikation, Risikobewertung, Risikobeurteilung)[161];
- Risikoaussagen (bedürfen eines engen Kontextbezugs);
- Risikodynamik (schon leichte Änderungen bei Entwurf und Bemessung können zu Veränderungen der Risikolagen führen).

g) Instabilität von Wertvorstellungen/Ingenieurverantwortung

- Verantwortung (in Bezug auf Geltungsansprüche technischer Standards/ingenieurmäßiges Vorgehen im Fall des Ungenügens technischer Standards);
- durch bauliche Eingriffe berührte Wertaspekte können in Konkurrenz zueinander stehen (z. B. kann der Hochwasserschutz mit ökologischen Belangen konfligieren/Wertaspekte müssen verantwortlich abgewogen werden);
- lange Genehmigungs-, Planungs- und Ausführungszeiten (Gefahr der Erosion von Planbedarfen wegen gesellschaftlichem Wertewandel/Veränderungen von politischen Wertvorstellungen/dynamische Entwicklungen von Technik und Markt).

---

[161] Vergleiche dazu Abschn. 2.4 *Risikokalkulation*.

# 4
# Risikoethische Elemente

**Vorbemerkung**
In diesem Kapitel werden der Fachliteratur entnommene entscheidungstheoretische Kriterien skizziert und im Hinblick auf ihre Anwendbarkeit analysiert. Daneben werden zur Einstimmung auf das fünfte Kapitel der Arbeit bereits einige Grundfragen in Bezug auf die Perspektiven eines risikoethischen Ingenieurhandelns diskutiert.

## 4.1 Entscheidungstheoretische Kriterien

Die Arbeitsqualitäten von Bauingenieuren werden immer auch an der Fähigkeit gemessen, umsichtige, umsetzbare und nutzbringende Entscheidungen für oder gegen gewisse Handlungen unter Zeitdruck und ökonomischen Zwängen zu fällen. Da Entscheidungen im Bauwesen meist miteinander korrespondieren, sind sie häufig dicht aufeinanderfolgend und in Absprache mit weiteren Fachleuten und anderen Baubeteiligten zu treffen. Zurückhaltung stellt hier nur scheinbar die Möglichkeit in Aussicht, Falsch-Entscheidungen zu umgehen (auch Nicht-Entscheidungen können falsch sein). Und zu schnelle Entscheidungsherbeiführungen bergen die

Gefahr, Problemstellungen nicht vollständig zu durchdringen und Entscheidungen zu fällen, die in Risiken führen.
Entscheidungstheorien befassen sich mit der Untersuchung von Aspekten zielgerichteten Verhaltens. Innerhalb der risikoethischen Fachwissenschaft werden mehrere Entscheidungstheorien diskutiert, die teils gravierende Unterscheidungsmerkmale aufweisen.[1] So bestehen etwa Differenzen, was die Unsicherheiten im Hinblick auf den geeigneten Umgang mit Eintrittswahrscheinlichkeiten, Handlungsfolgen und der Legitimation von Reaktionen auf Risiken angeht. Explizit auf das Bauingenieurwesen abgestellte Entscheidungstheorien, die genügend Freiraum[2] für eigenständige Entscheidungen vorhalten und gleichzeitig ethisch anleiten, liegen nicht vor, sodass Bauingenieure in ihrem Alltag bei Entscheidungsfindungen nicht auf abgeschlossene theoretische Entscheidungsmodelle zurückgreifen können.

Eine ausführliche Darstellung und intensive Diskussion verfügbarer entscheidungstheoretischer Kriterien würden das Thema der vorliegenden Arbeit verlassen. In diesem Abschnitt soll aber ein Seitenblick auf die Grundsätze einiger entscheidungstheoretischer Kriterien geworfen werden, die sich auf einen rationalen und vernünftigen Umgang mit Risiken konzentrieren. Unter Rückgriff auf ausgesuchte Literaturquellen werden vier etablierte entscheidungstheoretische Kriterien der Risikoethik und die auf sie gerichteten gängigsten Einwände umrissen. Im Fokus stehen Voraussetzungen, Implikationen und die Frage der Anwendungsmöglichkeiten im Bauingenieurwesen in Situationen der Unsicherheit (Situationen des Risikos und der Ungewissheit).[3]

Zunächst wird das bayessche Kriterium vorgestellt. Es basiert als ethisches Prinzip in Bezug auf Handlungen mit unsicheren Folgen auf dem

---

[1] Vergleiche Nida-Rümelin, Julian/Rath, Benjamin/Schulenburg, Johann: *Risikoethik*, de Gruyter, Berlin, Boston 2012. Vergleiche auch Rath, Benjamin: *Entscheidungstheorien der Risikoethik. Eine Diskussion etablierter Entscheidungstheorien und Grundzüge eines prozeduralen libertären Risikoethischen Kontraktualismus*, Diss., Universität Zürich, Tectum Verlag, Marburg 2011.

[2] Vergleiche dazu Teilabschn. 3.3.4 *Technische Standards – Ethik – Recht*.

[3] Siehe dazu Abschn. 4.3 *Entscheidungsbildung bei ingenieurtechnischen Aufgaben*.

Utilitarismus.[4] Das Maximin-Kriterium findet Anwendung, wenn im ungünstigsten Fall das Schlimmste vermieden werden soll. Als drittes entscheidungstheoretisches Kriterium wird das Vorsorgeprinzip („precautionary principle") skizziert, welches Elemente aus den beiden vorgenannten Theorien aufweist. Das Hurwicz-Kriterium markiert den Abschluss der überblicksartigen Explikation entscheidungstheoretischer Kriterien. Es eignet sich zur Entscheidungsfindung, wenn die zu erwartenden Handlungsfolgen, nicht aber Eintrittswahrscheinlichkeiten bekannt sind.

## 4.1.1 Bayessches Kriterium

Das bayessche Kriterium wurzelt in der klassischen utilitaristischen Theorie.[5] Für Nida-Rümelin lautet es: „Diejenige Entscheidung ist rational, die den (subjektiven) Erwartungswert des (subjektiven) Nutzens des Handelnden maximiert."[6] Im Gegensatz zur deontologischen Ethik,[7] die auf Pflicht beruht, bewertet das bayessche Kriterium den Wert einer Handlung nicht auf der Grundlage eines ethischen Argumentes. Von Interesse sind ausschließlich die Handlungsfolgen, die nicht erst durch eine ethische Theorie eruiert werden müssen. Handlungen sind rational und zugleich moralisch, soweit sie den höchsten Nutzenwert mit sich bringen. „Die moralische Qualität einer Handlung ist folglich direkt mit dem von ihr produzierten Ergebnis verbunden und kann nicht

---

[4] Der Utilitarismus ist hier in der klassischen Grundformel als konsequentialistische Ethik zu verstehen, die auf eine Erfüllung der menschlichen Bedürfnisse und Interessen ausgerichtet ist und das größtmögliche Glück aller von einer Handlung betroffenen Menschen zum höchsten Ziel erklärt, wobei unter Glück die Anwesenheit von Lust und Zufriedenheit zu verstehen ist.
[5] Vergleiche Harsanyi, John Charles: *Advances in Understanding Rational Behaviour*, in: Butts, Robert Earl/Hintikka, Jaakko (Hrsg.): Foundational Problems in the Special Science, Reidel Publishing Company, Dordrecht, Boston 1977, S. 320 ff.
[6] Nida-Rümelin: *Kritik des Konsequentialismus*, R. Oldenbourg Verlag, München 1993, S. 36.
[7] Nach Kant, dem wohl prominentesten Vertreter der deontologischen Ethik, bemisst sich die moralische Richtigkeit einer Handlung weniger nach den Folgen, sondern vielmehr danach, ob sie einer verpflichtenden Regel zum moralisch guten Handeln folgt. Eine Handlung ist moralisch nicht gut, weil aus ihr Gutes hervorgeht, sondern weil sie aus Argumenten der Vernunft zur Vornahme verpflichtet.

unabhängig davon eine bewertende Zuschreibung erhalten."[8] Das Kriterium ist konsequentialistisch ausgerichtet.

„Die Bayesianische Entscheidungstheorie übernimmt das Nützlichkeitsprinzip, also die Maximierung des Nutzens, vom klassischen Utilitarismus, wendet dieses aber auf vollständig andere Situationen an. Der Bayesianische Ansatz geht über zu Situationen des Risikos. Es werden demnach Situationen betrachtet, in denen die Handlungen nicht mehr direkt mit den Konsequenzen verbunden sind, sondern nur noch potenziell."[9] Dementsprechend besagt das auf Risiken bezogene bayessche Kriterium: „Maximiere den Erwartungswert der Folgen deines Tuns, wobei der Erwartungswert definiert ist als der Wert der Folgen einer Handlung, jeweils gewichtet mit der subjektiven Wahrscheinlichkeit ihres Eintretens."[10] Das bayessche Kriterium empfiehlt im Umgang mit risikobehafteten Entscheidungssituationen, auf einer präzisen Informationsgrundlage und je nach situativer Bewertung im Fall von Chancen den Erwartungswert der Folgen des Handelns zu maximieren.[11]

Innerhalb der Risikoethik werden Einwände gegen das bayessche Kriterium vorgebracht, die in der allgemeinen Ethik diskutiert werden und den Konsequentialismus als Theorie rationalen Entscheidens zurückweisen:

1. Fairness[12]:
Unterschiedliche Individuen werden unter realen Bedingungen ungleichen Risiken ausgesetzt. Das utilitaristisch ausgelegte bayessche

---

[8] Rath, Benjamin: *Entscheidungstheorien der Risikoethik. Eine Diskussion etablierter Entscheidungstheorien und Grundzüge eines prozeduralen libertären Risikoethischen Kontraktualismus*, Diss., Universität Zürich, Tectum Verlag, Marburg 2011, S. 52.

[9] Ebenda, S. 55.

[10] Nida-Rümelin, Julian: *Ethik des Risikos*, in: Nida-Rümelin, Julian (Hrsg.): Angewandte Ethik – Die Bereichsethiken und ihre theoretische Fundierung, Kröner Verlag, Stuttgart 1996, S. 815.

[11] Die situative Bewertung kann für vergleichbare Handlungen mal so und mal so ausfallen. Handlungen werden bei diesem Kriterium nicht nach der moralischen Richtigkeit bewertet, sondern nach dem Prinzip der Nützlichkeit. Ist eine voraussichtliche Handlung nützlich, ist sie gut und moralisch richtig, weil sie tendenziell Glück befördert. In anderen Situationen kann die gleiche Handlung als nicht nützlich und damit als nicht gut und moralisch unrichtig bewertet werden.

[12] Fairness wird in der vorliegenden Arbeit verstanden als ein bestimmtes Verständnis von akzeptierter Gerechtigkeit.

Kriterium ermöglicht eine disproportionale Interessen- und Risikoverteilung. Es ist nicht ausgeschlossen, dass aus der Berücksichtigung des Interesses einer Person ein Profit hervorgeht, ohne dass diese ein Schadensrisiko eingehen muss, während eine andere Person bei der Berücksichtigung ihres (durchaus auch gleichen) Interesses keinen oder nur einen geringen Profit erlangt, aber einem hohen Schadensrisiko ausgesetzt ist.[13]

2. Verletzung individueller Rechte:
Das gesamte Handeln wird als gut oder schlecht für das gegebene Ziel beurteilt, während Rechte und Freiheiten systematisch missachtet werden. Bei einer Maximierung des Erwartungswertes der Folgen einer Handlung werden fundamentale Interessen einzelner Menschen verletzt.

3. Beschädigung der Integrität:
Dadurch, dass allein die Folgenoptimierung der Maßstab für Handlungsbeurteilungen ist, kommen individuell bedeutsame Vorstellungen und Handlungsabsichten kaum zur Geltung. Eine Ausrichtung an einer ethisch grundierten Lebensform wird verhindert.

Mit Blick auf das Bauingenieurwesen ist vor allem die Problematik von Bedeutung, dass das bayessche Kriterium die Gefahr der Instrumentalisierung in sich trägt. Würden diesem Kriterium im Bauingenieurwesen gefolgt und streng nach der Formel gemäß Risikobewertung[14] vorgegangen, müsste stets die Alternative mit dem kleinsten Erwartungswert des Risikos R gewählt werden. Ausschließlich das Produkt aus Eintrittswahrscheinlichkeit und Schadenswert würde von Interesse sein. Die einzelnen

---

[13] Vergleiche Shrader-Frechette, K. S.: *Risk and Rationality. Philosophical Foundations of Populist Reforms*, University of California Press, Berkeley 1991, S. 114. Ein Beispiel wäre die Börsenspekulation: Eine sehr finanzkräftige Person erwirbt 5000 Wertpapiere im Wert von je EUR 100,-. Sie hofft auf steigende Kurse und verfolgt das Interesse, ihr Vermögen zu vergrößern. Steigen die Kurse der Wertpapiere, entstehen Gewinne. Bei einem Verlust des Einsatzes verliert die Person einen kleinen Teil ihres Gesamtvermögens. Eine weitaus weniger finanzkräftige Person hat die gleichen Absichten. Sie bringt ihre gesamten Ersparnisse auf und legt es in 50 Wertpapiere gleichen Typs an. Steigen die Kurse, sind die Gewinne im Vergleich zu der anderen Person überschaubar. Bei einem Verlust des Einsatzes wären die Ersparnisse verloren.

[14] Vergleiche dazu Abschn. 2.4 *Risikokalkulation*.

Parameter erhielten kaum Beachtung, denn bei einer Vorgehensweise nach dem Prinzip des bayesschen Kriteriums würde es keine Rolle spielen, ob große Schäden mit geringer Wahrscheinlichkeit oder kleine Schäden mit hoher Wahrscheinlichkeit riskiert würden. Von Bedeutung wäre lediglich der Erwartungswert des Risikos R aus Wahrscheinlichkeit mal Schaden.[15] Außerdem wird hier die Frage aufgeworfen, ob die ständige Drohung eines Schadens (als nicht datierbarer Schadensfall) noch als (utilitaristischer) Beitrag zum Wohlergehen im Sinne einer höchsten sittlichen Forderung qualifiziert werden könnte.

### 4.1.2 Maximin-Kriterium

„In Entscheidungen unter Unsicherheit wird in der Regel das Maximin-Kriterium zur Anwendung gebracht, das auf die Minimierung der im schlimmsten Fall eintretenden Schäden abzielt."[16] Sein Leitwort lautet: „Wähle in einer gegebenen Entscheidungssituation diejenige Handlungsoption, deren maximaler potentieller Schaden gegenüber dem entsprechenden Schadenspotential aller anderen offen stehenden Handlungsoptionen minimal ist!"[17] Wie das bayessche Kriterium argumentiert auch das Maximin-Kriterium auf konsequentialistischer Grundlage.[18] Das Maximin-Kriterium findet allerdings ausschließlich als

---

[15] Bei der Bezugnahme auf das Bauingenieurwesen ist vereinbarungsgemäß die Minimierung des Erwartungswertes des Risikos R aus Wahrscheinlichkeit x Schaden von Relevanz und nicht wie beim bayesschen Kriterium die Maximierung des Erwartungswertes des Nutzens aus Wahrscheinlichkeit x Folgen. Siehe dazu auch Abschn. 2.1 *Technisch-risikoethische Termini, Erwartungswert des Risikos*.

[16] Deutscher Ethikrat (Hrsg.): *Vulnerabilität und Resilienz in der Krise – Ethische Kriterien für Entscheidungen in einer Pandemie*, Berlin, 2022, S. 225.

[17] Nida-Rümelin, Julian/Schulenburg, Johann: *Risikobeurteilung/Risikoethik*, in: Grunwald, Armin (Hrsg.): Handbuch Technikethik, Springer-Verlag Deutschland, ursprünglich erschienen bei J. B. Metzler'sche Verlagsbuchhandlung und Carl Ernst Poeschel Verlag, Stuttgart 2013, S. 225.

[18] Man könnte sagen: Während sich das bayessche Kriterium auf eine Maximierung des Nutzens als größten Vorteil konzentriert, besteht die Maximierung des größten Vorteils für das Maximin-Kriterium in der Minimierung des schlimmsten Nachteils. Vergleiche dazu auch Teilabschn. 4.1.5 *Vergleichende Gegenüberstellung*, FN 44.

„Strategie der Vermeidung des größten Übels"[19] Anwendung, das heißt, wenn mögliche Schadensereignisse, nicht aber Eintrittswahrscheinlichkeiten bekannt sind.[20] In Entscheidungssituationen, in denen Unsicherheit über die Eintrittswahrscheinlichkeiten besteht, ist die Handlungsoption moralisch geboten, bei der der größtmögliche Schaden vermieden wird. Die Wahl des Kriteriums kann auf eine risikoscheue Grundhaltung des Entscheidungsträgers hindeuten.

Jonas hat das verantwortungsethisch argumentierende Maximin-Kriterium, das in sein großes Buch[21] eingeflossen ist, „als zentrales Kriterium einer Ethik für die technologische Zivilisation vorgeschlagen".[22] Er schreibt: „Was die einzelnen Risikoprüfungen betrifft, so habe ich im *Prinzip Verantwortung*, beim Versuch einer ‚Heuristik der Furcht', eine Faustregel für die Behandlung der *Ungewißheit* vorgeschlagen: in dubio pro malo – wenn im Zweifel, gib der schlimmeren Prognose vor der besseren Gehör, denn die Einsätze sind zu groß geworden für das Spiel."[23] Jonas war sich zwar sicher, dass „die Heuristik der Furcht gewiß nicht das letzte Wort auf der Suche nach dem Guten ist".[24] Aber er sah sich veranlasst, zukunftsethisch zu argumentieren und die Notwendigkeit zu betonen, dass, wenn Unsicherheit besteht, also Risiken im Sinne von Gefährdungen mit berechenbarer Wahrscheinlichkeit vorliegen, sicherzustellen ist, dass dies auch so erkannt und angenommen

---

[19] Nida-Rümelin, Julian/Rath, Benjamin/Schulenburg, Johann: *Risikoethik,* de Gruyter, Berlin, Boston 2012, S. 95.

[20] Das Gegenstück zum risikopessimistischen Maximin-Kriterium ist das risikooptimistische Maximax-Kriterium. „Es empfiehlt, diejenige Handlung zu wählen, deren bestmögliche Konsequenz maximalen Nutzen, das heißt einen größeren Nutzen als die bestmöglichen Konsequenzen aller anderen offenstehenden Optionen, verspricht." Nida-Rümelin, Julian/Rath, Benjamin/Schulenburg, Johann: *Risikoethik,* de Gruyter, Berlin, Boston 2012, S. 99.

[21] Jonas, Hans: *Das Prinzip Verantwortung – Versuch einer Ethik für die technologische Zivilisation,* Suhrkamp Verlag, Frankfurt/M. 2003.

[22] Nida-Rümelin, Julian/Rath, Benjamin/Schulenburg, Johann: *Risikoethik,* de Gruyter, Berlin, Boston 2012, S. 97.

[23] Jonas, Hans: *Technik, Medizin und Ethik – Praxis des Prinzips Verantwortung,* Suhrkamp Verlag, Frankfurt/M. 1987, S. 67. Vergleiche zu „Heuristik der Furcht" Jonas, Hans: *Das Prinzip Verantwortung – Versuch einer Ethik für die technologische Zivilisation,* Suhrkamp Verlag, Frankfurt/M. 2003, S. 8 und S. 63 f.

[24] Jonas, Hans: *Das Prinzip Verantwortung – Versuch einer Ethik für die technologische Zivilisation,* Suhrkamp Verlag, Frankfurt/M. 2003, S. 64.

wird. Jonas mahnt, die schlimmstmögliche Handlungsfolge gegenüber der wahrscheinlichsten stärker zu gewichten. Je unsicherer die Folgen einer Entscheidung sind, desto größer ist die Verpflichtung zur Vorsicht. „Was wir *nicht* wollen, wissen wir viel eher als was wir wollen. Darum muß die Moralphilosophie unser Fürchten vor unserm Wünschen konsultieren, um zu ermitteln, was wir wirklich schätzen."[25] Für den bekannten Verantwortungsethiker gibt es keinen Grund, auf individuelle Verantwortung zu verzichten. Er spricht sich ausdrücklich dafür aus, in einmal begonnenen, technischen Prozessen als Beteiligter explizit mögliche negative Folgen einzubeziehen, und zielt damit auf das Wohl künftiger Generationen ab.

Folgende Verfahrensweise liegt dem Kriterium zugrunde: Zunächst wird die schlechtestmögliche Folge bei jeder Handlungsalternative bestimmt. „Die so erhaltenen Informationen können als die jeweiligen Sicherheitsniveaus der zur Entscheidung stehenden Alternativen bezeichnet werden."[26] Nun rückt die schlechtestmögliche Folge im Vergleich zu allen anderen schlechtestmöglichen Handlungsfolgen in den Blickpunkt. Ihr wird die beste der schlechtestmöglichen Handlungsfolgen gegenübergestellt. Die Entscheidung erfolgt schließlich danach, bei welcher Handlung die schlechtestmögliche Folge aller Optionen die stärkste Begrenzung durch die beste aller schlechtestmöglichen Folgen erhält. „Die Maximin-Regel ordnet die Alternativen nach ihren schlechtesten möglichen Ergebnissen. Man soll diejenige wählen, deren schlechtestmögliches Ergebnis besser ist als das jeder anderen."[27]

Bezogen auf einen Schaden weist das Maximin-Kriterium an, den maximalen Schaden zu minimieren, indem diejenige Alternative gewählt wird, deren schlechtestmögliche Folge besser ist als die schlechtestmöglichen aller anderen Alternativen. „Ziel ist der Ausschluss potentieller Katastrophen. Weder die Wahrscheinlichkeit des Eintretens solcher Katastrophen, noch die mit dieser Strategie verbundenen Kosten

---

[25] Ebenda.
[26] Nida-Rümelin, Julian/Rath, Benjamin/Schulenburg, Johann: *Risikoethik*, de Gruyter, Berlin, Boston 2012, S. 95.
[27] Rawls, John: *Eine Theorie der Gerechtigkeit*, Suhrkamp Verlag, Frankfurt/M. 1975, S. 178.

(in Form entgangenen Nutzens durch Ausschluss bestimmter Handlungsoptionen) werden im Rahmen des Maximin-Kriteriums als entscheidungsrelevant erachtet."[28] Hier kommt das zentrale Argument des Maximin-Kriteriums zum Vorschein, das in der Unzulässigkeit besteht, Situationen, in denen die möglichen schädlichen Folgen einer Handlung oder einer Handlungsweise so unwahrscheinlich sind, dass ihr Eintreten als unmittelbare Konsequenz nach allgemeinem Verständnis ausgeschlossen werden kann, als Sicherheitskoeffizienten zu quantifizieren.

Ein Vorwurf gegen die Maximin-Strategie besteht darin, dass eben Eintrittswahrscheinlichkeiten vernachlässigt werden, was zu irrationalen Entscheidungen führe. Der Einwand ist berechtigt, sind doch die Fälle einer plausiblen Anwendung dieses Entscheidungskriteriums beschränkt, wenn Wahrscheinlichkeiten nicht als entscheidungsrelevant erachtet werden. Lassen sich möglichen Handlungsfolgen gewisse Wahrscheinlichkeiten zuordnen, macht es tatsächlich wenig Sinn, dem Maximin-Kriterium zu folgen, zumindest sofern der schlechtestmögliche Fall sehr unwahrscheinlich und alternative Optionen in bestimmter Hinsicht deutlich besser und wahrscheinlicher sind. Es wäre irrational bei geringer Wahrscheinlichkeit gemäß Maximin zu entscheiden, denn bei geringer Wahrscheinlichkeit des Eintretens der schlechtestmöglichen Folge könnten diese Alternative als schlechtestmögliche entfallen[29] und dann die nächstschlechte als schlechtestmögliche gewählt werden.

Anders verhält es sich, wenn katastrophale Risikosituationen drohen, in denen zu Eintrittswahrscheinlichkeiten von Schäden kaum etwas

---

[28] Nida-Rümelin, Julian/Schulenburg, Johann: *Risikobeurteilung/Risikoethik*, in: Grunwald, Armin (Hrsg.): Handbuch Technikethik, Springer-Verlag Deutschland, ursprünglich erschienen bei J. B. Metzler'sche Verlagsbuchhandlung und Carl Ernst Poeschel Verlag, Stuttgart 2013, S. 225. Nida-Rümelin hat in der Vergangenheit den Begriff des Minimax-Kriteriums benutzt. Es besagt, die Alternative zu wählen, die das schlimmste Ergebnis vermeidet. „Gemäß dem Minimaxkriterium sucht man zuerst [...] die [...] schlechteste Konsequenz, d. h. die Konsequenz, bei der der Schaden am größten ist, und wählt dann diejenige Handlung, bei der dieser größte Schaden am kleinsten ist. Das Minimaxkriterium ist also eine Katastrophenvermeidungsstrategie." Nida-Rümelin, Julian: *Ethik des Risikos*, in: Nida-Rümelin, Julian (Hrsg.): Angewandte Ethik – Die Bereichsethiken und ihre theoretische Fundierung, Kröner Verlag, Stuttgart 1996, S. 816.

[29] Hier stellt sich die Frage, ob die wegen einer geringen Eintrittswahrscheinlichkeit ausgeschiedene, dann ehemals schlechtestmögliche Alternative überhaupt noch als eine schlechte Alternative bezeichnet werden kann.

gesagt werden kann, was für die Praxis der Bauingenieure bedeutet, dass bei großem potenziellen Schaden ein risikoaverses Verhalten und damit die Anwendung des Maximin-Kriteriums durchaus rational sein können, auch wenn die objektive Wahrscheinlichkeit des Schadenseintrittes gering ist, denn selbst eine geringe Wahrscheinlichkeit ist keine hinreichende Bedingung, das Risiko eines katastrophalen Schadens einzugehen.

### 4.1.3 Vorsorgeprinzip („precautionary principle")

Neben dem bayesschen Kriterium und dem Maximin-Kriterium ist das Vorsorgeprinzip ein drittes entscheidungstheoretisches Kriterium innerhalb der Risikoethik. Allerdings ist es in Fachkreisen nicht eindeutig definiert, „da in der Literatur unterschiedliche Formulierungen und Ausgestaltungen"[30] zu finden sind. Die Unbestimmtheit des Vorsorgeprinzips ist etwa daran ablesbar, dass es sich, anders als das bayessche Kriterium oder das Maximin-Kriterium „nicht allein auf den Moment der Entscheidungsfindung [konzentriert, M. S.], sondern einen mehrstufigen Prozess [beschreibt, M. S.], welcher in einer Entscheidungsfindung mündet".[31] In den einzelnen Prozessstufen werden „Elemente sowohl des Maximin-Kriteriums als auch des Bayes'schen Kriteriums ... aufgegriffen".[32] Das Vorsorgeprinzip ist nicht darauf ausgelegt, „optimale Entscheidungen zu treffen, da es im Wesentlichen verantwortungsethisch argumentiert und daher eher auf Vermeidungsstrategien setzt".[33] Für Rath bietet es sich an, das Vorsorgeprinzip „aufgrund der

---

[30] Nida-Rümelin, Julian/Rath, Benjamin/Schulenburg, Johann: *Risikoethik*, de Gruyter, Berlin, Boston 2012, S. 105. Vergleiche auch Werner, Micha H.: *Einführung in die Ethik*, J. B. Metzler / Springer Verlag, Berlin 2021, S. 284.

[31] Rath, Benjamin: *Ethik des Risikos – Begriffe, Situationen, Entscheidungstheorien und Aspekte*, in: Eidgenössische Ethikkommission für Biotechnologie im Außerhumanbereich (Hrsg.): Beiträge zur Ethik und Biotechnologie / 4, Verlag Bundesamt für Bauten und Logistik BBL, Bern 2008, S. 112.

[32] Nida-Rümelin, Julian/Rath, Benjamin/Schulenburg, Johann: *Risikoethik*, de Gruyter, Berlin, Boston 2012, S. 107.

[33] Ebenda, S. 120.

## 4 Risikoethische Elemente

Verbindung verschiedener theoretischer Ansätze ... mit dem Schlagwort verantwortungsethische Risikooptimierung zu umschreiben".[34]

„Die grundsätzliche Idee des Prinzips ist, dass in einer Situation, in der eine inakzeptable potentielle Konsequenz identifiziert wird und in der eine Unsicherheit sowohl hinsichtlich der Plausibilität der identifizierten Konsequenz als auch hinsichtlich der Existenz der gesamten Risikosituation herrscht, es dennoch gerechtfertigt werden kann, dass Massnahmen zur Reduktion des Risikos ergriffen werden. Das „precautionary principle" beabsichtigt folglich Reaktionen auf objektiv nicht qualifizierbare und quantifizierbare Risikosituationen zu rechtfertigen."[35] Bevor aber über Handlungen entschieden werden kann, zu denen „aufgrund der Unsicherheit keine exakten Aussagen zu einer Risikosituation gemacht werden können",[36] bedarf es der Vornahme einer Risikobewertung.[37] Von ihr hängt die Entscheidung über eine geeignete Reaktion in einer Risikosituation ab. Dadurch, dass Risikobewertungen stets auf der Grundlage aktueller Wissensstände erfolgen, stellen sich mit neuen Informationsständen möglicherweise veränderte Situationen ein. Gerät dadurch das bis dahin betrachtete Risiko in ein anderes Licht, nehmen geplante Reaktionen auf eine Risikosituation den Charakter der Vorläufigkeit ein und müssen aktualisiert werden. Hier setzt das Vorsorgeprinzip an. Es berücksichtigt „eine spätere veränderte Informationsbasis und richtet damit die Entscheidung über Reaktionen auf ein Risiko explizit temporär aus".[38]

Für das Vorsorgeprinzip ist es bezeichnend, „dass eine Entscheidung hinsichtlich einer Reaktion zur Reduktion eines Risikos eine provisorische

---

[34] Rath, Benjamin: *Ethik des Risikos – Begriffe, Situationen, Entscheidungstheorien und Aspekte*, in: Eidgenössische Ethikkommission für Biotechnologie im Außerhumanbereich (Hrsg.): Beiträge zur Ethik und Biotechnologie / 4, Verlag Bundesamt für Bauten und Logistik BBL, Bern 2008, S. 114.

[35] Ebenda, S. 116.

[36] Ebenda, S. 117.

[37] Vergleiche dazu Abschn. 2.4 *Risikokalkulation*.

[38] Rath, Benjamin: *Ethik des Risikos – Begriffe, Situationen, Entscheidungstheorien und Aspekte*, in: Eidgenössische Ethikkommission für Biotechnologie im Außerhumanbereich (Hrsg.): Beiträge zur Ethik und Biotechnologie / 4, Verlag Bundesamt für Bauten und Logistik BBL, Bern 2008, S. 117.

ist und auf der Basis neuer Informationen, also mit Auflösung der Situation der Unsicherheit, revidiert bzw. angepasst werden kann".[39] Durch diese Flexibilität empfiehlt sich das Vorsorgeprinzip vor allem für Entscheidungen, bei denen durch Handlungen langfristige Risiken entstehen, denn es geht ihm nicht um kurzfristige Abwägungen von Pro und Kontra, sondern um frühzeitige und vorausschauende Handlungen zur Vermeidung negativer Folgen durch menschliche Aktivitäten und um Vorsorge, im Sinne eines höherrangigen Prinzips für den Umgang mit Unsicherheit. Durch seinen Vorkehrungscharakter spricht sich das Vorsorgeprinzip dafür aus, Belastungen und Beschädigungen der Umwelt zu vermeiden, womit es explizit die Zukunft in den Blick nimmt und damit nicht nur die gegenwärtig lebenden und betroffenen Menschen in die Risikobeurteilung von Ingenieurhandlungen ex ante mit einbezieht, sondern auch zukünftige Generationen.

„Das Vorsorgeprinzip soll bei Entscheidungen unter Ungewissheit Orientierung bieten … ."[40] Es will verdeutlichen, das komplexe Handlungsprozesse eine Erweiterung des moralischen Verantwortungsbegriffs nicht nur um rechtliche und strukturelle Elemente erforderlich machen, sondern auch um futuristische Dimensionen, da die Folgen menschlicher Prozesse weit in die Zukunft reichen und um verbleibenden Wissensgrenzen Rechnung zu tragen. Jonas hat das Verantwortungsprinzip zu einem in die Zukunft gerichteten, moralische Verpflichtungen einschließenden Vorsorgeprinzip erklärt, das nicht die rückwirkend zuzuschreibende „ex-post-facto Rechnung für das Getane, sondern die Determinierung des Zu-Tuenden betrifft; gemäß dem ich mich also verantwortlich fühle nicht primär für mein Verhalten und seine Folgen, sondern für die *Sache*, die auf mein Handeln Anspruch erhebt".[41]

---

[39] Ebenda.
[40] Werner, Micha H.: *Einführung in die Ethik*, J. B. Metzler / Springer Verlag, Berlin 2021, S. 284.
[41] Jonas, Hans: *Das Prinzip Verantwortung – Versuch einer Ethik für die technologische Zivilisation*, Suhrkamp Verlag, Frankfurt/M. 2003, S. 174.

## 4.1.4 Hurwicz-Kriterium[42]

Neben dem Maximin-Kriterium zielt auch das Hurwicz-Kriterium auf den Umgang mit Unsicherheit ab. Nachteilig ist, „dass das *Hurwicz-Kriterium* wahrscheinlichkeitsbezogene Informationen bei der Entscheidungsfindung gänzlich vernachlässigt, wodurch es vielfach kontraintuitive Ergebnisse produziert".[43]

Weil nicht ausschließbar ist, dass in manchen Fällen, in denen keine Katastrophen zu erwarten sind, auch berücksichtigt werden muss, was an Positivem bei einer bestimmten Strategie gewonnen werden kann, schlägt das Hurwicz-Kriterium vor, die jeweils bestmögliche und schlechtestmögliche Folge herauszugreifen und zu gewichten; die Alternative mit dem höchsten gewichteten Mittelwert aus dem best- und schlechtestmöglichen Ergebnis wird gewählt.

Gegen das Kriterium wird nicht nur vorgebracht, dass Eintrittswahrscheinlichkeiten vernachlässigt werden. Es wird auch kritisiert, dass die Auswahl der jeweils besten und schlechtestmöglichen Folgen willkürlich sei. Außerdem lege der Entscheider den Gewichtungsfaktor fest. Durch diese subjektive Einflussnahme bleibt unklar, wie die Wahl der Alternativen und des Gewichtungsparameters auf nicht beliebige Weise vorgenommen werden könnte. Insofern mag sich das Hurwicz-Kriterium für individuelle Finanzwagnisse oder spieltheoretische Überlegungen eignen. Für das Bauingenieurwesen ist die Gewichtung von Mittelwerten bei den teils erheblichen Risiken für betroffene Bürger (Sach- und Personenschäden), die bei der Planung und Errichtung von Ingenieurbauwerken entstehen können, nicht angemessen. Daher findet dieses Kriterium in der folgenden vergleichenden Gegenüberstellung keine Berücksichtigung.

---

[42] Nach Leonid Hurwicz, US-amerikanischer Wirtschaftswissenschaftler und Nobelpreisträger.

[43] Nida-Rümelin, Julian/Schulenburg, Johann: *Risikobeurteilung/Risikoethik*, in: Grunwald, Armin (Hrsg.): Handbuch Technikethik, Springer-Verlag Deutschland, ursprünglich erschienen bei J. B. Metzler'sche Verlagsbuchhandlung und Carl Ernst Poeschel Verlag, Stuttgart 2013, S. 226.

## 4.1.5 Vergleichende Gegenüberstellung

Keines der besprochenen Kriterien kommt als umfassende und allgemein, auf jeden praktischen Fall des Bauingenieurwesens anwendbare Theorie infrage. Zwar werden je nach Konzeption des Kriteriums einige risikoethische Aspekte aufgegriffen. Andere bleiben aber unberücksichtigt. Noch hinzu kommt, dass es in der Fachöffentlichkeit bislang nicht nur an wissenschaftlichen Untersuchungen zur Konzeptionierung brauchbarer und allgemein anerkannter entscheidungstheoretischer Kriterien für das Bauingenieurwesen mangelt, sondern auch bereits an Leitparametern, die Auskunft darüber geben könnten, welche Anforderungen an entscheidungstheoretische Kriterien primär gestellt werden müssten.

Würde die Anwendung eines entscheidungstheoretischen Kriteriums in der Praxis des Bauingenieurwesens zu einer Grundvoraussetzung erhoben, um zu ethisch begründeten und nachvollziehbaren Ingenieurhandlungen zu gelangen, müsste dessen Anwendbarkeit uneingeschränkt gewährleistet sein. Sie wäre insbesondere davon abhängig, ob und inwieweit, erstens, der Kontext der jeweiligen ethischen Risikobeurteilung berücksichtigt und, zweitens, die Komplexität der Risikosituation einbezogen wird. In dieser Hinsicht hat der Abschnitt gezeigt, dass es aufgrund der technischen Vorgänge im Zusammenhang mit der Planung und Errichtung von Ingenieurbauwerken und der Diversität von Interessenlagen (Ingenieurbüro, Auftraggeber, Anlagenbetreiber, zuständige Behörde, Bürger, Sachverständige, Fachplaner) keinem der skizzierten entscheidungstheoretischen Kriterien zuzutrauen ist, sich ordnend und klar auf das Bauingenieurwesen auszurichten.

Das bayessche Kriterium und auch das Maximin-Kriterium sind als ethisch annehmbare Kriterien für Entscheidungen auf den ersten Blick zwar vorstellbar, für den Fall, dass Bauingenieure als Nichtbetroffene eine Gruppe Betroffene einem Risiko aussetzen und der jeweiligen Risikoermittlung sowohl eine objektive Eintrittswahrscheinlichkeit als auch ein objektiver Schadenswert zugrunde liegen, das heißt, soweit es möglich ist, das Risiko konsensual zu kalkulieren, wobei es bei der Herstellung von Objektivität einer beiderseitigen Zustimmung bedarf, die wiederum an die Kriterien Informiertheit, Freiheit (Abwesenheit von Zwang) und sorgsamer Abgewogenheit gebunden ist.[44] In der Praxis dürften Anwendungen des bayesschen Kriteriums und des Maximin-Kriteriums allerdings schon an der Schwierigkeit scheitern, einen Konsens in der Frage unterschiedlicher Interessenlagen der Nichtbetroffenen und der Betroffenen herzustellen sowie Einvernehmen über Risiken, sprich über Eintrittswahrscheinlichkeit und Schadensausmaß zu erzielen.

Zum Vorsorgeprinzip gibt die Literatur keine konsistenten inhaltlichen Beschreibungen und Formate her. Anzuerkennen ist, dass es im Unterschied zum bayesschen Kriterium und zum Maximin-Kriterium durch seine Anpassungsfähigkeit an veränderliche Informationslagen eine flexible Ausrichtung aufweist, sodass auf veränderte Informationen schnell reagiert werden kann. „Für die meisten Versionen des Vorsorgeprinzips gilt, dass sie nicht unmittelbar als Entscheidungsregeln zu operationalisieren sind, sondern eher Leitlinien einer vorsorgeorientierten Abwägung bei Entscheidungen unter Ungewissheit darstellen."[45] Danach konzentriert sich das Vorsorgeprinzip nicht allein auf einen Entscheidungsmoment. Vielmehr strebt es einen prozessartigen Ansatz an, das heißt, Risikobewertungen erfolgen jeweils auf der Grundlage aktueller Wissensstände. Stellen sich über die Zeit mit neuen Wissensständen veränderte Situationen ein, erhalten die bis dahin geltenden Wissensstände zwangsläufig den Status eines Überarbeitungserfordernisses – sie müssen geprüft und gegebenenfalls ergänzt bzw. ersetzt werden. Diese Potenzialität bleibt nicht ohne Folgen für Risikobewertungen, sodass auch diese immer den Charakter der Vorläufigkeit einnehmen und angepasst bzw. aktualisiert werden müssen, gegebenenfalls mitsamt der bis dahin erbrachten Arbeitsresultate. Gerade diese Eigenschaft des Vorsorgeprinzips ist es aber, die seine Anwendbarkeit im Ingenieuralltag ausschließt. Für die auf

---

[44] Denkbar wären Abwandlungen der beiden Kriterien: Das bayessche Kriterium könnte umgedeutet werden, weg von einem Nutzenverständnis als Maximierung des Nutzens hin zu einem Nutzenverständnis als Minimierung eines Schadens. Beim Maximin-Kriterium könnten Eintrittswahrscheinlichkeiten einbezogen werden. Vergleiche dazu auch Teilabschn. 4.1.2 *Maximin-Kriterium*, FN 18.
[45] Werner, Micha H.: *Einführung in die Ethik*, J. B. Metzler/Springer Verlag, Berlin 2021, S. 284.

Dauerhaftigkeit ausgelegten Ingenieurbauwerke ist eine prozessartig angelegte Entscheidungstheorie nach dem Vorsorgeprinzip vor allem problematisch, weil die ingenieurseitigen Planungs- und Ausführungstätigkeiten auf einzelnen Schritten beruhen, deren Basis jeweils die Ergebnisse vorausgegangener Arbeitsschritte sind. Folglich müssten bei veränderten Risikobewertungen bereits erbrachte Arbeitsschritte und deren Ergebnisse immer wieder infrage gestellt und möglicherweise sogar rückgängig gemacht werden, wodurch nicht nur enorme Kosten und organisatorische Schwierigkeiten in den beteiligten Ingenieurbüros und Baufirmen entstünden, sondern auch Hemmnisse im Projektfortschritt.[46] Hinzu kommt, dass die Flexibilität zur Anpassung von Ingenieurhandlungen in Risikosituationen bei verbesserten Informationslagen mit fortschreitender Genese von Ingenieurbauwerken abnehmen würde (Annäherung an die Fertigstellung).

Es liegen unterschiedliche Gründe dafür vor, dass keines der hier vorgestellten entscheidungstheoretischen Kriterien für die Praxis des Bauingenieurwesens in Risikosituationen zur Anwendung geeignet ist, sodass es einen anderen, explizit perspektivischen Ansatz im Umgang mit risikoethischen Problemstellungen beim Ingenieurhandeln braucht.

## 4.2 Aspekte einer risikoethischen Ingenieurpraxis

Nachfolgend werden grundlegende Aspekte der Risikoethik skizziert, die in ethischer Hinsicht besonders prominent sind und bei (künftigen) Untersuchungen zur Anwendbarkeit und Etablierung entscheidungstheoretischer Werkzeuge im Bauingenieurwesen von Bedeutung sein könnten. Weder ist die Auswahl der Aspekte erschöpfend noch werden sie in allen Details nachgezeichnet. Auch wird mit Blick auf Einzelfälle

---

[46] Konsequent zu Ende gedacht, leitet das Vorsorgeprinzip dazu an, auf jede Bautätigkeit zu verzichten. Denn am umweltfreundlichsten wäre ein Verhalten, bei dem alle Umweltgefahren und -belastungen ausgeschlossen sind. Andererseits sind dem Bauen unzweifelhaft außerordentlich große Anteile unseres Wohlstandes zuzuschreiben, wenn wir nur an die Wasserversorgung und an die Abwasserentsorgung denken.

darauf verzichtet, die Konsistenz eingehend zu prüfen. Das Interesse besteht vielmehr darin, auf der Grundlage praktischer Erfahrungen in einem ersten Schritt einige der Stellschrauben rund um zentrale ethische Problemstellungen in Risikosituationen aufzulisten, die in der Ingenieurpraxis bei Konzeptionen normativer Begründungen im Umgang mit Risiken nicht ignoriert werden können. Die Zusammenstellung dient zugleich als programmatische Handlungshilfe bei Entscheidungen unter Unsicherheit[47] im Alltag von Bauingenieuren.

## 4.2.1 Zustimmung

Wird ein Risiko gesetzt, wirft das die Frage auf, ob sich aus der Risikoübertragung eine ethische Problemstellung ergibt, zu der Zustimmung bei den Betroffenen eingeholt werden muss. Die Frage ist empirisch nicht beantwortbar, sondern abhängig von der normativen Bezugsbasis bzw. den Kriterien, die für eine Bewertung aus ethischer Sicht als entscheidend angesehen werden.

Mit der Abb. 4.1 werden wesentliche Prüfschritte der ethischen Vertretbarkeit einer Risikosetzung am Beispiel einer in der ingenieurtechnischen Alltagspraxis durchaus anzutreffenden Risikosituation illustriert. Aus Übersichtlichkeitsgründen wird angenommen, dass sich die zu überprüfende Ingenieurhandlung im Rahmen bautechnischer Aktivitäten ereignet, die bereits genehmigt und unter rationalen Gesichtspunkten legitimiert sind. Die Zustimmungen potenziell betroffener Bürger liegen vor.

Die Abbildung skizziert, dass die ethische Vertretbarkeit einer Risikosetzung an bestimmte Bedingungen geknüpft ist.

In der Ingenieurpraxis zeigen vor allem die die Zustimmung abfragenden (in der Abbildung übersprungenen) Prüfschritte, dass besondere Anstrengungen zur Herstellung eines Einvernehmens bei einer Risikosetzung erforderlich sind, denn hier kommt es je nach Fallgestaltung am ehesten zu Meinungsverschiedenheiten, wenn verbindliche und allgemein

---

[47] Siehe dazu Teilabschn. 4.3.2 *Entscheidungen unter Unsicherheit*.

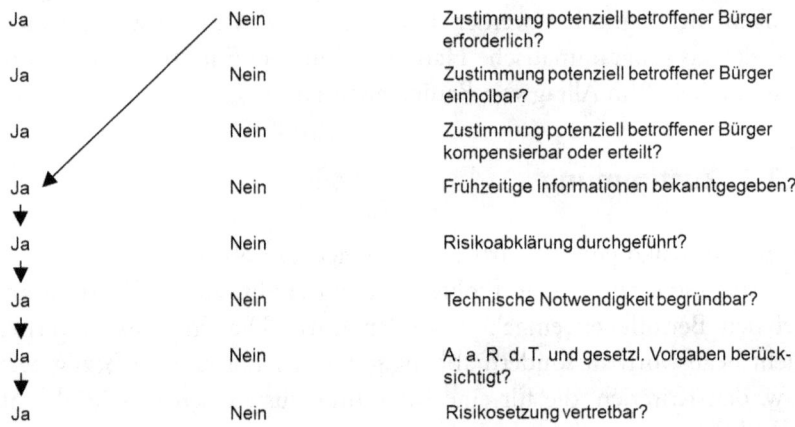

**Abb. 4.1** Prüfschema Vertretbarkeit einer Risikosetzung[48]

anerkannte Kriterien für die Akzeptabilität[49] fehlen und Gewichtungen strittig sind. Kampshoff schreibt: In Fällen, in denen eine Zustimmung bei Handlungen in Risikosituationen fehlt oder uneinholbar ist, sollte dieses Defizit „mindestens kompensierbar sein, um die ethische Vertretbarkeit zu erreichen. Die Kompensation könnte … über allgemein akzeptierte und verbindliche Risikoschwellenwerte gelingen."[50]

Gegenstand der Risikoabklärung sind etwa die Benennung und Erörterung von möglichen Auswirkungen, umgangene Gefahren oder

---

[48] Kampshoff, Klemens: *Berufsbedingte Gesundheitsgefahren und Ethik des Risikos – Kriterien für die vertretbare Zumutung von Gesundheitsrisiken des beruflichen Umgangs mit Kanzerogenen*, Diss., Pädagogische Hochschule Karlsruhe 2011, S. 123 (stark modifiziert).
[49] Siehe dazu auch Teilabschn. 4.2.3 *Akzeptanz und Akzeptabilität*.
[50] Kampshoff, Klemens: *Berufsbedingte Gesundheitsgefahren und Ethik des Risikos – Kriterien für die vertretbare Zumutung von Gesundheitsrisiken des beruflichen Umgangs mit Kanzerogenen*, Diss., Pädagogische Hochschule Karlsruhe 2011, S. 122. Für diese Arbeit wird angenommen, dass es keine Situationen gibt, in denen eine Zustimmung uneinholbar wäre.

weitgehende Entschärfungen von Gefahrenquellen. Die technische Notwendigkeit wird mit Ingenieurhandlungen zur Sicherung der infrastrukturellen Ver- und Entsorgung begründet.

Das stufenartige Prüfschema ist ein denkbarer Orientierung gebender methodischer Ansatz von Schritten zur Annäherung an Problemstellungen im Zusammenhang mit Risikosetzungen, die sich in der Ingenieurpraxis ergeben können. Es baut auf Aspekten auf, denen sich Bauingenieure bei Entscheidungen unter Unsicherheit gegebenenfalls zu stellen haben. Dazu gehören Bedenken der von der Handlung möglicherweise Betroffenen, Abwägungen aus Risiken und Chancen, nicht deckungsgleiche Werte sowie individuelle, aus bestimmten Handlungsvorstellungen hervorgehende Präferenzen, „die sich im konkreten Entscheidungsverhalten äußern".[51]

Zu berücksichtigen ist, dass das visualisierte Prüfschema zwar auf vielerlei Handlungen in Risikosituationen angewendet werden kann. Es konzentriert sich aber ausschließlich auf die Präsentation einzelner Prüfschritte. Eine Auskunft als Zustimmung im Sinne eines „richtigen Ergebnisses" im jeweiligen Prüfschritt vermag es nicht zu liefern. Dazu sind die Schrittweiten zu groß und undifferenziert. Auch bringt es keine endgültige Aussage zur Vertretbarkeit einer Risikosetzung hervor. Das Prüfschema bietet lediglich einen Einblick in den grundsätzlichen Aufwand des Prozesses zur Prüfung der ethischen Vertretbarkeit risikosetzender Ingenieurhandlungen an.

Mit der expliziten, der indirekten und der hypothetischen Zustimmung zu einer Risikoübertragung werden in Fachkreisen drei Zustimmungsarten unterschieden.[52] Eine *explizite Zustimmung* ist als isolierte

---

[51] Nida-Rümelin, Julian/Rath, Benjamin/Schulenburg, Johann: *Risikoethik*, de Gruyter, Berlin, Boston 2012, S. 174.

[52] Vergleiche Nida-Rümelin, Julian/Rath, Benjamin/Schulenburg, Johann: *Risikoethik*, de Gruyter, Berlin, Boston 2012. Vergleiche auch Rath, Benjamin: *Ethik des Risikos – Begriffe, Situationen, Entscheidungstheorien und Aspekte*, in: Eidgenössische Ethikkommission für Biotechnologie im Außerhumanbereich (Hrsg.): Beiträge zur Ethik und Biotechnologie / 4, Verlag Bundesamt für Bauten und Logistik BBL, Bern 2008. Rippe veranschaulicht eine weitere Zustimmungsart am Beispiel fünf nicht rauchender Ehemänner von stark rauchenden Ehefrauen, weil sie keinen Einspruch erheben. „Setzen wir voraus, dass Eheleute einander umstimmen können, muss man das Verhalten der fünf Ehemänner als implizite Zustimmung deuten. Die fünf Männer sind private Risiken eingegangen; und alle Frauen haben moralisch zulässig gehandelt." Rippe, Klaus Peter: *Risiko, Ethik und die Frage des Zumutbaren*, Zeitschrift für philosophische Forschung, Band 67, Vittorio Klostermann Verlag, Frankfurt am Main 2013, S. 524.

Zustimmung ähnlich einem individuellen Risiko zu bewerten. Sie „lässt keinen Zweifel an der Zulässigkeit einer Risikoübertragung bestehen, da eine solche Situation als ein individuelles Risiko gewertet werden kann".[53] Bedingung für eine explizite Zustimmung ist ausreichende Informiertheit. Bei einer individuellen expliziten Zustimmung auf der Basis umfassender Informationen kann eine Risikoübertragung gut begründet werden. Eine weitere Bedingung ist, dass eine Zustimmung ohne Zwang erfolgt. Durch wohlinformierte und nicht notwendige Zustimmung können Entfremdung und andere destruktive Haltungen reduziert werden.

Eine *indirekte Zustimmung* zu einer Risikoübertragung liegt zunächst vor, „wenn ein Individuum ein bestimmtes Entscheidungsverfahren akzeptiert, nach welchem künftige Risiken übertragen werden".[54] Die allgemeine Zustimmung zu einem Entscheidungsverfahren ist aber noch keine Zustimmung zu einem mit dem Verfahren verbundenen Risiko, über das entschieden werden soll, geschweige denn zu potenziellen, möglicherweise lebensbedrohlichen Folgen, die sich aus dem Eintreten des Risikos ergeben. So ist es denkbar, dass einem Individuum im Ergebnis des Verfahrens „ein Risiko zugemutet wird, dem es bei isolierter Betrachtung nicht explizit zugestimmt hätte".[55] Dass ein Individuum gegebenenfalls ein Risiko tragen sollte, dem es nicht explizit zugestimmt hätte, hat zu unterschiedlichen Interpretationen der indirekten Zustimmung geführt.[56] Den Diskussionen ist zu entnehmen, dass die indirekte Zustimmung keine optimale und zweifelsfreie Form der Risikoübertragung ist. Sie erreicht nicht das Niveau einer unmissverständlich abgegebenen

---

[53] Rath, Benjamin: *Ethik des Risikos – Begriffe, Situationen, Entscheidungstheorien und Aspekte*, in: Eidgenössische Ethikkommission für Biotechnologie im Außerhumanbereich (Hrsg.): Beiträge zur Ethik und Biotechnologie / 4, Verlag Bundesamt für Bauten und Logistik BBL, Bern 2008, S. 156.
[54] Nida-Rümelin, Julian/Rath, Benjamin/Schulenburg, Johann: *Risikoethik*, de Gruyter, Berlin, Boston 2012, S. 38.
[55] Ebenda.
[56] Vergleiche Gibson, Mary: *Consent and Autonomy*, in: Gibson, Mary (Hrsg.): To Breathe Freely. Risk, Consent, and Air, Rowman & Allanheld, Totowa 1985, S. 141 ff.; Thomson, Judith J.: *Imposing Risks*, in: Gibson, Mary (Hrsg.): To Breathe Freely. Risk, Consent, and Air, Rowman & Allanheld, Totowa 1985, S. 124 ff.; MacLean, Douglas: *Risk and Consent. Philosophical Issues for Centralized Decisions*, in: MacLean, Douglas (Hrsg.): Values at Risk., Rowman & Littlefield Publishers, Inc.; Savage (Maryland) 1985, S. 17 ff.

## 4 Risikoethische Elemente

Willensbekundung in Form einer Erklärung oder bestätigenden Handlung. Ähnlich verhält es sich bei der *hypothetischen Zustimmung* zu einer Risikoübertragung als die „schwächste Form der Zustimmung".[57] Sie liegt vor, „wenn ein Individuum einer Risikoübertragung (oder allgemein einer Handlung) zugestimmt hätte, würde es über vollständige Informationen verfügen".[58] Allerdings muss dann der Risikourheber über alle Informationen verfügen, soweit die Verifikation der Zulässigkeit einer Risikoübertragung und die Rechtfertigung einer hypothetischen Zustimmung bei ihm liegen.[59]

Das Hauptargument gegen eine hypothetische Zustimmung ist das der mangelnden Partizipation von Betroffenen am Prozess einer Risikoentscheidung,[60] wodurch keinerlei Verantwortung für die eigene Gesundheit oder das eigene Leben übernommen werden kann. „Hat ein Individuum keine Möglichkeit zur Partizipation in einer Risikoentscheidung, dann kann es auch nicht die Autonomie wahrnehmen, d. h. Verantwortung für das eigene Leben übernehmen."[61] Gerade „dem Kriterium der Zustimmung [kommt aber, M. S.] eine besondere Bedeutung vor dem Hintergrund eines einzuräumenden Selbstbestimmungsrechtes der Betroffenen und der Achtung deren Wünsche zu …, zum

---

[57] Rath, Benjamin: *Entscheidungstheorien der Risikoethik. Eine Diskussion etablierter Entscheidungstheorien und Grundzüge eines prozeduralen libertären Risikoethischen Kontraktualismus*, Diss., Universität Zürich, Tectum Verlag, Marburg 2011, S. 35. Vergleiche auch Nida-Rümelin, Julian/ Rath, Benjamin/Schulenburg, Johann: *Risikoethik*, de Gruyter, Berlin, Boston 2012, S. 40.

[58] Rath, Benjamin: *Ethik des Risikos – Begriffe, Situationen, Entscheidungstheorien und Aspekte*, in: Eidgenössische Ethikkommission für Biotechnologie im Außerhumanbereich (Hrsg.): Beiträge zur Ethik und Biotechnologie / 4, Verlag Bundesamt für Bauten und Logistik BBL, Bern 2008, S. 44.

[59] „Verfügt jedoch der Risiko-Urheber über vollständige Informationen, dann kann zunächst eingewendet werden, dass diese Informationen auch den risikobetroffenen Individuen zur Verfügung gestellt werden könnten, wodurch die Grundlage einer hypothetischen Zustimmung wegfiele." Nida-Rümelin, Julian/Rath, Benjamin/Schulenburg, Johann: *Risikoethik*, de Gruyter, Berlin, Boston 2012, S. 41.

[60] „Risikoentscheidungen […] werden getroffen, ohne dass man im Vorhinein ihre Folgen absehen könnte." Kahneman, Daniel: *Schnelles Denken, langsames Denken*, Siedler Verlag, München 2012, S. 546.

[61] Nida-Rümelin, Julian/Rath, Benjamin/Schulenburg, Johann: *Risikoethik*, de Gruyter, Berlin, Boston 2012, S. 41.

Beispiel bezüglich der Akzeptanz der Eintrittswahrscheinlichkeiten von Folgen bei bestimmten Gesundheitsrisiken verursachenden Handlungen".[62] Nicht einmal unter besten Absichten wäre eine hypothetische Zustimmung als ethisch einwandfreies Mittel zur Übertragung von Risiken akzeptabel. „Wenn Personen Rechte haben und andere Personen korrespondierend Pflichten haben, diese Rechte zu beachten, gilt, daß genau jene individuellen Handlungen, kollektiven Handlungen oder Technologien, die bestimmte Risiken mit sich bringen, zulässig sind, die die Zustimmung derjenigen Personen finden, deren Rechte in Frage stehen. ... Wichtig ist jedoch die Zustimmung der Person, deren Individualrechte in Frage stehen, zu dieser Maßnahme."[63] Eine Verletzung individueller Rechte auf Leben und körperliche Unversehrtheit wäre moralisch in jedem Fall unzulässig. Personen sind als Träger eigenständiger Entscheidungskompetenz individuell autonom. „Selbst ein gut gemeinter Paternalismus schränkt die Autonomie der Person ein. Die persönliche Entscheidung ist unabhängig davon bedeutsam, ob die vorausgegangenen Abwägungen durchgängig rational waren oder nicht. Die subjektiven Einstellungen sind hier unmittelbar für die moralische Zulässigkeit von Risiken relevant",[64] so Nida-Rümelin.

Es zeigt sich, dass die explizite Zustimmung bei Risiken zu favorisieren ist. Steht dem Ansatz der expliziten Zustimmung kein praktisches Hindernis im Wege und ist die Zustimmungseinholung sowohl möglich als auch erforderlich, ist ihr aus ethischer Sicht der Vorzug vor den anderen beiden Formen der Zustimmung zu einer Risikoübertragung einzuräumen. Einzig die explizite Zustimmung kann als aktive Billigung eines Risikos verstanden werden. Neben der Informiertheit ist ihr wichtigstes

---

[62] Kampshoff, Klemens: *Berufsbedingte Gesundheitsgefahren und Ethik des Risikos – Kriterien für die vertretbare Zumutung von Gesundheitsrisiken des beruflichen Umgangs mit Kanzerogenen*, Diss., Pädagogische Hochschule Karlsruhe 2011, S. 78.
[63] Nida-Rümelin, Julian: *Ethik des Risikos*, in: Nida-Rümelin, Julian (Hrsg.): Angewandte Ethik – Die Bereichsethiken und ihre theoretische Fundierung, Kröner Verlag, Stuttgart 1996, S. 825 f.
[64] Nida-Rümelin, Julian: *Die Philosophie des Risikos*, 20. November 2015, www.risknet.de (abgerufen 29. Mai 2022).

Element die Freiwilligkeit. „Unfreiwillige (zugemutete) Risiken wiegen ethisch schwerer als freiwillige (auf sich genommene) Risiken."[65]

## 4.2.2 Risikowahrnehmung und Risikoaversion

Eine Risikowahrnehmung kann als subjektive Einschätzung beschrieben werden, in der ein Risiko auf der Grundlage vorliegender Informationen vermutet wird, wobei die jeweilige Risikowahrnehmung von „kognitiven, motivationalen und weiteren psychologischen Faktoren geprägt"[66] ist. Die Risikowahrnehmung ist ein entscheidender Faktor im Hinblick auf das Verhalten, mit dem auf ein Risiko reagiert wird.[67] Sie basiert weniger auf einer definitorischen Bestimmung als vielmehr auf einem mentalen Prozess.[68]

Eine „von der Risikorealität abweichende Risikowahrnehmung [kann, M. S.] einen erheblichen Effekt auf die Reaktionen in Bezug auf ein Risiko haben".[69] Es kommt möglicherweise zu einer Diskrepanz zwischen subjektivem Risikoempfinden und objektiverer Risikobewertung[70] und in der Folge zu Über- oder Unterschätzungen von Risiken.[71]

---

[65] Birnbacher, Dieter: *Kernenergie*, in: Grunwald, Armin/Hillerbrand, Rafaela (Hrsg.): Handbuch Technikethik, Springer-Verlag Deutschland, Heidelberg 2021, S. 356.

[66] Wagner, Bernd: *Prolegomena zu einer Ethik des Risikos*, Diss., Universität Düsseldorf 2003, S. 69.

[67] „Die Risikowahrnehmung und -beurteilung kann durch Fehlwahrnehmungen verzerrt sein, etwa – wie im Fall des Straßenverkehrs – durch eine Überschätzung der Beherrschbarkeit des eigenen Fahrzeugs." Birnbacher, Dieter: *Kernenergie*, in: Grunwald, Armin/Hillerbrand, Rafaela (Hrsg.): Handbuch Technikethik, Springer-Verlag Deutschland, Heidelberg 2021, S. 356.

[68] Vergleiche Kahl, Anke: *Risikowahrnehmung und -kommunikation im Gesundheits- und Arbeitsschutz: Eine soziologische Betrachtung*, Habil., Technische Universität Dresden, Südwestdeutscher Verlag für Hochschulschriften 2011.

[69] Rath, Benjamin: *Ethik des Risikos – Begriffe, Situationen, Entscheidungstheorien und Aspekte*, in: Eidgenössische Ethikkommission für Biotechnologie im Außerhumanbereich (Hrsg.): Beiträge zur Ethik und Biotechnologie / 4, Verlag Bundesamt für Bauten und Logistik BBL, Bern 2008, S. 174.

[70] Vergleiche dazu Abschn. 2.4 *Risikokalkulation*.

[71] Eine ethisch interessante Frage wäre hier, ob für den Bauingenieur, der sich mit der Planung und/oder der Errichtung von Infrastrukturanlagen befasst, eine Verpflichtung besteht, zu versuchen, von unbegründeten Ängsten vor Gefahren zu befreien.

Es treffe zweifelsfrei zu, dass „die Praxis des Umgangs mit Risiken, die Einschätzung von Risiken und die Häufigkeit auftretender Schäden divergieren. Diese Divergenz ist Ausdruck unvollständiger Information oder irrationalen Umgangs mit Informationen",[72] schreibt Nida-Rümelin.

Aus der Ingenieurpraxis ist bekannt, dass im Zusammenhang mit Informationsbeschaffungen zu Risiken viel von der Bereitschaft und dem Vermögen desjenigen abhängt, der sich informiert. Je vollständiger die hergestellte Informationslage, desto geringer sind die Gefahr irrationaler Umgänge mit Informationen und weniger fehlerhaft die Risikobewertungen. Folglich kann eine Risikobewertung, die auf einer wenig vertrauenswürdigen Risikowahrnehmung beruht, nicht die gleiche Bedeutung entgegengebracht werden wie einer Risikobewertung, die in einer soliden Risikowahrnehmung wurzelt.

„In Situationen der Unsicherheit gilt es als rational, das ist weitgehend Konsens, risikoavers zu reagieren."[73] In der Ingenieurpraxis kann jedoch gerade eine strenge Risikoaversion in unrealistische Risikowahrnehmungen respektive Risikobewertungen führen. Der Grund dafür liegt oft nicht in unvollständigen Informationen oder fehlerhaften temporären Einschätzungen von Risikosituationen, sondern in einer prinzipiellen Risikoablehnung als strukturelle Überhöhung der Bedeutsamkeit von Risikorealitäten. Hier liegt eine dauerhafte Divergenz zwischen der Risikorealität und dem Stellenwert vor, der dem Risiko beigemessen wird.

Risikoentscheidungen werden von den beiden Faktoren Risikowahrnehmung und Risikoaversion beeinflusst. Während eine fehlerhafte Risikobewertung beispielsweise wegen einer unrealistischen Risikowahrnehmung zu unangemessenen Entscheidungen führen kann, ist die Risikoaversion im Grunde ein wichtiger Hinweis auf die Arbeit an einer Entscheidungsfindung im Umgang mit einem Risiko, denn in der Regel halten Vertreter einer risikoaversiven Position selbst geringfügige Risiken

---

[72] Nida-Rümelin, Julian: *Ethik des Risikos*, in: Nida-Rümelin, Julian (Hrsg.): Angewandte Ethik – Die Bereichsethiken und ihre theoretische Fundierung, Kröner Verlag, Stuttgart 1996, S. 826 f.
[73] Nida-Rümelin, Julian: *Was riskieren wir?*, in: Philosophie Magazin, Heft 05/2022, Heftfolge 65, Berlin 2022, S. 19.

für bedenklich. Konrad Ott greift zur Veranschaulichung auf den globalen Wirtschaftswettbewerb zurück: „Risikoaversion hat ... etwas mit Wohlstandsniveaus zu tun. Je sicherer die sozialen Verhältnisse sind, um so größer wird die Sensitivität gegenüber Risiken."[74] Auf die Verhältnisse des Ingenieuralltags übertragen lässt sich sagen, dass das Sicherheitsverlangen mit dem bautechnischen Wissen wächst und deshalb die Risiken als Nachteile tendenziell stärker bewertet werden als die Vorteile der technischen Erfolge.

### 4.2.3 Akzeptanz und Akzeptabilität

Akzeptanz ist „ein empirisch feststellbares Verhalten von Personen oder Personengruppen, die eine Haltung, eine Handlung etc. tatsächlich tolerieren, d. h. nichts dagegen unternehmen, oder aktiv ... einwilligen".[75] Im Kontext der vorliegenden Arbeit ist Akzeptanz als die bewusste und reflektierte Bereitschaft zu verstehen, Risiken anzunehmen. Dementsprechend thematisieren Akzeptanzfragen die Wahrnehmungen von Risiken sowie die jeweils wichtigen Faktoren.

Unter Akzeptabilität wird die Annehmbarkeit von Risiken verstanden. „Akzeptabilität' ist ein normativer Begriff."[76] Er gibt vor, was sein soll. Akzeptabilitätsfragen befassen sich mit der normativen Bezugsbasis bzw. ethischen Kriterien, welche die Akzeptabilität eines Sachverhalts begründen. Die Funktion ethischer Kriterien, die selbstverständlich ihrerseits zu begründen sind „liegt in der Bestimmung dessen, welchen empirischen Fakten, Intuitionen, Entitäten etc. moralische Relevanz

---

[74] Ott, Konrad: *Ökonomische und moralische Risikoargumente in der Technikbewertung*, in: Lenk, Hans/Maring, Matthias (Hrsg.): Technikethik und Wirtschaftsethik, Verlag Leske + Budrich, Opladen 1998, S. 133.

[75] Kornwachs, Klaus: *Philosophie der Technik – Eine Einführung*, C. H. Beck Verlag, München 2013, S. 100.

[76] Gethmann, Carl Friedrich: *Zur Ethik des Handelns unter Risiko im Umweltstaat*, in: Gethmann, Carl Friedrich/Kloepfer, Michael (Hrsg.): Handeln unter Risiko im Umweltstaat, Springer-Verlag Berlin, Heidelberg 1993, S. 36.

zukommt".[77] Die Kriterien sind dann als Maßstab für die ethische Beurteilung anwendbar. „Akzeptanz ist ein *empirisches* Kriterium, Akzeptabilität ein *normatives*. Es kommt darauf an, zwischen dem zu unterscheiden, was faktisch akzeptiert wird, und dem, was akzeptiert werden soll und damit zugemutet werden kann."[78]

„Akzeptabilität als Urteil und Akzeptanz als Verhalten müssen aber nicht immer zusammenfallen."[79] Beispiel: In einer Ortschaft soll eine Ortskernumgehung gebaut werden, um den Durchgangsverkehr zu reduzieren. Die Planung ist weit fortgeschritten. Alle gesetzlichen, technischen und ökologischen Bedingungen und Auflagen werden erfüllt. Die Akzeptabilität läge damit vor. Allerdings stehen betroffene Anwohner dem derzeit ausgewiesenen Trassenverlauf nicht positiv gegenüber. Teilweise gibt es erhebliche Widerstände. Es wird befürchtet, dass sich wegen der Vergrößerung der Verkehrsfläche die Verkehrsdichte verstärken, die Lärm- und Schmutzemissionen zunehmen und das Unfallrisiko durch die erhöhten Fahrgeschwindigkeiten steigen werden. Die geschaffene Akzeptabilität in gesetzlicher, technischer und ökologischer Hinsicht sichert noch keine Akzeptanz bei den betroffenen Bevölkerungsteilen ab. Hier erhellt: Das „Problem der Akzeptabilität von Risiken ist streng von der faktischen Akzeptanz zu unterscheiden".[80] Und Jürgen Mittelstraß zeigt sich mit einem kulturellen Blick überzeugt: „Akzeptanzkrisen sind in rationalen Kulturen normal, wenn sie Elemente einer Akzeptabilitätskrise aufweisen."[81]

Wenn also die Akzeptabilität einer Sache behauptet wird bzw. hergestellt ist, kann dies nicht schon als Ausdruck von Akzeptanz bei betroffenen Bürgern gewertet werden. Sie wird frühestens erlangt, wenn

---

[77] Wagner, Bernd: *Prolegomena zu einer Ethik des Risikos*, Diss., Universität Düsseldorf 2003, S. 89.

[78] Mittelstraß, Jürgen: *Die Häuser des Wissens – Wissenschaftstheoretische Studien*, 2. Auflage, Suhrkamp Verlag, Frankfurt/M. 2016, S. 205.

[79] Kornwachs, Klaus: *Philosophie für Ingenieure*, 3. Auflage, Hanser Verlag, München 2018, S. 66.

[80] Gethmann, Carl Friedrich: *Zur Ethik des Handelns unter Risiko im Umweltstaat*, in: Gethmann, Carl Friedrich/Kloepfer, Michael (Hrsg.): Handeln unter Risiko im Umweltstaat, Springer-Verlag Berlin, Heidelberg 1993, S. 36.

[81] Mittelstraß, Jürgen: *Wissenschaftskommunikation: Woran scheitert sie?*, Spektrum Wissenschaft, Heft 8, Spektrum der Wissenschaft Verlagsgesellschaft mbH, Heidelberg 2001, S. 82.

sämtliche sozialen Belange geklärt sind. Eine alleinige Berufung auf die Akzeptabilität in risikoethischen ingenieurtechnischen Angelegenheiten würde eine Umgehung der faktischen Akzeptanz bedeuten. Andererseits wird es Akzeptanz nicht geben können, wenn es an Akzeptabilität, sprich an Befürwortung in gesetzlicher, technischer und ökologischer Hinsicht mangelt. Wenn in der Ingenieurpraxis also die Frage, was sein soll, unbeantwortet bleibt, fehlt es an Akzeptabilität, und wo sie fehlt, kann Akzeptanz nicht erwartet werden.

### 4.2.4 Verrechnungsausschluss

Stellen sich in der Ingenieurpraxis Risikosituationen ein, wird gelegentlich die Meinung vertreten, gewisse Risiken miteinander verrechnen zu können. Eine Verrechnung von Risiken steht aus ethischen und systematischen Gründen jedoch vor unüberwindbaren Schwierigkeiten und ist kein hilfreiches Werkzeug bei Entscheidungen unter Unsicherheit:

1. Bei der Planung und Errichtung von Ingenieurbauwerken sind Risiken zwar gut eingrenzbar, wenn alle Bedingungen vorliegen, Schadensausmaße abgeschätzt werden können und Eintrittswahrscheinlichkeiten prognostizierbar sind. Aktuelle Risiken lassen sich jedoch nicht mit künftigen vergleichen und somit auch nicht verrechnen, denn bei den möglichen, aber noch nicht feststehenden Risiken ist ungewiss,[82] mit welchen Schadensausmaßen sie eintreten und ob es überhaupt zu Schadenseintritten kommt.

2. Betroffene müssten sich bei einer Verrechnung von Risiken auf Zeiträume und geltende Erwartungswerte des Risikos R verständigen. Würde etwa angenommen, dass einer aktuellen Risikosituation eine höhere Relevanz entgegenzubringen ist als einer künftigen, weil ein heutiger Schaden schwerer wiegt als einer in der Zukunft bei vergleichbaren Folgen, bräuchte es eine Diskontrate, mit der der in der Zukunft liegende Schaden den Wert erhielte, der dem heutigen

---

[82] Siehe dazu Teilabschn. 4.3.2 *Entscheidungen unter Unsicherheit*.

entspräche.[83] Und würde einer aktuellen Risikosituation eine schwächere Relevanz beigemessen als einer künftigen, bräuchte es eine Diskontrate für diesen Fall. In beiden Situationen wäre aus aktueller Perspektive für die Zukunft eine Annahme über die jeweilige Diskontrate zu treffen, zu der sich später aber herausstellen könnte, dass sie falsch gewesen sind (z. B. Wertewandel). Und noch einmal problematischer würde es, wenn generationsübergreifende Diskontraten zu formulieren wären, zu denen sich später Lebende heute noch gar nicht äußern können.

3. Aus aktueller Perspektive kann ein Risiko als trivial, in der Zukunft aber als katastrophal angesehen werden (und umgekehrt). Würde ein Risiko aktuell als trivial angesehen, würde es schwer sein, triftige Gründe dafür vorzubringen, bereits jetzt Maßnahmen zur Vermeidung eines späteren katastrophalen Risikos zu ergreifen. Angesichts der unsicheren Risikosituation ließe sich aber auch kein richtiger Zeitpunkt für Vorsorgemaßnahmen benennen.

4. Einzelne Personen können für sich entscheiden, unverhältnismäßige Risiken auf sich zu nehmen. Es liegt in ihrem Ermessen festzulegen, welche Risiken sie ohne weitere Vorsorge einzugehen bereit sind und welche nicht. Auch mögen sie sich entschließen, risikofreudigen Entscheidungsregeln zu folgen und Risiken über die Zeit zu verrechnen. Für Bauingenieure gilt das aber nicht. Sie sind nicht befugt, die Entscheidungsebenen von Betroffenen an sich zu ziehen und in den Umgang mit Individualrechtsgütern (z. B. Leben, körperliche Unversehrtheit, Freiheit, Eigentum) einzugreifen. Es steht ihnen nicht zu, Risiken zu verteilen[84] oder Gerechtigkeit festzustellen, noch dazu

---

[83] Vergleiche Rath, Benjamin: *Ethik des Risikos – Begriffe, Situationen, Entscheidungstheorien und Aspekte*, in: Eidgenössische Ethikkommission für Biotechnologie im Außerhumanbereich (Hrsg.): Beiträge zur Ethik und Biotechnologie / 4, Verlag Bundesamt für Bauten und Logistik BBL, Bern 2008, S. 184.

[84] Verteilung von Risiken ist hier als gleiche Beteiligung an Risiken zu verstehen. Eine Splittung oder Aufteilung von Risiken im Sinne einer Versetzung von einer Stelle an eine andere kommt bei der Planung und Errichtung von Ingenieurbauwerken nicht in Betracht. Ingenieurbauwerke werden an einem festen Ort errichtet. Die damit verbundenen Risiken sind immobil. Bei einer Zuteilung von Risiken ergäbe sich möglicherweise das Problem der Einwilligung und der richtigen bzw. angemessenen Zuteilungsverhältnisse. Dieser Aspekt würde verschärft, wenn Individuen in einer Risikosituation mit unterschiedlichen Eintrittswahrscheinlichkeiten konfrontiert sind, wenn unterschiedliche Interessenlagen bestehen oder wenn differente Wertvorstellungen bestehen.

über etwas, das erst noch eintreten wird und von dem unsicher ist, ob es überhaupt so weit kommt.

## 4.3 Entscheidungsbildung bei ingenieurtechnischen Aufgaben

Die zur Lösung ingenieurtechnischer Aufgabenstellungen erforderlichen Entscheidungen werden innerhalb zuständiger Teams, Abteilungen oder Gremien der jeweiligen Projektorganisationen getroffen. Selbstverständlich haben Bauingenieure in ihrem Arbeits- und Verantwortungsbereich auf Grundlage ihrer Urteilsfähigkeit auch allein Entscheidungen zu fällen. Engagement und Motiviertheit gehören dabei zu den Regelforderungen. Darüber hinaus sind je nach Komplexität und Schwierigkeitsgrad vorliegender Problemstellungen spezifischer Sachverstand, soziales Geschick, organisatorisches Talent und Kreativität gefordert.

Allen ingenieurseitigen Entscheidungsbildungen ist gemeinsam, dass sie die Zukunft betreffen. Unabhängig davon, ob sie unter Sicherheit oder unter Unsicherheit getroffen werden, setzen Entscheidungen „Wahlmöglichkeiten voraus, ein zu viel an Wahlmöglichkeiten kann Wahl aber auch verunmöglichen. Es gibt keine Entscheidung ohne, aber auch keine in einem Meer unüberschaubarer Wahlmöglichkeiten",[85] bemerkt Klaus Wiegerling.

### 4.3.1 Entscheidungen unter Sicherheit

Im Bereich der Entscheidungen unter Sicherheit können sowohl die möglichen Handlungsoptionen als auch die eintretenden Folgen vor der Handlungsaufnahme eindeutig identifiziert werden. Die Resultate, die aus dem Handeln hervorgehen, sind vollständig bekannt, das heißt,

---

[85] Wiegerling, Klaus: *Ethische Kriterien der Technikfolgenabschätzung*, in: Joisten, Karen (Hrsg.): Ethik in den Wissenschaften – Einblicke und Ausblicke, J. B. Metzler/Springer Verlag, Berlin 2022, S. 103.

beabsichtigte Handlungsergebnisse treten mit einer Wahrscheinlichkeit von 1 ein.

Der Bereich der Entscheidungen unter Sicherheit wird von den weiteren Betrachtungen ausgeschlossen. Die Annahme, dass die Folgen sämtlicher baupraktischer Handlungen und deren zeitliches Eintreten im Voraus bekannt sind, ist unrealistisch. Beim Bauen ist es nie gesichert, dass Folgen zu einem bestimmten Zeitpunkt eintreten. Daher spielen bewusst getroffene Entscheidungen unter Sicherheit in der Baupraxis eine untergeordnete Rolle.

### 4.3.2 Entscheidungen unter Unsicherheit

Wenn ein Handelnder „eine Entscheidung unter Unsicherheit fällen muss, weil die notwendigen Informationen aus Gründen nicht verfügbar sind, die er nicht zu vertreten hat, dann geht er das Risiko ein, daß die Folgen einer auf der Entscheidung basierenden Handlung unvorhersehbare und nicht erwünschte Folgen haben können."[86] Soweit dem Handelnden nicht bekannt ist, dass und welche notwendigen Informationen ihm fehlen, könnte von einem unwissentlichen Risikowagnis gesprochen werden. Es ist aber auch denkbar, dass ein Handelnder das Risiko unvorhersehbarer und nicht erwünschter Folgen bewusst eingeht, indem er etwa nicht alle Informationen einholt, die eingeholt werden müssten, und damit Gründe schafft, die er zu vertreten hat. In diesem Fall könnte von einem wissentlichen Risikowagnis gesprochen werden. Unabhängig davon gilt für die Ingenieurpraxis: Bei Entscheidungen unter Unsicherheit sind die aus Handlungen hervorgehenden Folgen nicht vollständig bekannt.

Innerhalb der Risikoethik sind die Situationen von Entscheidungsbildungen unter Unsicherheit durch zwei Kategorien gekennzeichnet. Die beiden Kategorien, um die die Entscheidungsfindungen im Ingenieuralltag kreisen, sind *Risiko* und *Ungewissheit*.

---

[86] Kornwachs, Klaus: *Philosophie für Ingenieure*, 3. Auflage, Hanser Verlag, München 2018, S. 203 f.

1. Kategorie Risiko:
„Risiken bestehen dort, wo bestimmte Wahrscheinlichkeiten dafür vorliegen, daß Schäden eintreten."[87] Bei Entscheidungen unter Risiko liegen Informationen vor, die Aussagen über Eintrittswahrscheinlichkeiten von Schadensereignissen zulassen, nicht aber über Schadensausmaße. Risiko ist Unsicherheit in Entscheidungssituationen hinsichtlich derjenigen möglichen handlungsbedingten Schäden, die ex ante zwar nicht mit Sicherheit bestimmt werden können (Unsicherheit), zu denen aber angegeben werden kann, wie wahrscheinlich ihr mögliches Eintreten ist, weil wahrscheinlichkeitsbezogenes Wissen in hinreichendem Umfang vorliegt.

2) Kategorie Ungewissheit:
„Wenn von Entscheidungen unter Ungewissheit die Rede ist, so bezieht sich die Ungewissheit in der Regel lediglich auf Wahrscheinlichkeiten, mit denen bestimmte – bekannte – Konsequenzen eintreten."[88] Entscheidungen unter Ungewissheit sind also dadurch charakterisiert, dass die Informationslage zwar keine Rückschlüsse auf Eintrittswahrscheinlichkeiten von Schäden zulässt, wohl aber auf Schadensausmaße für die Fälle des Eintretens von Schäden.
Die ökonomisch geprägten Alltage von Bauingenieuren in der Planung und mehr noch während der Bauwerkserrichtung veranlassen gelegentlich dazu, zum Zwecke unterbrechungsfreier Auftragsabarbeitungen bei begrenztem Wissen (z. B. unvollständigen Informationen) und wenig Zeit, zu pragmatischen Lösungen zu gelangen. Im Bauingenieurwesen gibt es in der Frage der Konstituierung baulicher Vorhaben und des Umgangs mit Problemstellungen zwar

---

[87] Nida-Rümelin, Julian: *Ethik des Risikos*, in: Nida-Rümelin, Julian (Hrsg.): Angewandte Ethik – Die Bereichsethiken und ihre theoretische Fundierung, Kröner Verlag, Stuttgart 1996, S. 809. Vergleiche zur Definition von Risiko auch Verein Deutscher Ingenieure (Hrsg.): *Richtlinie 3780, Technikbewertung – Begriffe und Grundlagen*, Beuth Verlag, Berlin 2000, S. 16. Siehe dazu Abschn. 2.1 *Technisch-risikoethische Termini, Risiko*.
[88] Nida-Rümelin, Julian/Rath, Benjamin/Schulenburg, Johann: *Risikoethik*, de Gruyter, Berlin, Boston 2012, S. 93, Hinweis auf FN 173. Siehe dazu Abschn. 2.1 Technisch-risikoethische Termini, *Ungewissheit*.

keine Faustregel oder festgeschriebene Heuristik,[89] schnelle Entscheidungen bei mangelhaften Informationen mit einem hohen Maß an Genauigkeit zu treffen. Heuristische Methoden sind Bauingenieuren aber alles andere als fremd, gerade wenn sie über einen großen Erfahrungsschatz in ihrem Metier verfügen. Dem stehen Einwände gegenüber, nach denen heuristische Strategien verkürzte Lösungswege beschreiten und oft zu systematischen Fehlern führen.[90] Dieser Verdacht bestätigt sich in der Ingenieurpraxis allerdings nicht. Sind dort Entscheidungen unter Ungewissheit gefragt, spricht die empirische Evidenz vielmehr für eine Überlegenheit heuristischer Ansätze. Nicht weil Voraussetzungen für alternative Strategien im Ingenieuralltag fehlen, sondern weil unter Zeitdruck rasche und robuste Lösungen benötigt werden, die mit statischen Entscheidungsstrategien nicht erreichbar wären.

Bei der Bearbeitung komplexer Probleme unter Ungewissheit, die nach schnellen Entscheidungen verlangen, braucht es keine aufwendigen Datenanalysen und statistischen Berechnungen, sondern einfache Entscheidungsregeln. Verarbeitungen von ungenügenden Informationen und komplizierte Berechnungen würden sich möglicherweise als kontraproduktiv[91] erweisen, was Zeit- und Kostenaufwände angeht. Auch aus psychologischer Sicht gilt: Je „größer die Ungewissheit, desto mehr sollten wir vereinfachen. Je geringer die Ungewissheit, desto komplexer sollte die Methode sein."[92]

---

[89] Eine Heuristik „ist eine bewusste oder unbewusste Strategie, die Teile der Informationen ausklammert, um bessere Urteile zu fällen. Sie ermöglicht uns, ohne langes Suchen nach Informationen, aber doch mit großer Genauigkeit eine Entscheidung zu fällen." Gigerenzer, Gerd: *Risiko – Wie man die richtigen Entscheidungen trifft*, 2. Auflage, Pantheon Verlag, München 2020, S. 380.

[90] Vergleiche Kahneman, Daniel: *Schnelles Denken, langsames Denken*, Siedler Verlag, München 2012, S. 521–544.

[91] „Wenn ein kurzfristiger Handlungserfolg um den Preis eines langfristig um so größeren Mißerfolges erkauft wird, ist eine solche Handlung kontraproduktiv und unvernünftig." Höhn, Hans-Joachim: *Technikethik als Risikoethik. Ansätze einer sozialethischen Risikobeurteilung*, in: Weber, Wilhelm (Hrsg.): Jahrbuch für Christliche Sozialwissenschaften, Band 37, Regensberg Verlag, Münster 1996, S. 41.

[92] Gigerenzer, Gerd: *Risiko – Wie man die richtigen Entscheidungen trifft*, 2. Auflage, Pantheon Verlag, München 2020, S. 130.

## 4 Risikoethische Elemente

In der Ingenieurpraxis ist es schwierig, Entscheidungen unter Unsicherheit streng der Kategorie Ungewissheit zuzuordnen, weil auch in Situationen, denen zunächst Ungewissheit beigemessen wird, meist doch Schätzungen zu Eintrittswahrscheinlichkeiten von Schäden möglich sind.[93] Die gestrichelte Linie zwischen den beiden Kategorien soll diese Unschärfe verdeutlichen. Die vorliegende Arbeit legt den Akzent auf die Kategorie Risiko.

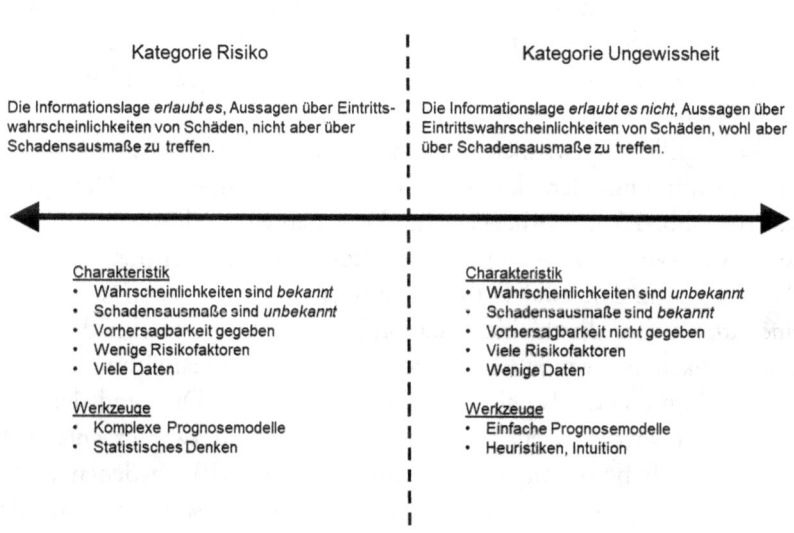

Abb. 4.2 Kategorien bei Entscheidungsbildungen unter Unsicherheit[94]

---

[93] Vergleiche Nida-Rümelin, Julian/Rath, Benjamin/Schulenburg, Johann: *Risikoethik*, de Gruyter, Berlin, Boston 2012, S. 10. Vergleiche auch Rath, Benjamin: Entscheidungstheorien der Risikoethik. Eine Diskussion etablierter Entscheidungstheorien und Grundzüge eines prozeduralen libertären Risikoethischen Kontraktualismus, Diss., Universität Zürich, Tectum Verlag, Marburg 2011, S. 23.

[94] Gaissmaier, Wolfgang/Neth, Hansjörg: *Die Intelligenz einfacher Entscheidungsregeln in einer ungewissen Welt*, in: Kottbauer, Markus (Hrsg.): Controller Magazin 41 (2), Wörthsee-Etterschlag 2016, S. 21 (stark modifiziert).

Der Vergleich der beiden Kategorien verdeutlicht, dass die Kategorie Risiko bei Entscheidungen unter Unsicherheit relativ komfortabel ist, weil bekannt ist, welche möglichen Schäden aus Handlungen eintreten können und sogar, mit welcher Wahrscheinlichkeit welche Schäden je nach gewählter Handlungsoption in etwa zu erwarten sind. In der Kategorie Ungewissheit sind Aussagen über Eintrittswahrscheinlichkeiten von Schäden ausgeschlossen. Aussagen über Schäden und Schadensausmaße sind dagegen möglich. Die Abbildung gibt auch über die bedingungsabhängige Wahl von Werkzeugen Auskunft: Je berechenbarer eine Situation ist (Kategorie Risiko), desto notwendiger werden komplexe Prognosemodelle und statistisches Denken. Und je unberechenbarer eine Situation ist (Kategorie Ungewissheit), desto notwendiger werden einfache Heuristiken, Intuition[95] und Erfahrung.

Die Begriffe Ungewissheit und Risiko lassen sich über das Denkmuster eines Kontinuums der Unsicherheit[96] in Beziehung setzen. Demgemäß will die Abb. 4.3 hervorheben, dass Unsicherheit im Ingenieuralltag diverse Nuancen aufweisen und als kontinuierliche Dimension oder eben als Kontinuum mit zwei Extrempositionen gedacht werden kann: „Das eine Extrem wird durch eine Situation beschrieben, in welcher die Wahrscheinlichkeiten der möglichen Folgen sowie deren Qualität und Ausmaß wohlbestimmt sind, also als exakte Werte vorliegen. Dies sind demnach Situationen, in denen ein bestimmter Folgezustand zwar ex ante nicht mit Sicherheit bestimmt werden kann (Unsicherheit), in denen jedoch mittels genauer Werte angegebenen werden kann, wie wahrscheinlich die möglichen Folgezustände in Qualität und Ausmaß im Einzelnen sind („reines Risiko'). Das andere Extrem eines solchen Kontinuums der Un-

---

[95] Intuitionen folgen keinen Zufällen, lassen sich aber nicht durch Schlüsse und Argumente beweisen. Eine Intuition „beruht auf Erfahrung und Einfall. Intuition dient der Wahrnehmung von etwas Allgemeinem (z. B. der Bildung eines Begriffs) aus besonderen Fällen. Als wichtiges Moment des produktiven Denkens und Forschens impliziert sie das Erfassen des Sinnes, der Bedeutung oder der Struktur eines Problems, eines Vorgangs oder einer Situation und produziert Vermutungen und Ideenkombinationen, die wiederum durch analytisches Denken und Empirie überprüfbar sind." Köhnlein, Walter: *Annäherung und Verstehen*, in: Lauterbach, Roland/Köhnlein, Walter u. a. (Hrsg.): Wie Kinder erkennen. Vorträge des Arbeitstreffens zum naturwissenschaftlich-technischen Sachunterricht, Nürnberg, 1991, S. 11.

[96] Siehe dazu auch Abschn. 2.1 *Technisch-risikoethische Termini, Kontinuum der Unsicherheit*.

## 4 Risikoethische Elemente 197

sicherheit hinsichtlich der Folgen oder Folgezustände ist eine Situation, in der keinerlei begründete Annahmen darüber getroffen werden können, wie wahrscheinlich die möglichen Folgen sind, die im Einzelnen aus dieser Situation resultieren können. Eine solche umfassende epistemische Beschränktheit hinsichtlich der Wahrscheinlichkeiten wird als Situation der Ungewissheit bezeichnet. Allerdings kann auch hier noch eine weitere Abschwächung vorgenommen werden. Denn in Situationen, in denen keinerlei Informationen darüber verfügbar sind, wie wahrscheinlich mögliche Folgen oder Folgezustände sind, ist es zusätzlich denkbar, dass deren Art, Anzahl und Qualität selbst im Unklaren sind. Ein solcher Zustand kann dann in Abgrenzung zur zuvor beschriebenen, lediglich auf Wahrscheinlichkeiten bezogenen Ungewissheit als ‚vollständige Ungewissheit' charakterisiert werden."[97] Zwischen den beiden Extremen sind unzählige Abstufungen möglich.

Sind die aus einer getroffenen Entscheidung zur Handlung hervorgehenden möglichen Schäden und die Wahrscheinlichkeiten ihres Eintretens bekannt, liegt „reines Risiko" vor. Dies ist das eine Extrem des Kontinuums der Unsicherheit. Hier wären zur Verfügung stehende Informationen und Daten, statistisch abzuwägen und komplexe Berechnungen mittels mathematischer Modelle vorzunehmen. Am anderen Extrem des Kontinuums der Unsicherheit liegt „vollständige Ungewissheit"[98] vor. Dieses Extrem beschreibt, dass Informationen sowohl für die Wahrscheinlichkeiten möglicher Schäden als auch für Schadensausmaße fehlen. In solchen Situationen würden Datenanalysen und statistische Berechnungen nicht weiterhelfen. Situationen, in denen

---

[97] Nida-Rümelin, Julian/Rath, Benjamin/Schulenburg, Johann: *Risikoethik*, de Gruyter, Berlin, Boston 2012, S. 9. Vergleiche auch Nida-Rümelin, Julian: *Ethik des Risikos*, in: Nida-Rümelin, Julian (Hrsg.): Angewandte Ethik – Die Bereichsethiken und ihre theoretische Fundierung, Kröner Verlag, Stuttgart 1996, S. 810. Siehe auch Abschn. 2.1 *Technisch-risikoethische Termini, Ungewissheit*.

[98] Es sind „Fälle denkbar, in denen über die Wahrscheinlichkeiten bestimmter Konsequenzen hinaus auch Art und/oder Umfang der möglichen Konsequenzen selbst unklar sind. Solche Situationen könnten als Entscheidungssituationen umfassender Ungewissheit bezeichnet werden." Nida-Rümelin, Julian/Rath, Benjamin/Schulenburg, Johann: *Risikoethik*, de Gruyter, Berlin, Boston 2012, S. 269, FN 173. In der vorliegenden Arbeit ist nicht von umfassender Ungewissheit die Rede, sondern von „vollständiger Ungewissheit". Vergleiche Abschn. 2.1 *Technisch-risikoethische Termini, Ungewissheit*.

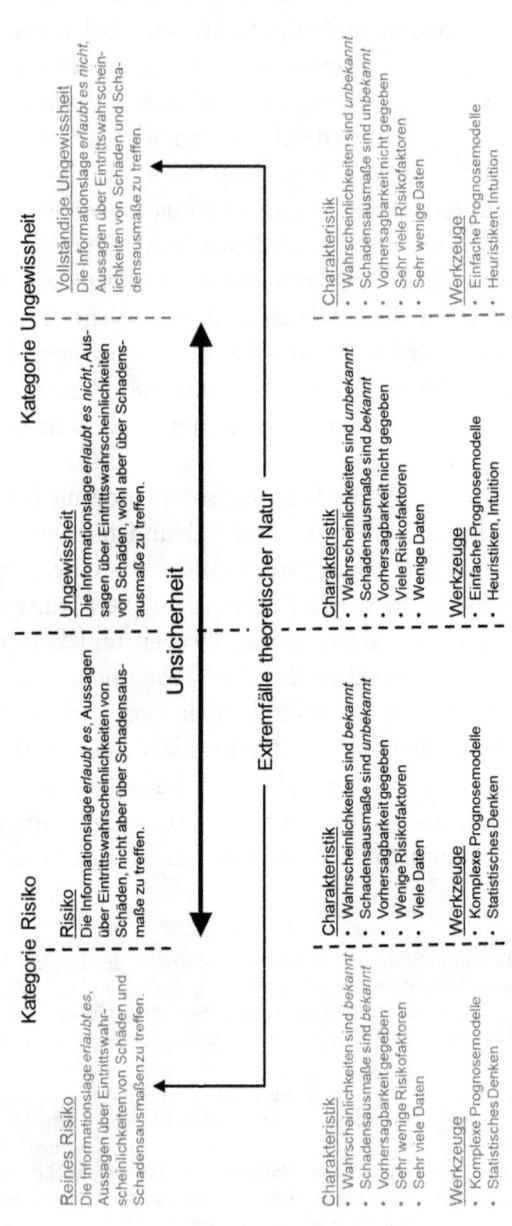

**Abb. 4.3** Kontinuum der Unsicherheit[101]

---

[101] Gaissmaier, Wolfgang/Neth, Hansjörg: *Die Intelligenz einfacher Entscheidungsregeln in einer ungewissen Welt*, in: Kottbauer, Markus (Hrsg.): Controller Magazin 41 (2), Wörthsee-Etterschlag 2016, S. 21 (stark modifiziert).

„vollständige Ungewissheit" herrscht, würden nach intuitiven und einfachen Entscheidungsregeln (Heuristiken) verlangen. „In einer ungewissen Welt reichen statistisches Denken und Risikokommunikation nicht aus. Gute Faustregeln sind von entscheidender Bedeutung für gute Entscheidungen",[99] stellt Gerd Gigerenzer fest.

Im Ingenieuralltag gibt es keine Situation, die klar und deutlich einem der beiden Extreme des Kontinuums zugeordnet werden könnte. „Reines Risiko" und „vollständige Ungewissheit" stellen zwar abgeschwächte Kriterien für Entscheidungsbildungen unter Unsicherheit dar. In der Arbeitspraxis sind sie aber ohne weitere Bedeutung und in der Abb. 4.3 daher in grauer Schriftfarbe dargestellt. „Der Extremfall ‚vollständige Ungewissheit' ist ebenso wie der Fall ‚reines Risiko' theoretischer bzw. fiktiver Natur. Denn auch in Situationen, die als ungewiss aufgefasst werden, sind doch in der Regel Schätzungen bezüglich relevanter Eintrittswahrscheinlichkeiten oder möglicher Konsequenzen möglich."[100]

Gewöhnlich befinden sich die Entscheidungssituationen des Bauingenieurs zwischen den beiden Extremen im Hinblick auf Handlungsfolgen und deren Eintrittswahrscheinlichkeiten. Die Kunst eines tragfähigen Entscheidens besteht für ihn darin, eine Festlegung darüber zu treffen, wo er sich in dem Kontinuum der Unsicherheit in etwa befindet. Dazu sollte er nicht nur wissen, welcher Anlass besteht, eine Entscheidung zu treffen. Er sollte auch wissen, welche Rahmenbedingungen zu beachten sind und welche Ziele im Einzelnen angestrebt werden. Der erstbesten Eingebung sollte allerdings nicht gefolgt werden. Erst eine umsichtig entwickelte Verortung der Problemlage innerhalb des Kontinuums versetzt den Bauingenieur in die Lage, das jeweils passende Entscheidungswerkzeug zu wählen und zum Einsatz zu bringen.

Bei den gestrichelten Linien in dem Denkmuster (Abb. 4.3) handelt es sich um fließende Abgrenzungen, die begriffliche Unterscheidun-

---

[99] Gigerenzer, Gerd: *Risiko – Wie man die richtigen Entscheidungen trifft*, 2. Auflage, Pantheon Verlag, München 2020, S. 42.
[100] Nida-Rümelin, Julian/Rath, Benjamin/Schulenburg, Johann: *Risikoethik*, de Gruyter, Berlin, Boston 2012, S. 10. Siehe auch Abschn. 2.1 *Technisch-risikoethische Termini, Kontinuum der Unsicherheit* und *Ungewissheit*.

gen betonen wollen. Analog zur Abb. 4.2 will die mittlere Linie auf die Schwierigkeit verweisen, Entscheidungen unter Unsicherheit streng der Kategorie Ungewissheit zuzuordnen, denn „auch in Situationen, die als ungewiss aufgefasst werden, sind stets Schätzungen hinsichtlich fehlender Informationen bezüglich relevanter Eintrittswahrscheinlichkeiten oder möglicher Konsequenzen möglich".[102]

Das folgende praktische Beispiel veranschaulicht, welche Faktoren zur Formulierung von Entscheidungssituationen relevant werden können und welche Möglichkeiten zur Risikosteuerung bestehen. Ein Bauingenieur will als Inhaber eines kleinen Unternehmens für Baumaschinenvermietung auf seinem Grundstück eine Lagerhalle mit angeschlossener Werkstatt in einem Sommermonat errichten lassen. Die Zuständigkeiten der Projektbeteiligten ergeben sich nach vertraglichen Vereinbarungen und Haftungslagen (z. B. Auftragnehmer, Planer, Auftraggeber[103]). Wegen der rechtlichen und wirtschaftlichen Verantwortlichkeit für das Bauvorhaben ist der Bauingenieur für die zuständige Bauaufsichtsbehörde der Bauherr bzw. der Auftraggeber. Das Baugrundrisiko[104] liegt (ungeachtet möglicher weiterer Rechtsfragen) bei ihm, so wie es im Ingenieuralltag nach einer richtungsweisenden Entscheidung des Bundesgerichtshofes[105] häufig der Fall ist.

---

[102] Schulenburg, Johann: *Praktische Rationalität und Risiko – Zum Verhältnis von Rationalitätstheorie, deontologischer Ethik und politischer Risikopraxis*, Diss., Ludwig-Maximilians-Universität München 2012, S. 49. Siehe dazu auch Rath, Benjamin: *Entscheidungstheorien der Risikoethik. Eine Diskussion etablierter Entscheidungstheorien und Grundzüge eines prozeduralen libertären Risikoethischen Kontraktualismus*, Diss., Universität Zürich, Tectum Verlag, Marburg 2011, S. 23.

[103] Das Bürgerliche Gesetzbuch (BGB) spricht vom Besteller.

[104] Die DIN 4020 versteht unter Baugrundrisiko „ein in der Natur der Sache liegendes, unvermeidbares Restrisiko, das bei Inanspruchnahme des Baugrunds zu unvorhersehbaren Wirkungen bzw. Erschwernissen, z. B. Bauschäden oder Bauverzögerungen, führen kann, obwohl derjenige, der den Baugrund zur Verfügung stellt, seiner Verpflichtung zur Untersuchung und Beschreibung der Baugrund- und Grundwasserverhältnisse nach den Regeln der Technik zuvor vollständig nachgekommen ist und obwohl der Bauausführende seiner eigenen Prüfungs- und Hinweispflicht Genüge getan hat." Deutsches Institut für Normung: *DIN 4020 Geotechnische Untersuchungen für bautechnische Zwecke* – Ergänzende Regelungen zu DIN EN 1997-2, Dezember 2010, S. 6.

[105] Bis zur Entscheidung des Bundesgerichtshofes vom 28.01.2016 (I ZR 60/14) entsprach es der üblichen Praxis, im Auftraggeber als Besteller auch den Träger des Baugrundrisikos zu sehen. Der Auftraggeber hatte die alleinige Verantwortung für die Beschaffenheit der Bodenverhältnisse, weil er den Baugrund für die Planung und Bauausführung bereitstellte (auftraggeberseitig gelieferter Baustoff). Aus der Gerichtsscheidung folgt, dass diese pauschale Zuweisung nicht mehr zulässig ist. Von praktischer Bedeutung ist seitdem, dass die Frage der Haftung von der vertraglichen Konstellation und verschiedenen Faktoren abhängt. Einer davon ist die eventuelle Kenntnis über problematische Bodenbeschaffenheiten.

## 4 Risikoethische Elemente

Zur Erteilung der Baugenehmigung sind bei der zuständigen Behörde diverse Unterlagen einzureichen gewesen. Neben dem Bauantrag waren dies Planzeichnungen, Erläuterungen, Bescheinigungen, Erklärungen und statisch-konstruktive Berechnungen. Ein Standsicherheitsnachweis für ein Kranfahrzeug, das für Lastförderungen benötigt wird, wurde nicht gefordert. Nach behördlicher Auskunft sind die Festlegung des Aufstellortes eines Kranes auf privatem Grund und die Beurteilung der Tragfähigkeit des Untergrundes eine Angelegenheit, die zwischen den Beteiligten (z. B. Bauherr und Kranaufsteller) zu klären ist. Im vorliegenden Beispiel fallen Bauherr und Kranaufsteller zusammen, denn es ist geplant, ein Kranfahrzeug des eigenen Unternehmens einzusetzen.

Aus praktischen Gründen und aufgrund örtlicher Gegebenheiten (Sicherheitsabstand zur Baugrube und zu anderen Gebäuden) kommt die Kranaufstellung nur an einer bestimmten Stelle in Betracht. Wohlwissend, dass es sicherer ist, zur Prüfung der Belastungsfähigkeit des Bodens am künftigen Standort des Kranfahrzeugs eine Untersuchung vornehmen zu lassen, befasst sich der Bauherr mit der Frage, ob eine Untersuchung zur Beschaffung von Bodeninformationen[106] durchgeführt werden sollte. Nach längerer Hitzeperiode ist der Boden sehr trocken. Der Bauherr nimmt an, dass der Boden über eine hinreichend hohe Festigkeit verfügt und spielt mit dem Gedanken, aus Zeit- und Kostengründen auf eine gesonderte Bodenuntersuchung zu verzichten und sein Kranfahrzeug schnellstmöglich aufzustellen. Da er weiß, dass ein Handeln in die Zukunft immer mit einem gewissen Maß an Unsicherheit behaftet ist, will er sich bei seinen Überlegungen im Hinblick auf den Kranstandort auch einen Überblick über seine Entscheidungssituationen der Unsicherheit mit und ohne die Aufklärung der Bodenverhältnisse verschaffen. Dabei bezieht er ein, dass der Deutsche Wetterdienst (DWD) für die nächsten Tage eine Gewitterwarnung mit Starkregen für die Region herausgegeben hat. Detailliertere Informationen

---

[106] Unter Bodeninformationen werden hier bodenmechanische Kennwerte verstanden, die aus Bodenuntersuchungen hervorgehen und mit deren Hilfe es unter anderem möglich ist, auf die Belastungsfähigkeit, das Setzungsverhalten und die Versickerungsfähigkeit des untersuchten Bodens zu schließen.

liegen allerdings nicht vor. Unklar ist, in welche Richtung das Gewitter ziehen und ob die Baustelle überhaupt betroffen sein würde.

Die Zuweisung eines Kranstandortes, ohne dass zuvor eine ortsbezogene Bodenuntersuchung im Hinblick auf die Standsicherheit durchgeführt wird, birgt die Gefahr, dass die bestehenden Verhältnisse etwa wegen bindiger Bodenbereiche[107] für eine Aufstellung des Fahrzeugkrans ungeeignet sind, was im schlechtesten Fall bedeutet, dass der Boden dem aufgebrachten Pressdruck unter einer Stütze (oder mehrerer Stützen) bei Regen nicht standhält, es zu Setzungen kommt und eine Schiefstellung des Kranfahrzeugs droht, während bei einer Bodenuntersuchung vorbeugende Gegenmaßnahmen beispielsweise im Rahmen von Bodenverbesserungen ergriffen werden können.

Konkret ist der Bauherr daran interessiert, sich in dem Kontinuum der Unsicherheit gemäß Abb. 4.3 für den Fall zu verorten, dass es unter der Einwirkung des Gewitters mit Starkregen zu einer Schiefstellung des Kranfahrzeugs kommt, die je nach Situation mit einer reduzierten Lastförderung verbunden ist. Definitionsgemäß wäre dieser Nachteil bereits als Schaden zu werten. Bei einer Kippgefahr würde sich das Schadensausmaß deutlich erhöhen, denn sie würde eine Unterbrechung des Kraneinsatzes, die Bergung des Kranfahrzeugs, die Durchführung von Bodenverfestigungsmaßnahmen zur Erhöhung der Tragfähigkeit des Untergrundes, die erneute Aufstellung des Baukrans inklusive eines stabilen Stützenunterbaus und selbstverständlich auch eine (gegebenenfalls kostenträchtige) Zeitverzögerung des Baufortschrittes zur Folge haben. Zwar kommt es nicht notwendigerweise zu einem arbeitsunterbrechenden Schadensfall. Aber das Risikopotenzial ist offenkundig. Vor diesem Hintergrund verfolgt der Bauherr eine Risikooptimierung,[108] indem er

---

[107] Bindige Böden weisen Korngrößen unter 0,06 mm auf. Sie besitzen hohe Anteile an Schluff (Bodenpartikel der Korngrößen 0,002–0,063 mm) und Ton (kleiner 2 μm [entspricht 0,002 mm]; Lehm ist ein Gemisch aus Sand, Schluff und Ton). Bindige Böden verformen sich im Vergleich zu nicht bindigen Böden unter Druckbelastung über einen längeren Zeitraum. Sie sind schlecht wasserdurchlässig, neigen unter dem Einfluss von Wasser zum Quellen (bei Wasseraufnahme) oder Schrumpfen (bei Trocknung) und reagieren empfindlich auf Frost. Für dauerhafte Traglastaufnahmen sind bindige Böden nicht geeignet. Setzungen oder (frostbedingte) Hebungen nach Abschluss von Bauarbeiten können zu Schäden am Bauwerk führen.
[108] Siehe dazu Abschn. 2.1 *Technisch-risikoethische Termini, Risikooptimierung*.

das Kontinuum der Unsicherheit durchspielt, um sich einen Überblick über die Entscheidungssituationen zu verschaffen, die sich bieten. Er tut dies in der Absicht, auf diese Weise die Alternative ausfindig zu machen, die für ihn mit dem geringsten Risiko eines Schadenseintrittes verbunden ist bzw. um umgehend Maßnahmen zur Steigerung der Tragfähigkeit des Bodens zu ergreifen.[109]

1. „Reines Risiko" (gemäß Kontinuum der Unsicherheit ein fiktiver Fall):
Ein „reines Risiko" liegt vor, wenn
   – der DWD das Gewitter zeitlich und regional eingrenzt;
   – der Bauherr eine örtliche Bodenuntersuchung veranlasst, die präzise Erkenntnisse über die Lage und Mächtigkeit bindiger Bodenbereiche liefert, die darauf hindeuten, dass die Bodenverhältnisse nicht für eine Kranaufstellung sprechen;
   – die Wetter- und Bodeninformationen dem Bauherrn vor dem Gewitterereignis vorliegen.

Grund: Es liegt eine Entscheidungssituation unter Unsicherheit der Kategorie Risiko vom Typ „reines Risiko" vor, weil die Informationslage es bei einer Kranaufstellung erlaubt, Aussagen über die Eintrittswahrscheinlichkeit des Schadensereignisses und über das Schadensausmaß zu treffen.

2. Risiko:
Ein Risiko liegt vor, wenn
   – der DWD das Gewitter zeitlich und regional eingrenzt;
   – der Bauherr keine örtliche Bodenuntersuchung veranlasst;
   – die Wetterinformationen dem Bauherrn vor dem Gewitterereignis vorliegen.

---

[109] Zur Förderung eines besseren Leseverständnisses erfolgt die Illustration der Beispielszenarien ausschließlich anhand von Sachschäden unter Ausschluss prinzipiell möglicher Personenschäden, die etwa bei einem Kippen des Kranfahrzeugs nicht ausgeschlossen sind.

Grund: Es liegt eine Entscheidungssituation unter Unsicherheit der Kategorie Risiko vom Typ Risiko vor, weil die Informationslage es bei einer Kranaufstellung erlaubt, Aussagen über die Eintrittswahrscheinlichkeit des Schadensereignisses zu treffen, nicht aber über das Schadensausmaß.

3. Ungewissheit:
Eine Ungewissheit liegt vor, wenn

- der DWD das Gewitter zeitlich und regional nicht eingrenzt;
- der Bauherr eine örtliche Bodenuntersuchung veranlasst, die präzise Erkenntnisse über die Lage und Mächtigkeit bindiger Bodenbereiche liefert, die darauf hindeuten, dass die Bodenverhältnisse nicht für eine Kranaufstellung sprechen;
- die Bodeninformationen dem Bauherrn vor dem Gewitterereignis vorliegen.

Grund: Es liegt eine Entscheidungssituation unter Unsicherheit der Kategorie Ungewissheit vom Typ Ungewissheit vor, weil die Informationslage es bei einer Kranaufstellung nicht erlaubt, Aussagen über die Eintrittswahrscheinlichkeit des Schadensereignisses zu treffen, wohl aber über das Schadensausmaß.

4. „Vollständige Ungewissheit" (gemäß Kontinuum der Unsicherheit ein fiktiver Fall)
Eine „vollständige Ungewissheit" liegt vor, wenn

- der DWD das Gewitter zeitlich und regional nicht eingrenzt;
- der Bauherr keine örtliche Bodenuntersuchung veranlasst;
- dem Bauherrn keine Wetter- und Bodeninformationen vorliegen.

Grund: Es liegt eine Entscheidungssituation unter Unsicherheit der Kategorie Entscheidung unter Ungewissheit vom Typ „vollständige Ungewissheit" vor, weil die Informationslage es bei einer Kranaufstellung nicht zulässt, Aussagen über die Eintrittswahrscheinlichkeit des Schadensereignisses und über das Schadensausmaß zu treffen.

Das Beispiel vermittelt einen Eindruck, mit welchen praktischen Entscheidungssituationen ein Bauherr konfrontiert werden kann, wenn Wissen um ein Risiko vorliegt, und welche Bedingungen bei Entscheidungen unter Unsicherheit (unter Risiko oder unter Ungewissheit) möglicherweise eine Rolle spielen. Es macht aber auch darauf aufmerksam, wie Entscheidungen unter Unsicherheit durch eigenes Verhalten entstehen und die daraus resultierenden Handlungsoptionen erst in Entscheidungssituationen führen können. Das Beispiel legt zudem offen, dass ein Bauherr Entscheidungssituationen gegenüber nicht zwingend einflusslos ist. Meist bestehen gute Möglichkeiten der Risikosteuerung durch Vorausblick auf die Formulierung und Auswahl von Handlungsoptionen. Die Risikosteuerung besteht vielfach darin, ex ante die Entscheidung unter Unsicherheit in eine Handlung umzusetzen, deren Risiko am ehesten annehmbar und vertretbar erscheint, indem beispielsweise die Entscheidung gewählt wird, die einer Entscheidung unter Sicherheit am nächsten kommt.

### 4.3.3 Kontinuum der Entscheidung – ein Denkmodell

Für die Untersuchung ethischer Implikationen in der Ingenieurpraxis sind Entscheidungen unter „vollständiger Gewissheit" wie unter „vollständiger Ungewissheit" rein theoretischer Natur und vernachlässigbar. Das Bauingenieurwesen kennt keine Situationen, in denen „vollständige Gewissheit" bzw. „vollständige Ungewissheit" vorliegt, was Schadenseintritte und Schadensausmaße angeht. Um aber zu veranschaulichen, in welchem Verhältnis „vollständige Gewissheit", Risiko und „vollständige Ungewissheit" im Zusammenhang mit Schadenseintritten und Schadensausmaßen zueinander stehen, bietet es sich an, die drei Modi in einem gedankenexperimentellen Kontinuum der Entscheidung zu vereinen (Abb. 4.4).

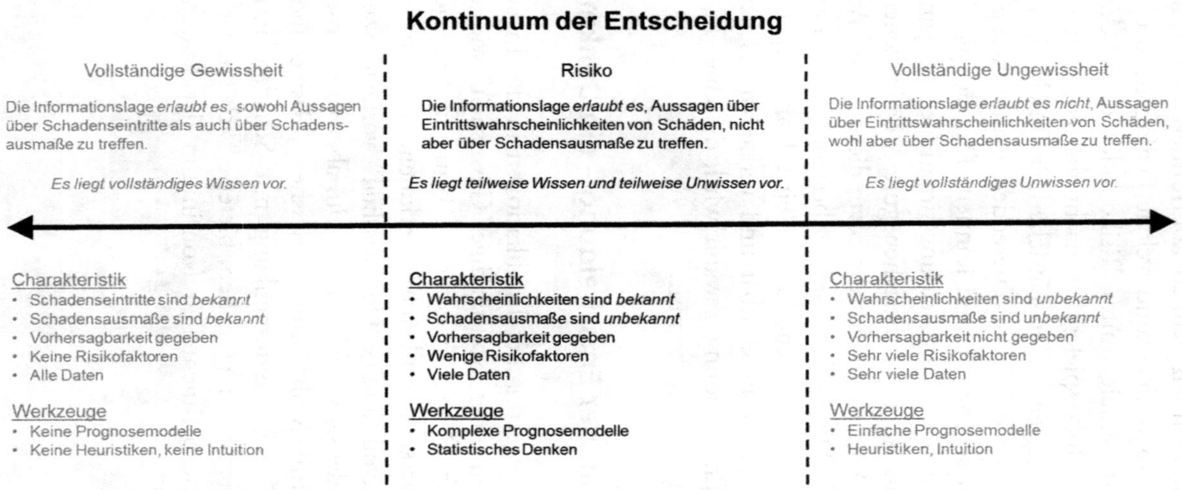

## Kontinuum der Entscheidung

**Vollständige Gewissheit**

Die Informationslage *erlaubt es*, sowohl Aussagen über Schadenseintritte als auch über Schadensausmaße zu treffen.

*Es liegt vollständiges Wissen vor.*

Charakteristik
- Schadenseintritte sind *bekannt*
- Schadensausmaße sind *bekannt*
- Vorhersagbarkeit gegeben
- Keine Risikofaktoren
- Alle Daten

Werkzeuge
- Keine Prognosemodelle
- Keine Heuristiken, keine Intuition

**Risiko**

Die Informationslage *erlaubt es*, Aussagen über Eintrittswahrscheinlichkeiten von Schäden, nicht aber über Schadensausmaße zu treffen.

*Es liegt teilweise Wissen und teilweise Unwissen vor.*

Charakteristik
- Wahrscheinlichkeiten sind *bekannt*
- Schadensausmaße sind *unbekannt*
- Vorhersagbarkeit gegeben
- Wenige Risikofaktoren
- Viele Daten

Werkzeuge
- Komplexe Prognosemodelle
- Statistisches Denken

**Vollständige Ungewissheit**

Die Informationslage *erlaubt es nicht*, Aussagen über Eintrittswahrscheinlichkeiten von Schäden, wohl aber über Schadensausmaße zu treffen.

*Es liegt vollständiges Unwissen vor.*

Charakteristik
- Wahrscheinlichkeiten sind *unbekannt*
- Schadensausmaße sind *unbekannt*
- Vorhersagbarkeit nicht gegeben
- Sehr viele Risikofaktoren
- Sehr viele Daten

Werkzeuge
- Einfache Prognosemodelle
- Heuristiken, Intuition

**Abb. 4.4** Kontinuum der Entscheidung – ein Denkmodell

Die Abbildung stellt die Idee dieses Kontinuums dar. Es dient der besseren Orientierung und wird hier ohne weitere Charakterisierungen vorgestellt. Die beiden Extreme in dem Kontinuum bilden die fiktiven Modi „vollständige Gewissheit" und „vollständige Ungewissheit".[110] Sie haben in der Ingenieurpraxis kein Gewicht und sind (parallel zu Abb. 4.3) ebenfalls in graue Schriftfarbe gesetzt worden.

Das Kontinuum zeigt, dass das in der vorliegenden Arbeit im Fokus stehende Risiko theoretisch von der „vollständigen Gewissheit" und „vollständigen Ungewissheit" eingegrenzt wird. Analog zur Erläuterung im vorausgegangenen Teilabschn. 4.3.2, stellen die gestrichelten Linien auch hier unscharfe Grenzen dar, die aus Übersichtlichkeitsgründen begriffliche Unterscheidungen betonen und daneben auf die Schwierigkeit verweisen wollen, Gewissheits- oder Ungewissheitsanteile am Risiko eindeutig zu identifizieren.

---

[110] Vergleiche dazu auch Abschn. 2.1 *Technisch-risikoethische Termini, Gewissheit* und *Ungewissheit.*

# 5
# Grundzüge eines risikoethischen Ingenieurhandelns

**Vorbemerkung**
Das Arbeitsumfeld des Bauingenieurs entwickelt sich sukzessive in eine Richtung, in der breit angelegte, teils auch außertechnische Aspekte eine immer größere Rolle spielen. Das prägt sich daran aus, dass der Beruf des Bauingenieurs mittlerweile wie kaum ein anderer ökonomische, ökologische, soziale, kulturelle und politische Felder gleichermaßen tangiert. Hinzu kommt, dass die Arbeiten des Bauingenieurs regelmäßig auf Langlebigkeit ausgelegt und mehr und mehr auch in humane und ethische Zusammenhänge eingebunden sind. Dieses große Spektrum kann durch Technik und technische Standards allein nicht abgedeckt werden, sodass sich hinsichtlich eines risikoethischen Ingenieurverhaltens die Frage stellt, welche Hemmschwellen überwunden, welche Bedingungen erfüllt sein und welche Minimalannahmen für Ingenieurtätigkeiten formuliert werden müssten, um eine solide Perspektive auf ein risikoethisches Ingenieurhandeln zu eröffnen. Auf der Grundlage der bisherigen Arbeitsergebnisse will der fünfte Teil der Arbeit hierauf Antwort geben.

## 5.1 Verständigung über Risiken

Im Laufe der Baugeschichte hat es kontinuierliche Entwicklungen gegeben. Traditionelle Arbeitsbereiche und auch die Techniken der Ingenieurtätigkeit haben sich seit den historischen Anfängen sukzessive geändert. So beteiligen sich nicht mehr nur regional ansässige Bearbeiter und Ausführende an Bauwerksplanungen und -entstehungen. Häufig sind international zusammengesetzte Teams tätig. Dies trifft insbesondere auf Großbaustellen zu. Daneben haben sich Kommunikationstechniken, Arbeitsstrukturen, Projektabläufe, aber auch Baustoffe sowie ingenieurtheoretische und -praktische Grundlagen gewandelt.

Es gibt zahlreiche Hinweise darauf, dass Nutzen, Kunst und Fortschritt allein nicht mehr im Zentrum des Interesses der Gesellschaft stehen und auch längst nicht mehr durchgehend auf Akzeptanz stoßen. Das geben Demonstrationen und teils massive Proteste gegen Stuttgart 21, den Fehmarnbelt-Tunnel, den Weiterbau der A 44 Kassel–Eisenach, den Ausbau des deutschen Stromnetzes im Zuge der Anpassung der Netzinfrastruktur an den Umstieg auf erneuerbare Energien und andere Großprojekte zu erkennen.[1] Vielfach wird das Bauen als rücksichtsloser Naturverbrauch bzw. -zerstörung qualifiziert. Längst hat sich das Bewusstsein festgesetzt, dass bautechnisches Handeln nicht nur „nutzenorientierte, gegenständliche Sachsysteme oder Gebilde, sondern auch die Bedingungen und Folgen ihrer Entstehung und Anwendung"[2] umfasst. Mehr als jemals zuvor ist das Bauen ökologischen Ansprüchen, ökonomischen Forderungen und berufsethischen Erwartungen unterworfen.

Manfred Krafczyk grenzt heutige Ingenieuraufgaben zur Naturwissenschaft wie folgt ab: „Im Gegensatz zu eher erkenntnisorientierten Arbeiten in den Naturwissenschaften ist bei Ingenieuraufgaben nicht nur

---

[1] Der Kritik am Bauen stehen Befürwortungen baulicher Errungenschaften und der Wunsch nach Ausweitungen gegenüber (z. B. Baugebietsausweisungen oder verkehrstechnische Anlagen wie Umgehungsstraßen).

[2] Gräfen, Hubert: *Technikverständnis und Ingenieurausbildung – Zur Notwendigkeit der Integration technikübergreifender Studieninhalte in das Ingenieurstudium*, in: Verein Deutscher Ingenieure (Hrsg.): Ingenieurverantwortung und Technikethik – Standpunkte, Informationen, Aktivitäten, ohne Verlagsangabe, Düsseldorf 1991, S. 9.

## 5 Grundzüge eines risikoethischen Ingenieurhandelns

die Lösung einer mehr oder weniger komplexen Problemstellung selbst gefordert, sondern deren Erarbeitung unter der Einhaltung materieller, zeitlicher und organisatorischer Randbedingungen im Sinne einer Optimierung."[3] Dazu hat Krafczyk einige frühere und aktuellere generische Aspekte der Ingenieurpraxis zusammengetragen und gegeneinandergestellt. Wie die folgende Tabelle zeigt, werden Projektarbeiten heute nicht mehr isoliert als rein technische Aufträge oder singuläre Verpflichtungen abgewickelt, sondern als vielschichtige Aufgaben betrachtet, die im Rahmen überregionaler Zusammenarbeit im Verbund mit Fachleuten verschiedener Disziplinen wahrgenommen werden. Die Tabelle veranschaulicht stichpunktartig den enormen Umbruch der Komplexität, den der vielschichtige Ingenieuralltag erfahren hat (Tab. 5.1).

Wenngleich sich Ingenieurbauwerke aus bewährten Strukturzusammenhängen heraus entwickeln, haben sie sich mit Problembeschreibung, -interpretation und -lösung, Konstruktions- und Bemessungsunterla-

**Tab. 5.1** Gegenüberstellung generischer Aspekte – gestern und heute[4]

| Ingenieurpraxis gestern | Ingenieurpraxis heute |
|---|---|
| Meist lokaler Kontext | Häufig überregionaler Kontext |
| Bearbeitung in kleinen Teams | Bearbeitung in komplexen Organisationsstrukturen |
| Auftragsabwicklung eher monodisziplinär | Auftragsabwicklung eher interdisziplinär |
| Vornehmlich technische Orientierung | Vornehmlich wissenschaftliche, technisch-wirtschaftliche Orientierung |
| Schwach ausgeprägte ökologische Bezüge | Stärker ausgeprägte ökologische Bezüge |
| Geringer Formalisierungsgrad | Hoher Formalisierungsgrad (Normen, Vertragskomplexität) |
| Vielfach idealisiert | Vielfach detailliert |

---

[3] Krafczyk, Manfred: *Risiko und Verantwortung im Kontext modellbasierter Analyse und Prognose von Ingenieursystemen,* in: Hieber, Lutz/Kammeyer, Hans-Ulrich (Hrsg.): Verantwortung von Ingenieurinnen und Ingenieuren, Springer Verlag Wiesbaden 2014, S. 137.

[4] In Anlehnung an Krafczyk, Manfred: *Risiko und Verantwortung modellbasierter Analyse und Prognosen von Ingenieursystemen,* in: Hieber, Lutz/Kammeyer, Hans-Ulrich (Hrsg.): Verantwortung von Ingenieurinnen und Ingenieuren, Springer Verlag Wiesbaden 2014, S. 141 (stark modifiziert).

gen, behördlicher Anerkennung und praktischer Umsetzung einer stufenweisen Entstehung zu stellen.

Das projektbezogene Arbeitsfeld der Bauingenieure wird von folgenden Regelmerkmalen umrissen:
- Problemkonstitution unter Einbeziehung der Baubeteiligten;
- Rücksichtnahme auf unterschiedliche Wert- und Interessendimensionen;
- Untergliederung der Arbeits- und Entscheidungsumgebung in Phasen; Wechselbeziehungen zwischen generativen und analytischen Phasen insbesondere in der Planungspraxis; Austausch mit Baubeteiligten;
- Planungsaufwand ist sachlich nicht begrenzt; Pflicht zur Anerkennung von Wissensvorbehalten bei praktisch zu verantwortenden Haltentscheidungen; Abwägung zwischen Qualitätssteigerung und wirtschaftlichen Erwartungen;
- Unvermeidbarkeit des Handelns wegen der „grundsätzlichen Offenheit der Zukunft"[5] unter Inkaufnahme des erstmaligen Kennenlernens von Risiken;
- Pflicht zur Vergegenwärtigung der Interessen und Bedürfnisse künftig Betroffener.

Der Akt der übergreifenden baulichen Gestaltung beginnt in der Regel damit, „das Auftreten des Problems, auf das das Bauprojekt als Problemlösung antwortet, überhaupt zu prognostizieren".[6] Die allgemeine Schwierigkeit dabei: Die „Voraussehbarkeit betrifft in der Technik immer nur die unmittelbaren physischen Auswirkungen, wobei über

---

[5] Grunwald, Armin. *Die hermeneutische Seite der Technikfolgenabschätzung*, in: Friedrich, Alexander/Gehring, Petra/Hubig, Christoph et al. (Hrsg.): Jahrbuch Technikphilosophie, 4. Jahrgang 2018, Arbeit und Spiel, Nomos Verlagsgesellschaft mbH, Baden-Baden 2018, S. 324.
[6] Ekardt, Hanns-Peter/Löffler, Reiner: *Die gesellschaftliche Verantwortung der Bauingenieure – Arbeitssoziologische Überlegungen zur Ethik der Ingenieurarbeit im Bauwesen*, in: Ekardt, Hanns-Peter/Löffler, Reiner (Hrsg.): Die gesellschaftliche Verantwortung der Bauingenieure, 3. Kasseler Kolloquium zu Problemen des Bauingenieurberufs, Wissenschaftliches Zentrum für Berufs- und Hochschulforschung der Gesamthochschule Kassel, Werkstattberichte – Band 19, Kassel 1988, S. 143.

die weiterreichenden aggregierten, synergetischen Wirkungen ... keineswegs Klarheit besteht; die sozialen, politischen und kulturellen Auswirkungen entziehen sich weitgehend der Planbarkeit und Kontrolle".[7] Die Reihung wäre um ökologische Auswirkungen zu ergänzen. Hinzu kommt, dass sich der Wandel gesellschaftlicher (auch außertechnischer) Wertvorstellungen mitunter rascher vollzieht, als die Abwicklung von Bauprojekten voranschreitet. In diesen Fällen kann eine Abnahme der Zustimmung von einstmals gemeinschaftlich getragenen Planungsgründen und -zielen nicht ausgeschlossen werden, sofern zu Beginn breite gesellschaftliche Wertvorstellungen in die Planungsarbeit eingeflossen sind. Es ist keine Seltenheit, dass sich die Haltung örtlicher Bevölkerungsanteile zu einer geplanten städtebaulichen Ausrichtung während der Genese der Bauwerke,[8] die sich wegen langwieriger Planungs-, Genehmigungs- und Realisierungsphasen über viele Jahre hinzieht, ändert.[9]

Bezüglich der baulichen Gestaltung des öffentlichen Raumes spricht sich der Deutsche Ethikrat dafür aus: „Betroffene Menschen sollten an Entscheidungen über die Gestaltung ihres sie unmittelbar umgebenden Raumes sowie der Orte ihres konkreten Zusammenlebens auf der Basis von Gleichberechtigung und Mitverantwortung beteiligt sein. Es ist eine Forderung der politischen Gerechtigkeit, effektive Teilhabe an der Gestaltung des gemeinsam geteilten öffentlichen Raumes zu ermöglichen."[10] Raumgestaltungen sind stets auf eine nicht vollends abgesicherte Zukunft ausgerichtet und erfolgen überwiegend technisch. Auch die bauliche Gestaltung ist von technischer Art. Und auch bei ihr geht es nicht um eine simple Übertragung von Wissen und Erfahrung aus der Vergangenheit in die Zukunft. Zusammen mit der Gestaltungsdi-

---

[7] Rapp, Friedrich: *Verantwortung und Eingriffsmöglichkeit*, in: Verein Deutscher Ingenieure (Hrsg.): Ingenieurverantwortung und Technikethik – Standpunkte, Informationen, Aktivitäten, ohne Verlagsangabe, Düsseldorf 1991, S. 20.

[8] Siehe dazu Abschn. 3.5 *Genese von Ingenieurbauwerken*.

[9] Vergleiche dazu insbesondere, Abschn. 3.7 *Unbeständigkeit von Werten beim ingenieurtechnischen Handeln*.

[10] Deutscher Ethikrat (Hrsg.): *Vulnerabilität und Resilienz in der Krise – Ethische Kriterien für Entscheidungen in einer Pandemie*, Berlin, 2022, S. 35.

mension muss explizit auch das Handeln in die nicht schon konstituierte Situation hinein mitbedacht werden. Das erfordert, auf veränderliche Einstellungen in der Gesellschaft, beispielsweise zu Folgen der Ausweitung des Verkehrsaufkommens (Lärmbelästigung, Abgasemissionen), Siedlungsverdichtungen oder grundsätzlichen ökologischen Fragen zum Zwecke von Planungsänderungen oder -anpassungen vorbereitet zu sein. „Bei der Infrastrukturplanung, etwa für Hochwasserschutzanlagen, Wasserversorgung, Verkehrswege, Müllentsorgung, müssen die Planer die Interessen und Lebensbedingungen der künftigen Generation vor ihr inneres Auge holen."[11]

Für das Verantwortungsbewusstsein des Bauingenieurs wirft das Fragen auf. Aus der Wirkferne, den Prognosevorbehalten und der möglichen sozialen Überholung von Planungsgrundsätzen und -zielen resultiert einerseits ein Legitimationsproblem des Bauingenieurs. Andererseits ist er nicht nur für die Planung von Anlagen der Infrastruktur, der Ver- und Entsorgung, des Wohnens und Arbeitens usw. verantwortlich. Wie Martin Lendi feststellt, trägt er auch die Verantwortung, „die Zivilisation im Kontext des Lebensraumes"[12] zu verstehen. Dies markiert „eine erweiterte Sachkompetenz bezüglich Ingenieurleistung im und mit dem Lebensraum"[13] und verweist darauf, dass es jederzeit eines umsichtigen Ingenieurhandelns, vor allem einer Aufgeschlossenheit gegenüber Entwicklungen und Signalen bedarf.

Das Ingenieurhandeln ist stets eine Antwort auf aktuelle oder künftige Herausforderungen. Aber nur, wenn eine Ingenieurhandlung in einem Bezug zur zu gestaltenden Wirklichkeit steht und einen nützlichen Inhalt erkennen lässt, ist sie auch sinnvoll. Wo der Bezug fehlt, kommt eine sinnhafte Ingenieurhandlung kaum zustande. Zwar kann auch eine Ingenieurhandlung ohne Wirklichkeitsbezug objektiv nützlich sein, aber diese Nützlichkeit wäre nicht mit der Absicht des

---

[11] Ekardt, Hanns-Peter: *Was heißt Ingenieurverantwortung? Verantwortung erster und zweiter Ordnung und die Alltäglichkeit professioneller Selbstkontrolle*, Uni Kassel 1997, unpaginiert.

[12] Lendi, Martin: *Das Recht des Lebensraumes – und die gesellschaftspolitische Aufgabe des Bauingenieurs*, in: Stiftung Bauwesen (Hrsg.): Der Bauingenieur und seine gesellschaftspolitische Aufgabe, Schriftenreihe der Stiftung Bauwesen, Heft 1, Stuttgart 1996, S. 82.

[13] Ebenda.

## 5 Grundzüge eines risikoethischen Ingenieurhandelns

Handelnden vermittelt, sondern würde sich eher zufällig einstellen. Ingenieurmäßiges Planen (Entwurf und Bemessung) ist sinnvoll, wenn es gezielt und zweckgerichtet erfolgt, das heißt, wenn ein expliziter Wille vorliegt und der Bauingenieur sich in eine Beziehung zur Zukunft begibt, auf die er reagiert, denn die künftige Wirklichkeit hält nicht nur den Rahmen des Handelns vor, sondern auch den Bedarf an positiven Handlungsfolgen, die vom Bauingenieur anzusteuern sind.

Das Planen technischer Infrastruktur ist ausnahmslos ein Handeln ins Offene. Der Bauingenieur trifft in der Gegenwart Entscheidungen, deren Folgen in einer unsicheren Zukunft liegen. Dadurch, dass das „Zukunftswissen erkenntnistheoretisch prekär [ist, M. S.], da es weder empirisch überprüfbar noch ohne Zusatzannahmen aus gegenwärtigem Wissen logisch deduzierbar ist",[14] bleibt auch das Wissen über die eigenen Handlungsfolgen hinter der Schaffenskraft zurück. Jeder Planer liefert sich einem Geschehen aus, das nicht vollständig in seiner Verfügung steht. Ihm ist nicht einmal bekannt, wie weit genau er Einfluss auf das Geschehen nehmen kann. Niemals lassen sich Absichten und reale Folgen von Planungshandlungen zur langfristigen Deckung bringen. Der Planer muss einwilligen, dass die Resultate seines Handelns teilweise in einen Kontext münden, der sich erst noch ergeben wird und den er nicht mehr in der Hand hat. Sein Handeln verlangt ein gewisses Maß an Bereitschaft ab, sich auf Risiken einzulassen, ja sie letztlich zu akzeptieren. Damit ist der Bauingenieur jedoch nicht zur Arbeit an der Einsicht aufgefordert, einer völligen Machtlosigkeit ausgesetzt zu sein und sich bestehenden Risikolagen unkritisch beugen zu müssen. Möglichen Risikoeintritten bereitwillig nachzugeben würde bedeuten, sie nicht zum Gegenstand des Nachdenkens zu machen und das Wollen einer maximal möglichen Risikobeherrschung aufzugeben. Ulrich Beck schreibt: „Wir haben es in der Auseinandersetzung mit der Zukunft ... mit einer ‚projizierten Variable', einer ‚projizierten Ursache' gegenwärtigen ... Handelns zu tun, deren Relevanz und Bedeutung di-

---

[14] Grunwald, Armin. *Die hermeneutische Seite der Technikfolgenabschätzung*, in: Friedrich, Alexander/Gehring, Petra/Hubig, Christoph et al. (Hrsg.): Jahrbuch Technikphilosophie, 4. Jahrgang 2018, Arbeit und Spiel, Nomos Verlagsgesellschaft mbH, Baden-Baden 2018, S. 325.

rekt proportional zu ihrer Unkalkulierbarkeit und ihrem Bedrohungsgehalt wächst und die wir entwerfen (müssen), um unser gegenwärtiges Handeln zu bestimmen und zu organisieren."[15] Diese Worte treffen auch auf das Ingenieurhandeln zu. In der Auseinandersetzung mit der Zukunft gilt für den Bauingenieur: Was nicht vorhersehbar ist, ist nicht kalkulierbar, was nicht kalkulierbar ist, ist unsicher, und was unsicher ist, birgt Risiken, die hinzunehmen sind und einen Umgang mit ihnen einfordern, soll das technische Handeln umfänglich erhalten bleiben.

In gewissem Sinne steht das Ingenieurhandeln in der Auseinandersetzung mit der Zukunft bereits mit der ersten Planungsabsicht für den Beginn eines Prozesses der Konstruktion von Risiken. Es ist gar nicht anders denkbar, dass das ingenieurseitige Planen und auch das sich daran anschließende Bauen von technischer Infrastruktur trotz des bei allen Baubeteiligten und Betroffenen vorherrschenden Sicherheitsinteresses immer auch ein Prozess der Herbeiführung von Risikolagen sind, die erst durch Sicherheitsstrategien eingefangen werden können, und das auch nur teilweise bzw. unter Vorbehalt.[16] Es verbietet sich, zu suggerieren, dass das Planen und Bauen eine risikofreie Tätigkeit sei. Das Ingenieurhandeln ist unabänderlich von Risiken begleitet. Da im Interesse der Sicherheit aber immer noch mehr getan werden kann (z. B. über die Generierung von Alternativen), hat sich der Bauingenieur innerhalb der Bauwerksgenese ständig zu vergewissern, ob er die Grundlagen seiner Handlungsabsicht in zutreffender und ausreichender Weise ermittelt hat und auf dieser Basis belastbare Entscheidungen getroffen werden können.

Der spezielle Typ der infrastrukturellen Ingenieurpraxis wird über einen Vergleich mit elektrischen Industrieprodukten klarer. Letztere entstehen in Entwicklungsabteilungen und sind für den Verkauf auf dem Gütermarkt bestimmt. In Vorbereitung darauf wird im Hinblick auf die Produktanforderungen experimentiert. Die Produkte werden in Labors und auf Prüfständen getestet, auf Sicherheit geprüft und optimiert, bis

---

[15] Beck, Ulrich: *Risikogesellschaft. Auf dem Weg in eine andere Moderne*, Suhrkamp Verlag, Frankfurt/M. 1986, S. 45.
[16] Vergleiche dazu auch Teilabschn. 3.4.1 *Zwei-Ebenen-Modell der Ingenieurpraxis*.

Endverbraucher schließlich letzte Schwächen aus der Praxis zurückmelden, die abermals zu Optimierungen führen. Auf diese Weise ist das mit dem praktischen Gebrauch des jeweiligen Produktes verbundene Risiko nach Umfang und Eintrittswahrscheinlichkeit von Verwendungseinschränkungen und Schäden relativ gut beherrschbar. Bei der Planung und Errichtung von Ingenieurbauwerken gibt es aber keine Möglichkeit, alles Denkbare dem Normalgebrauch experimentell vorzulagern. Es ist ausgeschlossen, umfangreiche Tests an Ingenieurbauwerken in Labors oder über Probedurchläufe auf Prüfständen durchzuführen. Bei Projekten wie Abwasserreinigungs-, Wasserversorgungs- oder Verkehrsanlagen sind der tatsächliche Bau, vor allem aber der anschließende Betrieb des jeweiligen Ingenieurbauwerks der eigentliche Test. Aus diesen Gründen sind bautechnische Problemkonstitutionen und Problemlösungen stets mit der Inkaufnahme von Unsicherheit unbekannter Größenordnungen verbunden.

Gleichwohl können Entwurf und Errichtung von Ingenieurbauwerken versuchsweise testartig ausgerichtet sein. Dies gilt etwa für Ingenieurbauwerke, die besondere technische Beanspruchungen zu erfüllen haben oder die erstmalig unter Bedingungen errichtet werden sollen, zu denen keine praktischen Erfahrungen vorliegen. Diese Kontextgebundenheit und die zugleich bestehende partielle Unvertrautheit des jeweils vorliegenden Projektes verleihen dem Ingenieuralltag dann den Charakterzug einer „experimentellen Praxis".[17] Auch in der Techniksoziologie „wird zur Kennzeichnung dieser Konstellation von ‚experimenteller Praxis' gesprochen".[18] Damit wird Bezug genommen „auf zwar nicht alltägliche, aber dennoch regelmäßig wiederkehrende Aufgabenstellungen, mit denen wir uns an der Grenze bisheriger Erfahrung bewegen, sei dies die Grenze der ganz persönlichen Erfahrung oder ... die praktische und technisch-wissenschaftliche Grenze der Erfahrung einer ganzen

---

[17] Krohn, Wolfgang/Krücken, Georg: *Risiko als Konstruktion und Wirklichkeit*, in: Krohn, Wolfgang/Krücken, Georg (Hrsg.): Riskante Technologien, Reflexion und Regulation. Eine Einführung in die sozialwissenschaftliche Risikoforschung, Frankfurt 1993, S. 21 f.

[18] Ekardt, Hanns-Peter: *Die Stauseebrücke Zeulenroda. Ein Schadensfall und seine Lehren für die Ingenieurverantwortung*, in: Sonderdruck aus Stahlbau 67, Heft 9, Berlin 1998, S. 9.

Profession".[19] Diese Umstände verlangen dem Bauingenieur nicht nur Urteilsfähigkeit und Reflexionsvermögen ab, sondern beanspruchen auch einen gewissen Spielraum zum Handeln. „Wird dieser Spielraum durch zu großen ökonomischen und zeitlichen Druck und durch zu weitgehende staatliche Techniksteuerung zu sehr eingeengt, ist Betreten von Neuland mit unvertretbarem Risiko verbunden."[20]

Die „experimentelle Praxis" beim Ingenieurhandeln ist durch fünf hervorstechende Momente gekennzeichnet:
1. erstmalige praktische Anwendung von Wissen (z. B. neue Materialien, neue Erkenntnisse über Mechanismen des Bauteilversagens);
2. Anknüpfung an bestehende Infrastrukturen zur Sicherstellung der Ver- und Entsorgung (z. B. Eingriff in bestehende Strukturen, Materialübergänge);
3. technische Standards (z. B. Widerspruchsfreiheit, Abgleich mit technischem Stand, erstmalige Veröffentlichung, Korrekturfassung, Neuauflage);
4. Haltentscheidungen (z. B. Planungsaufwand, Konzeptionen von Alternativen, Untersuchungsumfänge);
5. Implikation von Risiken (z. B. Erfahrungsmangel im Umgang mit Materialien, Bauteilen, Verfahren oder Systemen, Unsicherheiten beim Handeln in die offene Zukunft).

Sollen unter diesen Bedingungen Kriterien für die Planung und Errichtung von Ingenieurbauwerken gefunden werden, die eine nachvollziehbare Bewertung der Akzeptabilität[21] des technischen Handelns von Bauingenieuren erlauben, und soll auch Zuversicht zustande kommen, kann dies nur über einen Diskurs im Sinne einer offenen und ehrlichen Kommunikation geschehen, der von Beginn an auf ein gemeinsames Verständnis ausgerichtet ist, indem sich Bauingenieure von abschirmender Kompetenz fernhalten und die Rolle als Erklärer und Darsteller

---

[19] Ebenda, S. 14.
[20] Ebenda.
[21] Siehe dazu Teilabschn. 4.2.3 *Akzeptanz und Akzeptabilität*.

technischer Sachverhalte und Zusammenhänge übernehmen. Andernfalls würde die Kluft zwischen Spezialisierung und der Mehrheit der Laien möglicherweise zu groß werden – zulasten von öffentlichem Vertrauen in Ingenieurbauwerke, in die Tätigkeit von Bauingenieuren und letztlich in die Ingenieurlandschaft insgesamt.[22]

Ein aussichtsreicher Diskurs muss „eine analytisch in drei Aspekte aufgliederbare Leistung erbringen: Er muss eine Klärung in den Sachfragen ermöglichen, weiterhin eine Klärung in den Werthaltungen der Beteiligten und schließlich eine Klärung der Zuordnung beider."[23] Bauingenieure sind regelmäßig herausgefordert, zwischen einer Vielzahl von unterschiedlichen Wertgesichtspunkten abzuwägen und ihnen weitestgehend gerecht zu werden. Meist sind es die Fälle, in denen Werthaltungen hervortreten, mit denen subjektive Wertigkeiten (z. B. Wohlstand, Eigentum) privilegiert werden und von Risiken verschont bleiben sollen. Diese Individualpräferenzen stehen nicht selten im Kontrast zu Optionswerten (z. B. Natur, Ökosystem),[24] die auf die Erhaltung aktueller und künftiger Handlungsfreiheit abzielen sowie der Vermeidung von Kollektivrisiken dienen.

Bauingenieure verhalten sich korrekt, wenn sie es unterlassen, die empirische Richtigkeit ihrer impliziten Wertpräferenzen über das zu stellen, was den betroffenen Bevölkerungsteilen als akzeptabel erscheint, und wenn sie versuchen, deren Vorstellungen zu erfassen, um diese gegebenenfalls in Verbindung mit technischen Bedingungen zur

---

[22] Ist „die öffentliche Diskussion erst einmal eskaliert, lassen sich die verfestigten Meinungen nur sehr schwer durch neue Argumente verändern". Brettschneider, Frank: *Zwischen Protest und Akzeptanz – Zur Kommunikation von Großprojekten*, in: Stiftung Bauwesen (Hrsg.): Großprojekte in der Demokratie, Schriftenreihe der Stiftung Bauwesen, Heft 16, Stuttgart 2011, S. 33. In dem Beitrag werden die Ergebnisse aus Bürgerbefragungen zur Meinungsbildung nach dem Schlichtungsverfahren zu „Stuttgart 21", das im November 2010 unter der Moderation von Heiner Geißler stattfand, vorgestellt.

[23] Vogelsang, Frank: *Wege zum Abgleich von Wertedissensen am Arbeitsplatz*, in: Duddeck, Heinz (Hrsg.): Ladenburger Diskurs, Technik im Wertekonflikt, Springer Verlag, Wiesbaden 2001, S. 178.

[24] Es wäre eine Überlegung wert, die Wahrung von Optionswerten neutralen Institutionen (z. B. der Gerichtsbarkeit, Gutachtergremien) zu überantworten, welche als Korrektiv über Risiken und Risikopotenziale befinden würden und verhindern könnten, dass rein utilitaristisches Denken, dem der Blick auf die Natur und zukünftige Generationen weitgehend fehlt, Einzug erhält.

Grundlage ihrer Arbeit zu nehmen. Würde diese Form der Leistungserbringung zu einem Teil eines systematischen Entscheidungsverfahrens, qualifizierte das zwar noch nicht als direkte Zustimmung zu einzelnen Risiken, aber es trüge zur Diskursproduktivität bei, denn Akzeptanzfragen würden in ein kollektives Verfahren ebenso einbezogen wie Partizipationsrechte. Die Ergebnisse eines solchen Entscheidungsverfahrens würden die Prägung eines Konsenses erhalten, ganz im Gegensatz zu den Fällen, in denen mehr oder weniger willkürlich mit zufälligen Mehrheiten entschieden wird und den Resultaten dadurch eine schwächere Legitimation zuzurechnen ist.

Entscheidungen von Bauingenieuren mögen zwar rational sein, wenn diese aus einer gewissen Interessenlage heraus in einen größtmöglichen Nutzen führen (z. B. Ver- und Entsorgungssicherheit, Verkehrsentlastung). Allerdings ist eine derartig einseitige Perspektive möglicherweise ethisch fragwürdig, insbesondere, wenn Risikoentscheidungen lediglich im Rahmen subjektiver bzw. ingenieurfachlicher Rationalität erörtert werden, während öffentliche Diskussionen über Alternativen und Folgenbewertungen ausbleiben. Entscheidungen über Risiken, denen durch Vorsorge begegnet werden kann (die stets mit Unwägbarkeiten verbunden ist, weil es sich um Vorsorge für etwas nicht vollends Bestimmbares handelt), „hängen immer von subjektiven und intersubjektiv mit anderen geteilten Risikowahrnehmungen sowie von der jeweils gesellschaftlich diskursiv ausgehandelten und vereinbarten Risikoakzeptanz ab".[25] Danach steht außer Frage, dass eine Verständigung darüber, welche Handlungsfolgen tatsächlich drohen, mit welchen Wahrscheinlichkeiten zu operieren ist und welche Alternativen zur Disposition stehen, zum Zwecke eines breiten Einvernehmens nur über Aufklärungs- und Abwägungsprozesse[26] erfolgen kann.

Selbstverständlich ist auch zu klären, ob potenzielle Risiken überhaupt vorliegen. Theoretisch lassen sich Risikosituationen bei Bedarf

---

[25] Deutscher Ethikrat (Hrsg.): *Vulnerabilität und Resilienz in der Krise – Ethische Kriterien für Entscheidungen in einer Pandemie*, Berlin, 2022, S. 49.
[26] Siehe dazu in diesem Teil, Abschn. 5.3 *Risikokommunikation zwischen Nicht-Betroffenen und Betroffenen.*

## 5 Grundzüge eines risikoethischen Ingenieurhandelns

und Eignung mit solchen aus parallel laufenden Projekten zum Zwecke der Schaffung einer Legitimationsbasis für anstehende Risikoentscheidungen vergleichen, wenn durch Vergleichsbetrachtungen geprüft werden kann, wie sich Risikosituationen in ethischer Hinsicht zueinander verhalten. Grundsätzlich können Risiko-Risiko-Vergleiche pragmatisch motiviert sein, indem über sie in schwierigen Risikodebatten versucht wird, zur Versachlichung und Zielführung beizutragen. Unabhängig von der Frage der normativen Vergleichbarkeit differenter Risikodimensionen durch übergeordnete Vergleichsszenarien und der Frage heranzuziehender Prüfkriterien, dürften Risiko-Risiko-Vergleiche in der Praxis aber bereits an der Komplexität und den Strukturen von Bauvorhaben scheitern, da sich diese zumeist so deutlich voneinander unterscheiden, dass sie keine tragfähigen Vergleiche von Risikosituationen erlauben.

Bauingenieuren kommt auf ihrem jeweils spezifischen Feld mehr und mehr die Aufgabe zu, auch im Bewusstsein tätig zu sein, heute Sorge dafür tragen zu müssen, die existenziellen natürlichen Grundlagen in einem Zustand zu hinterlassen, der das künftige Leben nicht auf eine Weise beeinträchtigt, von der heute bereits bekannt ist, dass er für nachkommende Generationen inakzeptabel wäre – unzumutbare Risiken inbegriffen. „Dies setzt eine antizipatorische und zeitüberspannende Sicht und Einschätzung voraus, die zu der aktuellen zeitgemäßen Einhaltung von technischen Regelungen übergreifend hinzukommen müssen."[27] Hier greift das anthropologische Moment von Jonas. Es ist die Idee des „Homo pictor", der sich ein Bild schaffende Mensch, der sich seiner Fähigkeiten und der Freiheit[28] bewusst werden muss. Jonas zeigt im *Prinzip Verantwortung* „auf das Allervertrauteste ... das Neugeborene,

---

[27] Lenk, Hans: *Die ethische Verantwortung des Bauingenieurs – Das Verantwortungsproblem in der Technik*, in: Stiftung Bauwesen (Hrsg.): Der Bauingenieur und seine gesellschaftspolitische Aufgabe, Schriftenreihe der Stiftung Bauwesen, Heft 1, Stuttgart 1996, S. 62.

[28] „Freiheit meint bei Jonas tätige Selbsterhaltung in der Natur, die sich vom Menschen (an der Spitze der Pyramide) herab bis zu den Grundformen des Organischen erstreckt." Schmidt, Jan C.: *Das Argument „Zukunftsverantwortung"*, in: Hartung, Gerald/Köchy, Kristian/Schmidt, Jan C. et al. (Hrsg.): Naturphilosophie als Grundlage der Naturethik – Zur Aktualität von Hans Jonas, Verlag Karl Alber, Freiburg/München 2013, S. 169 f.

dessen bloßes Atmen unwidersprechlich ein Soll an die Umwelt richtet, nämlich sich seiner anzunehmen. Sieh hin und du weißt."[29] Er bezeichnet das Kind als „Urgegenstand der Verantwortung".[30] Das Sehen, die Imagination, wird zum idealen Fernsinn und somit auch zur Bedingung der Möglichkeit der Übernahme moralischer Verantwortung. Hier ruft das *Prinzip Verantwortung* den Bauingenieur zur Besonnenheit und Umsicht auf. Es appelliert an seine Verantwortung gegenüber Mitmenschen und Gesellschaft, künftigen Generationen und der Natur, denn er kann sich kraft seines Wissens trotz aller bestehenden Umstände ein ungefähres Bild über moralisch relevante Aspekte und mögliche Folgen anstehender Handlungen machen, noch ehe situationsethische Fragen aufkommen, zumindest in dem Maße, wie sich Ingenieurbauwerke, herbeigeführte Prozesse oder Konstruktionsrealisierungen dem individuellen absichtsvollen, zielgerichteten Handeln fügen, das heißt so weit, wie seine Kontrolle und Einflussnahme reichen.[31] Der Bauingenieur kann sich am ehesten vorstellen, welche Unsicherheit mit dieser oder jener Ingenieurhandlung verbunden ist und welche Risiken bestehen. Jedes seiner Arbeitsergebnisse ist zwar ein Produkt ingenieurtechnischen Handelns. Aber er ist zu jeder Zeit auch Träger von technischem und von sittlichem Wissen.[32]

---

[29] Jonas, Hans: *Das Prinzip Verantwortung – Versuch einer Ethik für die technologische Zivilisation,* Suhrkamp Verlag, Frankfurt/M. 2003, S. 235.

[30] Ebenda, S. 234.

[31] Vergleiche dazu auch in diesem Teil, Abschn. 5.5 *Zur Problematik der Verantwortung für Handlungsfolgen in der Projektarbeit.*

[32] Es ist die „grundsätzliche Modifikation des begrifflichen Verhältnisses von Mittel und Zweck, durch die sich das sittliche Wissen vom technischen Wissen unterscheidet. Es ist nicht nur so, daß das sittliche Wissen keinen bloß partikulären Zweck hat, sondern das Richtigleben im ganzen betrifft – wogegen natürlich alles technische Wissen ein partikuläres ist und partikulären Zwecken dient." Gadamer, Hans-Georg: *Hermeneutik I, Wahrheit und Methode,* J. C. B. Mohr (Paul Siebeck) Tübingen 1999, S. 326.

## 5.2 Kritik an der Risikobewertung nach der Formel R = w × S

Der Risikobewertung nach der Formel $R = w \times S$[33] hängen Schwachstellen an, die im Ingenieuralltag zu Problemen und Falscheinschätzungen führen können. Die am häufigsten auftretenden Momente werden nachfolgend erläutert:

1) Prognosevorbehalt:
Am Beispiel der Eintrittshäufigkeit zurückliegender Schadensereignisse lässt sich gut veranschaulichen, dass bei den Ausdeutungen statistischer Sachverhalte Besonnenheit geboten ist. So bedeutet etwa die Angabe einer zurückliegenden Eintrittshäufigkeit von 0,04 Schadensereignissen pro Jahr, dass im statistischen Mittel zweimal in 50 Jahren bzw. viermal in 100 Jahren ein Schadensereignis an einem Ingenieurbauwerk registriert worden ist. Wird aus diesen Beobachtungen für ein neu zu errichtendes ähnliches Ingenieurbauwerk in derselben Region der Schluss gezogen, dass es in den kommenden 50 Jahren ebenfalls zweimal, mithin einmal in 25 Jahren zu einem Schadensereignis kommen wird, erfolgen entsprechende Abstimmungen auf Planungsarbeiten, soweit erforderlich und möglich. Diese Herangehensweise kann mit Mängeln behaftet sein.
Zunächst einmal sind Einschätzungen über Schadensereignisse stets abhängig von der Verfügbarkeit relevanter statistischer Aufzeichnungen und nur dann halbwegs verlässlich, wenn sie einer genügend großen Zahl von Beobachtungen entstammen (statistische Grundgesamtheit), die unter definierten Bedingungen zusammengetragen wurde. Prognosen hängen von der spezifischen Stichprobe zugrunde gelegter Beobachtungen ab. Des Weiteren müssen sich Bauingenieure darüber im Klaren sein, dass ein Rückgriff auf Aufzeichnungen, die etwas über die Vergangenheit aussagen, zum Zwecke der Anwendung auf ein in Planung befindliches Ingenieurbauwerk nicht mehr als eine

---

[33] Vergleiche dazu Abschn. 2.4 *Risikokalkulation*.

Annäherung an künftige Ereignisse sein kann. Selbst wenn Daten eines vergleichbaren, bereits lange im Betrieb stehenden Ingenieurbauwerks zum Zwecke prognostischer Aussagen herangeholt würden, wären diese nicht automatisch auf das neu zu errichtende Ingenieurbauwerk übertragbar. Die Prognose wäre insofern instabil, als nicht nur technische Weiterentwicklungen unberücksichtigt blieben, die bei dem neuen Bauwerk möglicherweise zur Anwendung kämen, sondern auch qualitative Aspekte wie etwa bekannt gewordene Fehler, die bei der Planung und Errichtung des bestehenden Bauwerks begangen worden sind und bei der anstehenden Neuplanung und -errichtung vermieden würden. Noch hinzu könnten spezielle örtliche Baugrundverhältnisse, veränderte Nutzungsbeanspruchungen und andere erstmalig zu berücksichtigende Besonderheiten sowie selbstverständlich unsichere klimatische Zustände kommen. Die Menge möglicher Abweichungen belegt, dass die Zuverlässigkeit vorliegender statistischer Daten zur Abgabe prognostischer Aussagen stets begrenzt ist. Zurückliegende Eintrittswahrscheinlichkeiten und Ausmaße von Schäden an einem Ingenieurbauwerk korrespondieren nicht zwingend mit künftigen Schadensereignissen an einem anderen, sondern nur potenziell.

2) Formelgültigkeit:
Durch den Rückgriff auf die Formel wird Unsicherheit in ein mathematisches Kalkül transformiert, dessen Ergebnis eine Zahl ist, die dahingehend Sicherheit suggeriert, dass für betroffene Menschen ein rechnerisch kleineres Risiko entscheidungsbegründender und zustimmungsfähiger ist als ein größeres. Dabei dürfte es für Betroffene bei einem Schadensereignis bedeutungslos sein, welches rechnerische Risiko für einen Schaden bestanden hat, wenn einer eingetreten ist. Bei einem Schadensereignis ist es nicht mehr von Belang, zu wissen, mit welchem Grad der Wahrscheinlichkeit es zuvor angesetzt wurde. Die Betroffenen sind nach einem Schadenseintritt ausschließlich um die Bewältigung mit den aus dem Ereignis hervorgegangenen Folgen bemüht.

Das bezifferte Risiko R ist das Ergebnis aus Berechnungen zur Wahrscheinlichkeit eintretender Schadensfälle. Tritt ein Schadensfall ein, fällt dieser unter das Berechnungsergebnis. Der nicht ausgeschlossene Schadenseintritt ist als Bestätigung für das errechnete Risiko zu verstehen. Tritt kein Schadensfall ein, fällt auch dieses Ereignis unter das

Berechnungsergebnis, denn durch den nicht eingetretenen Schadensfall wird bestätigt, dass die Formel nicht über einen sicheren Schadenseintritt, sondern zu einem wahrscheinlichen Auskunft gibt. Eine Wahrscheinlichkeitsangabe über den Eintritt eines Einzelfalls innerhalb von beispielsweise 50 Jahren sagt aus, dass er in 10 Tagen, in 39 Jahren, eher, später oder überhaupt nicht eintreten kann.[34] Dadurch verliert die Formel an Vertrauen in ihre Aussagekraft.

3) Differenzierung der konstituierenden Komponenten:
In der Ingenieurpraxis zeigt sich, dass der aus dem Produkt w × S errechnete Erwartungswert des Risikos R allenfalls in mittleren Wertebereichen für w und S mit dem Alltagsbewusstsein betroffener Bürger vereinbar ist. Keinesfalls gilt die Regel: Je kleiner der Erwartungswert des Risikos R, desto bedeutungsloser das Risiko. Ist der Erwartungswert des Risikos R rechnerisch klein, weil die angenommene Eintrittswahrscheinlichkeit w sehr klein, der angenommene Schadenswert S aber vergleichsweise groß sind, dann ist der kleine Erwartungswert des Risikos R noch kein Indikator für eine mögliche soziale Akzeptanz bei der Risikoabwägung. Gleiches gilt, wenn w vergleichsweise groß und S sehr klein sind, was rechnerisch ebenfalls einen kleinen Erwartungswert des Risikos R ergibt. Ein kleiner Erwartungswert des Risikos R steht nicht schon für die Billigung eines Risikos bei betroffenen Bürgern.

Die Gegenüberstellung offenbart, dass sich Risikoakzeptanz nicht allein über errechnete Ergebniswerte herbeiführen lässt. Zudem wird die grundsätzliche Frage aufgeworfen, ob ähnliche Erwartungswerte des Risikos R überhaupt in Beziehung gesetzt werden können, wenn sie einerseits aus dem Produkt einer sehr geringen Eintrittswahrscheinlichkeit und einem hohen Schadenswert hervorgehen und andererseits aus dem Produkt einer hohen Eintrittswahrscheinlichkeit und einem sehr geringen Schadenswert resultieren. In beiden Fällen dürfte eine symmetrische Investition von Abwehrmaßnahmen gesellschaftlich kaum auf Konsens stoßen, denn es entspricht dem

---

[34] Hier findet die Frage nach dem Sinn von Aussagen zu prognostischen Schadenseintritten einen Grund.

lebensweltlichen Verständnis, dass die Anforderungen zur Vermeidung der „Versagenswahrscheinlichkeit mit den auf dem Spiel stehenden materiellen und politisch-legitimatorischen Schadenswerten steigen".[35]
Die Reflexion auf die Zeitdimension zeigt, dass die Errichtung von Ingenieurbauwerken, mit denen große Schäden bei geringer Wahrscheinlichkeit riskiert werden und die eine prinzipiell unbegrenzte Reihe von nicht gewollten Folgen nach sich ziehen, ein unendliches und wegen der Ausgeschlossenheit der Datierbarkeit des Schadensfalls auch ständiges Risiko darstellen.[36] Sozialpsychologisch gesehen ist dies eine Feststellung von außerordentlicher Tragweite, insbesondere im Hinblick auf die gesellschaftliche Akzeptanz von Risiken. Sie sind sinnlich nicht unmittelbar erfahrbar, besitzen als latente Gefahren aber eine hohe Relevanz, weil sie als situative Bedingtheit (Bedrohung) aufgefasst und naturgemäß mit Schadens- und Verlusterwartungen assoziiert werden.
Für die soziale Verträglichkeit eines errechneten Erwartungswertes des Risikos R bedeutet das, dass die beiden Größen w und S nicht isoliert, aber getrennt voneinander betrachtet werden müssen, wobei S im Hinblick auf die Aussagekraft und die zu treffende Entscheidung möglicherweise die maßgeblichere Komponente ist.[37] Zur Verantwortung der Ingenieure gehört es daher, in der Auseinandersetzung mit Bürgern beide Größen streng auseinanderzuhalten und zu beziffern. Das heißt konkret, Bauingenieure müssen in der Debatte mit der interessierten Öffentlichkeit unterscheiden zwischen dem Erwartungswert des Risikos R im Sinne seiner Definition und der davon ganz unabhängigen Frage, ob ein alle Vorstellungen und Akzeptanzschwellen übersteigender Wert eines eventuellen Schadens

---

[35] Ekardt, Hanns-Peter/Manger, Daniela/Neuser, Uwe et al.: *Rechtliche Risikosteuerung – Sicherheitsgewährleistung in der Entstehung von Infrastrukturanlagen*, Nomos Verlagsgesellschaft mbH, Baden-Baden 2000, S. 94.
[36] Extreme Beispiele sind Dammbrüche oder Ausfälle technischer Anlagen bis hin zu nicht mehr beherrschbaren Störfällen in technischen Großanlagen wie in den Atomkraftwerken von Tschernobyl und Fukushima.
[37] Siehe dazu Teilabschn. 4.1.1 *Bayessches Kriterium*.

auch nur als Eventualität in Kauf genommen werden sollte und von wem, wenn die Wahrscheinlichkeit seines Eintretens gering ist.[38]

4) Keine Universalität von Risikobewertungen:
Die Risikobewertungen nach der Formel sind nicht universalisierbar. Einerseits handelt es sich bei Risikobewertungen immer nur um Einzelfallbewertungen, ohne dass Referenzklassen vorliegen.[39] Eine Wahrscheinlichkeit, die sich auf ein einzelnes Ergebnis bezieht, für die aber keine Referenzklasse vorliegt, schließt eine Häufigkeitsinterpretation aus. Folglich kann keine relative Häufigkeit[40] angegeben werden. Damit verlieren Wahrscheinlichkeitsangaben von Einzelfallbewertungen an Aussagekraft. Andererseits sind Risikobewertungen abhängig von der subjektiven Wertefunktion und auch von der Einschätzung der Wahrscheinlichkeit eines Schadenseintrittes einer bewertenden Person oder eines Personenkreises, der sich der Risikobewertung angenommen hat. An dieser Stelle büßen Risikobewertungen ihre Objektivität ein.[41]

Die von Nichtbetroffenen (Experten) aufgestellten Bewertungen korrelieren nicht zwingend mit der personalen Anerkennungsbasis der Betroffenen (Laien). Der an der Risikosetzung beteiligte Personenkreis kann nicht wissen, wie die Betroffenen, die einem Risiko ausgesetzt sind oder sein werden, ein im Raum stehendes Schadensereignis bewerten. Ob ein Zusammenhang zwischen der moralischen Beurteilung einer Risikoexposition und einem Schaden besteht, lässt sich nur an Situationen prüfen, in denen Personen als Betroffene einem

---

[38] Die vorstehenden Formulierungen sind gewählt worden, um die beabsichtigte Intention möglichst deutlich hervorzuheben. Der Sachverhalt gilt selbstverständlich auch bei Risiken, die aus hohen Wahrscheinlichkeiten und kleinen Schäden hervorgehen.

[39] Das Fehlen von Referenzklassen erklärt sich aus der hohen Detailvielfalt von Ingenieurbauwerken, den unterschiedlichen Baumaterialien, deren Verbindungen und den niemals identischen Bedingungen des Bauens. Unter diesen Voraussetzungen ist es ausgeschlossen, Klarheit über sämtliche bauwerkliche Beschaffenheiten herzustellen und hinreichend große Datengrundgesamtheiten für Referenzklassen zu bilden.

[40] „Die Wahrscheinlichkeit eines Ereignisses wird als relative Häufigkeit in einer Referenzklasse definiert." Gigerenzer, Gerd: *Risiko – Wie man die richtigen Entscheidungen trifft*, 2. Auflage, Pantheon Verlag, München 2020, S. 383.

[41] Vergleiche dazu Abschn. 2.4 *Risikokalkulation*.

Risiko ausgesetzt sind. Es liegt in erster Linie an demjenigen, dem ein Schaden droht, festzulegen, was in seinem Fall ein Schaden ist und welcher Wert diesem Schaden gegenüberzustellen ist. Der Personenkreis der Nichtbetroffenen kann nicht davon ausgehen, dass Betroffene die Wahrscheinlichkeitsabschätzungen teilen, die ihnen vorgelegt werden. Möglicherweise bestehen Unterschiede in den methodischen Zugängen oder differente Auffassungen in der Rationalität und Vernünftigkeit von Positionen. Es gibt keine verallgemeinerbaren Risikobewertungen.

5) Eingeschränkte Anwendbarkeit wegen Ausschließung von Kriterien: Schließlich übergeht die Formel, ob drohende Schadensereignisse reversibel oder irreversibel sind,[42] ob ihre direkten und indirekten Folgen zeitlich begrenzt sind oder ob Menschen auf unabsehbare Zeit davon betroffen sind. Zudem fließen bei der Bemessung des Schadenswertes keine qualitativen Abschätzungen ein, mit denen materielle und immaterielle Werte bzw. Schäden in gleicher Weise berücksichtigt werden könnten, wie etwa der ästhetische bzw. ökologische Wert einer intakten Landschaft oder die Bedeutung historischer Bauten für die Identität der örtlichen Bevölkerung – Größen, deren Geldwerte schwer bezifferbar sind, soweit ihnen überhaupt welche beigestellt werden können. Dies verdeutlicht, dass die Formel auch rechtlich kaum verwertbare Anhaltspunkte in Fragen der Haftbarkeit liefert, weil „Haftbarkeitsfragen im wesentlichen eine Quantifizierbarkeit des Schadens voraussetzen und damit natürlich auch die Quantifizierbarkeit des Risikos als Produkt von Auftrittswahrscheinlichkeit und Schadenshöhe".[43] Diese Implikation führt fallweise in eine verstärkte Auseinandersetzung mit den Grenzen der Haftbarkeit.[44]

---

[42] Es versteht sich von selbst, dass ingenieurtechnische Maßnahmen gar nicht erst zur Ausführung kommen, wenn klar ist, dass sie im Schadensfall irreversible negative Folgen bei der Verwirklichung jenes Wertes haben, um dessentwillen sie geplant worden sind.

[43] Hubig, Christoph: *Die Notwendigkeit einer neuen Ethik der Technik. Forderungen aus handlungstheoretischer Sicht*, in: Rapp, Friedrich (Hrsg.): Neue Ethik der Technik? – Philosophische Kontroversen, Deutscher UniversitätsVerlag, Wiesbaden 1993, S. 149.

[44] Siehe dazu auch in diesem Teil, Abschn. 5.1 *Verständigung über Risiken*.

## 5 Grundzüge eines risikoethischen Ingenieurhandelns 229

Die Auflistung zeigt, dass das Konzept der Ermittlung des Risikos aus Eintrittswahrscheinlichkeit multipliziert mit einem Schadenswert keineswegs problemfrei ist. Ihm fehlen feste Bezüge zur Ingenieurpraxis. Vor diesem Hintergrund stellt sich die Risikokalkulation[45] eher als Ausdruck denn als Antwort auf die Frage dar, ob Schadenswerte denkbar sind, die bei einer noch so geringen Eintrittswahrscheinlichkeit nicht riskiert werden sollten. Im Sinne der Vermeidung einer Kontraproduktivität drängt sich die Vorzugsregel auf, nach der von Handlungen, die große Schäden bei geringen Eintrittswahrscheinlichkeiten riskieren und deren Folgen zeitlich und räumlich weder begrenzt noch beherrschbar sind, in jedem Fall abzusehen ist. Höhn schreibt: „Man wird ein Gefahrenpotential künftigen Generationen dann nicht zumuten dürfen, wenn der größte denkbare Unfall auch der gegenwärtigen Generation nicht zumutbar erscheint. ... Im Umkehrschluss gilt, dass es nicht unverantwortlich ist, Risiken einzugehen, deren Ausmaß im Eintrittsfall begrenzt ist und deren Folgen beherrschbar sind."[46] Allerdings wäre im individuellen Betroffenheitsfall zu klären, welche Dimension an begrenztem Ausmaß und beherrschbaren Folgen als akzeptabel angenommen würde und welche nicht mehr.

Die Auflistung fordert aber auch eine gewisse Bereitwilligkeit ein, sich als Bauingenieur auf die besonderen Umstände im Zusammenhang mit dem Risiko einzustellen. Der Begriff des Risikos, so wie er in der Ingenieurpraxis verwendet wird, setzt einen abwägenden, kalkulierenden und rational handelnden Akteur voraus, der in der Lage ist, Kausalbeziehungen zwischen sachlichen, zeitlichen und räumlichen Bedingungen durch Entscheidungen bzw. Handlungen herzustellen. Dementsprechend muss der Bauingenieur fähig sein, das sich der Wahrnehmung prinzipiell Entziehende, nur theoretisch Verwobene zum Bestand seines Denkens werden zu lassen. Die Erfahrungslogik des Alltagsdenkens wird an dieser Stelle gleichsam umgedreht: Der Bauingenieur steigt

---

[45] Siehe dazu Abschn. 2.4 *Risikokalkulation*.
[46] Höhn, Hans-Joachim: *Technikethik als Risikoethik. Ansätze einer sozialethischen Risikobeurteilung*, in: Weber, Wilhelm (Hrsg.): Jahrbuch für Christliche Sozialwissenschaften, Band 37, Regensberg Verlag, Münster 1996, S. 42 f.

nicht mehr nur induktiv von Eigenerfahrungen zu Allgemeinurteilen auf, vielmehr wird erfahrungsloses, gedankliches Allgemeinwissen zum bestimmenden Zentrum der Eigenerfahrung, das zugleich als verantwortbare Dimension interpretiert wird.

## 5.3 Risikokommunikation zwischen Nichtbetroffenen und Betroffenen

Wegen der Unumgehbarkeit, es bei Ingenieurhandlungen mit einer unsicheren Zukunft zu tun haben, entstehen mit nahezu jeder Errichtung eines Ingenieurbauwerks gewisse Risiken, die Nichtbetroffene auf Betroffene übertragen.[47] Dieser Tatbestand lässt sich nicht beseitigen und fordert zur Initiierung von Experten-Laien-Kommunikationskreisen auf, in denen Anregungen und Bedenken betroffener Bürger und Gruppen vorgebracht werden können, selbstverständlich auch in der Absicht, dass diese in die Prozesse baulicher Maßnahmen einbezogen werden. Zur Teilnahme aufgerufen sind interessierte Bürger, denn sie sind Teil der folgenbetroffenen Umwelt. Nur wenn ökologische Erfordernisse, ökonomische Interessen, technische Belange, soziale Bedürfnisse und ethische Bedenken bei Planungen und Errichtungen von Infrastrukturanlagen benannt und öffentlich zur Diskussion gestellt werden, können Personenkreise wie Kommunalpolitiker, Vertreter von Umweltverbänden, Bürgervertretungen und auch Bauingenieure zu Urteilsbildungen gelangen, sodass Bauwerksplanungen und -ausführungen schließlich auf demokratische Weise befürwortet und als tragfähig qualifiziert oder aber in Teilen bzw. vollständig abgelehnt werden. Die aufgezählten Gesichtspunkte sind gleichberechtigt gegeneinander abzuwägen. Gute Aussichten auf die Herstellung einer breiten Akzeptanz liegen vor, wenn in Infrastrukturanlagen übergreifend hohe Nutzen- und geringe Schadenspotenziale gesehen werden, wenn sie kostenmäßig annehmbar sind, wenn sie als sozial- und umweltverträglich gelten, wenn sie politisch legitimiert sind und wenn sie ethisch als unbedenklich bewertet werden.

---

[47] Siehe dazu Abschn. 2.3 *Typische Risikosituationen.*

## 5 Grundzüge eines risikoethischen Ingenieurhandelns

Je komplexer technische Systeme, desto intensiver müssen Kommunikationen geführt werden. Komplexität begrenzt das, was wir über ein technisches Bauwerk wissen oder vernünftig überlegen können. Von großer Bedeutung sind daher die öffentliche Kommunikation mit den Betroffenen und die ingenieurseitige Aufklärungsarbeit, denn die Risikobeurteilungen von betroffenen Laien und nicht betroffenen Experten können erheblich auseinanderfallen. „Im Gegensatz zu Experten, die allein Wahrscheinlichkeit und Schadensausmaß bewerten, orientieren sich Laien bei der Risikobeurteilung an Merkmalen der Risikoquelle (bekannt, unbekannt), der Exposition (freiwillig, unfreiwillig), der Schadensart/Betroffenheit (Schrecklichkeit, betrifft besonders vulnerable Personen, zukünftige Generationen betroffen) und des Risikomanagements (Kontrollierbarkeit)."[48] Allerdings ist es „nicht so sehr die Ignoranz der Laien über die tatsächlichen Risikoausmaße …, die zur Diskrepanz zwischen Laienurteil und Expertenurteil führt, sondern vielmehr das unterschiedliche Verständnis von Risiko. Auch wenn man jemanden wahrheitsgemäß über die durchschnittliche Verlusterwartung aufklärt, mag die betreffende Person an ihrer intuitiven Risikobewertung nach wie vor festhalten, weil die durchschnittliche Verlusterwartung nur ein Bestimmungsfaktor unter vielen zur Beurteilung der Riskantheit darstellt."[49]

„Risikokommunikation ist eine wichtige Fertigkeit für Laien und Experten gleichermaßen."[50] Sie muss zwar fachlich untermauert sein. Die Differenz zwischen ökonomisch geprägtem Expertenwissen und Laienwissen darf aber nicht als Gelegenheit oder Legitimation für die Präsentation von Autoritätswissen verstanden werden, das womöglich

---

[48] Wiedemann, Peter Michael: *Wahrnehmungsmuster von technischen Risiken in der Gesellschaft*, in: Weber, Wilhelm (Hrsg.): Jahrbuch für Christliche Sozialwissenschaften, Band 37, Regensberg Verlag, Münster 1996, S. 14.

[49] Renn, Ortwin/Zwick, Michael: *Risiko- und Technikakzeptanz*, Springer-Verlag, Berlin, Heidelberg 1997, S. 90.

[50] Gigerenzer, Gerd: *Risiko – Wie man die richtigen Entscheidungen trifft*, 2. Auflage, Pantheon Verlag, München 2020, S. 41.

noch von fachsprachlichen Fremdbegriffen dominiert wird.[51] Andernfalls besteht die Gefahr der Bildung von gegnerischen Positionen. Auf der einen Seite stehen dann Experten, die über komplexes Wissen verfügen und eine spezifische Werteethik vertreten. „In einer solchen Ethik wird unbekümmert an eindrucksvollen Werteordnungen gebaut, einem ‚Reich der Werte', mit ‚allgemeingültigen' Vorstellungen über das Gute, das Gerechte und das Vernünftige – wie ihre Erbauer meinen. In Wahrheit werden dabei stets partikuläre Meinungen über das Moralische im materialen Sinne gegenüber anderen Meinungen ausgezeichnet, ohne dass ein Prinzip benannt würde, das derartige Auszeichnungen rechtfertigen könnte."[52] Auf der anderen Seite steht eine Laienöffentlichkeit mit ganz eigenen Wahrnehmungen und Wertpräferenzen, die ihre Bedürfnisse nach eindeutigem, belastungsfähigem Wissen über die umwelt-, gesundheits- und gesellschaftsbezogenen Folgen von Bauwerksplanungen und -errichtungen befriedigt wissen will.

Die Laienöffentlichkeit bildet sich ihr Urteil, indem sie die Argumente der Experten aufnimmt und abwägt. Experten sind sich untereinander jedoch nicht immer einig und teilen auch nicht durchgängig gesellschaftliche Werte und Ziele. Zudem weisen sie gelegentlich eine Tendenz auf, ihr eigenes Wissen um komplexe Zusammenhänge und die Datengrundlagen zu überschätzen. In der Folge wird der Überzeugungskraft eines Expertenargumentes in der Laienöffentlichkeit erfahrungsgemäß so lange misstraut, bis es von einer nennenswerten Anzahl an Fachleuten anerkannt wird. Hier lauert eine weitere Gefahr: Wenn über Wirkungen und Folgen durch Ingenieurhandlungen unzureichende oder widersprüchliche Expertenaussagen wahrgenommen werden, lässt das Ängste bei den betroffenen Bürgern entstehen,

---

[51] Ortwin Renn entwickelt drei Konfliktebenen in Technikdebatten. Die erste Ebene ist die des Sachwissens und der Expertise. Die zweite Ebene ist die der Erfahrung und der Kompetenz. Auf der dritten Ebene finden sich Werte und Weltbilder. Die Konfliktintensität steigt mit den Ebenen an. Vergleiche Renn, Ortwin: *Wie aufgeschlossen sind die Deutschen gegenüber Technik?*, in: Stromerzeugung und Speicherung – Chancen für innovative Baulösungen, Stiftung Bauwesen (Hrsg.): Schriftenreihe der Stiftung Bauwesen, Heft 15, Stuttgart 2010, S. 74 f.

[52] Mittelstraß, Jürgen: *Die Häuser des Wissens – Wissenschaftstheoretische Studien*, 2. Auflage, Suhrkamp Verlag, Frankfurt/M. 2016, S. 81.

## 5 Grundzüge eines risikoethischen Ingenieurhandelns

aus denen womöglich Neigungen zu abwertenden Beurteilungen von Risikoquellen hervorgehen. Risiken, die Angst bereiten, sind zwar nicht notwendigerweise identisch mit tatsächlich drohenden Risiken. Sie begünstigen aber die Entstehung von Verunsicherung, wodurch ein klarer Blick auf faktische Risikolagen eingeschränkt wird. Um dies zu vermeiden, sind die mit der Risikoermittlung und -kommunikation befassten Experten dazu aufgerufen, darauf zu achten, dass sie mit ihrer Art der Darstellung komplexer Sachverhalte keine Verunsicherung hervorbringen.

Zwei Aspekte stehen bei der Risikokommunikation zwischen Experten als Nichtbetroffenen und Laien als Betroffenen im Mittelpunkt: Zum einen ist zu vermeiden, dass Nichtbetroffene verdächtigt werden, ihre Risikoidentifikationen als scheinobjektive determinieren zu wollen. Zum anderen sollte nicht der Eindruck entstehen, dass die Risikokalküle der Experten als Argumente einem auf friedensstiftende Zustimmung abzielenden Verhandlungsmechanismus dienen. Bei den Risikoeinschätzungen und -beurteilungen bedarf es der aktiven Einbeziehung aller Positionen im Rahmen einer gleichberechtigten Mitwirkung.[53] Hierbei kommt es auf beiden Seiten „auf die Fähigkeit an, von der eigenen Auffassung abweichende Ansichten auszuhalten und in einer sachlichen, von Respekt und wechselseitiger Anerkennung getragenen Kommunikation den Korridor rationaler Abwägungen gemeinschaftlich auszuloten".[54] Im Zweifelsfall ist es geboten, einen neutralen Sachverständigen einzuschalten, der mit Vermittlungsaufgaben zu betrauen wäre.

Beide Aspekte zusammen ergeben eine rationale Basis für die Bewertung eines Ingenieurbauwerks. Durch die Erörterung von Risikointerpretationen rücken einzelne Sichtweisen in den gemeinsamen Blick. Unterbleibt eine differenzierte Betrachtungsweise, ist es nicht ausgeschlossen, dass Nichtbetroffene dazu neigen, den Nutzen aus der Risikosetzung zu überhöhen (z. B. wegen Projektabschluss,

---

[53] Siehe dazu auch in diesem Teil, Abschn. 5.1 *Verständigung über Risiken*.
[54] Deutscher Ethikrat (Hrsg.): *Vulnerabilität und Resilienz in der Krise – Ethische Kriterien für Entscheidungen in einer Pandemie*, Berlin, 2022, S. 51.

Prämienzahlungen) und mögliche Schäden für die Risikoträger zu unterschätzen, während sich auf der Seite der Betroffenen ein umgekehrtes Verhältnis einstellt, indem diese mögliche Schäden und deren Eintrittswahrscheinlichkeiten überschätzen und den Nutzen marginalisieren. Nur im diskursiven Austausch wird es möglich, Eintrittswahrscheinlichkeiten von Schäden abzuwägen, Schadensausmaße zu skizzieren und auch denkbare synergetische Effekte zu besprechen, die durch eine Kumulierung partieller Risiken auftreten können. In den Diskussionen um den Umgang mit Risiken gewinnen die Risikoeinschätzungen und -beurteilungen der Laien als Korrektiv an Bedeutung, weil sie sich ganz wesentlich aus der Sicht der Betroffenen artikulieren, wodurch subjektive Bedenken die Chance erhalten, zum ernsten Thema erhoben zu werden, bis hin zu Risiko-Nutzen-Verteilungen, also der Frage, wer ein Risiko trägt, wer einen Nutzen hat und inwieweit die jeweilige Aufteilung gerecht ist.

Jede herrschaftsfreie offene Risikodiskussion zwischen Nichtbetroffenen und Betroffenen, die eine Analyse von Veranlassungen zulässt, die durch die Deliberation von Pro und Kontra zu einem Überdenken von Positionen führt und in der es vermieden wird, den Eindruck aufkommen zu lassen, dass Wahrscheinlichkeitsrechnungen vor allem dort von Bedeutung sind, wo Nutzen und Risiko zum eigenen Vorteil austariert werden können, dient letztlich der Festigung von Transparenz sowie der Glaubwürdigkeit von Ingenieurleistungen. Die Akzeptanz von technischen Positionen ist maßgeblich von der Transparenz der Gründe für die jeweiligen Positionierungen abhängig. Transparenz steht für einen redlichen Beleg, dass der für die ethische Bewertung entscheidende Unterschied zwischen Nichtbetroffenen und Betroffenen Berücksichtigung findet, wenn nicht gar für eine motivierende Komponente, sofern gut begründet wird, warum dieses oder jenes Handeln geboten ist. Ob ein Risiko eingegangen wird, hängt nicht nur von seiner Kalkulierbarkeit ab, sondern immer auch von der Qualität vorausgegangener sozialer Diskurse, in denen Risiken beurteilt werden, und natürlich von möglicherweise zu vereinbarenden materiellen Übereinkommen bzw. Ausgleichsvornahmen, die im Schadensfall geleistet werden. Ein Mangel an konstruktiver Experten-Laien-Kommunikation über das Für und Wider sowie über schadensabsichernde Vereinbarungen ruft möglicherweise kategorische Ablehnungen von Risiken hervor, weil sich Betroffene selbst als Riskierte betrachten.[55]

Es gibt keine festen Risikostandards, die über die Köpfe der Betroffenen hinweg diesen auferlegt werden könnten. Als Rechtfertigungsbasis kommt nur eine qualifizierte, das heißt informierte, wohlerwogene und zwanglose, Zustimmung der Betroffenen infrage. Das Interesse des Bauingenieurs muss daher immer auch darin bestehen, eine wahrheitsgetreu erarbeitete Vertrauensgrundlage zu schaffen. Die Funktion des Vertrauens dem Bürger gegenüber besteht maßgeblich darin, bei ihm das Gefühl zu hinterlassen, dass maximale ingenieurseitige Handlungs- und Orientierungssicherheit auch dort gewährleistet ist, wo komplexe Situationen vorliegen. Es ist noch kein seriöser Vertrauensbeitrag, wenn Bauingenieure als Nichtbetroffene gewisse Entscheidungen zur Risikominimierung bzw. -vermeidung treffen und meinen, bereits im vernünftigen Selbstinteresse der Betroffenen zu handeln. Werden Betroffene um ihre Zustimmung gebracht und sehen sie sich in ihrer individuellen Autonomie verletzt, entsteht nicht nur der Eindruck eines Paternalismus,[56] sondern mitunter auch der einer selektiven Wissensvermittlung, selbst wenn beste und vernünftigste Motive zugrunde liegen.[57] „Fehlt das Vertrauen in Personen, die Entscheidungen treffen und verantworten, ... oder wird das Vertrauen, das in sie gesetzt wird, enttäuscht und verletzt,

---

[55] Sozialwissenschaftliche Studien zeigen, dass Menschen bereit sind, auch unpopuläre Positionen mitzutragen, wenn sie überzeugt sind, dass ihre Argumente fair behandelt wurden und der Prozess der Positionseinnahme nach bestem Wissen und Gewissen erfolgt ist. Vergleiche Kuklinski, Oliver/Oppermann, Bettina: *Partizipation und räumliche Planung,* in: Dietmar Scholich/Peter Müller (Hrsg.): Planungen für den Raum zwischen Integration und Fragmentierung. Frankfurt a. M. 2010, S. 165–171.

[56] Nida-Rümelin spricht in diesem Zusammenhang auch vom „Paternalismusverbot". Vergleiche Nida-Rümelin, Julian: *Ethik des Risikos,* in: Nida-Rümelin, Julian (Hrsg.): Angewandte Ethik – Die Bereichsethiken und ihre theoretische Fundierung, Kröner Verlag, Stuttgart 1996, S. 820. Vergleiche auch Nida-Rümelin, Julian/Rath, Benjamin/Schulenburg, Johann: *Risikoethik,* de Gruyter, Berlin, Boston 2012, S. 58.

[57] Selbstverständlich kann es gute und wohlüberlegte Gründe für ingenieurseitige Entscheidungen zur Risikominimierung bzw. -vermeidung geben. Werden sie aber nicht zur Diskussion gestellt, werden die Entscheidungen in ethischer Hinsicht möglicherweise als Autonomieverletzungen aufgefasst.

potenzieren sich die Unsicherheiten."⁵⁸ Möglicherweise schlägt verloren gegangenes Vertrauen wegen des Vorwurfs versteckter Deutungs- und Handlungsspielräume dann sogar in Misstrauen um.

Da Risikowahrnehmungen, die Befürchtungen von Schadenseintritten und die Vorstellungen von Schäden zu unterschiedlich ausgeprägt sind, als ein inhaltlich einheitlicher Risikobegriff konzipiert werden könnte, sollten gemeinsam festgelegte Risikoeinschätzungen den Kern eines Anerkennungsaktes zwischen nicht betroffenen Bauingenieuren und betroffenen Bürgern darstellen. Hierbei ist den Rechten betroffener Personen besondere Aufmerksamkeit entgegenzubringen. „Die Betonung individueller Rechte und Freiheiten zielt auf die Anerkennung von Personen als Träger eigenständiger Entscheidungskompetenz und umfasst dabei die Forderung, nicht ungefragt dem Risiko einer Schädigung ausgesetzt zu werden, sowie den Anspruch auf einen individuellen Entscheidungsvorbehalt in Bezug auf die Abwägung persönlicher Risiken. Verletzungen entsprechender individueller Rechte und Freiheiten resultieren im Allgemeinen daraus, dass konsequentialistische Risikooptimierung den für die ethische Bewertung entscheidenden Unterschied zwischen Entscheidern und Betroffenen nicht berücksichtigt – und auch prinzipiell nicht berücksichtigen kann."⁵⁹ Daraus folgt, dass eine ethische Beurteilung von Risiken, die nicht eliminierbare Individualrechte⁶⁰ bedrohen, über ein rein quantitatives Kalkül von Wahrscheinlichkeiten und Folgen in Form numerischer Erwartungswerte hinausgeht und um eine soziale Intention erweitert werden muss. Sonst ist es nicht ausgeschlossen, dass Risikokalküle lediglich das wenig überzeugende Niveau probabilistischer Angaben zur Erlangung der Bereitschaft der Betroffenen erreichen, ein identifiziertes Risiko zu tragen. Erst ein Risikokalkül als kollektiv erarbeitete soziale Intention ist in der Lage, Moralität zu wahren und zu einer belastbaren Risikoentscheidung zu gelangen.

---

⁵⁸ Deutscher Ethikrat (Hrsg.): *Vulnerabilität und Resilienz in der Krise – Ethische Kriterien für Entscheidungen in einer Pandemie*, Berlin, 2022, S. 207.

⁵⁹ Nida-Rümelin, Julian/Rath, Benjamin/Schulenburg, Johann: *Risikoethik*, de Gruyter, Berlin, Boston 2012, S. 57 f.

⁶⁰ Vergleiche dazu das Grundgesetz für die Bundesrepublik Deutschland, Artikel 1–19. Es lässt sich als „**Werteordnung** verstehen, die eine am Prinzip der Menschenwürde orientierte, liberale, demokratische und sozialstaatliche minimale Sozialmoral ausdrückt". Werner, Micha H.: *Einführung in die Ethik*, J. B. Metzler / Springer Verlag, Berlin 2021, S. 257.

Der Situation der Dreiecksbeziehung bestehend aus Sachverhalt (hier Risiko)–Bürger–Bauingenieur besondere Aufmerksamkeit entgegenzubringen, erwächst nicht daraus, dass sich Bauingenieure im Rahmen einer entlastenden Delegation von ihrer Verantwortung befreien wollten und dann die Bürger als Betroffene für künftige Ereignisse einzustehen hätten. Es geht hier schlicht um die Klarstellung, dass Bauingenieure nach der ordnungs- und vertragsgemäßen Bauwerkserrichtung und der offiziellen Übergabe eines Ingenieurbauwerks am Ende ihrer Tätigkeit angelangt sind und keinen weiteren Verpflichtungen unterliegen, sieht man von den üblichen wie z. B. den bis zum Ablauf der Verjährungsfrist durchzuführenden Ortsbegehungen zur Feststellung von Mängeln nach § 13 VOB/B ab. Sämtliche baulichen Vorgänge sind mit der Abnahme der Bauleistungen (Übergang an den Auftraggeber) abgeschlossen. Aber es geht auch um eine Sensibilisierung für die Betroffenheit im Fall des Eintretens möglicher Schadensfälle. Als risikosetzende Person ist der Bauingenieur es den betroffenen Bürgern schuldig, die durch die Fertigstellung des jeweiligen Bauwerks geschaffenen Risiken rechtzeitig offenzulegen. Zur Bekräftigung der Seriosität vorgetragener Sachverhalte sind bestehende Unsicherheiten zwingend zu benennen. So ist den Bürgern bei entsprechenden Fallkonstellationen etwa zu erklären, ob und inwieweit es an verlässlichen Daten zur Bestimmung der Eintrittswahrscheinlichkeit interessierender Ereignisse mangelt oder dass Annahmen über die Rationalität der Handlungen desjenigen Personals getroffen werden müssen, das die in Rede stehenden technischen Anlagen betreibt. Die formalisierte wertmäßige Bestimmung eines Risikos nach der Formel $R = w \times S$ steht unter erheblichen Vorbehalten, die zu kommunizieren sind.[61]

## 5.4 Spezielles Wissen bei Ingenieurhandlungen

Um Problem- und Handlungszusammenhänge im Ingenieuralltag zu erfassen und zu bearbeiten, bedarf es eines anerkannten Wissens. Zwei Wissensformen sind hier von Bedeutung: Das Verfügungswissen und

---

[61] Für den folgenden Abschnitt wurde stellenweise Gebrauch gemacht von Scheffler, Michael: *Moralische Verantwortung von Bauingenieuren – Problemstellungen, Perspektiven, Handlungsbedarf,* Springer Fachmedien, Wiesbaden 2019.

das Orientierungswissen. Unter Verfügungswissen wird ein *„positives* Wissen um Ursachen, Effekte und Mittel verstanden, unter Orientierungswissen ein *regulatives* Wissen um (begründete) Ziele und Zwecke".[62] Je größer das von Wissenschaft und Technik bereitgestellte Verfügungswissen, desto größer sind die Verfügungsgewalt, aber auch komplexer und unkalkulierbarer die Effekte. Das Verfügungswissen ist „ein Wissen um die probaten Mittel zur Realisation von Zwecken".[63] Dagegen hat das Orientierungswissen eine ausrichtende, lenkende Funktion. Es ist ein Wissen bezüglich der Rechtfertigung von Zwecken und Zielen sowie des Wertes, der einer Sache innewohnt. Während das Verfügungswissen die Verfügungsgewalt des Menschen über seine Welt sichert und vergrößert, verleiht das Orientierungswissen dem verfügbaren Wissen einen geeigneten und begründeten Kurs.

Die Erlangung des fachlichen Verfügungswissens ist wesentlicher Bestandteil der universitären Ausbildung von Bauingenieuren. Diagramme, Kennwerte, Berechnungsformeln, Koeffizienten, Kräfteverhältnisse und die Anfertigung technischer Konzeptionen sind Hauptbestandteile des Studiums. Mit dem erlernten Verfügungswissen, dass einer „stets neuen Aneignung im verstehenden Nachvollzug"[64] bedarf, werden Handlungsoptionen eröffnet und Fragen nach dem, was Bauingenieure tun *können,* beantwortet. So wird das Verfügungswissen beispielsweise für das naturwissenschaftliche Ursache-Wirkungs-Denken benötigt. Zur Beantwortung der Frage, was Bauingenieure tun *sollen,* muss ein handlungsleitendes Wissen, eben ein Orientierungswissen (Übersichts- oder Überblickwissen) hinzutreten, das Bezüge auf Ziele, Sinn- und Wertfragen in den Fokus nimmt. Beide Wissensformen sind

---

[62] Mittelstraß, Jürgen: *Die Häuser des Wissens – Wissenschaftstheoretische Studien,* 2. Auflage, Suhrkamp Verlag, Frankfurt/M. 2016, S. 131.
[63] Hubig, Christoph/Luckner, Andreas: *Klugheitsethik / Provisorische Moral,* in: Grunwald, Armin (Hrsg.): Handbuch Technikethik, Springer-Verlag Deutschland, ursprünglich erschienen bei J. B. Metzler'sche Verlagsbuchhandlung und Carl Ernst Poeschel Verlag, Stuttgart 2013, S. 149.
[64] Werner, Micha H.: *Einführung in die Ethik,* J. B. Metzler / Springer Verlag, Berlin 2021, S. 287.

aufeinander angewiesen. Ohne „ein regulatives oder handlungsorientiertes Wissen entstehen Orientierungsdefizite, wird das Können, das sich im Verfügungswissen zur Geltung bringt, orientierungslos".[65] Keinesfalls dient erlerntes Verfügungswissen (wie?) dazu, Orientierungswissen (woher?, wohin?, wozu?) zu verdrängen oder umgekehrt.

Die Vielfalt der Randbedingungen, denen sich Bauingenieure in der Praxis zu stellen haben, veranlasst dazu, trotz aller Unsicherheiten beim Handeln ins Offene über Projektziele hinaus zu denken, also vom konkret Gegebenen zu abstrahieren, logische Zusammenhänge herzustellen, weitergehende Schlüsse für die Zukunft zu ziehen und dabei die genannten Wissensformen einzusetzen. Insbesondere bei der Vermittlung von Risiken müssen Bauingenieure in der Lage sein, beide Wissensformen aufeinander abgestimmt zur Anwendung zu bringen. Gefordert ist eine bedarfsabhängige Anwendung als konkurrenzfreie Verbindung. Bauingenieure kommen bei der Abschätzung von Handlungsfolgen nicht ohne die Bemühung eines kombinierten Verfügungs- und Orientierungswissens für Entscheidungen unter Unsicherheit[66] aus. Einerseits geraten sie aufgrund ihres ausgeprägten Verfügungswissens und ihrer Handlungsmöglichkeiten zwangsläufig in Situationen, Risiken zu setzen. Andererseits müssen sie ihr Orientierungswissen beanspruchen, um die Risiken so gering und verträglich wie möglich zu halten, damit die Planungen und Errichtungen von Infrastrukturanlagen in der Öffentlichkeit angenommen werden.

Die Sphäre der Beweggründe und Ziele technischer Handlungen ist potenziell unendlich, sodass es eines strukturierten Vorgehens bedarf, um in der Fülle möglicher Ingenieurhandlungen im Hinblick auf Risiken diejenigen zu identifizieren, die am ehesten vertretbar erscheinen. Dazu ist vom Bauingenieur zu fordern, sich engagiert in diskursive Prozesse unter Einsatz seines Verfügungs- und Orientierungswissens einzubringen. Dies bedarf einer erweiterten Kompetenz (z. B. Sozialkompetenz, Kommunikationskompetenz) und der Teilnahme an vielfach

---

[65] Mittelstraß, Jürgen: *Die Häuser des Wissens – Wissenschaftstheoretische Studien*, 2. Auflage, Suhrkamp Verlag, Frankfurt/M. 2016, S. 131.
[66] Siehe dazu Teilabschn. 4.3.2 *Entscheidungen unter Unsicherheit*.

öffentlich zu führenden Diskussionen, die projektbezogenen Erörterungen und Abwägungsvorgängen dienen und in denen gewährleistet sein muss, dass die örtliche Bevölkerung, meist vertreten durch Bürgerinitiativen, Gelegenheit erhält, sich umfassend zu Wort zu melden, und aktuelle Wertvorstellungen betroffener gesellschaftlicher Gruppen angemessen einbezogen werden. Erst durch Diskussionen rund um wünschbare Ziele, kontroverse Rangfolgen, offen ausgetragene Bedeutsamkeitsansprüche sowie Bemühungen um gemeinsame Willensbildungen zwischen betroffenen Bevölkerungsanteilen und nicht betroffenen Bauingenieuren, die bei Bedarf im fachübergreifenden Raum, das heißt in Anwesenheit weiterer Experten, stattfinden, ist es möglich, gut ausbalancierte Lösungen bei den Bemühungen zur Herstellung der Akzeptanz von Risiken zu finden. In den Zusammenkünften zeigt die Summe individueller Vorstellungen ein ungeformtes Spektrum von Ideen, Bedenken und Alternativen auf. Es erzwingt zwar noch keine feste Entscheidung. Über intensive Gespräche können die Vorstellungen, die das Wollen und Tun einzelner Handlungssubjekte prägen, aber identifiziert und im Idealfall anschließend zu kollektiv getragenen Werturteilen zusammengeführt werden, in denen sich selbstverständlich der jeweils erreichte technisch-wissenschaftliche Erkenntnisstand wiederfinden muss.

Der Divergenz zwischen technischen Optionen, menschlichem Grundempfinden und dem zunehmenden ökologischen Bewusstsein in der Gesellschaft ist es geschuldet, dass Bauingenieure in der Praxis mehr und mehr Gebrauch von Beurteilungskompetenzen machen müssen und in Vorbereitung darauf in der Ausbildung auf technikübergreifende Angebote angewiesen sind, die explizit eine Ausgewogenheit zwischen technischer Befähigung und einer ökologischen/gesellschaftspolitischen Allgemeinkompetenz anstreben. Im Ingenieuralltag ist eine Ethik des Mitgefühls gegenüber der „Mitwelt"[67] gefordert. Ropohl schreibt:

---

[67] Klaus Michael Meyer-Abich schreibt zu Mitwelt: „Wir sind mit unserer natürlichen Mitwelt, mit den Tieren und den Pflanzen, mit Erde, Wasser, Luft und Feuer naturgeschichtlich verwandt. Im Ganzen der Natur sind sie unseresgleichen und wir sind ihresgleichen. Im Frieden mit der Natur haben wir die natürliche Mitwelt nicht nur zu unserem Nutzen, sondern in ihrem Eigenwert oder um ihrer selbst willen zu respektieren. ... Wir haben ihre Rechte anzuerkennen." Meyer-Abich, Klaus Michael: *Wege zum Frieden mit der Natur. Praktische Naturphilosophie für die Umweltpolitik*, Deutscher Taschenbuch Verlag, München 1986, S. 24.

„Längst liegt die Forderung auf dem Tisch, daß in der Ingenieurausbildung mehr ökologisches, human- und sozialwissenschaftliches Orientierungswissen und Problembewusstsein entfaltet werden müßte."[68] Und Werner stellt fest: „Die Orientierung an ethischen Normen oder Werten ist ... mit der Einhaltung technischer Regeln ... nicht vergleichbar. Unmittelbar bietet ethisches Wissen nur denen Orientierung, die es verstanden und internalisiert haben."[69] Ziel der Lehre muss es demzufolge sein, angehenden Bauingenieuren auch die komplexen Wechselwirkungen zwischen Gesellschaft, Technik und Umwelt aufzuzeigen und sie für ökologische und soziale Aspekte ihres technischen Handelns und dessen mögliche Folgen zu sensibilisieren. Dadurch würden Orientierungswissen vertieft und das Vermögen gefördert, Verträglichkeitsaussagen hinsichtlich Gesundheit, Gesellschaft, Kultur und Umwelt anzubieten. Solches Orientierungswissen würde die Spezialkenntnisse anderer Experten nicht ersetzen können und auch nicht wollen. Es trüge aber zur Bildung einer gemeinsamen Basis bei, auf der sich Bauingenieure mit Ökologen, Soziologen, Geologen und anderen Experten verständigen könnten. Möglicherweise ließe sich auch die Entscheidungsfähigkeit in der Frage schärfen, wann welche Fachexpertise zur Klärung von Technikfolgen hinzugezogen werden sollte.

Entscheidungen über fachgemäße Planungen und Errichtungen von Ingenieurbauwerken dürfen sich nicht nur nach den Vorgaben technischer Standards richten. Bauingenieure müssen sich an allem verfügbaren und relevanten Wissen ausrichten. Aufgrund ihrer übergreifenden Tätigkeit benötigen sie ein über technische Standards hinausgehendes Wissen, das sich insbesondere mit ökologischen und sozialen Belangen befasst. Die Auffassung, dass jedes Problem am Bau eine Ursache hat und technisch gelöst werden kann, ist mit Blick auf ökologische und soziale Auswirkungen überholt. Technische Standards verdichten Sachzusammenhänge. Sie halten empirisch ermittelte Messdaten vor,

---

[68] Ropohl, Günter: *Neue Wege, die Technik zu verantworten*, in: Lenk, Hans/Ropohl, Günter (Hrsg.): Technik und Ethik, 2. revidierte und erweiterte Auflage, Reclam Verlag, Stuttgart 1993, S. 163.
[69] Werner, Micha H.: *Einführung in die Ethik*, J. B. Metzler / Springer Verlag, Berlin 2021, S. 287.

ausgedrückt beispielsweise in Mathematisierungen von physikalisch-technischen Zusammenhängen. Sie beschreiben bewährte Wege, stellen ein gutes Funktionieren von Technik in Aussicht und ermöglichen es, Rechen-, Ermittlungs- und Planungsroutinen einzuüben. Die Befolgung vorgegebener technischer Regeln ist aber kein Selbstzweck. Bei einer einseitigen Ausrichtung an technischen Standards denken Bauingenieure vornehmlich im Sinne eines technischen Handelns von den baulichen Zielen her und schließen auf die geeigneten Mittel zur Zielerreichung, ohne dass dabei ökologische und gesellschaftliche Auswirkungen in hinreichender Weise in Betracht gezogen werden. Dass ausgewählte technische Standards Verfügungswissen bereitstellen und hervorragende Mittel zur Erreichung von Zielen sind, ist Bauingenieuren bekannt. Dass technische Standards aber nur das sind, wird in der Praxis nicht immer gesehen. Vielfach werden sie zu schematisch angewandt, sodass mögliche ökologische und soziale Folgen nicht angemessen einbezogen werden. Sie zu vernachlässigen, wird den aktuellen Belangen jedoch nicht gerecht. Im Ingenieuralltag stellt sich immer häufiger die Aufgabe, über verschiedene Formen kommunikativer Wege (z. B. Information, Moderation, Mediation) zu umwelt- und sozialverträglichen Kompromissen zu gelangen. Ökologische und soziale Handlungsfolgen sind zwingend mitzudenken, was bedeutet, Ziel, Wissen, Mittelwahl und Auswirkungen in einen gemeinsamen Blick zu nehmen, wobei die bauliche Absicht den intellektuellen Ausgangspunkt des jeweiligen Ingenieurhandelns markiert.

Es ist der Schaffung von Transparenz und der Vermittlung eines verantwortungsbewussten technischen Handelns geschuldet, dass es häufig die Bauingenieure sind, die sich um die Initiierung und Durchführung von Kommunikationsprozessen mit Bürgern bemühen. Sie haben dann eine ungewohnte Rolle einzunehmen und anzuerkennen, dass umsichtige Annäherungen an komplexe Situationen andere Einsichten und Resultate zutage fördern können, als bewährte monokausale Gedankenmodelle es tun. Die neue Rolle ist zuvorderst durch Verantwortung charakterisiert. Man „ist beim Erfüllen der Rolle immer ein anderer als man selbst. Man spielt eine Rolle, die man zu spielen hat, schlecht, wenn man sie um seiner selbst willen spielt. Der Dienst der Träger der Verantwortung erfordert ebenso wie das Spielen einer Rolle die Haltung der

Selbstvergessenheit. Damit wird deutlich, in welchem Maße der Begriff der Verantwortung verfälscht wird, wenn man ihn auf die Selbstverantwortung zurückführt. Verantwortung ist Selbstentäußerung, denn sie geht in der gestellten Aufgabe auf und unterstellt sich der Fürsorge für jene Menschen und Sachen, die der Verantwortung anvertraut sind."[70] Um die Verantwortung erfüllen zu können, haben Bauingenieure ein praxistaugliches Rollenverständnis auszubilden. Sie müssen versuchen, ihr Handeln und vor allem die Folgen, die aus ihrem Handeln hervorgehen können, unter Anwendung ihres Verfügungs- und Orientierungswissens mit den *Augen der Anderen* zu sehen. Dazu müssen sie aus sich heraustreten, um sich eine Kompetenz zur Rollenausübung anzueignen. Der Bauingenieur ist aufgefordert, sich in seiner Rolle den Betroffenen gegenüber als verantwortungsbewusster Mitmensch zu verhalten und sie als Mitmenschen zu betrachten, was ein gewisses Maß an ethischer Diagnosekompetenz verlangt.

## 5.5 Zur Problematik der Verantwortung in der Projektarbeit

Bei Planungen und Errichtungen von Klärwerken, Hochwasserschutzanlagen, Abwasserkanälen, Verkehrsanlagen, Laborgebäuden, Talsperren und anderen Ingenieurbauwerken sind verschiedene technische Disziplinen gefragt (z. B. statische Berechnungen, Bemessungen, Baustellenorganisation), sodass es der Tätigkeit von auf ihrem Berufsfeld über die jeweils erforderliche Expertise verfügenden Bauingenieuren bedarf, die im Zuge der Projektanbahnung über festgelegte Verfahren hinzugezogen werden.[71]

In der Projektarbeit unterliegen viele der ingenieurtechnischen Vorgänge der Arbeitsteilung. Die Beteiligten sind nicht isoliert voneinander aktiv, sondern organisiert im Verbund, im Rahmen einer Gemeinschaftshandlung, die die Pluralität von Spezifikationen in sich vereint.

---

[70] Picht, Georg: *Wahrheit, Vernunft, Verantwortung*, Klett-Cotta Verlag, Stuttgart 1996, S. 338.
[71] Siehe dazu Abschn. 3.5 *Genese von Ingenieurbauwerken*.

Diese interdisziplinäre Zusammenarbeit vollzieht sich als iterativer Prozess, in dem empirische Erkenntnisse immer wieder aufeinander bezogen werden. Aus fachübergreifenden Teilbeiträgen und ihren wechselseitigen Einflüssen geht etwas hervor, das keiner der beteiligten Bauingenieure in dieser Form allein erbringen könnte. Jeder steuert sein Wissen und Können bei, ohne dass sämtliche Aspekte der Gesamtaufgabe vollständig erfasst würden, und verhält sich kooperativ in der Erwartung, dass andere Beteiligte sich in gleicher Weise einbringen und die Arbeitsanteile der Erreichung des definierten Projekterfolgs dienen. Arbeitsteilung ist ein strukturelles Merkmal der ingenieurseitigen Projektarbeit.

Die Bilanz der Gemeinschaftstätigkeit geht nicht durchgängig aus abgetrennten Einzelhandlungen hervor, sondern vielfach aus einem übergeordneten Zusammenwirken und zielgerichteten Ineinandergreifen von Handlungen. Dieses Charakteristikum der ingenieurseitigen Projektarbeit erfordert ständige Abstimmungen unter den Projektmitarbeitern. Das Resultat ist schließlich ein im Kollektiv geschaffenes Ergebnis aus Vorbereitung, Planung, Ausführung, begleitender Kontrolle, abschließender Prüfung und Übergabe an den Auftraggeber. So gesehen ist das eigentliche Handlungssubjekt ein Handlungskollektiv, das alle Arbeitsergebnisse erzeugt.

Für den Bauingenieur müssen gewisse Bedingungen erfüllt sein, um von verantwortlichem Handeln sprechen zu können, sodass er als „Handlungssubjekt zugleich auch zum Verantwortungssubjekt"[72] wird. Der Deutsche Ethikrat stellt fest: „Verantwortungssubjekte tragen Verantwortung, als Einzelperson oder Mitglieder eines Kollektivs, beispielsweise einer Institution."[73] Danach fallen auch Bauingenieure unter die Verantwortungssubjekte. In der Projektarbeit tragen sie für die Ausführung ihrer Tätigkeiten regelmäßig Verantwortung. Der Hinweis von Georg Picht zum Begriff der Verantwortung, dass „die Pluralität der

---

[72] Zimmerli, Walter Ch.: *Verantwortung kennen oder Verantwortung übernehmen? Theoretische Technikethik und angewandte Ingenieurethik*, in: Hieber, Lutz/Kammeyer, Hans-Ulrich (Hrsg.): Verantwortung von Ingenieurinnen und Ingenieuren, Springer Verlag Wiesbaden 2014, S. 21 f.

[73] Deutscher Ethikrat (Hrsg.): *Mensch und Maschine – Herausforderungen durch Künstliche Intelligenz*, Berlin, 2023, S. 102.

## 5 Grundzüge eines risikoethischen Ingenieurhandelns

Aufgabenbereiche eine Pluralität von Subjekten konstituieren muß, weil die Verantwortung sich nicht aus dem Willen des Subjektes, sondern aus der spezifischen Form der je zu lösenden Aufgaben bestimmt",[74] ist auf die ingenieurtechnische Projektarbeit übertragbar – die Vielfalt an Aufgaben bringt eine Vielfalt an Verantwortungsträgern mit sich.

Verantwortung kann einem Bauingenieur als Einzelperson aber nur zugeschrieben werden, wenn die jeweiligen Umstände zweifelsfrei für eine Verantwortungsübernahme sprechen. Handlungsfähigkeit[75] (verstanden als Bewusstseinskontrolle und Willenslenkung) vorausgesetzt, gehört die Aussicht auf die Verwirklichung der Handlung des Subjektes, also desjenigen, der handelt und sich für eine bestimmte Handlung zu verantworten hat, dazu. Darüber hinaus muss dem Handelnden eine freie Wahl bei seiner Entscheidung geboten sein.[76] Nach Picht kann von Verantwortung „nur gesprochen werden, wo es einen Spielraum verschiedener Handlungen gibt, und dieser Spielraum ist dem Handeln dadurch gegeben, dass alles Handeln auf die Zukunft bezogen ist".[77] Des Weiteren ist eine Realisierung des Handelns nur unter der Voraussetzung entsprechender Möglichkeiten denkbar. „Möglichkeit gibt es nur innerhalb von Grenzen; wir bezeichnen als Möglichkeit den gesamten Bereich zwischen den Grenzen der Notwendigkeit auf der einen Seite und der Unmöglichkeit auf der anderen Seite. ... Der Bereich des Notwendigen ist, wie der Bereich des Unmöglichen, dem Handeln verschlossen. Im Handeln bewährt sich die Verantwortung. Man ist verantwortlich nur im Bereich dessen, was möglich ist. Hingegen ist das, was notwendig oder unmöglich ist, der menschlichen Verantwortung entzogen."[78] Danach kann einem Bauingenieur Verantwortung zugeschrieben werden, „wenn Handlungsoptionen verfügbar sind und er als Handlungssubjekt zwischen diesen beim auf Künftiges ausgerichteten

---

[74] Picht, Georg: *Wahrheit, Vernunft, Verantwortung*, Klett-Cotta Verlag, Stuttgart 1996, S. 339.
[75] In strafrechtlichem Vokabular spricht man von Einsichts- und Steuerungsfähigkeit als Voraussetzungen für Schuldfähigkeit.
[76] Vergleiche dazu Abschn. 3.6 *Strukturelle Konfliktebene*.
[77] Picht, Georg: *Wahrheit, Vernunft, Verantwortung*, Klett-Cotta Verlag, Stuttgart 1996, S. 323.
[78] Ebenda, S. 323 f.

Handeln innerhalb der Grenzen von Notwendigkeit und Unmöglichkeit wählen kann".[79] Das Maß eines verfügbaren Handlungsspielraumes eignet sich zwar für eine nähere Bestimmung der Verantwortung, die ein Bauingenieur trägt oder tragen sollte. Ausgeschlossen ist aber, dass seine Verantwortung über die sich ihm bietenden Einflussmöglichkeiten hinausgeht, denn, wenn die objektive Grundlage der Verantwortung in der Kausalverknüpfung zwischen ihm als dem handelnden Subjekt und seiner Handlung liegt, das heißt, wenn seine Handlung kausal für ein Ereignis ist, kann die Verantwortung nicht über die bestehende Handlungsmacht hinausreichen.

Neben die drei genannten Aspekte zur Übernahme von Verantwortung für Handlungen (Handlungsfähigkeit, Aussicht auf Handlungsverwirklichung, freie Wahl innerhalb eines Handlungsspielraumes) tritt mit der Notwendigkeit des Vorliegens relevanter Informationen über eintretende Folgen ein vierter hinzu, denn zum „Verantworten-Können von Handlungen gehört das Wissen um ihre Folgen".[80] Jedoch können einem Bauingenieur nur die Handlungsfolgen zugerechnet werden, die für ihn in der Situation der Handlung selbst vorhersehbar sind. Der Idealfall, dass tatsächlich alle relevanten Informationen über das zu Verantwortende vorliegen, sodass vorausschauend Verantwortung für eintretende Folgen übernommen werden könnte, würde bedeuten, dass Verantwortung an einen nicht mehr überschreitbaren Horizont des Wissens von Fern- und Spätwirkungen gebunden ist. Obwohl im Hinblick auf die Umgehung von Entscheidungen unter Unsicherheit[81] prinzipiell wünschenswert, sind solche Fälle in der Baupraxis undenkbar. Die Bedingung der Vorlage aller relevanten Informationen bleibt unerfüllt. Es ist ausgeschlossen, sämtliche Fern- und Spätwirkungen von Ingenieurhandlungen vorauszusagen, weil ausgeschlossen ist, alle relevanten Informationen über Fern- und Spätwirkungen von

---

[79] Scheffler, Michael: *Moralische Verantwortung von Bauingenieuren – Problemstellungen, Perspektiven, Handlungsbedarf*, Springer Fachmedien, Wiesbaden 2019, S. 127.
[80] Hubig, Christoph: *Technik- und Wissenschaftsethik. Ein Leitfaden*, 2. überarbeitete Auflage, Springer Verlag, Berlin, Heidelberg, New York 1995, S. 62.
[81] Siehe dazu Teilabschn. 4.3.2 *Entscheidungen unter Unsicherheit*.

Ingenieurhandlungen zusammenzutragen. Über etwas, dass erst noch stattfinden wird, lassen sich keine Informationen einholen.

Um Missverständnissen vorzubeugen und Auslegungen zu vermeiden, die an der Intention dieses Kapitels vorbeigehen würden, soll für die weiteren Erörterungen rund um den Verantwortungsbegriff folgender Definitionsrahmen gelten: Die jeweilige Einzelverantwortung eines Bauingenieurs ergibt sich aus der wahrzunehmenden bzw. wahrgenommenen Handlung. Die Menge der Einzelverantwortungen eines Bauingenieurs bildet das Maß seiner Mitverantwortung ab. Die Mitverantwortung entspricht dem Anteil an der Gesamtverantwortung, die sich wiederum aus allen Mitverantwortungen der Projektbeteiligten zusammensetzt.[82] Vor diesem Hintergrund lassen sich die praktischen Problemstellen in der Projektarbeit, die die Verantwortung für Folgen aus Handlungen betreffen, gut veranschaulichen.

Die Projektarbeit beherbergt nicht nur logische, sondern auch systematische Schwierigkeiten, die Folgen eigener Handlungen mitzudenken und Verantwortung zu übernehmen. Der Bauingenieur ist aktiv, indem er etwas verrichtet, was der Erreichung eines determinierten Projektzieles dient, in der berechtigten Annahme, das andere Projektbeteiligte ebenso zielgerichtet tätig sind. In nahezu allen Projekten arbeiten Bauingenieure planender Ingenieurbüros, spezieller Dienstleister, ausführender Firmen und auftraggeberseitiger Vertretungen miteinander. Die Genese von Ingenieurbauwerken erfolgt in vier Hauptphasen,[83] wobei die einzelnen Arbeitsaufgaben auf Bauingenieure verschiedener Fachrichtungen verteilt sind. Über diese Arbeitsteilung schreibt der VDI mit Blick auf die Verantwortung: „Ingenieurinnen und Ingenieure sind alleine oder – bei arbeitsteiliger Zusammenarbeit – mitverantwortlich für die Folgen ihrer beruflichen Arbeit sowie für die sorgfältige Wahrnehmung ihrer spezifischen Pflichten, die ihnen aufgrund ihrer Kompetenz

---

[82] Es handelt sich hier um eine theoretische Annahme. Die Frage, auf welche korrekte Weise die Menge der Einzelverantwortungen und die Menge der individuellen Mitverantwortungen in der Praxis gebildet werden könnten (z. B. Zusammenzählbarkeit), wird in der Arbeit nicht thematisiert.

[83] Siehe Abschn. 3.5 *Genese von Ingenieurbauwerken*.

und ihres Sachverstandes zukommen."[84] Nach dieser individualethischen Sicht trägt jeder Bauingenieur kraft seiner Beteiligung und seiner Entscheidungsweite stets eine gewisse Verantwortung für Folgen aus seinen Handlungen, selbst wenn der Anteil seiner Handlungen am Zustandekommen des Gesamtergebnisses gering ist. Von der jeweiligen individuellen Verantwortung kann nicht abgewichen werden. Sie besteht bis zur Grenze der persönlichen Einflussmöglichkeiten bzw. der wahrnehmbaren Handlungsbefugnis.

Bauingenieure füllen in der Projektarbeit zwar eine von der Gesellschaft durchaus zugeschriebene und erwartete Rolle aus. Durch ihren wirkmächtigen Gestaltungseinfluss auf unseren Lebensraum besitzen sie eine Verpflichtung zur umsichtigen Tätigkeit. Gleichwohl müssen sie mit Ropohl wissen: „Soweit technisches Handeln kooperativen, korporativen oder kollektiven Charakter hat, gewinnt es eine Systemqualität, welche die Gestaltungsmacht der beteiligten Individuen übersteigt."[85] Dies zeigt sich in der Baupraxis daran, dass die Möglichkeiten der persönlichen Einflussnahme mit steigenden Projektgrößen abnehmen. Bereits bei kommunalen Projekten mittlerer Größe verfügt der einzelne Bauingenieur weder über detaillierte Kenntnisse aller Einzelbeiträge in der Projektarbeit, noch besitzt er die Macht zur Durchsetzung von entscheidenden technischen oder gestalterischen Richtungsvorgaben. Hinzu kommt, dass unterschiedliche Verantwortungsebenen mit wechselseitigen Verzahnungen, thematische Überlagerungen und systembedingte Rahmenbedingungen den Blick auf Handlungsfolgen erschweren. Überdies ist niemals ausgeschlossen, dass nach Handlungsvollzug unvorhersehbare Systemeinflüsse oder ungewollte Auswirkungen in Erscheinung treten, die durch synergetische und kumulative Effekte hervorgerufen werden. Diese Verhältnisse verwehren es dem Bauingenieur, ein verlässliches Szenario über die Folgen aus seinem Einzelbeitrag an der Projektarbeit zu entwerfen. Das hat Auswirkungen auf die Einzelverantwortung, denn ein Bauingenieur kann nachvollziehbar nur für

---

[84] Verein Deutscher Ingenieure (Hrsg.): *Ethische Grundsätze des Ingenieurberufs*, Düsseldorf 2002, S. 4.
[85] Ropohl, Günter: *Ethik und Technikbewertung*, Suhrkamp Verlag, Frankfurt/M. 1996, S. 154.

Tätigkeiten die Verantwortung übernehmen, die innerhalb des jeweils vorliegenden individuellen Handlungsrahmens stattfinden und deren Folgen vorhersehbar sind. Es wäre nicht gerechtfertigt, eine Verantwortlichkeit der mit seinen Tätigkeiten (angeblich) in Verbindung stehenden späteren, nicht identifizierbaren Folgen zu begründen.

Fest steht, dass die jeweils vorliegenden individuellen Verantwortungsanteile nur zusammen eine ergiebige Praxis ergeben. Hier rückt die vom VDI angesprochene Mitverantwortung ins Blickfeld. Ähnlich betont Lenk: Die „gemeinschaftlich getragene Verantwortung (besonders die moralische) muß trotz ihrer Gruppenbezogenheit persönlich-individuell zugeschrieben und getragen werden können. Sie wird nicht kollektiv von der Gruppe, sondern distributiv von jedem einzelnen (mit)getragen. ... Wenn gemeinschaftliche Verantwortung oder Gemeinschaftsverantwortung gegeben ist, so muß sie zum Handeln des einzelnen in Beziehung gesetzt werden. Sie kann nur nach einem Modell der Beteiligung getragen, besser: mitgetragen werden."[86] Die Ingenieurpraxis spiegelt das Prinzip des Mittragens von Verantwortung regelmäßig wider. Zwar können Einzelpersonen sowohl wegen des hohen Maßes an Querverbindungen in Arbeitsgemeinschaften von Bauprojekten und bestehenden Unübersichtlichkeiten von Arbeitsgrenzen für direkte oder indirekte Effekte, die aus Ingenieurhandlungen später hervorgehen mögen, als auch wegen der Umfänge und Abgrenzungen zu anderen Einzelverantwortungen nur schwer verantwortlich gemacht werden. Aber alle Beteiligten tragen doch zweifelsfrei ihren Anteil an der projektbezogenen Gesamtverantwortung. Die bestehende Arbeitsteilung des technischen Handelns hebt die Verantwortung innerhalb von Arbeitsgemeinschaften nicht einfach auf.[87]

---

[86] Lenk, Hans: *Über Verantwortungsbegriffe und das Verantwortungsproblem in der Technik*, in: Lenk, Hans/Ropohl, Günter (Hrsg.): Technik und Ethik, 2. revidierte und erweiterte Auflage, Reclam Verlag, Stuttgart 1993, S. 125.

[87] Auch wenn Beck pointiert notiert: Der „[...] hochdifferenzierten Arbeitsteilung entspricht eine allgemeine Komplizenschaft und dieser eine allgemeine Verantwortungslosigkeit. Jeder ist Ursache *und* Wirkung und damit *Nicht*ursache." Beck, Ulrich: *Risikogesellschaft. Auf dem Weg in eine andere Moderne*, Suhrkamp Verlag, Frankfurt/M. 1986, S. 43.

Bauingenieure haben es in der Projektarbeit immer mit einem Paket aus Einzel- und Mitverantwortung zu tun. Jeder Mensch hat „Mitverantwortung entsprechend seiner strategischen Zentralität in Wirkungs- und Handlungsmustern, im Macht- und Wissenszusammenhang des Systems – insbesondere insoweit er das System, die Systemerhaltung stören kann – aktiv oder durch Unachtsamkeit oder durch Unterlassung. Entsprechend der Anordnungsbefugnis nimmt die Verantwortung nach oben (mit wachsender formaler Zentralität) zu. Jeder ist im System sozusagen im ganzen mitverantwortlich, soweit dies von seinen Handlungs- und Eingriffsmöglichkeiten abhängt. Doch niemand ist allein für alles verantwortlich."[88] Offen ist allerdings die Frage der objektiven Ermittlung einzelner Verantwortungsumfänge, das heißt, wie Einzelverantwortung aus der Sicht des jeweiligen Verantwortungssubjektes zustimmungsfähig spezifiziert werden könnte. Es ist unklar, auf welche Weise anteilige Verantwortung zum Zwecke einer expliziten Zuordnung konkretisiert und individuell festgelegt werden könnte, in welche Zuständigkeiten die Festlegungsvorgänge fielen und ob etwa neutrale Instanzen schließlich die Richtigkeit der Festlegungen beurteilen würden, sodass am Ende Widerspruchsfreiheit und allgemein akzeptierte Einzel- und Mitverantwortungszuweisungen für Folgen stünden – allgemein akzeptierte, weil bei Verantwortungszuweisungen die jeweiligen Verantwortungsgrenzen immer auch mit den Verantwortungsgrenzen anderer Beteiligter abgeglichen werden müssten. Weder wird das Problem der Wahrnehmung bzw. der Zuweisung von individueller Verantwortung durch den Hinweis auf Mitverantwortung gelöst, noch wird eine Grenzziehung zwischen Einzelverantwortung und Mitverantwortung in Aussicht gestellt.

Eine weitere Schwierigkeit bei der Zuweisung von Verantwortung in der Projektarbeit liegt darin, dass sichere Vorhersagen von Folgen des Bauens prinzipiell versperrt sind. Selbst die durchdachteste und sorgfältigste Prognose ist mit Unsicherheiten behaftet und fehlbar, denn sie

---

[88] Lenk, Hans: *Die ethische Verantwortung des Bauingenieurs – Das Verantwortungsproblem in der Technik*, in: Stiftung Bauwesen (Hrsg.): Der Bauingenieur und seine gesellschaftspolitische Aufgabe, Schriftenreihe der Stiftung Bauwesen, Heft 1, Stuttgart 1996, S. 52.

## 5 Grundzüge eines risikoethischen Ingenieurhandelns 251

ist immer Projektion eines denkbaren künftigen Geschehens in die Aktualität, eine Hervorholung des Möglichen aber nicht Sicheren in das Jetzt. Unsicherheiten hinsichtlich des zugrunde liegenden Wissens sind nicht etwa ein spezifisches Charakteristikum von Bauprojekten, sondern Kennzeichen aller zukunftsorientierten und prognosebasierten Entscheidungen. Je größer die Betrachtungszeiträume nach vorne, in das Noch-Nicht-Vorliegende, desto unsicherer und hypothetischer werden Aussagen über das Kommende. Bei allen Formulierungen von Folgen bleibt ein Rest an Spekulation in unbekannter Größenordnung bestehen. Ein Bauingenieur wäre überbeansprucht, „wenn er alle möglichen Folgen seines jeweiligen Projektes, gar auch noch die Sekundär- und Tertiärfolgen in Fernbereichen, erkennen und beurteilen sollte".[89]

Auch mit den Einstellungen sämtlicher Handlungen zum Projektende kann Bauingenieuren nicht die volle Verantwortung für ihr Handeln im Hinblick auf alle möglichen projektbezogenen Effekte und Risiken in der Zukunft zugeschrieben werden. Abgesehen davon, dass keine der folgenträchtigen Entscheidungen zu diesem Zeitpunkt mehr rückgängig gemacht werden kann, sind Individuen „wissensmäßig überfordert, ... ferne Wirkwelten auf ihre Merkwelt zu beziehen oder zu gestalten",[90] bemerkt Hubig. Der Bauingenieur hat zwar eine Verantwortung für Folgen des eigenen Handelns, aber eben nur für die, die für ihn zum Zeitpunkt des Handelns übersehbar und beeinflussbar sind. Er ist verantwortlich für das, was er unter Kontrolle hat. Unvorhersehbares entzieht sich seiner Kontrolle. Zimmerli stellt zu diesem Sachverhalt fest: Verantwortlich sein „oder verantwortlich gemacht werden kann ein Handlungssubjekt nur für solches, was in mehr oder minder starkem Maße von ihm abhängt bzw. von ihm beeinflusst werden kann. Und das hat nun zur Folge, dass der Verantwortungsbegriff sich zunächst nur auf die Folgen derjenigen Handlungen bezieht, an denen der Mensch als

---

[89] Ropohl, Günter: *Neue Wege, die Technik zu verantworten*, in: Lenk, Hans/Ropohl, Günter (Hrsg.): Technik und Ethik, 2. revidierte und erweiterte Auflage, Reclam Verlag, Stuttgart 1993, S. 162.

[90] Hubig, Christoph: *Technikbewertung auf Basis einer Institutionenethik*, in: Lenk, Hans/Ropohl, Günter (Hrsg.): Technik und Ethik, 2. revidierte und erweiterte Auflage, Reclam Verlag, Stuttgart 1993, S. 284.

Handlungssubjekt (oder Akteur) auslösend oder zumindest mit-auslösend beteiligt gewesen ist. Für solches von ihm Ausgelöstes oder Mit-Ausgelöstes muss der Mensch als Handlungssubjekt Rede und Antwort stehen, eben: sich ver-antwort-en."[91]

Hier wird zwar explizit hervorgehoben, dass sich die Verantwortung für das Ingenieurhandeln innerhalb der Projektarbeit nicht umstandslos individualisieren oder gar privatisieren lässt. Verantwortung lässt sich allenfalls begrenzt übernehmen bzw. zuweisen. Allerdings können aus der Position der Unvorhersehbarkeit des Künftigen nicht auf eine völlige Unmöglichkeit der Absteckung von denkbaren Folgen geschlossen und Folgenabschätzungen für obsolet gehalten werden. Denn immerhin werden positive, mithin konkrete künftige Wirkungen als positive Folgen aus Projektierungen geradezu erwartet, indem auf sie mit Bauwerksplanungen und -errichtungen hingearbeitet wird. Ingenieurbauwerke haben gewisse Aufgaben und Funktionen zu übernehmen, die gewollt sind. Meist stehen diese Folgen für oberste Zwecke. Zudem gilt für jedes Handeln, „daß wir neben dem Zweck, den wir realisieren wollen, eine Reihe von weiteren Wirkungen in Kauf nehmen, weil wir die Realisierung des Zwekkes [sic] gegenüber diesen Wirkungen favorisieren".[92] Die Wendung „Wirkungen in Kauf nehmen" setzt wiederum die Kenntnis von in Kauf zu nehmenden Wirkungen, zumindest eine Vorstellung ihrer Qualität voraus (was nicht bekannt ist, kann nicht in Kauf genommen werden) und meint deshalb auch die Hinnahme von möglichen negativen Wirkungen, sprich Risiken, die außerhalb des zu realisierenden Zweckes stehen.

Fehlendes Wissen über die Folgen des Ingenieurhandelns und grundsätzliche Prognoseprobleme bei Folgenabschätzungen sprechen zwar gegen individuelle Übernahmen von Verantwortlichkeiten. Das be-

---

[91] Zimmerli, Walter Ch.: *Verantwortung kennen oder Verantwortung übernehmen? Theoretische Technikethik und angewandte Ingenieurethik*, in: Hieber, Lutz/Kammeyer, Hans-Ulrich (Hrsg.): Verantwortung von Ingenieurinnen und Ingenieuren, Springer Verlag Wiesbaden 2014, S. 21.

[92] Hubig, Christoph: *Die Notwendigkeit einer neuen Ethik der Technik. Forderungen aus handlungstheoretischer Sicht*, in: Rapp, Friedrich (Hrsg.): Neue Ethik der Technik? – Philosophische Kontroversen, Deutscher UniversitätsVerlag, Wiesbaden 1993, S. 156.

deutet aber nicht, dass alle möglichen Verantwortungsübernahmen bei technischen Gemeinschaftsleistungen ausgeschlossen sind, denn die Handlungsergebnisse eines jeden Projektmitarbeiters fließen zweifellos in das Gesamtergebnis ein. Alle Einzelbeiträge werden mit jeweils zeitlich und örtlich nicht sicher bestimmbaren Wirkgrößen und -richtungen in ein Gesamtergebnis überführt. Damit wird Verantwortung innerhalb des Kooperationsgefüges zum Zwecke der Realisierung einer Praxis der Zusammenarbeit getragen.

Noch hinzu kommt die Haftungsfrage. Rath erörtert sie in Bezug auf Risikosituationen.[93] „Die Frage der Haftung für potenzielle Schäden in Risikosituationen ist ein Thema, dass allgemein die Risikoethik betrifft. Grundsätzlich gilt dabei die Regel, dass der Risikourheber haftbar zu machen ist."[94] Kann Verantwortung einer konkreten Person zugeordnet werden und lässt sich der Risikourheber ausmachen, dürfte Eindeutigkeit in der Verantwortungsfestlegung bestehen. Sind dagegen Kollektive oder größere Organisationsgeflechte beteiligt, wie das bei der Planung und der Errichtung von Infrastrukturanlagen üblich ist, bleibt eine Zuordnung von Verantwortung fraglich. „Die Konkretisierung der Verantwortung in Form justiziabler *Haftbarkeit* greift nur bedingt, da in Sachlagen mit verflochtenen Wirkungs- und Verantwortungsbeziehungen die Zuordnung der Haftung zu einem Subjekt kaum möglich ist. Vor ähnlichen Schwierigkeiten stehen Versuche, eine kollektive Verantwortung in eine *geteilte individuelle Verantwortung* umzuformen oder *Institutionen und Organisationen als Subjekte der Verantwortung* in die Pflicht zu nehmen."[95] Zwar lassen sich hier „die Komponenten des Verantwortungsbegriffs nach den klassischen Fragen entfalten. Wer ist gegenüber wem warum für was wie lange verantwortlich und was geschieht, wenn

---

[93] Siehe dazu Abschn. 2.1 *Technisch-risikoethische Termini, Risikosituation* und Abschn. 2.3 *Typische Risikosituationen.*

[94] Rath, Benjamin: *Entscheidungstheorien der Risikoethik. Eine Diskussion etablierter Entscheidungstheorien und Grundzüge eines prozeduralen libertären Risikoethischen Kontraktualismus*, Diss., Universität Zürich, Tectum Verlag, Marburg 2011, S. 41.

[95] Binder, Martin: *Technisches Handeln – Eine Studie zu einem zentralen Begriff Technischer Bildung*, Diss., Pädagogische Hochschule Weingarten 2014, S. 214.

er es ist?"⁹⁶ Eine plausible Segmentierung der kollektiven Verantwortung in eine geteilte, sauber voneinander getrennte individuelle unbestreitbare Verantwortung ist dadurch aber kaum herstellbar.⁹⁷

Unabhängig davon, welche Antwort auf die Frage der Verantwortung für Handlungsfolgen in projektbezogenen Kooperationen im Einzelfall gegeben wird, ist moralische Verantwortung in der Projektarbeit stets von Bedeutung. Sie wirkt umfassend und ist universell. „Die Universalität der moralischen Verantwortung hat zur Folge, daß niemand, der in einem ethisch verwerflichen Projekt mitwirkt, von moralischer Verantwortung freigesprochen werden kann, falls ihm überhaupt Entscheidungsalternativen und Weigerungsmöglichkeiten offenstehen."⁹⁸ Moralische Verantwortung ist nicht arithmetisch addierbar, subtrahierbar oder teilbar, selbst wenn sie, wie in der Projektarbeit nicht unüblich, gemeinschaftlich getragen wird (werden muss). Das einzelne Individuum „ist und bleibt Letztadressat moralischer Verantwortung, wenn auch in unterschiedlichen Rollen, die es im Einzelnen zu analysieren gilt".⁹⁹ Hier wird vom Bauingenieur verlangt, dass er seine Handlungen im

---

⁹⁶ Kornwachs, Klaus: *Philosophie für Ingenieure*, 3. Auflage, Hanser Verlag, München 2018, S. 202. Der Deutsche Ethikrat spricht im Zusammenhang mit Verantwortung von einer fünffachen Relation: „Wer (Verantwortungssubjekt) ist für was (Verantwortungsobjekt), gegenüber wem (Betroffenen), vor wem (Instanz) und unter welcher Norm verantwortlich?" Deutscher Ethikrat (Hrsg.): *Mensch und Maschine – Herausforderungen durch Künstliche Intelligenz*, Berlin, 2023, S. 25.

⁹⁷ In Streitfällen, in denen vor Gericht über Ursachen von Schäden aus bautechnischen Vorgängen verhandelt wird, ist die Frage der Zuweisung von Verantwortung regelmäßig von Bedeutung. Je nach Fragestellung werden fachlich ausgewiesene Sachverständige herangezogen und damit beauftragt, bauliche Abläufe nachzuvollziehen und gegebenenfalls festzustellen, wie hoch die Anteile einzelner Beteiligter an zurückliegenden technischen Hergängen sind.

⁹⁸ Lenk, Hans: *Über Verantwortungsbegriffe und das Verantwortungsproblem in der Technik*, in: Lenk, Hans/Ropohl, Günter (Hrsg.): Technik und Ethik, 2. revidierte und erweiterte Auflage, Reclam Verlag, Stuttgart 1993, S. 128. Vergleiche auch Lenk, Hans: *Die ethische Verantwortung des Bauingenieurs – Das Verantwortungsproblem in der Technik*, in: Stiftung Bauwesen (Hrsg.): Der Bauingenieur und seine gesellschaftspolitische Aufgabe, Schriftenreihe der Stiftung Bauwesen, Heft 1, Stuttgart 1996, S. 52.

⁹⁹ Zimmerli, Walter Ch.: *Verantwortung kennen oder Verantwortung übernehmen? Theoretische Technikethik und angewandte Ingenieurethik*, in: Hieber, Lutz/Kammeyer, Hans-Ulrich (Hrsg.): Verantwortung von Ingenieurinnen und Ingenieuren, Springer Verlag Wiesbaden 2014, S. 22.

## 5 Grundzüge eines risikoethischen Ingenieurhandelns

Licht des Gesamtsystems, dessen Teil er ist, betrachtet und gegebenenfalls anpasst.

Die vorgestellten praktischen Problemstellen in der Projektarbeit zeigen, dass dem Bauingenieur eine Verantwortung für die Folgen aus seinen Handlungen weder vollständig abgesprochen noch abgrenzbar zugewiesen werden kann, sodass sich der Begriff der Verantwortung aus der Sichtweise des jeweiligen Bauingenieurs nicht hinreichend explizieren lässt. Hinsichtlich des Interesses an der Fertigstellung einer Infrastrukturanlage besteht zwar Einvernehmen unter den Beteiligten. Jedoch sind höchst unterschiedliche Kenntnisse und Handlungen in einer Projektgemeinschaft vorhanden und auch gewollt, weshalb sie auf mehrere Personen mit zueinander unterschiedlichen, aber ineinandergreifenden Kompetenzen verteilt sind (Arbeitsteilung), sodass der einzelne Bauingenieur technisch zwar immer nur zu Teilen, aber regelmäßig an der gesamten Projektarbeit und damit an der Gesamtverantwortung beteiligt ist, sei es über eine Einzel- oder eine Mitverantwortung. Die Frage ist: zu welchen Teilen? Jede der ungezählten Einzelarbeiten fließt unwiderlegbar als singulärer Beitrag zur Gruppenleistung in die Entstehung des Gesamtergebnisses ein. Alle einzelnen Handlungsergebnisse laufen in einem Punkt zusammen. Eine klare und abgeschlossene Verantwortung für die aus Ingenieurleistungen ergehenden Handlungsfolgen lässt sich daraus aber nicht ableiten. Das betrifft die Festlegung des Anteils der Mitverantwortung von Bauingenieuren an der Gesamtverantwortung noch deutlicher als die jeweilige Einzelverantwortung, bei der über den individuellen fachlichen Schwerpunkt und die vom Bauingenieur übernommene Aufgabe möglicherweise eher eine themenspezifische Verantwortlichkeit ausgemacht werden kann.

Sind Gemeinschaftsgeflechte an der Planung und Errichtung von Ingenieurbauwerken beteiligt, ist es die Regel, dass Formen von Handlungskollektiven entstehen, in denen zwar die Ziele vorgegeben sind und die Mittel zur Durchführung individueller Handlungen zur Verfügung stehen bzw. gestellt werden. Personenbezogene Verantwortlichkeiten sind aus dem Zusammenwirken der handelnden Individuen heraus aber nur schwer rekonstruierbar. Es sprechen gleich mehrere Umstände dagegen, einem an einer Projektarbeit beteiligten Bauingenieur eindeutig und abgrenzungsscharf Verantwortung zuweisen zu können.

Die Gesamtheit der Baubeteiligten (Beratungs- und Ingenieurbüros verschiedenster fachlicher Ausrichtungen, Bauträger, Bauunternehmen, staatliche und kommunale Verwaltungen, Aufsichten, Sachverständige etc.) bildet eine Community, in der jeder Beteiligte mehr oder weniger stark auf die Leistungen des anderen angewiesen ist. Durch diese Verwebungen ist „eine fein säuberliche Verantwortungsaufteilung zwischen den Disziplinen ebenso wenig möglich ... wie eine exakte Lösung dieses Problems allein durch die Geisteswissenschaften".[100] Die Möglichkeiten von Verantwortungsübernahmen und entsprechenden Abgrenzungen sind zu vielfältig, als eindeutige Zuteilungen vorgenommen werden könnten. In der Projektarbeit liegt in einer Vielzahl der Fälle eine nicht näher definierbare Verantwortungsstreuung vor, weshalb das Konzept der exakten Zuweisung von individueller Verantwortung oftmals vor Schwierigkeiten steht. Solange hier Unklarheit vorliegt, sind Beurteilungs- und Verantwortungskonflikte nicht ausgeschlossen. Dies gilt im übertragenen Sinne auch für Zuerkennungen von Erfolgsanteilen in der Projektarbeit. Hier fehlt es ebenfalls an Möglichkeiten, voneinander sauber abgetrennte personenbezogene Erfolgsquoten auszumachen. Am Bau gibt es weder eine Logik der eindeutigen Zuordnung von Handlung und Verantwortung noch eine der klaren Verteilung von Leistung und Verdienst.

## 5.6 Merkmale konsequentialistischer und deontologischer Ansätze

Dieser Abschnitt konzentriert sich auf Aspekte, die im Hinblick auf ein risikoethisch ausgerichtetes Ingenieurhandeln für einen konsequentialistischen bzw. einen deontologischen Ansatz sprechen. Daneben werden Bedingungen formuliert, die bei einer Zusammenlegung der beiden Ansätze zur Herstellung einer modifizierten Ingenieurpraxis erforderlich erscheinen.

---

[100] Lenk, Hans: *Ethikkodizes für Ingenieure. Beispiele der US-Ingenieurvereinigungen*, in: Lenk, Hans/Ropohl, Günter (Hrsg.): Technik und Ethik, 2. revidierte und erweiterte Auflage, Reclam Verlag, Stuttgart 1993, S. 207.

## 5 Grundzüge eines risikoethischen Ingenieurhandelns

Für diese Überlegungen genügt es, die charakteristischen Kernelemente der beiden Ansätze herauszuarbeiten und gegeneinanderzustellen.

Bereits mit dem Entschluss, ein Ingenieurbauwerk entstehen zu lassen, liegen leitende konsequentiale Handlungsgründe vor. „Konsequentiale Handlungsgründe sind darauf gerichtet, kausal in die Welt einzugreifen und einen Zustand herbeizuführen, der sich infolge der Handlung von alternativen Zuständen unterscheidet. Konsequentiale Handlungsgründe streben den entsprechenden Zustand an und setzen die Handlungen (instrumentell) ein, um diese Zustandsveränderung zu erreichen."[101] Konsequentiale Handlungsgründe ergeben sich für Bauingenieure in erster Linie aus der Planung und Errichtung von Ingenieurbauwerken. Dabei sollen immer auch Schadenseintritte vermieden werden. Bauingenieure sind rational und zugleich moralisch aktiv, wenn sie bei ihrem so typisch konsequentialistischen Handeln die Außenwirkungen mitdenken, das heißt, bei Schadensminimierungen das Wohlergehen der Menschen im Blick haben, die von ihren Handlungen in irgendeiner Weise betroffen sind, wobei Schadensminimierung hier nicht als Minimierung des Ausmaßes eines eingetretenen Schadens zu verstehen ist (Schadensbegrenzung), sondern als Minimierung der Wahrscheinlichkeit eines Schadenseintrittes.

Zwar liegt mit einer Schadensminimierung eine positive Handlungsfolge vor, ähnlich der Planung und Errichtung eines Ingenieurbauwerks, allerdings weniger im Sinne einer in die Welt absichtsvoll eingreifenden Aktivität zur Schaffung eines erwünschten Zustandes, sondern eher im Sinne einer Sicherstellung des Nichteintretens eines unerwünschten Zustandes, der sich sonst aus dem leitenden konsequentialen Handlungsgrund mit einer gewissen Wahrscheinlichkeit ergeben würde. Auch wenn diese schadensminimierende Handlung ebenfalls einem konsequentialen Grund entspringt, weil sie in einer gewissen Hinsicht einen gewollten Zustand anstrebt, ist sie doch nicht als direkter nutzenangelegter Beitrag zur Herstellung eines erwünschten Ingenieurbauwerks zu verstehen. Vielmehr dient sie der Vermeidung von

---

[101] Nida-Rümelin, Julian/Rath, Benjamin/Schulenburg, Johann: *Risikoethik*, de Gruyter, Berlin, Boston 2012, S. 169.

etwas Nichterwünschtem im Zuge der Schaffung eines erwünschten Zustandes.[102]

Anzumerken ist hier, dass bei einer konsequentialistischen Ingenieurhandlung, bei der der moralische Wert der Handlung ingenieurseitig daraus abgeleitet wird, dass dem Eintreten negativer Folgen (Schäden), die nach Art und Umfang zum Zeitpunkt der Handlungsentscheidung bzw. -aufnahme nicht feststehen, entgegengewirkt werden soll, nicht bereits moralische Ansprüche der Betroffenen erfüllt werden, zumindest nicht zwingend. Unter Umständen wird es moralisch als nicht zumutbar angesehen, dass Ingenieurhandlungen vorgenommen werden, die mit substanzieller Wahrscheinlichkeit große Schäden nach sich ziehen. Und auch die Fälle, in denen geringe Wahrscheinlichkeiten für große Schäden vorliegen, könnten abgelehnt werden, denn wenn Wahrscheinlichkeiten von Eintritten großer Schäden gering sind, werden entsprechende Ereignisse, überhaupt jemals in eine derartige Situation zu geraten, zwar ebenfalls gering sein, aber sie sind nicht ausgeschlossen. Hinzu kommt, dass Schäden denklogisch erst nach vollzogenen Ingenieurhandlungen im Zusammenhang mit Schadenseintritten feststellbar sind. Das jeweilige Schadensausmaß steht fest, nachdem es zu einem Schaden gekommen und das Schadensereignis nicht mehr abwendbar ist. Damit liegen auch die Informationen darüber, welche Personen als Betroffene welche Schädigung hinzunehmen haben, erst nach einem Schadensereignis vor. Weiter gedacht lässt sich frühestens nach Schadenseintritten über ein Risiko belastbar urteilen, ob es sich um ein akzeptables oder inakzeptables Risiko gehandelt hat, das eingegangen worden ist. Und schließlich hängt das, was ingenieurseitig als wünschenswert angesehen und gewollt wird, immer auch davon ab, welche konkreten Handlungen zur Erreichung des Erwünschten vorgenommen und welche Mittel im Hinblick auf das Erreichen positiver Folgen (Nutzung eines zu planenden und zu errichtenden Ingenieurbauwerks) eingesetzt werden.

Es ist davon auszugehen, dass über ein konsequentialistisches Ingenieurverhalten allgemein geltende moralische Ansprüche so lange nicht

---

[102] Der Konsequentialismus zeigt hier, dass er bei der Bewertung von Handlungsoptionen typischerweise die Auswirkungen erwartbarer Folgen (Chancen und Risiken) postuliert.

erfüllbar sind, wie eine ingenieurseitige Optimierung von Handlungsfolgen angestrebt wird, ohne dass die moralischen Vorstellungen betroffener Personenkreise einbezogen werden. An dieser Stelle kommen die konsequentialistische und die deontologische Risikoethik ins Spiel. Die konsequentialistische Risikoethik macht definitionsgemäß ausschließlich schadensträchtige Folgen (Schäden als negative Werte) zum Maßstab von Handlungsbeurteilungen. Der Handlung selbst wird keine ethische Bedeutung beigemessen. Verteilungs- und Gerechtigkeitsfragen spielen keine Rolle.[103] Eine „konsequentialistische Risikoethik leitet ... aus dem jeweiligen Schadensmaß die gebotene Handlung über Optimierungskriterien her. Wenn die Wahrscheinlichkeiten abgeschätzt werden können, dann ist jeweils diejenige Handlung geboten, deren Erwartungswert bezüglich dieses Schadensmaßes minimal ist."[104] Der konsequentialistische Ansatz beantwortet die Frage der Zulässigkeit von Risikoübertragungen auf Unbeteiligte mithilfe des Erwartungswertes des Risikos R,[105] der sich aus der Quantifizierung von Eintrittswahrscheinlichkeiten und Schadenswert ergibt und über alle möglichen Folgen einer Handlungsoption aggregiert wird.[106] Die nicht maximierende deontologische Risikoethik zeigt eine gegenläufige Tendenz. Ihr geht es nicht ausschließlich um Schäden, die sich aus Handlungen ergeben können, sondern vor allem um die Richtigkeit des Handelns, das sich angesichts möglicher Schäden bezüglich Verteilungs- und Gerechtigkeitsfragen an der Einhaltung verpflichtender moralischer Regeln bemisst. Effizienzüberlegungen spielen eine untergeordnete Rolle.[107] „Eine deontologische unterscheidet sich von einer konsequentialistischen Risikoethik nicht im Hinblick auf die Fokussierung auf den möglichen Schaden einer Praxis. Für beide Typen von Risikoethik ist diese Einseitigkeit geradezu konstitutiv. Der entscheidende Unterschied zwischen

---

[103] Siehe Abschn. 2.1 *Technisch-risikoethische Termini, Risikoethik, konsequentialistische.*
[104] Nida-Rümelin, Julian/Rath, Benjamin/Schulenburg, Johann: *Risikoethik*, de Gruyter, Berlin, Boston 2012, S. 150.
[105] Siehe dazu Abschn. 2.4 *Risikokalkulation.*
[106] Vergleiche Nida-Rümelin, Julian/Rath, Benjamin/Schulenburg, Johann: *Risikoethik*, de Gruyter, Berlin, Boston 2012, S. 36 f.
[107] Siehe Abschn. 2.1 *Technisch-risikoethische Termini, Risikoethik, deontologische.*

| Deontologische Ethik | Konsequentialistische Ethik |
|---|---|
| • Handlungsentscheid basiert auf normativ verpflichtender moralischer Regel<br>• Keine empirisch-pragmatischen Überlegungen<br>• Nützlichkeitseffekte haben kaum Bedeutung | • Handlungsentscheid basiert ausschließlich auf größter nutzenbringender Folge<br>• Empirisch-pragmatische Überlegungen<br>• Nützlichkeitseffekte haben große Bedeutung |

| Deontologische Risikoethik | Konsequentialistische Risikoethik |
|---|---|
| • Handlungsentscheid erfolgt nicht ausschließlich auf Basis des Schadensausmaßes<br>• Einbeziehung von Verteilungs- und Gerechtigkeitsfragen angesichts möglicher Schäden durch Beurteilung des Handelns anhand normativ verpflichtender moralischer Regeln<br>• Effizienzerwägungen spielen eine untergeordnete Rolle<br>• Rechtfertigung und Begründung moralischer Handlungen sind von Bedeutung | • Handlungsentscheid erfolgt ausschließlich auf Basis des geringsten Schadensausmaßes<br>• Keine Einbeziehung von Verteilungs- und Gerechtigkeitsfragen angesichts möglicher Schäden, keine Beurteilung des Handelns anhand normativ verpflichtender moralischer Regeln<br>• Effizienzerwägungen spielen eine herausragende Rolle<br>• Rechtfertigung und Begründung moralischer Handlungen sind nicht von Bedeutung |

**Abb. 5.1** Unterscheidungsmerkmale Ethik/Risikoethik

deontologischer und konsequentialistischer Risikoethik besteht darin, dass die Handlungsbeurteilung unter Risiko-Aspekten im Falle eines deontologischen Ansatzes nicht ausschließlich über die Folgenbeurteilung, also über Optimierungskriterien, vollzogen wird." (Abb. 5.1)[108]

Es spricht Einiges für die Überlegung, jegliche möglichen Schadensereignisse sicher auszuschließen. Allerdings lässt sie einen entscheidenden Umstand außer Acht. Eine sichere Vermeidung künftiger Schäden ist nur möglich, wenn Ingenieurhandlungen ausbleiben. Das impliziert den Wegfall allen Ingenieurhandelns, denn erst damit stünde fest, dass es zu keinerlei Risikosetzungen kommt, die auf Ingenieurhandlungen zurückführbar sind. Eine Einstellung von Ingenieurtätigkeiten würde aber bedeuten, das bestehende Wohlstandsniveau etwa bezüglich der Wasserversorgung und der Abwasserentsorgung, welches ohne Bauingenieure nicht hervorgebracht worden wäre, zu vernachlässigen und langfristig sogar aufzugeben, weil mit der Einstellung von Ingenieurtätigkeiten nicht nur Neubauten von Infrastrukturanlagen der Wasserversorgung, der Abwasserableitung und der Abwasserreinigung ausbleiben, sondern auch Instandhaltungsarbeiten an bestehenden Anlagen entfallen würden.

---

[108] Nida-Rümelin, Julian/Rath, Benjamin/Schulenburg, Johann: *Risikoethik*, de Gruyter, Berlin, Boston 2012, S. 151.

## 5 Grundzüge eines risikoethischen Ingenieurhandelns

Weil nicht davon auszugehen ist, dass dies ernsthaft gewollt wird, rückt der Gesichtspunkt in den Vordergrund, dass mit der grundsätzlichen Befürwortung ingenieurseitiger Arbeiten an der technischen Infrastruktur zur Erhaltung bzw. Steigerung ihrer Gebrauchsfähigkeit zum Zwecke der Sicherstellung des bestehenden Wohlstandsniveaus praktisch gesehen gewisse Risiken zu akzeptieren sind, ohne dass dies in ethischer Hinsicht sofort als Missachtung von Individualrechten zu werten wäre. Die Forderung der Inkaufnahme von Risiken durch das Ingenieurhandeln erscheint schon deshalb tragfähig, weil es als Bedingung der Zulässigkeit von Risikoexpositionen durch Ingenieurhandlungen kein Null-Risiko geben kann. Eine absolute Sicherheit im Sinne eines Null-Risikos ist dem Bauingenieurwesen fremd. „Wegen der Fehlbarkeit der Menschen, der Möglichkeit technischen Versagens und der begrenzten Beherrschbarkeit von Naturvorgängen gibt es grundsätzlich keine absolute Sicherheit."[109] Im Arbeitsalltag von Bauingenieuren bedeutet Sicherheit niemals vollständige Sicherheit, verstanden als vollkommene und dauerhafte Abwesenheit von Unsicherheit. Da jede Zukunft zu einem gewissen Grad unsicher ist und damit auch jede Entscheidung in eine unbekannte Zukunft hinein Unsicherheit mit sich bringt, kann es kein Null-Risiko geben. Aus diesem Grund kennt das Bauingenieurwesen zwar Kriterien für Sicherheit (z. B. Sicherheitsbeiwerte), aber kein Kriterium für uneingeschränkte Sicherheit. Seinem Fehlen kann nicht ausgewichen werden. Die Ausgeschlossenheit eines Null-Risikos ist in der Natur der Dinge angelegt. Selbst mit Berechnungsmodellen auf dem höchsten Stand von Wissenstand und Technik ist allenfalls hinreichende Sicherheit herstellbar. Das ingenieurtechnische Handeln ist stets ein zielgerichtetes, aber immer ein Handeln ins nicht gänzlich Abgesicherte. Es ist ein Handeln ins Offene und führt grundsätzlich in eine Unvorhersehbarkeit von Folgen.

Der Vollzug von Ingenieurhandlungen in der Annahme, sämtliche Wahrscheinlichkeiten von Schadenseintritten sicher zu vermeiden, würde bedeuten, sich an der Bezwingung einer Unmöglichkeit zu

---

[109] Verein Deutscher Ingenieure (Hrsg.): *Richtlinie 3780, Technikbewertung – Begriffe und Grundlagen*, Beuth Verlag, Berlin 2000, S. 16.

versuchen. Dementsprechend strebt Risikoethik ex ante nicht das Ziel vollständig moralischer Entscheidungen unter Unsicherheit[110] an. Die Risikoethik verfolgt vielmehr das Konzept einer maximalen Moralität von Ingenieurhandlungen zum Zeitpunkt des Fällens von Entscheidungen unter Unsicherheit, dort also, wo das konsequentialistische Argumentationsmuster in ethischer Hinsicht an Bedeutung verliert. Ropohl schreibt: „Immer müssen wir unsere Überlegung abbrechen, denn die Kausalketten erstrecken sich bis in die Unendlichkeit. Alle Folgen zu bedenken ist unmöglich."[111] Wenn sich also Unsicherheiten als Risiken im Sinne von Gefahren mit berechenbarer Wahrscheinlichkeit zu erkennen geben, muss dieser Sachverhalt als unabänderlich hingenommen werden. Die ausgeprägt konsequentialistische Ausrichtung des Handelns der Bauingenieure stößt ethisch gesehen dort an Grenzen, wo belastbares Wissen um Folgen nicht verfügbar ist und zwangsläufig Entscheidungen unter Unsicherheit zu treffen sind.

Ein Null-Risiko würde ein kategorisches Verbot jeglicher Ingenieurhandlungen bedeuten und nicht nur die Einstellung aller Ingenieurtätigkeiten inklusive der Hervorbringung genannter wohlstandseinschränkender Wirkungen nach sich ziehen, sondern auch für eine Auflösung des Raumes erlaubter ingenieurtechnischer Handlungen stehen, was dem Anspruch der Aufrechterhaltung und Funktionsfähigkeit unserer technischen Infrastruktur ebenfalls nicht zuträglich wäre. Damit soll nicht zum Ausdruck gebracht werden, dass Ingenieurhandlungen unkritisch hinzunehmen sind, schon gar nicht, wenn ihnen Beurteilungen von Risiken zugrunde liegen, die isolierten Ingenieurüberlegungen entstammen, und sich herausstellt, dass Individualrechte verletzt werden. Gerade solche Fälle fordern ein Ingenieurhandeln ab, das über die rein konsequentialistische Implikation hinausgeht und eine deontologische Optimierung erfährt. Unser Rechtsstaat sichert individuelle Rechte und Freiheiten zu. Diesbezügliche „Normen sind ... deontologisch und nicht konsequentialistisch verfasst, und die Auslegung dieser Normen

---

[110] Siehe dazu insbesondere Teilabschn. 4.3.2 *Entscheidungen unter Unsicherheit*.
[111] Ropohl, Günter: *Ethik und Technikbewertung*, Suhrkamp Verlag, Frankfurt/M. 1996, S. 232.

ist kategorisch und nicht hypothetisch".[112] Das heißt: Bereits die „beiden Grundrechte – Recht auf Leben und körperliche Unversehrtheit – legen jeder Risikooptimierung deontologische Einschränkungen auf".[113] Es ist anzuerkennen, dass der ideale Deontologe aufeinander abgestimmte Wertprinzipien festlegt und sich die moralische Qualität seiner Handlungen danach bemisst, ob er sich bei seinen Entscheidungen zur Einhaltung der Wertprinzipien verpflichtet, während für den idealen Konsequentialisten feststeht, diejenige Handlungsoption zu wählen, von der er die besten Folgen erwartet. Selbstverständlich wird auch ein Deontologe von zwei oder mehr möglichen Handlungen, die moralisch erlaubt sind, unter sonst gleichen Bedingungen diejenige vorziehen, die aus seiner Sicht die besten Folgen hat. Im Gegensatz zum Deontologen ist für den Konsequentialisten aber allein die Maximierung bzw. Optimierung der Nutzenfunktion rationales und ethisches Handlungsmotiv. Für Nida-Rümelin schaffen Konsequentialisten „eine soziale Welt der Instabilität und der permanenten Konflikteskalation. Die ethische Theorie sollte ihren Ausgangspunkt nahe bei den realen Menschen nehmen, mit ihren persönlichen Bindungen und Projekten, ihren individuellen Lebenszielen und Werthaltungen, und dann diejenigen Rechte und Pflichten, Werte und Tugenden bestimmen, die es erlauben, diese Differenzen auszuhalten, d. h. die diese Differenzen hinreichend kompatibel machen, um der einzelnen Person ein selbstbestimmtes Leben zu ermöglichen. Diese Rechte und Pflichten, Werte und Tugenden beschränken (unter der Bedingung interpersoneller Differenz) die je individuelle konsequentialistische Optimierung."[114]

---

[112] Nida-Rümelin, Julian/Rath, Benjamin/Schulenburg, Johann: *Risikoethik*, de Gruyter, Berlin, Boston 2012, S. 143.

[113] Nida-Rümelin, Julian/Rath, Benjamin/Schulenburg, Johann: *Risikoethik*, de Gruyter, Berlin, Boston 2012, S. 155. Siehe dazu auch Abschn. 2.1 *Technisch-risikoethische Termini, Risikooptimierung*.

[114] Birnbacher, Dieter/Nida-Rümelin, Julian (Gespräch): *Ethik: Ist es aus konsequentialistischer Sicht wünschenswert, daß die Gesellschaft aus Konsequentialisten besteht?*, Information Philosophie, Heft 3/1997, Claudia Moser Verlag, Lörrach, S. 102–109. Vergleiche generelle Kritik am Konsequentialismus Nida-Rümelin: *Kritik des Konsequentialismus*, R. Oldenbourg Verlag, München 1993.

Nida-Rümelin macht sich für eine deontologisch ausgerichtete, dezidiert nicht konsequentialistische Ethikposition stark. Seine Kritik am konsequentialistischen Kalkül steht auf vier Säulen[115]:

1. Die konsequentialistische Risikobeurteilung differenziert nicht zwischen den Entscheidern und den von der Entscheidung betroffenen Personen;
2. konsequentialistische Kriterien klammern die Wahrnehmung von Individualrechten aus;
3. konsequentialistische Kriterien der Risikobeurteilung verletzen die Autonomie der Betroffenen;
4. der konsequentialistische Ansatz berücksichtigt keine Verteilungsaspekte und Gerechtigkeitsabwägungen; ethisch problematisch ist insbesondere, dass sich unter dem rein konsequentialistischen Ansatz der Nachteil des einen durch einen genügend großen Vorteil eines anderen rechtfertigen lässt.

Im Hinblick auf eine angemessene Risikoethik für die Ingenieurpraxis unterscheiden sich die konsequentialistische und die deontologische Theorie darin, dass bei der gegenwärtig konsequentialistisch geprägten ingenieurtechnischen Handlungsweise ethische Belange meist übergangen werden, denn für „eine konsequentialistische Risikobeurteilung ist allein das Aggregat des Schadens und die Wahrscheinlichkeit, mit der der Schaden auftritt, ausschlaggebend".[116] Würde dagegen die deontologische Theorie dominieren, orientierte sich die moralische Richtigkeit des Ingenieurhandelns vornehmlich an schadensbezogenen Verteilungs- und Gerechtigkeitsfragen, ohne dass nutzbringende Gewinne berücksichtigt würden, was zulasten der Ingenieurrationalität ginge. Und weil nach der deontologischen Theorie nicht die Handlungen gut sind,

---

[115] Vergleiche Nida-Rümelin, Julian/Schulenburg, Johann: *Risikobeurteilung / Risikoethik,* in: Grunwald, Armin (Hrsg.): Handbuch Technikethik, Springer-Verlag Deutschland, ursprünglich erschienen bei J. B. Metzler'sche Verlagsbuchhandlung und Carl Ernst Poeschel Verlag, Stuttgart 2013, S. 226.
[116] Nida-Rümelin, Julian/Rath, Benjamin/Schulenburg, Johann: *Risikoethik,* de Gruyter, Berlin, Boston 2012, S. 140.

deren Folgen gut sind, sondern die, die als Handlung gut sind, kann eine moralisch gute Handlung in schlechte Folgen führen, womit technische Ziele und letztlich der ingenieurseitige Wohlstandserhalt auch aus diesem Grund Gefahr liefen, aus dem Blick zu geraten. Weder die Beibehaltung eines strikten Konsequentialismus noch sein vollständiger Ersatz durch eine rigide Deontologie würden sich im Hinblick auf ein risikoethisches Ingenieurverhalten also als problemlösend erweisen.[117]

„Die vom konsequentialistischen Geist getragene ökonomische Praxis der Risikooptimierung und die vom deontologischen Geist getragene rechtliche Praxis der Risikovermeidung folgen zwei unterschiedlichen Logiken."[118] Demgemäß hinterlassen die Erklärungen in der Ingenieurpraxis über den idealen Umgang mit risikobehafteten Entscheidungssituationen im Bauingenieurwesen den Eindruck, dass konsequentialistische und deontologische Motive vielfach unversöhnlich entgegenlaufen. Die fehlende Vereinbarkeit der beiden Theorien spiegelt sich in teils energisch geführten Auseinandersetzungen in Fachkreisen wider. Bauingenieuren wird reine Rationalität unterstellt oder vorgeworfen. Bei dem Aufbau und dem Erhalt der wohlstandssichernden technischen Infrastruktur gehöre die Beherrschung von Mittel-Zweck-Beziehungen nun mal zum Handwerkszeug, wird entgegnet. Ethische Reflexion verlange von Ingenieurrationalität aber, dass sie sich öffne, wird erwidert. Auf diese Weise wird moralische Intuition mit zweckorientiertem Handeln vermeintlicher Ingenieurrationalität kontrastiert, wodurch moralische Prinzipien gegenüber dem technisch-wirtschaftlichen Kalkül das Nachsehen haben. Eine für die Ingenieurpraxis bedeutsame Folge dieser Verschiedenartigkeitserfahrungen ist, dass Argumente, die auf Beziehungen zwischen normativ-ethischen Urteilen und Normensystemen

---

[117] Für diese Arbeit wird angenommen, dass eine vergleichende Gegenüberstellung der beiden Theorien in der vorgenommenen Weise vertretbar ist. Die Annahme berücksichtigt nicht die Vielfalt ethischer Theorien. Sie erscheint aber insoweit hilfreich, als einerseits eine zentrale Differenz zwischen Konsequentialismus und Deontologie hervorgehoben wird und andererseits bei der Beschäftigung mit risikoethischen Fragestellungen in der Ingenieurpraxis die Probleme bei einem Aufeinandertreffen konsequentialistischer und deontologischer Begründungsfiguren deutlich werden.

[118] Nida-Rümelin, Julian/Rath, Benjamin/Schulenburg, Johann: *Risikoethik*, de Gruyter, Berlin, Boston 2012, S. 162.

ausgerichtet sind, schwächer gewichtet werden als rationalitätstheoretische Argumente, sodass Letztere die wenigen Diskurse beherrschen, soweit zu diesem Themenkomplex überhaupt welche stattfinden. Hier wird markiert, dass der zutage tretende Grundkonflikt, der sich daraus ergibt, dass entgegenstehende normative Ansprüche geltend gemacht werden, weder mit schlichten Verweisen auf die Wahrung der klassischen Ingenieurrationalität noch mit der vermuteten Gefahr der Verdrängung ethischer Prinzipien behoben werden kann. Auch daran zeigt sich, dass sowohl die Beibehaltung des rein konsequentialistischen Wegs als auch ein rein deontologischer Weg als konkrete risikoethische Verhaltensorientierung für Bauingenieure nicht weiterführend sind.

Vielversprechend scheint ein ingenieurethisches Modell zu sein, das nicht moralische Prinzipien ableitet oder moralische Tatsachen identifiziert, sondern das nach einer ethischen Angemessenheit des Ingenieurverhaltens sucht. Kern dieser konzeptionellen Überlegung ist eine zweckmäßige, das heißt auf die praktischen Erfordernisse abgestellte, Vereinigung des konsequentialistischen Paradigmas mit dem deontologischen Paradigma. Dies ist umso bedeutsamer, als sich die Bedingungen, unter denen Bauingenieure tätig sind, in den letzten Jahrzehnten nicht nur in technischer, sondern auch in sozialer und ökologischer Hinsicht stark verändert haben.

„Der Ansatz der deontologischen Risikoethik bestimmt sich zunächst aus der Negation konsequentialistischer Risikoethik. Der deontologische Ansatz bestreitet, dass lediglich die Schadenssumme und die Wahrscheinlichkeit ihres Auftretens für die Beurteilung von Risiken relevant sind."[119] Er lehnt die Einbeziehung von Schäden und Eintrittswahrscheinlichkeiten also nicht strikt ab, sondern stellt ihre uneingeschränkte Gültigkeit infrage. Bei dem deontologischen Ansatz erfolgt die „Beurteilung einer Handlung unter Risiko-Aspekten [...] nicht ausschließlich über das Schadensmaß sowie die Veränderung der Wahrscheinlichkeiten, mit denen bestimmte Schadensszenarios eintreten. Ausschlaggebend ist, mit anderen Worten, nicht allein die kausale Rolle der Handlung für den zu erwartenden Schaden. Dabei ist zu beachten,

---

[119] Ebenda, S. 151.

dass bei dieser Definition unter ‚Schaden' diejenige Größe verstanden werden muss, die für die konsequentialistische Beurteilung ausschlaggebend ist."[120]

Selbst wenn es um die Einhaltung deontologisch begründeter Regeln geht, ist das Abwägen von möglichen Schäden für deontologische Akteure also keine Marginalie. Es spricht „nichts dagegen, dass nicht nur konsequentialistisch optimierende, sondern auch deontologisch handeln wollende Akteure – Akteure also, die sich an Regeln orientieren, die nicht auf die Optimierung von Konsequenzen ausgerichtet sind – probabilistische Abwägungen vornehmen".[121] Wohlwissend, dass die Angemessenheit einer deontologischen Risikoethik trotz Orientierung an ethischen Prinzipien verlangt, Zeit-, Raum-, Sach- und Sozialdimension eines komplexen ethischen Problems mitzudenken, nimmt der deontologische Ansatz für sich in Anspruch, den Teil einer angemessenen Risikoethik in den Blick zu nehmen, der von einer rein konsequentialistischen Risikoethik nicht erfasst wird. „Der deontologische Ansatz der Risikoethik nimmt das Recht jedes Individuums auf Leben und körperliche Unversehrtheit und damit zwei wichtige Bestimmungen des deutschen Grundgesetzes und aller demokratischen Verfassungsordnungen ernst."[122] Die Verschiedenheit zwischen konsequentialistischen und deontologischen Akteuren kommt darin zum Ausdruck, „dass konsequentialistische Akteure ausschließlich die Optimierung der Konsequenzen ihres Handelns, also der kausalen und gegebenenfalls probabilistischen Folgen ihres Handelns für den Zustand der Welt, zum Kriterium der Rationalität nehmen, während deontologische Akteure neben der Konsequenzenoptimierung weitere Aspekte, insbesondere die Konformität mit bestimmten deontologisch begründeten Regeln, in die Handlungsbeurteilung einbeziehen".[123]

Trotz bestehender Differenzen kommt die Ingenieurpraxis in letzter Konsequenz nicht ohne eine deontologische Ethik im Sinne einer

---

[120] Ebenda.
[121] Ebenda, S. 170.
[122] Ebenda, S. 152.
[123] Ebenda, S. 170.

Verpflichtung zum Wollen auf der Grundlage eines eingesehenen Müssens aus, wenn individuellen Rechten und grundlegenden Verteilungs- und Gerechtigkeitsvorstellungen zur Geltung verholfen werden soll. Erforderlich ist eine kohärente Risikopraxis, in der konsequentialistische Ingenieurrationalität mit deontologischer Ethik in geeigneter Weise vereint ist. Vorstellbar ist, dass deontologische Prinzipien die Rahmenbedingungen darüber aufstellen, wann es erlaubt ist, gemäß konsequentialistischer Entscheidungskriterien ingenieurseitig zu handeln. Zweifelsfrei würde die Verfolgung einer Implementierung deontologischer Beschränkungen in die konsequentialistische Ingenieurrationalität gewisse Herausforderungen mit sich bringen. Eine erste wäre die Signalisierung der Gesprächsbereitschaft zur Überwindung unterschiedlicher inhaltlicher Vorstellungen. Eine zweite könnte in der gemeinschaftlichen Befürwortung des Einzugs deontologischer Grenzlinien in die konsequentialistische Ingenieurrationalität zum Zwecke einer Aufwertung, eventuell sogar einer Neubeschreibung des Ingenieurhandelns bestehen.

## 5.7 Grundriss einer konsequentialistisch-deontologischen Risikoethik

In diesem Abschnitt werden zunächst Kriterien einer risikoethischen Orientierung thematisiert, die versprechen, dass sie Bauingenieuren, die sich in Entscheidungssituationen befinden und Entschlüsse unter konsequentialistisch-deontologischen Gesichtspunkten zu vertreten haben, entgegenkommen. Im Anschluss daran werden strukturelle Ansätze einer risikoethischen Konzeption vorgestellt, bevor auf der Grundlage der Erkenntnisse der Untersuchung Bezug auf die eingangs der Arbeit aufgestellte These[124] genommen wird.

Zu den herausragenden Werten des ingenieurtechnischen Berufsalltags zählen die Standsicherheit und die Gebrauchstauglichkeit eines Ingenieurbauwerks sowie die Wirtschaftlichkeit in Bau und Betrieb.

---

[124] Siehe Abschn. 2.2, *Ethik – Moral – Risikoethik*.

Unter Bauingenieuren ist mit der Beachtung dieser bautechnischen Werte am ehesten Technikakzeptanz zu erwarten, denn es darf davon ausgegangen werden, dass sie beschreiben, was in Fachkreisen unter *guter Bautechnik* subsumiert wird. Die Beachtung der Werte steht zudem für eine von Verantwortung getragene Ingenieurpraxis. Allerdings finden Annäherungen an moralische Fragen kaum Platz, wenn sich die technikbasierten Werte gewissermaßen durch sich selbst tragen und quasi gewohnheitsmäßig Bestätigung erhalten, indem sie vorwiegend oder ausschließlich umgesetzt und darüber hinaus auch verwendet werden, um sich über wünschenswerte ingenieurtechnische Leistungen und Interessenlagen auszutauschen. Dies erklärt, warum es unter Bauingenieuren kaum Personen gibt, die sich offen dafür aussprechen, die Ingenieurverantwortung auch als risikoethische Angelegenheit betrachten zu müssen. Das führt zu der Frage, auf welche Weise eine risikoethische Dimension in bautechnische Ingenieurhandlungen implementiert werden könnte.

Analog zur Funktion der Ethik stellt Risikoethik darauf ab, eine Handlung nicht direkt einzufordern oder aufzuerlegen. In beiden Fällen wird der Fokus auf das Entstehen moralischer Regeln und die Auswirkungen von Handlungen in grundsätzlicher Weise gelenkt.[125] Dementsprechend hat sich eine Risikoethik für Bauingenieure mit der Leitfrage zu befassen, unter welchen Voraussetzungen ein Bauingenieur unbeteiligte Dritte dem Risiko eines Schadensereignisses aussetzen darf (Risikoübertragung), wenn er an der Planung und/oder der Errichtung eines Ingenieurbauwerks beteiligt ist. Dabei bezieht die Risikoethik für Bauingenieure explizit das Faktum einer unsicheren Zukunft in die Bewertung von Ingenieurhandlungen ein.[126] Die bloß vorgestellte bzw. systematisch antizipierte, nicht intendierte Folge einer Perspektive ex ante ist für die risikoethische Bewertung einer bevorstehenden Ingenieurhandlung von Relevanz. Die Perspektive ex post spielt bei der Risikobetrachtung keine Rolle.[127]

---

[125] Vergleiche dazu Abschn. 2.2 *Ethik – Moral – Risikoethik*.

[126] Hans Jonas spricht, wenngleich in einem anderen Zusammenhang, von „Zukunftsethik". Jonas, Hans: *Das Prinzip Verantwortung – Versuch einer Ethik für die technologische Zivilisation*, Suhrkamp Verlag, Frankfurt/M. 2003, S. 64.

[127] Siehe dazu auch Abschn. 2.1 *Technisch-risikoethische Termini, Risikoethik*.

Der Ausrichtung entsprechend, dass in einer Risikosituation[128] keine absolut sichere Aussage darüber getroffen werden kann, ob und welche Folgen aus Ingenieurhandlungen zu einem späteren Zeitpunkt hervorgehen werden, sind für den risikoethisch agieren wollenden Bauingenieur vor allem die Wegmarken des Risikobewusstseins, der reflexiven Selbstaufklärung über sein Handeln, die kritische Beurteilung der Ingenieurpraxis sowie die Bereitschaft zur Ausbildung von moralischer Kompetenz und sozialer Verantwortung von Interesse. Diese vier Merkmale eines risikoethisch ausgerichteten Ingenieurverhaltens sind nicht über eine risikoethische Theorie herstellbar, sondern müssen im Vollzug einer individuellen Selbstorientierung innerhalb der Ingenieurpraxis ausgebildet werden.

1) Risikobewusstsein:
Im Hinblick auf Risiken existieren keine Leitvorgaben analog zu technischen Standards, an denen sich Bauingenieure orientieren könnten. Von daher sind die einzelnen Akteure aufgefordert, einen eigenen Wissenspool aufzubauen und zu lernen, autonom mit Gefahr und Risiko umzugehen. Sie müssen sich ein Risikobewusstsein aneignen: ein Kalkül von Erfahrungswerten über Häufigkeitsverteilungen, mit denen Handlungen und Handlungsfolgen zurechenbarer werden, denn nur ein Vorausdenken von Ingenieurbauwerken führt in die spezifischen Risikolagen, mit denen Vorsorge- bzw. Abwehrmaßnahmen legitimiert werden können.
Ein Risikobewusstsein bietet die Chance, daran zu arbeiten, die Wahrscheinlichkeit von Schadenseintritten zu verringern. So sorgsam das Vorausdenken von Ingenieurbauwerken aber auch vollzogen wird, immer steht außer Frage, dass Risiko bedeutet, keine letzte Sicherheit herstellen zu können, was den Eintrittszeitpunkt und das Ausmaß eines Schadens angeht. Bauingenieure unterliegen hier einem Nichtwissen von Risiken.

---

[128] Siehe dazu Abschn. 2.1 *Technisch-risikoethische Termini, Risikosituation* und Abschn. 2.3 *Typische Risikosituationen*.

## 5 Grundzüge eines risikoethischen Ingenieurhandelns   271

2) Reflexive Selbstaufklärung:
In der Risikoethik geht es jenseits bestehender Verabsolutierungen und dogmatischer Vorgaben um die Frage der moralischen Berechtigung von Handlungen im Hinblick auf möglicherweise resultierende Folgen. Demgemäß bedarf es bezüglich der moralischen Bedingungen des Handelns von Bauingenieuren bei Entscheidungen unter Unsicherheit[129] der Herbeiführung einer reflexiven Selbstaufklärung, durch die es dem Bauingenieur möglich wird, sein Handeln als moralisch gut zu begreifen und gegen unmoralische, das heißt moralisch verwerfliche Handlungen, abzugrenzen. Reflexive Selbstaufklärung ist hier als ein immer unabgeschlossenes Projekt zu verstehen, sich in ständiger Anstrengung des Denkens für richtungsweisende Überlegungen starkzumachen, die zu einer differenzierten Betrachtungsweise des Ingenieurhandelns führen. Ingenieurrationalität soll dabei weiterentwickelt werden.

3) Beurteilung der Ingenieurpraxis:
Die mit der reflexiven Selbstaufklärung erreichte Einsicht in die Struktur des moralischen Handelns muss in immer neuen Anläufen zur Anwendungsfähigkeit gebracht werden, sodass sie nicht im Status eines folgenlosen Wissens in der bloßen Theorie verbleibt, sondern als Anstoß zur fortgesetzten Beurteilung der Ingenieurpraxis wirksam wird. Im Kern geht es dabei um die individuelle Einübung einer kritischen Beurteilung der Ingenieurpraxis hinsichtlich der moralischen Berechtigung von Handlungen bei Entscheidungen unter Unsicherheit. Dazu muss die von der Ethik im Hinblick auf das Prinzip der Freiheit entwickelte Struktur des Verhältnisses von Moral (sie greift regelnd in das praktische menschliche Zusammenleben ein) und Moralität (sie bestimmt sich nicht über Handlungsauswirkungen, sondern über die zugrunde liegenden Handlungsabsichten)[130] als normativer Zusammenhang verinnerlicht werden, der nicht die konstitutiven Bedingungen von etwas Bestehendem wiedergibt, sondern die

---

[129] Siehe dazu Teilabschn. 4.3.2 *Entscheidungen unter Unsicherheit*.
[130] Siehe dazu auch Abschn. 2.2 *Ethik – Moral – Risikoethik*.

regulativen Bedingungen für eine sich beständig weiterentwickelnde Ingenieurpraxis enthält, durch die allererst etwas bewirkt werden soll, das die Qualität des Guten hat. Die regulativen Bedingungen fordern dazu auf, jede geplante Handlung kritisch darauf zu prüfen, ob sie dem Anspruch der Moralität genügt. Einübung einer kritischen Beurteilung der Ingenieurpraxis heißt insoweit Einübung des Erwerbs von moralischer Urteilsfähigkeit in der Praxis für die Praxis. Die moralische Urteilsfähigkeit des Bauingenieurs resultiert aus dem Gebrauch des eigenen Denkens, sein Handeln im Hinblick auf Ingenieursachverhalte an moralischen Idealen oder Prinzipien auszurichten, wobei Urteilsfähigkeit hier zu verstehen ist als Fähigkeit, anerkanntes Orientierungswissen[131] um allgemeine Grundnormen und Werte auf spezielle Problem- bzw. Handlungszusammenhänge zu beziehen. „In die Urteilsfähigkeit des Praktikers fließen stets kognitive (wissensorientierte) und moralische Aspekte ein."[132]

4) Moralische Kompetenz und soziale Verantwortung:

Neben der ingenieurseitigen Ausbildung eines Risikobewusstseins, der reflexiven Selbstaufklärung bezüglich des Handelns und des Beurteilens in der Ingenieurpraxis bedarf es schließlich der Ausbildung moralischer Kompetenz und sozialer Verantwortung.[133] Wer in der Ingenieurpraxis frühzeitig beginnt, sich in ständigem Bemühen mit sich selbst kritisch-praktische Urteilsfähigkeit anzueignen, erwirbt im Verlauf seines Arbeitslebens eine mehr und mehr sich formende und festigende Grundhaltung, die als moralische Kompetenz bezeichnet

---

[131] Siehe dazu in diesem Teil, Abschn. 5.4 *Spezielles Wissen bei Ingenieurhandlungen*.

[132] Ekardt, Hanns-Peter: *Die Stauseebrücke Zeulenroda. Ein Schadensfall und seine Lehren für die Ingenieurverantwortung*, in: Sonderdruck aus Stahlbau 67, Heft 9, Berlin 1998, S. 15.

[133] Ekardt und Löffler schlagen vor, „die soziale Verantwortung gegenüber konkreten Individuen und sozialen Gruppen zu unterscheiden von der gesellschaftlichen Verantwortung gegenüber der Gesamtgesellschaft oder der ganzen Menschheit einschließlich künftiger Generationen". Ekardt, Hanns-Peter/Löffler, Reiner: *Die gesellschaftliche Verantwortung der Bauingenieure – Arbeitssoziologische Überlegungen zur Ethik der Ingenieurarbeit im Bauwesen*, in: Ekardt, Hanns-Peter/Löffler, Reiner (Hrsg.): Die gesellschaftliche Verantwortung der Bauingenieure, 3. Kasseler Kolloquium zu Problemen des Bauingenieurberufs, Wissenschaftliches Zentrum für Berufs- und Hochschulforschung der Gesamthochschule Kassel, Werkstattberichte – Band 19, Kassel 1988, S. 153.

## 5 Grundzüge eines risikoethischen Ingenieurhandelns

werden kann. Sie bildet sich in der Fähigkeit ab, in Situationen, die ein Ingenieurhandeln erforderlich machen, mit guten Gründen[134] zu entscheiden, was zu tun ist. Moralische Kompetenz impliziert hier insofern soziale Verantwortung, als die Fähigkeit moralisch zu handeln und zu urteilen immer auch die Bereitschaft einschließt, klar zu erfassen, Risikourheber aber nicht risikobetroffenes Individuum zu sein und sich daran nach Kräften auszurichten. Spätestens wenn ein Bauingenieur als Nichtbetroffener durch Beteiligung an der Planung und/oder der Errichtung eines Ingenieurbauwerks andere Menschen als Betroffene einem Risiko aussetzt, tritt zur rein technischen Dimension des Ingenieurhandelns die soziale Dimension hinzu. Hier sind moralische Kompetenz und soziale Verantwortung mit Blick auf ein gelingendes risikoethisches Ingenieurverhalten fundamental.

Die endgültige Klärung, was eine Risikoethik für Bauingenieure leisten kann bzw. sollte und welche konkreten risikobehafteten Handlungen letztlich akzeptabel sind, wird nicht von einer ethischen Theorie übernommen. Wie jede andere Ethik ist auch die Risikoethik auf die konkrete Begründungspraxis der Lebenswelt zurückgeworfen. Um normative Bindungskraft von Präferenzen ethischer Kriterien im Ingenieuralltag zu entfalten und eine möglichst große praktische Reichweite eines risikoethischen Konsenses herzustellen, bedarf es engagierter Verständigungsarbeit zur Schaffung von ethischen Regeln, um sowohl bestehende Schnittmengen zwischen Bürger und Bauingenieur hervorzuheben als auch die vielfach miteinander kollidierenden Komponenten, wie etwa die Wahrung individueller Rechte betroffener Bürger und die Rationalität nicht betroffener Bauingenieure, in ein akzeptables und vernünftiges Verhältnis zu setzen. Hierbei wird vor allem die Frage von Interesse sein, wie gemeinsam erarbeitete Regeln auszugestalten sind, um mit ihrer Hilfe die möglichen Folgen aus Ingenieurhandlungen nach geltendem

---

[134] „Gute' Gründe müssen nachvollziehbar sein. Ihre **Nachvollziehbarkeit** setzt eine bestimmte Art von **Verallgemeinerbarkeit** voraus." Werner, Micha H.: *Einführung in die Ethik*, J. B. Metzler / Springer Verlag, Berlin 2021, S. 240.

Maßstab ethisch zu bewerten. Sollen ethische Regeln den Anspruch einer allgemeinen Verbindlichkeit erfüllen, dürfen auf Handlungsfolgen angewandte Bewertungsmaßstäbe für Anwender nicht unterschiedlich ausfallen. Andernfalls würden sich die Anwender nicht auf gemeinsame ethische Bewertungsmaßstäbe verpflichten können. Im Zweifelsfall wäre es Aufgabe einer Abwägungsarbeit zwischen Bauingenieuren und Bürgern, zwischen Nichtbetroffenen und Betroffenen zum Zwecke einer Vereinbarung ethischer Regeln zu vermitteln.

Vereinbarte Regeln wären ihrer Form nach bereits deontologischer Natur, weil sie verbindlich sein und den Bauingenieur verpflichten würden; allerdings mit der Einschränkung, dass die abgestimmten Regeln bis auf einen ebenfalls festzulegenden deontologischen Kern nicht kategorisch anzuwenden wären, sondern sich vielmehr an jeweils vorliegenden situativen Rahmenbedingungen auszurichten hätten. Zur Gewährleistung einer möglichst großen Anwendungsbreite der ethischen Regeln dürften sie nicht absolut oder starr sein. Vielmehr müssten sie eine gewisse Flexibilität aufweisen und sich dadurch voneinander unterscheiden, wobei die Regelungsanteile zum Zwecke der Herstellung einer Kompatibilität zwischen konsequentialistischer technisch-instrumenteller Ingenieurrationalität und deontologischen Kriterien fallweise auszutarieren wären.

In die Konzeption einer konsequentialistisch-deontologisch ausgerichteten Risikoethik wären zweierlei gesellschaftlich-soziale Ansprüche unterzubringen: zum einen der Erhalt und die notwendige Ausweitung unserer technischen Infrastruktur durch Ingenieurhandlungen, zum anderen die möglichst weitgehende Eindämmung von Risiken inakzeptabler Ereignisse, die sich als Folgen aus Ingenieurhandlungen ergeben können. Immer aber sind Primär- und Sekundärrelationen zu formulieren und mitunter zwischen Nichtbetroffenen und Betroffenen abzuwägen, wenn im Zusammenhang mit ingenieurtechnischen Handlungen der Nutzen technischer Infrastruktur mit der Schaffung von Schadenspotenzialen ins Verhältnis gesetzt wird. Ziel muss es sein, stets die besten Gründe dafür zu entwickeln, entweder infrastrukturelle Ingenieurhandlungen zugunsten der Vermeidung von Schadensrisiken aufzugeben oder umgekehrt infrastrukturelle Ingenieurhandlungen aufzunehmen und graduelle Schadensrisiken einzugehen. „Denn es gibt schlicht keine vernünftige Alternative dazu, den besten jeweils verfügbaren Gründen zu folgen."[135]

Was bei risikoethischen Überlegungen zum Handeln im Ingenieuralltag als ethisch geboten beurteilt wird, ist mit Ingenieurrationalität zur Deckung zu bringen. Nach der Ethikposition Nida-Rümelins muss „die Ethik mit konkreten Fällen beginnen, in denen sich unsere moralischen Beurteilungen als sehr zuverlässig erweisen und ein hohes Maß an Konsens beinhalten. Darauf aufbauend muß sie versuchen, diese verschiedenen Beurteilungen in einen kohärenten Zusammenhang zu bringen und gemeinsame Regeln zu formulieren".[136] Demzufolge lassen sich moralische Urteile über praktisch relevante Fälle im Ingenieuralltag hinsichtlich eines risikoethischen Handelns nicht ausschließlich anhand risikoethischer Axiome ableiten. Vielmehr ist es erforderlich, den umgekehrten Begründungsweg über die Praxis zu beschreiben. Die Konzeption einer handhabbaren konsequentialistisch-deontologischen Risikoethik muss an konkreten Fällen ansetzen, in denen die Zuverlässigkeit moralischer Beurteilungen bestätigt wird oder zumindest ein hohes Maß an Übereinstimmung findet. Erst nach der Überführung der Beurteilungen in einen widerspruchsfreien, mithin kohärenten Zusammenhang lassen sich belastbare gemeinsame Regeln formulieren.

Da die Ausschilderung des Nutzens einer Ingenieurhandlung noch keinen Hinweis auf verbindliche Handlungsnormen enthält, der konsequentialistische Ansatz aber aus der Logik der Arbeits- und Entscheidungsumgebung von Bauingenieuren nicht herauslösbar ist, erscheint es angebracht, den konsequentialistischen Ansatz zum Zwecke einer pragmatischen Einwebung deontologischer Elemente zu öffnen. Dabei muss vermieden werden, dass die zu entwickelnde Konzeption weder einseitig konsequentialistische noch einseitig deontologische Handlungen ermöglicht. Auch ist es ausgeschlossen, die Position zu vertreten, dass deontologische Prinzipien gelten sollten, sofern ihre Einhaltung zu den

---

[135] Werner, Micha H.: *Einführung in die Ethik*, J. B. Metzler / Springer Verlag, Berlin 2021, S. 245.
[136] Nida-Rümelin, Julian: *Ethik des Risikos,* in: Nida-Rümelin, Julian (Hrsg.): Angewandte Ethik – Die Bereichsethiken und ihre theoretische Fundierung, Kröner Verlag, Stuttgart 1996, S. 808.

besten Folgen führt. Eine risikoethische Konzeption, in der deontologische Prinzipien den Vorrang hätten und solange Gültigkeit besäßen, wie ihre Einhaltung zu den besten Handlungsfolgen führt, würde bedeuten, dass die Wirkungen einer deontologischen Risikoethik faktisch Gefahr liefen, in eine konsequentialistische Ingenieurrationalität zurückzufallen, und die eigentliche Intention einer deontologischen Risikoethik verloren ginge. Dagegen würde eine konsequentialistisch dominierte Risikoethik nur so lange deontologisch getragen, bis bessere Folgen versprechende Handlungsoptimierungen durchbrächen, die deontologische Grenzen überschreiten. Damit würden nicht nur die Defizite der konsequentialistischen Risikooptimierung[137] zutage treten, die durch den deontologischen Eingriff vermieden werden sollen. Die Legitimität der konsequentialistischen Risikooptimierung durch die Deontologie wäre auch jederzeit aufhebbar und würde sich als nicht durchgängig stabil erweisen. Denkbar ist jedoch, deontologische Prinzipien als Norm einer höheren Ebene aufzustellen, in deren Grenzen es Bauingenieuren erlaubt ist, gemäß konsequentialistischer Entscheidungskriterien zu handeln, solange deontologische Prinzipien verlassende Grenzübertritte zum Zwecke der Umsetzung konsequentialistischer Vorhaben ausbleiben. Die Grenzen des deontologischen Kernbereiches wären durch individuelle Autonomie (Individualrechte) und etablierte Gerechtigkeitsvorstellungen (soziale Verteilungsgerechtigkeit) immer gegeben, denn deontologisch begründete Individualrechte auf der einen Seite und eine reziproke soziale Praxis der Verteilungsgerechtigkeit auf der anderen sind stets von Relevanz.

Aufgrund der Bedeutung der technischen Infrastruktur für Wohlstand, der Konstellation der Tätigkeitsfelder der Bauingenieure und des beträchtlichen Maßes an Verantwortung für Menschen und Umwelt, das Bauingenieuren zukommt, bietet es sich geradezu an, deontologische Kriterien neben die bestehenden konsequentialistischen zu stellen, damit die Ingenieurpraxis überhaupt erst die Vernünftigkeit nach außen zeigen kann und in der Öffentlichkeit die Akzeptanz erhält, die sie zur Herausbildung bzw. Wiedererlangung einer Grundvertrautheit so

---

[137] Siehe dazu Abschn. 2.1 *Technisch-risikoethische Termini, Risikooptimierung.*

dringend benötigt und auf die sie immer angewiesen ist. Eine alternative konsequentialistische Theorie mit einer starken Betonung der normativen Geltungskraft deontologischer Anteile würde nicht nur an dem Gedanken einer ingenieurseitigen Autonomie festhalten. Der Bauingenieur würde sich auch nicht länger als vornehmlich technisch denkende und handelnde Person präsentieren, sondern als rationale Fachkraft im Umgang mit konsequentialistischen Optimierungsansprüchen *und* deontologischen Kriterien. Sein Aktionsraum in Entscheidungssituationen würde erweitert. Und seinen Definitionsbereich würde er nicht mehr überwiegend von ökonomischen Erfordernissen und technischen Standards geleitet sehen. Dadurch erhielten ingenieurtechnische Vorhaben bzw. Handlungen in der Öffentlichkeit gute Chancen, an Legitimität hinzuzugewinnen.

Es darf nicht unterbleiben darauf hinzuweisen, dass die Einforderung eines konsequentialistisch-deontologischen Verhaltens sich nicht allein an Bauingenieure richtet, die mit der Planung, Ausschreibung und Bauleitung befasst sind. Um zu vermeiden, dass auf ihrer Ebene dilemmatische Situationen entstehen, die sie selbst kaum auflösen können, sind auch Arbeitgeber und Auftraggeber von Bauingenieuren angesprochen. Im Idealfall erfolgen frühzeitig multilaterale Erörterungen zwischen Bürgern, Bauingenieuren, deren Arbeitgebern und den Auftraggebern zum Zwecke der Herstellung einer Einvernehmlichkeit über Befürchtungen, Zwecke und Notwendigkeiten.

An dieser Stelle wird nun Bezug auf die im vorderen Teil der Arbeit entwickelte These genommen.[138] Dort wurde formuliert, dass es unter gewissen Bedingungen risikoethisch zulässig ist, wenn ein Bauingenieur durch Beteiligung an der Planung und/oder der Errichtung eines Ingenieurbauwerks andere Menschen einem Risiko aussetzt, während er selbst nicht von dem Risiko betroffen ist. Die Arbeit liefert sowohl Argumente zur Verteidigung der These als auch welche, die dafür sprechen, dass sie unter moralischen Gesichtspunkten nicht ohne Weiteres tragfähig ist, sondern zu konkretisieren ist, wenn risikoexponierende Ingenieurhandlungen aus philosophischer Sicht zum erweiterten Maßstab

---

[138] Siehe Abschn. 2.2 *Ethik – Moral – Risikoethik*.

für Bauingenieure werden sollen. Dementsprechend knüpft die These in positiver Weise an den erarbeiteten Sachverhalt an. Allerdings erweist sie sich unter risikoethischen Gesichtspunkten als unvollständig und ergänzungsbedürftig.

Zu Vergleichszwecken wurden die Anteile der Eingangsthese in *Kursivschrift* gesetzt.

Auf der Grundlage der gewonnen Erkenntnisse ist es risikoethisch zulässig, wenn ein Bauingenieur als Nichtbetroffener durch Mitarbeit an der Planung und/oder Errichtung eines Ingenieurbauwerks daran beteiligt ist, andere Menschen als Betroffene einem Risiko auszusetzen, wenn

1) er *von* befugten Betroffenen oder *einer öffentlichen Institution die explizite Zustimmung bzw. den Auftrag für seine Tätigkeit erhält* und dieser Auftrag Gültigkeit besitzt;

2) *er als risikosetzende Person nachweislich alle* Berufspflichten und die *ihm zuzumutenden* sowie dem Risiko angemessenen *Sorgfaltsmaßnahmen ergreift, wie etwa die Berücksichtigung* infrage kommender *gesetzlicher Vorschriften* und technischer Standards, um einen Schadenseintritt zu vermeiden;

3) *er seine geplanten Handlungen den Betroffenen gegenüber frühzeitig offenlegt* und bereitsteht, über sämtliche Begleitumstände wahrheitsgemäß zu informieren;

4) *er davon ausgehen kann, dass ein Schadenseintritt nach aktuellem Stand der technischen Erkenntnisse und dem Maßstab der ingenieurpraktischen Vernunft*[139] *so unwahrscheinlich ist, dass die Gefahr von den Betroffenen nicht als unzumutbar bewertet würde*, das Schadensausmaß bei einem Schadenseintritt gering wäre, dieses Restrisiko[140] von der Allgemeinheit und dem einzelnen betroffenen Individuum zum Zwecke der Wahrnehmung des Nutzens der Ingenieurleistung gebilligt würde und

5) er unter sorgsamen konsequentialistisch-deontologischen Erwägungen sowie unter Berücksichtigung der vorgenannten vier Gesichtspunkte zu dem Entschluss kommt, dass eine Risikosetzung zulässig ist.

---

[139] Siehe dazu Abschn. 2.5 *Ingenieurrationalität*.
[140] Siehe dazu Abschn. 2.1 *Technisch-risikoethische Termini, Restrisiko*.

## 5.8 Integration deontologischer Kriterien in die Ingenieurrationalität

Der letzte Abschnitt der Arbeit befasst sich mit der Schaffung von Bezügen zwischen dem konsequentialistisch-deontologischen Ansatz und dem Ingenieuralltag, insbesondere im Hinblick auf die Integration deontologischer Kriterien in die bestehende konsequentialistische Ingenieurrationalität. Die Überlegungen setzen am Komplex der Zusammenlegung von Anteilen der konsequentialistischen und deontologischen Theorie zum Zwecke der Entfaltung einer konsequentialistisch-deontologisch ausgerichteten und praktikablen risikoethischen Grundorientierung für Bauingenieure an. Im Zentrum steht die Frage, unter welchen Bedingungen deontologische Aspekte in die typisch konsequentialistische Ingenieurpraxis eingearbeitet werden können und ein schlüssiger Modus herstellbar ist, der den Bauingenieur im Arbeitsalltag in die Lage versetzt, bezüglich der immer schon bestehenden Hypothek von Unsicherheiten in der Baupraxis öffentlich sichtbarer zu werden, und der verspricht, ihm zu mehr Anerkennung zu verhelfen. Daneben sollen die Bedeutung und die Wirkkraft des konsequentialistisch-deontologischen Ansatzes im Kontext des Ingenieuralltags eingeordnet und abgeschätzt werden.

Eine Verschmelzung aus konsequentialistischer Ingenieurrationalität und deontologischer Beschränkung zu einer moderaten Mischform aus den zwei sich sonst gegenüberstehenden Bewertungskonzeptionen zu einer Ingenieurrationalität, die die Strenge ihrer konsequentialistischen Normativität zum Teil aufgibt und die Integration deontologischer Kriterien zulässt, ist nicht abwegig. Der Ansatz trägt eine deontologische Position in sich, an deren Erreichung die konsequentialistische Ingenieurrationalität unter risikoethischen Gesichtspunkten alleine scheitern würde. Die Integration deontologischer Kriterien in die konsequentialistische Ingenieurrationalität besticht dadurch, dass einerseits danach gefragt wird, ob und inwieweit das risikobehaftete ingenieurseitige Handeln mit den berechtigten Ansprüchen von im Schadensfall Betroffenen konfligiert. Andererseits wird die Sensibilität dafür geschärft, die Wahrung berechtigter Ansprüche betroffener Bürger und die Rationalität nicht betroffener Bauingenieure in ein akzeptables und vernünftiges Verhältnis zu setzen.

Aus deontologischer Perspektive ist es intuitiv einsichtig, dass der risikobehaftete Bereich der Ingenieurrationalität zu einer konsequentialistischen Theorie umstrukturiert werden muss, die deontologische Kriterien (Differenzierung zwischen Entscheidern und den von einer Entscheidung betroffenen Personen, Individualrechte, Autonomie der Betroffenen sowie Verteilungs- und Gerechtigkeitsaspekte) berücksichtigt, wobei sich die deontologischen Kriterien aus der Kritik Nida-Rümelins am konsequentialistischen Kalkül ableiten.[141] Es gilt, eine risikoethische Konzeption der Zumutbarkeit von Ingenieurhandlungen aufzustellen. Der rationale Bauingenieur verhält sich risikoethisch, wenn er nicht mehr nur konsequentiale Handlungsgründe, sondern auch deontologische Normen berücksichtigt, das heißt, wenn er nicht ausschließlich Handlungskonsequenzen präferiert, sondern auch die moralische Qualität seiner Handlungen in Betracht zieht.

Zur Bildung einer kohärenten Risikopraxis ist der derzeit herrschende konsequentialistische Charakter der Logik der Arbeits- und Entscheidungsumgebung von Bauingenieuren mit einer Einflechtung deontologischer Gesichtspunkte zu einem Optimierungsprinzip umzugestalten, welches im Ingenieuralltag bei Entscheidungen unter Unsicherheit zeigt, dass deontologische Überzeugungen zum einen unproblematisch in ein umfassendes Rationalitätsverständnis aufgenommen werden können und zum anderen unmittelbar handlungswirksam sind. Dadurch, dass dieser risikoethische Ansatz nicht unabhängig von der Ingenieurrationalität gedacht werden kann, weil sich die Handlungsziele von Bauingenieuren unverändert am Erhalt und am Ausbau unserer technischen Infrastruktur zur Bewahrung und Ausweitung unseres Wohlstandsniveaus orientieren, wäre die Bedingung, dass sich eine ethische Theorie „stets in eine umfassende Konzeption praktischer Rationalität integrieren lassen"[142] sollte, erfüllt. Zwar grenzt sich der

---

[141] Siehe dazu in diesem Teil, Abschn. 5.6 *Merkmale konsequentialistischer und deontologischer Ansätze.*
[142] Schulenburg, Johann: *Praktische Rationalität und Risiko – Zum Verhältnis von Rationalitätstheorie, deontologischer Ethik und politischer Risikopraxis,* Diss., Ludwig-Maximilians-Universität München 2012, S. 74.

risikoethische Ansatz von einem strikten deontologischen ab, ebenso wie er eine gewisse Distanzierung zur entschieden konsequentialistischen Ingenieurrationalität aufbaut. Keinesfalls aber werden konsequentialistisch-institutionelle Maßgaben als Praxisnorm, wie etwa DIN-Normen als Erstausgaben, Ergänzungen oder Erweiterungen (a. a. R. d. T.), gegenstandslos. Sie sind zum Zwecke der Anwendung anerkannter technischer Verfahrensweisen sowie der Übernahme neuer technischer Erkenntnisse und Weiterentwicklungen in die Baupraxis unverzichtbar. Die Praxisnorm behält ihre Bedeutung bei der Bewältigung konkreter ingenieurtechnischer Aufgaben im Arbeitsalltag, während deontologische Kriterien als Idealnorm der reflexiven Überprüfung des Ingenieurhandelns dienen, das sich auf der Grundlage der Praxisnorm ereignet.

„Eine kohärente Risikopraxis muss beides berücksichtigen: Konsequentialistische Optimierung einerseits und deontologische Einschränkungen andererseits",[143] notiert Nida-Rümelin.

Erscheint die Einbindung deontologischer Grundannahmen in die konsequentialistische Ingenieurrationalität problematisch (z. B. wegen ungeklärter Auslegungs- oder Eingrenzungsfragen), sind im Hinblick auf eine angemessene konsequentialistisch-deontologische Risikoethik zunächst die Widrigkeiten zwischen dem konsequentialistischen und deontologischen Begründungsmodus aufzulösen. Möglicherweise bedarf es einer intensiveren Auseinandersetzung mit spezifischen rationalitätstheoretischen Aspekten der ingenieurtechnischen Praxis, die in ethischer Hinsicht bislang nicht hinreichend reflektiert worden sind.

Die übergeordnete Aufgabe der Integration deontologischer Kriterien in die bestehende konsequentialistische Ingenieurrationalität zur Herausbildung einer kohärenten Risikopraxis für Bauingenieure besteht darin, eine praktikable und robuste Geschlossenheit zwischen konsequentialistischer Ingenieurrationalität und deontologischer Ethik entstehen zu lassen. Dazu bedarf es vorausschauender Denkakte und Gedankenexperimente, die in dem Bestreben der Vereinigung konsequentialistischer und deontologischer Kriterien diverse Deliberationsprozesse

---

[143] Nida-Rümelin, Julian/Rath, Benjamin/Schulenburg, Johann: *Risikoethik*, de Gruyter, Berlin, Boston 2012, S. 175.

durchlaufen, bei denen zum Zwecke der Identifizierung von Präferenzen wahrscheinliche positive wie negative Konsequenzen aus konsequentialistischer und deontologischer Perspektive gegeneinandergestellt werden. „Vernünftige deontologische Ethiken berücksichtigen nicht nur die eigenen Interessen und die Interessen anderer im Rahmen konsequentialistischer Optimierung [...], sondern wägen auch hinsichtlich der Einhaltung ihrer deontologischen Verpflichtungen Wahrscheinlichkeiten ab. Das Ergebnis dieser Abwägung sollte zu kohärenten handlungsleitenden Präferenzen führen."[144]

Exemplarisch sei der Fall einer Bauleitplanung[145] mit realer Entsprechung skizziert[146]: Ein kulturell stark frequentierter historischer Ortskern, in dem sich auch Handel und Dienstleistungen konzentrieren, soll durch den Bau einer Umgehungsstraße vom Durchgangsverkehr, vor allem vom Schwerlastverkehr befreit werden. Die geplante Trasse ist im Flächennutzungsplan (vorbereitender Bauleitplan – erste Stufe der Bauleitplanung) dargestellt. Der Bau der Umgehungsstraße würde auf gemeindeeigenem Grünland erfolgen, auf dem sich auch einiger Baumbestand befindet. Der Gemeinderat hat die Anfertigung des Bebauungsplans (verbindlicher Bauleitplan – zweite Stufe der Bauleitplanung) durch einen Aufstellungsbeschluss angestoßen. Ein Ingenieurbüro arbeitet im Auftrag der Gemeinde einen Vorentwurf des Bebauungsplans aus (§ 19 HOAI, Leistungsbild Bebauungsplan, LPH 1). Nach Fertigstellung und Übergabe des Vorentwurfes an die Gemeinde erfolgt die amtliche Bekanntmachung über die öffentliche Auslegung des Planwerks im Rathaus. Mit der Auslegung des Vorentwurfes werden die Bürger, Behörden und Träger öffentlicher Belange über Ziele und Zwecke der

---

[144] Ebenda, S. 171.

[145] Nach dem Baugesetzbuch ist die Bauleitplanung ein zweistufiges Verfahren zur Regelung der städtebaulichen Entwicklung. Zunächst wird der Flächennutzungsplan (vorbereitender Bauleitplan) für das Gemeindegebiet aufgestellt. Daran schließt sich der Bebauungsplan (verbindlicher Bauleitplan) an.

[146] Die Vorstellung erfolgt nicht in der Absicht einer detailgetreuen Wiedergabe des Bauleitplanverfahrens.

Planung unterrichtet. Es besteht Gelegenheit, innerhalb eines Monats Anregungen und Einwände bei der Gemeinde einzureichen. Darüber hinaus wird auf eine Informationsveranstaltung aufmerksam gemacht. Auf der Veranstaltung, an der unter anderem Mitglieder des Gemeinderates und des Planungsausschusses, ein Vertreter des planenden Ingenieurbüros, ein Sachverständiger für Verkehr und ein Sachverständiger für Landschaftsökologie teilnehmen, wird der Vorentwurf vorgestellt und erläutert. Es wird rege diskutiert. Ein kritischer Bevölkerungsteil ist gegen den Bau einer Umgehungsstraße. Er sieht in der Durchtrennung und Teilversiegelung des ausgedehnten naturbelassenen Raumes mit negativen Auswirkungen auf die örtliche Biodiversität, mit Störungen der regenerierenden Wirkung der Grünzone auf die Umwelt und mit gesundheitlichen Beeinträchtigungen gleich mehrere Risiken. Nach sachlichen und von wechselseitiger Anerkennung getragenen Gesprächen, in denen Positionen ausgetauscht sowie Meinungsverschiedenheiten und unterschiedliche Auffassungen (z. B. Schutz historischer Bauten vor verkehrsdynamischen Einwirkungen versus Teilversiegelung einer Grünfläche; deutliche Reduzierung verkehrsbedingter Lärm- und Abgasemissionen in der Innenstadt versus Erhöhung des Verkehrsaufkommens auf der Umgehungsstraße) vorgetragen und schließlich gemeinsam abgewogen wurden, stimmt der Großteil der anwesenden Personen dem Vorentwurf zu. Und auch ein bis zuletzt skeptischer Personenkreis, der in unmittelbarer Nähe der geplanten Umgehungsstraße wohnt und sich durch den künftigen Verkehr dem Risiko von Gesundheitsschäden ausgesetzt sieht (z. B. psychosoziale Stressfaktoren mit der Folge von Herz-Kreislauf-Erkrankungen durch Lärm), signalisiert Zustimmung, soweit die in einer der Gemeinde bereits vorliegenden Stellungnahme konkret aufgeführten Änderungs- bzw. Ergänzungswünsche bezüglich wirksamer Schutzvorkehrungen zur Eindämmung von verkehrsbedingten Lärm- und Abgasemissionen (Lärmschutzwall, Geschwindigkeitsbegrenzungen) in den nun anzufertigenden Bebauungsplanentwurf (§ 19 HOAI, Leistungsbild Bebauungsplan, LPH 2) aufgenommen werden.

Das Beispiel berücksichtigt selbstverständlich nicht alle situativen Implikationen, die sich in der Baupraxis ereignen können. In einem einzigen Fall lassen sich nicht sämtliche Problemstellungen des Alltags von Bauingenieuren unterbringen. Das Exempel veranschaulicht aber – und das ist hier die Kernbotschaft –, dass der Rückgriff auf einen ethischen Ansatz mit einem obersten Moralprinzip nicht helfen würde, alle Meinungen und Auffassungen zu Bauwerksplanungen und -errichtungen zu vereinen. Es dürfte schon Schwierigkeiten bereiten, unter den Beteiligten und Betroffenen einen Konsens darüber herzustellen, welches das oberste Moralprinzip sein soll, mit welchen Geltungsansprüchen es verknüpft sein muss oder ob es für die jeweils vorliegende Situation überhaupt ein oberstes Moralprinzip geben kann. Oberste Moralprinzipien nehmen eine Vielzahl von Fällen in den Blick, nicht jedoch konkrete. Sie fokussieren Klassen von Einzelfällen, fordern aber nicht dazu auf, dass in einer gesonderten Situation eine Handlung eines bestimmten Typs ausgeführt werden soll, sondern, allgemeiner, dass Handlungen eines bestimmten Typs grundsätzlich angezeigt sind und andere nicht – unabhängig von der Situation. Das Beispiel macht deutlich, dass es für Bauingenieure keine universale risikoethische Herangehensweise geben kann. Einzelfallbetrachtungen sagen niemals etwas darüber aus, was in anderen Einzelfällen in ethischer Hinsicht vertretbar ist oder sein wird und was nicht. Sie helfen nur begrenzt, allgemeine Orientierung in der Baupraxis herzustellen. Für den Bauingenieur gibt es weder eine Pauschalantwort, noch liegt eine pragmatische Theorie bereit, die auf die ebenso spezifischen wie variantenreichen ethischen Problemstellungen des Berufsalltags anwendbar wären. Ihm stehen keine auf jeden einzelnen Fall in gleicher Weise anwendbaren objektiven und unverrückbaren Maßstäbe des Richtigen und Guten zur Verfügung.

Des Weiteren unterstreicht das Beispiel, dass der Bauingenieur im Hinblick auf die Bedeutungsanteile von deontologischen Kriterien auf Abwägungen angewiesen ist. Damit wird herausgestellt, dass sich die Betrachtungen der Integration deontologischer Kriterien in die bestehende konsequentialistische Ingenieurrationalität zur Bildung einer kohärenten Risikopraxis keineswegs im bloßen Theoretisieren verlieren, sondern dem konkreten Regelsystem der Ingenieurpraxis zugewandt sind. „Die Abwägung der einzelnen deontologischen Kriterien untereinander kann nicht von [einer, M. S.] ethischen Theorie abgenommen werden. Sie ist Aufgabe der lebensweltlichen und technologischen (politischen, ökonomischen) Deliberation."[147] Damit fällt die Abwägung deontologischer Kriterien in die Ingenieurpraxis. Die aus den Abwägungen ergehenden Urteile erhalten ihre Bedeutung folglich nicht durch Ableitung aus einem bestimmten theoretischen Fundament, sondern konsequent aus der Niederlegung in den Gesamtsachverhalt des konsequentialistisch-deontologischen Ansatzes, das heißt aus der Einbettung in den thematischen und räumlichen Kontext des Ingenieuralltags. Aus den jeweiligen Urteilen gehen wiederum die genannten kohärenten handlungsleitenden Präferenzen hervor. „Wir können ... erwarten, dass die handlungsleitenden Präferenzen, also diejenigen Präferenzen, die Resultat der Deliberation, der Abwägung von Gründen, sind, kohärent sind."[148]

Dass bei den Abwägungen unterschiedliche Einzelinteressen aufeinandertreffen können, liegt in der Natur der Sache und bedeutet nicht zwingend, dass Bemühungen um eine kohärente Risikopraxis fehlschlagen bzw. eine inkohärente Risikopraxis droht. So ist es vorstellbar, dass der Ausbau einer technischen Infrastruktur, der alle gesetzlichen und gesetzesgleichen ökologischen sowie technischen Vorgaben erfüllt, entgegenstehenden umweltrelevanten Einwänden standhält und anzuerkennen ist, dass sich Situationen einstellen können, in denen deontologische Prinzipien gegenüber konsequentialistischen im Zuge von Abwägungen in Teilen an Überzeugungskraft verlieren und auf Entscheidungen hinauslaufen, die wesentlich konsequentialistisch geprägt sind (z. B. Ausweisung eines Gewerbegebietes in der Bauleitplanung zum Zwecke der Generierung von Gewerbesteuern und der Schaffung örtlicher Arbeitsplätze). In solchen Fällen würde die Frage einer konsequentialistisch-deontologisch ausgerichteten risikoethischen Konzeption jedoch nicht an Relevanz einbüßen. Beide Ausrichtungen sind horizontal ineinander verspannt. Auch konsequentialistisch geprägte Entscheidungen können Handlungen nach sich ziehen, zu denen sich erneut

---

[147] Nida-Rümelin, Julian/Rath, Benjamin/Schulenburg, Johann: *Risikoethik*, de Gruyter, Berlin, Boston 2012, S. 175.
[148] Ebenda.

konsequentialistisch-deontologische Überlegungen anstellen lassen (z. B. bezüglich der Mittel, die in der Absicht des Erreichens erwünschter Folgen eingesetzt werden). Im Kontext des komplexen Ingenieurhandelns ist es nicht ausgeschlossen, dass deontologische Kriterien zugunsten konsequentialistischer Elemente in Teilen zurücktreten müssen oder umgekehrt. Das widerspricht einer kohärenten Risikopraxis prima facie. Zu bedenken ist aber, dass eine risikoethische Konzeption pluralistisch angelegt ist und pluralistische Konzeptionen mehrere normative Kriterien berücksichtigen (anders als monistische Konzeptionen, die Kriterien auf ein allgemeines Prinzip zurückführen). Einer einmal praktizierten ingenieurtechnischen Vorgehensweise liegt keineswegs eine risikoethisch nicht mehr einholbare Letztentscheidung voraus. Konsequentialistisch-deontologische Erwägungen sind möglich, solange Folgehandlungen nicht versperrt sind.

Bei der Herbeiführung einer kohärenten Risikopraxis sind alle Beteiligten und Betroffenen einzubeziehen. Dadurch entstehen Bedingungen, die auf umsichtige Einzelfallentscheidungen hinauslaufen und eine Arbeit des sorgsamen Austarierens einfordern. Dies führt notwendig dazu, dass individuelle Werte (Orientierungsregeln zur Rechtfertigung von Präferenzen im Sinne der Bevorzugung von Handlungen für einen gelungenen Vollzug menschlichen Lebens vor anderen Handlungen)[149] insbesondere in Konfliktfällen interpretiert, präzisiert und abgewogen werden müssen, denn Werte sind immer eine Sache von Einzelnen oder Gruppen und können umstritten sein. Die Frage, welchem Wert letztlich welches Gewicht beizumessen ist, hängt entscheidend von konkreten Details und den praktischen Umständen des Einzelfalls ab. Es ist diese wertbezogene Offenheit, die maßgeblich zu einem insgesamt kohärenten Zusammenhang beiträgt, der mit einem Ein-Prinzip-Ansatz nicht herstellbar wäre. Auch aus diesem Grund ist der Modus des erwähnten obersten Moralprinzips als relativ allgemein gehaltene Verhaltensnorm für Bauingenieure zurückzuweisen.

---

[149] Siehe dazu Abschn. 2.1 *Technisch-risikoethische Termini, Werte.*

Dem Anschein nach bietet sich die von Beauchamp und Childress entwickelte Theorie der Prinzipienethik[150] für den Ingenieuralltag an. Auch sie verzichtet auf „ein einziges oberstes Moralprinzip",[151] anders als etwa das Nutzenprinzip des Utilitarismus. Beauchamp und Childress entwickelten die Prinzipienethik für die Medizin, um in sensiblen Angelegenheiten besser mit moralischen Herausforderungen umgehen zu können. Die Autoren haben mit Autonomie, Nichtschaden, Wohltun und Gerechtigkeit vier Prinzipien formuliert, unter denen sie insofern gültige Normen, Rechte und Tugenden[152] verstehen, als angenommen werden kann, dass sie in Medizinerkreisen unumstritten sind. Die Prinzipienethik erweist sich als hilfreiches Instrument, ethische Konflikte in der Gesundheitspraxis zu analysieren und zu strukturieren, und hat sich „als die bedeutendste Theorie in der medizinischen Ethik durchsetzen können".[153]

Die Frage, ob die Prinzipienethik auch bei komplexen Aufgaben im Arbeitsalltag von Bauingenieuren unter deontologischen Gesichtspunkten gewinnbringend anwendbar ist, muss jedoch verneint werden.[154] Die Befolgung definierter Prinzipien bei Handlungen (Prinzipienethik) unterscheidet sich von der Einhaltung sittlich bindender Pflichten, die dem Gesollten entsprechen und basale Rechte berücksichtigen (deontologische Ethik), im Kern dadurch, dass in deontologischer Hinsicht eine Handlung moralisch *gut* ist, wenn der Handelnde sich wegen einer normativ geltenden Verpflichtung im Einzelfall für eine bestimmte

---

[150] Vergleiche Beauchamp, Tom/Childress James-Franklin: *Principles of Biomedical Ethics*, 8. Auflage, Oxford University Press, Oxford 2019.

[151] Wiesing, Urban: *Prinzipienethik in der Pädagogik?*, in: Deutsches Institut für Erwachsenenbildung – Leibniz-Zentrum für Lebenslanges Lernen e.V. (Hrsg.): Report, Zeitschrift für Weiterbildungsforschung, Heft 1, Bertelsmann Verlag GmbH & Co. KG, Bielefeld 2014, S. 31.

[152] Tugenden sind für eine gedeihliche Gesellschaft eine unverzichtbare Voraussetzung und daher nicht als statische Eigenschaft zu verstehen, sondern als offene Charakterbildung (Einsicht und Einübung).

[153] Wiesing, Urban: *Prinzipienethik in der Pädagogik?*, in: Deutsches Institut für Erwachsenenbildung – Leibniz-Zentrum für Lebenslanges Lernen e.V. (Hrsg.): Report, Zeitschrift für Weiterbildungsforschung, Heft 1, Bertelsmann Verlag GmbH & Co. KG, Bielefeld 2014, S. 34. Es steht zu vermuten, dass die Prinzipienethik auch im Bereich der Alten-, Behinderten- und Krankenpflege auf ein hohes Maß an Anerkennung stößt.

[154] Die Möglichkeiten und Bedingungen der Anwendung der Prinzipienethik auf das Thema der kohärenten Risikopraxis sind nicht Gegenstand dieser Arbeit.

Handlung entscheidet, wobei sich der gute Wille nicht unmittelbar äußert, sondern über die Handlung erschlossen werden kann, während in der Prinzipienethik *gut* bereits definiert ist – gut ist, wenn im Sinne der vier Prinzipien gehandelt wird. Hinzu kommt, dass die „Prinzipienethik versucht, für die allermeisten Menschen trotz Wertepluralität akzeptabel zu sein".[155] Bei einer Anwendung der Prinzipienethik im Ingenieuralltag wäre es jedoch nicht ausgeschlossen, dass gerade dieser Anspruch nicht erfüllt wird. Bei der medizinischen Versorgung von Patienten steht das einzelne Individuum im Vordergrund, während es in der Baupraxis von Projekt zu Projekt mit einer Fülle von Betroffenen notwendig ist, zahlreiche Betrachtungen und Abwägungen vorzunehmen, um möglichst viele der bestehenden Interessen und individuellen Wertvorstellungen zu erfassen und die deontologischen Kriterien (Differenzierung zwischen Entscheidern und den von einer Entscheidung betroffenen Personen, Individualrechte, Autonomie der Betroffenen sowie Verteilungs- und Gerechtigkeitsaspekte)[156] zu berücksichtigen.

Bei den von Beauchamp und Childress aufgestellten Prinzipien darf davon ausgegangen werden, dass sie von medizinisch zu versorgenden Menschen grundsätzlich begrüßt werden. Die Prinzipien sind auf Personen in bestimmten Verfassungen zugeschnitten. Dem Bauingenieur sind derartige Spezifizierungen fremd. Sein Arbeitsgegenstand sind in erster Linie die Planung und Errichtung von Infrastrukturanlagen. Hier sind bei Entscheidungen unter Unsicherheit in der Regel viele Menschen betroffen, die unter Risikobedingungen jeweils unterschiedlichste Gewichtungen setzen, etwa zu Schäden oder Bedürfnissen. Diesem Facettenreichtum würde die Prinzipienethik nicht gerecht werden können und dadurch an Breitenwirkung, die sie in der Medizin besitzt, einbüßen. Von Nachteil ist außerdem, dass die Prinzipienethik lediglich mit vier Prinzipien arbeitet. Hinsichtlich der Anwendbarkeit auf

---

[155] Wiesing, Urban: *Prinzipienethik in der Pädagogik?*, in: Deutsches Institut für Erwachsenenbildung – Leibniz-Zentrum für Lebenslanges Lernen e.V. (Hrsg.): Report, Zeitschrift für Weiterbildungsforschung, Heft 1, Bertelsmann Verlag GmbH & Co. KG, Bielefeld 2014, S. 29.
[156] Siehe dazu in diesem Teil, Abschn. 5.6 *Merkmale konsequentialistischer und deontologischer Ansätze*.

## 5 Grundzüge eines risikoethischen Ingenieurhandelns

ingenieurtechnische Problemstellungen und angesichts der teils schwer überschaubaren Umstände bei der Planung und Errichtung von technischer Infrastruktur stellt sich die Frage, ob nicht noch weitere Prinzipien notwendig wären (z. B. Umweltqualität). Insgesamt scheint die Prinzipienethik von Beauchamp und Childress nur begrenzt zur Herstellung einer kohärenten Risikopraxis beitragen zu können. Möglicherweise eignet sie sich für einen ersten Zugang zu praktischen Problemen im Ingenieuralltag oder auch für eine erste Prüfung der moralischen Vertretbarkeit von Handlungsentscheidungen.

Es ist denkbar, dass deontologische und konsequentialistische Aspekte nicht ohne Weiteres miteinander vereinbar sind und sich zunächst nur schwer unter einer konsequentialistisch-deontologischen Theorie aufeinander abstimmen lassen. Vor allem dürften dies Fälle sein, in denen bei fortgesetzter Ingenieurhandlung zur Realisierung von bestimmten Gütern[157] (Ziele des Strebens, deren Erreichung einen gelungenen Vollzug menschlichen Lebens ermöglichen)[158] ein Risiko der Gefährdung von anderen Gütern gesehen wird, sodass gegebenenfalls Güterabwägungen[159] erforderlich werden, um etwa Vor- und Nachteile

---

[157] „Das Verständnis von ‚Gütern' ist weit zu fassen: Neben den Grundgütern wie Leben, Selbstwirksamkeitserfahrung, Freiheit, körperliche und psychische Integrität sowie Bedarfsgütern wie Nahrung, Kleidung, Wohnen und materielle Mindestausstattung zählen nicht zuletzt auch (Grund-)Rechte, Kompetenzen, soziale Beziehungen und Partizipationsrechte zu Gütern mit bedeutender moralischer Relevanz." Deutscher Ethikrat (Hrsg.): *Vulnerabilität und Resilienz in der Krise – Ethische Kriterien für Entscheidungen in einer Pandemie*, Berlin, 2022, S. 50 f.

[158] Siehe dazu Abschn. 2.1 *Technisch-risikoethische Termini, Güter*.

[159] „Wegen des weiten Verständnisses von Gütern kennen nicht nur Theorien der rationalen Wahl (rational choice), sondern auch konsequentialistische und eudäimonistische Ethiken und schließlich auch deontologische Ethiken das Erfordernis von G.en. [...] Der Rede von Güterabwägungen im praktischen Handeln, im Recht und in der praktischen Philosophie liegt die Einsicht zugrunde, dass menschliches Handeln unter komplexen Bedingungen steht und dass diese Bedingungen für die Beurteilung der Vorzugswürdigkeit einer Handlungsoption auch unter normativen und moralischen Gesichtspunkten berücksichtigt werden müssen. Was zu tun ist, erweist sich nicht intuitiv, es liegt nicht auf der Hand, sondern es kommt darauf an, dass Situationen richtig wahrgenommen, die relevanten Prinzipien korrekt erkannt und die Umstände umfassend berücksichtigt werden. Stärker noch als bei der Einordnung von Werten im Bilde der vertikalen Differenzierung (ranghöher-rangniedriger) oder der Unterscheidung von Pflichten nach Graden der Vollkommenheit bringt das Bild von den Waagschalen, in die Güter gelegt werden, das Gewicht auch des geringerwertigen Gutes anschaulich zum Ausdruck." Fuchs, Michael: *Güterabwägung*, 08. Juni 2022, www.staatslexikon-online.de (abgerufen 24. März 2024).

oder Chancen und Risiken zu gewichten. Im Spannungsfeld von Güterabwägungen sind für Bauingenieure die Werte der Richtlinie 3780[160] des VDI von hoher Bedeutung. Sie sind als außertechnische und außerökonomische Orientierungsregeln zur Rechtfertigung von Präferenzen im Sinne der Bevorzugung von Handlungen für einen gelungenen Vollzug menschlichen Lebens vor anderen Handlungen, nicht als oberste Mittel oder Zwecke, sondern als Bestimmungsgründe für das Handeln zu verstehen.[161] Die Werte liegen den Gütern zugrunde. In der Ingenieurpraxis sind unter Güter alle Zielgrößen des Handelns zu verstehen, die mit der Planung, der Errichtung und dem Erhalt von technischer Infrastruktur zum Zwecke der Sicherung bzw. Verbesserung des menschlichen Lebens befasst sind, wobei sich die Zielgrößen insbesondere an den Werten *„Wohlstand, Gesundheit, Sicherheit, Umweltqualität, Persönlichkeitsentfaltung und Gesellschaftsqualität"*[162] der Richtlinie 3780 orientieren. Diese Werte sind universell gültig. Es darf unterstellt werden, dass sie in Fachkreisen durchweg Anerkennung finden und für objektiv gültige Leitwerte des Ingenieurhandelns stehen. Die Werte sind als hinreichende Bedingung für die Rechtfertigung bautechnischen Handelns zu betrachten und dienen als Brückenbegriffe zwischen der Sicherung bzw. Verbesserung der menschlichen Lebensmöglichkeiten und dem Handeln von Bauingenieuren. Sie stellen eine Bezugsebene zu Gütern dar und werden beispielsweise herangezogen, um bei einer Kollision von Gütern, die sich nicht zugleich verwirklichen lassen, abwägen zu können, welcher Handlung gegebenenfalls Vorrang gewährt werden sollte, womit die Werte nicht nur der Begründung von praktischen Möglichkeiten dienen, sondern auch dem von rationalen Überlegungen geprägten Ingenieurhandeln selbst zur Seite stehen und die Anwendung von Vorzugsregeln auf konkrete Handlungsentscheidungen unterstützen.

---

[160] Verein Deutscher Ingenieure (Hrsg.): *Richtlinie 3780, Technikbewertung – Begriffe und Grundlagen*, Beuth Verlag, Berlin 2000
[161] Siehe dazu Abschn. 2.1 *Technisch-risikoethische Termini, Werte*.
[162] Verein Deutscher Ingenieure (Hrsg.): *Richtlinie 3780, Technikbewertung – Begriffe und Grundlagen*, Beuth Verlag, Berlin 2000, S. 12.

Das Wertsystem der Richtlinie 3780 ist nicht als selbsterklärende Handlungsvorgabe zu verstehen, sondern eher als ein konzeptionelles Gerüst, das im Kontext auftretender Fragestellungen in den praktischen Fällen des Ingenieuralltags herangezogen werden kann, um Perspektiven, Aspekte und Hintergründe systematischer zu beleuchten, sodass möglichst viele relevante Interessen in einer Entscheidungssituation zum Tragen kommen. Der Anspruch, das Ingenieurhandeln normieren zu wollen, wird nicht erhoben. Das zeigt sich bereits daran, dass die Werte in einem gewissen Abstraktionsniveau formuliert sind und verlangen, in konkreten Situationen im Kontext von Entscheidungsfindungen durch Spezifizierungen in einen höheren Grad an Präzision überführt zu werden.

Es ist nicht ausgeschlossen, dass im Ingenieuralltag unter einzelnen Gütern Zielkonflikte entstehen. In der Baupraxis ist es keine Seltenheit, dass Ingenieurbauwerke der technischen Infrastruktur geplant und errichtet werden oder bautechnische Handlungen zum Zwecke eines wirtschaftlichen, gewerblichen oder industriellen Fortkommens vorgenommen werden sollen, dies an anderen Stellen aber aus unterschiedlichen Gründen als der menschlichen Gesundheit und/oder der Natur nicht zuträglich angesehen wird, sodass Interessenlagen und Überzeugungen in Konkurrenz zueinander stehen. Treten solcherlei widerstreitende Tendenzen auf, bedarf es genannter Güterabwägungen. „Die rationale G.abwägung u. vernünftige Entscheidung in Zielkonflikten nach Gesichtspunkten des Eigenwohls, des Gemeinwohls u. der Gerechtigkeit gehört zu den primären Leistungen einer erfahrungsorientierten sittlichen Urteilskraft."[163] Die Herausforderung besteht darin, bei den Abwägungen von Gütern im technischen Handeln ein besonderes Augenmerk auf unterschiedliche Wertverständnisse zu richten. Dabei ist zum einen die Unbeständigkeit von Werten zu berücksichtigen.[164] Zum anderen ist einzubeziehen, dass die Wertigkeiten, die Gütern zugewiesen

---

[163] Forschner, Maximilian: *Güter*, in: Höffe, Otfried (Hrsg.) in Zusammenarbeit mit Maximilian Forschner, Alfred Schöpf und Wilhelm Vossenkuhl: Lexikon der Ethik, 5. neu bearbeitete und erweiterte Auflage, C. H. Beck Verlag, München 1997, S. 120 f.
[164] Siehe dazu Abschn. 3.7 *Unbeständigkeit von Werten beim ingenieurtechnischen Handeln.*

werden, different sind, weil immer auch emotionale und irrationale Faktoren eine Rolle spielen. „Güterabwägungen werden auf unterschiedlichen Ebenen und für verschiedene Betroffene vorgenommen. Jede Person beurteilt zunächst auf einer Mikroebene für sich, welche Güter in konkreten Entscheidungssituationen wie gewichtet werden."[165]

Die Integration deontologischer Kriterien in die Ingenieurpraxis ist anschlussfähig, weil die konsequentialistisch ausgerichtete Handlungsrationalität und damit auch die konsequentialistische Interpretation von Handlungsfolgen zugunsten einschränkender deontologischer, also nicht konsequentialer Handlungsgründe in Teilen fallengelassen wird, ohne dass der Gesamtnutzen des Ingenieurhandelns schwerwiegende Verluste erfährt. Deontologische Einschränkungen sind hier nicht als rigide deontologische Theorie, das heißt im Sinne dessen auszulegen, was man mit Kant einen kategorischen Imperativ nennt: eine unbedingte Regel, deren Einhaltung unter allen Umständen garantiert sein muss und die auf das moralische Gesetz in uns verweist, das uns Kant zufolge sagt, worin unsere Pflicht besteht. Vielmehr zielt die Integration deontologischer Kriterien in die bestehende Ingenieurrationalität darauf ab, eine konsequentialistische Optimierung möglichst innerhalb der Grenzen zuzulassen, in denen deontologisch begründete Regeln nicht verletzt werden.

Eine kohärente Risikopraxis ist weder über eine rein konsequentialistische Handlungsrationalität noch über strenge deontologische Kriterien herstellbar. Die Herausforderung besteht darin, eine inhaltlich ausgewiesene und hinreichend ausgewogene, aber so weit flexibel auszugestaltende Konzeption einer Risikopraxis hervorzubringen, dass eine Hinzusetzung deontologisch motivierter Orientierungsvorschläge innerhalb von ingenieurtechnischen Entscheidungsprozessen stets möglich ist und implementierte deontologische Grenzen einer konsequentialistischen Risikooptimierung (verstanden als Aktivität zur Wahl der Entscheidungsalternative, die mit dem geringsten Schadensrisiko ver-

---

[165] Deutscher Ethikrat (Hrsg.): *Vulnerabilität und Resilienz in der Krise – Ethische Kriterien für Entscheidungen in einer Pandemie,* Berlin, 2022, S. 223 f.

bunden ist)[166] weder absolut noch zu undifferenziert gezogen werden. Dazu ist ingenieurseitig ein Ansatz zu verfolgen, der sich gerade nicht mehr ausschließlich an einer rationalen Entscheidungsfindung orientiert, sondern der auch deontologische Kriterien einbezieht und bei dem die eigenen Werte mit den Wertvorstellungen anderer Personen ins Verhältnis gesetzt werden, sodass vergleichende Betrachtungen schließlich zu einem Vorzug der Handlungsalternative führen, für die die stärksten Gründe sprechen.

Die Zusammenführung der Gebote der konsequentialistischen Theorie, die auf dem Fundament axiomatischer Vernunftwahrheiten[167] steht und nur im Rekurs auf diese zu rechtfertigen ist, mit den Geboten der deontologischen Theorie, die versucht, die Vielfalt ingenieurpraktischer Gründe für die Planung und Errichtung von technischer Infrastruktur mit Ansprüchen in Einklang zu bringen, die außerhalb des Bauens liegen, kann in eine überzeugende Rationalitätstheorie münden und Bauingenieuren als unterstützendes Instrumentarium in Situationen von Entscheidungsfindungen bei Unsicherheiten hilfreich zur Seite stehen. Der deontologische Gehalt fungiert hier als Theorie angemessener Prinzipien und leitender Dispositionen einer ingenieurtechnischen Praxis und darf als Ausprägung einer um moralische Relevanz erweiterte Ingenieurrationalität verstanden werden.

Indem die Integration deontologischer Kriterien in die bestehende konsequentialistische Ingenieurrationalität zum Ziel für eine konsequentialistisch-deontologische Theoriebildung ausgegeben wird, steht eine kohärente Risikopraxis in Aussicht. Es bietet sich an, in diesem Zusammenhang auf eine Wendung von Nida-Rümelin zurückzugreifen, der die Verschränkung von Rationalitätstheorie, Ethik und normativer

---

[166] Siehe dazu Abschn. 2.1 *Technisch-risikoethische Termini, Risikooptimierung.*

[167] „Seit Leibniz ordnen wir mathematische, wissenschaftliche und philosophische Wahrheiten der Vernunftwahrheit im Unterschied zur Tatsachenwahrheit zu […]." Arendt, Hannah: *Wahrheit und Lüge in der Politik,* 6. Auflage, Piper Verlag, München 2021, S. 48. Charakteristisch für Vernunftwahrheiten ist, dass sie notwendig sind (z. B. eine mathematische Gleichung). Das Gegenteil ist nicht widerspruchsfrei denkbar. Tatsachenwahrheiten bedürfen eines Abgleiches mit der Wirklichkeit (z. B. der Sieg einer Sportmannschaft). Ihr Gegenteil ist widerspruchsfrei denkbar.

politischer Theorie als „Einheit praktischer Rationalität"[168] bezeichnet. Diese Denkfigur auf die Verhältnisse von Bauingenieuren übertragen, könnte von Rationalitätstheorie, Risikoethik und technischer Normativität als *Einheit ingenieurpraktischer Rationalität* gesprochen werden.

---

[168] Nida-Rümelin, Julian: *Zur Einheitlichkeit praktischer Rationalität*, in. Nida-Rümelin, Julian: Ethische Essays, Suhrkamp Verlag, Frankfurt/M. 2002, S. 115–132.

# 6
# Schlussbetrachtung

## 6.1 Resümee

Wenn praktische Philosophie sich mit dem menschlichen Wollen und Handeln auseinandersetzt, dann setzt sie sich auch mit dem Wollen und Handeln von Technikern auseinander. Diesem Leitspruch folgend befasst sich die vorliegende Untersuchung unter ausgewiesenem Praxisbezug mit dem Thema der Risikoethik im Bauingenieurwesen. Zielstellung ist es, eine Propädeutik zu risikoethischen Konstituenten des Arbeitsalltags von Bauingenieuren bei Entscheidungen unter Unsicherheit am Beispiel der Planung und Herstellung von technischer Infrastruktur zu entwerfen.

Die Abhandlung setzt an der Stelle an, wo sich die Frage stellt, ob an Bauingenieure bei risikorelevanten Handlungen moralische Anforderungen gerichtet werden können und ob diese mit der typischen Ingenieurrationalität vereinbar sind. Die Problemstellung ergibt sich aus zwei Gründen: Einerseits ist die gegenwärtige Ingenieurrationalität ganz überwiegend von technisch-wirtschaftlicher Programmatik gekennzeichnet, während ethische Implikationen ins Hintertreffen geraten. Andererseits, und das ist der Grund, der die Moral betrifft, muten

Bauingenieure angesichts nicht ausschließbarer Folgen ihrer Handlungen in gewissen Umfängen Risiken zu, während die betroffenen Menschen maximal ein Interesse an der Fertigstellung und Nutzung von Ingenieurbauwerken haben.

Um der Thematik fundiert und systematisch zu begegnen, werden zunächst Definitionen und Verortungen risikoethischer Begriffe vorgestellt sowie risikospezifische und rationalitätstheoretische Grundlagen erörtert. Daran schließt sich eine nähere Bestimmung der Arbeits- und Entscheidungsumgebung von Bauingenieuren an. Dazu werden technische und strukturelle Bedingungen diskutiert und erste Bezugspunkte zur Praxis gesetzt. Darauf folgt eine Analyse risikoethischer Elemente. Hier stehen die Anwendbarkeit etablierter entscheidungstheoretischer Kriterien und risikoethische Aspekte bezüglich der Bildung von Entscheidungen unter Unsicherheit im Vordergrund. Schließlich werden aufbauend auf den bis dahin erarbeiteten Ergebnissen ein konzeptioneller Rahmen einer praktikablen konsequentialistisch-deontologisch ausgerichteten Risikoethik aufgezogen und mögliche Ausgangspunkte einer risikoethischen Grundorientierung beim Ingenieurhandeln entworfen.

Ein zentraler Befund der Untersuchung ist, dass sich die Handlungen des Bauingenieurs mit Blick auf Risiken derzeit wenigstens durch eine dreifache Komplikation auszeichnen. Erstens wird die Logik der Arbeits- und Entscheidungsumgebung von zumeist abhängig beschäftigten Bauingenieuren wesentlich von technischen Standards bestimmt, die zwar institutionalisierte Richtigkeitsgrade für die Planung und den Bau von Ingenieurbauwerken darstellen und unerlässliche Hilfsmittel zur Erzeugung von Sicherheitsaussagen sind. Aber sie koppeln den als urteilende und prüfende Instanz zu verstehenden Teil der Ingenieurverantwortung, der risikoethische Abwägungen ermöglichen würde, aus. Zweitens erfüllt die ingenieurtechnische Handlung der Planung und mehr noch die der Errichtung von Ingenieurbauwerken ihren Zweck in Verbindung mit gewissen Wahrscheinlichkeiten für Schäden, was maßgeblich darauf zurückzuführen ist, dass beim Handeln ins Offene zwischen Ausgangssituation und Endzweck mehrere Vermittlungsstufen mit letztlich nicht vollends überschaubaren Folgen liegen. Dadurch werden Risiken gesetzt, von denen der Bauingenieur selbst meist nicht betroffen ist. Drittens steht der Bauingenieur vor der Schwierigkeit, nicht zu wissen, welche Bedingungen für ein risikoethisches Ingenieurverhalten erfüllt sein müssten und welche Minimalannahmen zu formulieren wären, um ein risikoethisches Ingenieurhandeln in einer von technisch-wirtschaftlicher Rationalität geprägten Arbeitswelt entfalten zu können.

Ein weiterer wesentlicher Erkenntnisgewinn ist, dass als Handlungstheorie weder ein strenger konsequentialistischer Ansatz noch ein strikter deontologischer Ansatz für die Umsetzung ingenieurtechnischer Intentionen in Bezug auf die Berücksichtigung gesellschaftlicher Interessen infrage kommt. Eine rein konsequentialistisch ausgerichtete Risikoethik scheidet aus, weil bei ihr einzig das Schadensausmaß dominieren würde. Ökologische Herausforderungen oder Verteilungs- und Gerechtigkeitsfragen blieben unberücksichtigt. Auch eine rein deontologisch ausgerichtete Risikoethik ist nicht vertretbar. Sie würde direkt beschränkend auf die Ingenieurrationalität wirken, was Nachteile für die Sicherung des bestehenden Wohlstandes hätte, der maßgeblich auf ingenieurtechnischen Leistungen beruht, insbesondere was Anlagen der Verkehrs-, der Versorgungs- und der Entsorgungsinfrastruktur betrifft. Die Befolgung von in sich abgeschlossenen konsequentialistischen bzw. deontologischen risikoethischen Prinzipien wäre aber auch deshalb kein aussichtsreicher Weg zur Unterstützung der Bauingenieure bei moralischen Entscheidungen unter Unsicherheit, weil die Dynamik sich verändernder praktischer Anwendungsfälle und die Unbeständigkeit gesellschaftlicher Interessenlagen verlangt, dass risikoethische Prinzipien weder überzeitlich noch unwandelbar sind. Die Arbeit zeigt jedoch, dass eine Vereinigung der beiden Ansätze möglich ist. Ingenieurseitige Intentionen und allgemeine Wertvorstellungen lassen sich mit entscheidungs- und handlungswirksamen ethischen Prinzipien kombinieren und können zu einer Ingenieurrationalität neuer Güte erhoben werden. Dementsprechend wird nicht für einen moralischen oder technisch-rationalen Absolutismus plädiert, sondern für eine Einflechtung moderater deontologischer Positionen in die weitgehend konsequentialistisch ausgerichtete Ingenieurdenkweise. Die vorgestellte Kombination wird von dem Gedanken einer ingenieurpraktischen Rationalität getragen, in der mit dem konsequentialistischen und dem deontologischen risikoethischen Ansatz zwei voneinander unabhängige normative Theorien als Hilfsmittel bei Entscheidungen unter Unsicherheit eine förderliche Fusion erfahren.

Die Abhandlung spricht sich dafür aus, die derzeit von konsequentialistischer Rationalität geprägte Ingenieurpraxis um normative Aussagen einer ethischen Theorie zu erweitern, indem deontologische Überzeugungen in die bestehende Ingenieurrationalität integriert werden. Um das Ingenieurhandeln aufrechtzuerhalten, um die dabei erforderliche technische Rationalität nicht zu stark einzuschränken und um zu vermeiden, dass deontologische Aspekte unterschlagen werden, wird für einen anpassungsfähigen konsequentialistisch-deontologischen Ansatz argumentiert, der die Zulässigkeit von Risikoübertragungen durch Nichtbetroffene auf Betroffene an die Wahrung von Individualrechten und Gerechtigkeitsvorstellungen sowie an naturräumliche Erfordernisse knüpft. Mit der Vereinigung sollen zum einen aktuell bestehende soziale und ökologische Ansprüche der Gesellschaft bei technischen Ingenieurarbeiten Berücksichtigung finden. Zum anderen soll risikosetzenden Ingenieurhandlungen zu mehr Legitimität verholfen werden.

Übergeordnete Absicht ist es, einen Entscheidungsspielraum als Grundlage einer Risikoethik aufzuspannen, der deontologische Erwägungsmöglichkeiten im Umgang mit Risiken gestattet, ohne dass ingenieurtechnische Ziele vernachlässigt werden. Hierzu gewähren die vorgenommenen Auslotungen zureichende Praxiseinblicke in die Besonderheiten und spezifischen Problemstellungen des Themas, um wichtige Konstanten zu identifizieren. Zudem lässt der skizzierte Ansatz die Problematik konfligierender Geltungsansprüche zwischen technischen und ethischen Interessen einfließen. Dadurch wird die Perspektive einer kohärenten Ingenieurpraxis eröffnet, die ausreichend Raum für situativ angemessene konsequentialistische Entscheidungen unter Unsicherheit vorhält, die unter Beteiligung einer deontologischen Ethik auszufüllen ist, ohne dass befürchtet werden muss, den Bezug zur lebensweltlichen Ingenieurpraxis aus den Augen zu verlieren.

Das kontextsensitive Modell einer konsequentialistisch-deontologischen Ingenieurrationalität ist konkurrierenden Ansätzen überlegen,

## 6 Schlussbetrachtung

weil es hinsichtlich ökologischer und ökonomischer Aspekte eine größere Flexibilität aufweist, als es streng konsequentialistische oder streng deontologische Konzeptionen könnten und weil es neben den Interessen an der Planung und Errichtung von Infrastrukturanlagen auch individualrechtliche Ansprüche berücksichtigt. Insofern ist die vorgeschlagene risikoethische Konzeption Ausweis einer umfassenden Ingenieurrationalität, die zwar im Zuge einer ethischen Beurteilung von einem Vorrang normativer Erwägungen ausgeht, aber keineswegs dogmatisch angelegt ist. Vielmehr ermöglicht sie es, ingenieurtechnische nutzbringende Vorteile hervorzubringen, ohne dass die Frage der moralischen Vertretbarkeit von Folgen aus Ingenieurhandlungen unbeantwortet bleibt. An der erarbeiteten risikoethischen Konzeption erhellt zudem, dass sie für die Ingenieurpraxis keine absoluten Regeln aufstellt, sondern zur Orientierung für den Einzelfall lediglich ein Grundgerüst bereitstellt, an dem die Bemühungen der Entscheidungsfindungen unter Unsicherheit erst beginnen.

Die Ausführungen zeigen, dass der Grundkonflikt zwischen konsequentialistischen und deontologischen Prinzipien im Hinblick auf ihre Anwendung in risikobehafteten Entscheidungssituationen des Ingenieuralltags erhebliches Diskussionspotenzial in sich trägt. Vor allem die Abwägungen zur Klärung der Frage, welche Bedingungen gegeben sein müssen, damit sich Bauingenieure in solchen Lagen gemäß deontologischer Kriterien verhalten können, ohne technische Rationalität aufzugeben, sind von Bedeutung. Der ethische Risikodiskurs hebt aber auch hervor, dass die Berücksichtigung von Folgen nicht nur unverzichtbarer Bestandteil des Risikobegriffs in der Ingenieurpraxis ist, sondern bei einer Zusammenführung von konsequentialistischen Aspekten mit deontologischen Kriterien eine andere Qualität erhält.

Die vorliegende Untersuchung leistet einen substanziellen philosophischen Beitrag zur Diskussion um die ethische Bewertung von Ingenieurhandlungen, bei denen Entscheidungen unter Unsicherheit zu treffen sind. Sie versteht sich als Sammlung von Leitgedanken und Vorüberlegungen zur Entwicklung einer risikoethischen Orientierung für schwierige Abwägungs- und Gewichtungsprozesse. Dadurch, dass sie auch versucht, zu erproben, wie risikoethische Betrachtungen in der täglichen Praxis der Bauingenieure effektiv untergebracht werden könnten, hebt sie nicht nur auf die Notwendigkeit, sondern auch auf die Realisierung risikoethischer Betrachtungen im Bauingenieurwesen ab.

Es liegt außerhalb der Reichweite der Abhandlung zu beurteilen, inwieweit sie bereits einen entscheidenden Beitrag zu einer konsequentialistisch-deontologisch ausgerichteten Risikoethik für Bauingenieure leistet. Unkritisch ist jedoch, dass der Markt und das Recht dies nicht leisten können, jedenfalls nicht systematisch. Es braucht eine Vorarbeit für eine handlungsorientierte Risikoethik, die ihr Problembewusstsein und ihre strategische Ausrichtung aus ingenieurpraktischen Erfahrungen und risikoethischen Überlegungen gewinnt. Handlungsorientierte Risikoethik heißt hier Herstellung einer Beziehung zwischen wissenschaftlichen Risikobewertungen, der Wahrnehmung einzelner Personen und der gesellschaftlichen Erfahrung von Risiken im Zusammenhang mit der Planung und Errichtung von Infrastrukturanlagen. Dazu bietet es sich an, die vorliegende theoretische Grundlage heranzuziehen und sich an der Schaffung einer auf das Arbeitsumfeld von Bauingenieuren zugeschnittenen und verallgemeinerungsfähigen risikoethischen Konzeption zu versuchen, die die technischen Interessen und die Interessen der vom potenziellen Risiko betroffenen Personen im Zusammenhang mit konsequentialistischen Risikooptimierungen in den Grenzen deontologischer Regeln berücksichtigt, ohne dass dabei die genuine Arbeitstätigkeit von Bauingenieuren tiefgreifend eingeschränkt wird. Insofern versteht sich die vorliegende Untersuchung auch als Impulsarbeit für ein risikoethisches Ingenieurhandeln.

## 6.2 Ausblick

Vor dem Hintergrund des Fehlens von Lösungsansätzen und als Konsequenz aus der Problemanalyse des Ingenieuralltags sind Elemente einer Risikoethik entwickelt worden, die den Blick für den eigentlichen Gegenstand schärfen und zur Aufhellung jener Bedingungen im Ingenieuralltag beitragen, unter denen im Fall risikoethischer Erwägungen zu entscheiden ist. Dementsprechend richtet sich die vorliegende Ausarbeitung an Personen der Baupraxis, zuvorderst an Bauingenieure, die mit der Planung und Errichtung von Infrastrukturanlagen befasst und Aspekten eines risikoethisch rechtfertigbaren Verhaltens zugewandt sind. Die Untersuchung kommt nicht nur zu aufschlussreichen Ergebnissen und Einordnungen für Bauingenieure, sondern gibt auch Anlass zu weiteren Aktivitäten und kann als Angebot zur Fortschreibung des ungewöhnlichen Ansatzes verstanden werden, Philosophie und Bauingenieurwesen bzw. Risikoethik und Ingenieurrationalität zusammenzudenken. Der Erkenntniszuwachs und die thematische Breite sind ergiebig genug, um Anschlussthemen zu setzen und an empirisch-methodische Gesichtspunkte anzuknüpfen. So legt die Arbeit beispielsweise frei, dass in der Praxis eine Handlungshilfe oder eine Anleitung fehlt, welche sich explizit mit risikoethischen Problemstellungen befasst und Empfehlungen ausspricht, wie der Ingenieuralltag um eine risikoethische Komponente systematisch ausgestaltet werden kann und wie Bauingenieure sich im Hinblick auf risikobehaftete Handlungsfolgen verhalten sollten. Für Bauingenieure wäre es von großem Vorteil, wenn ihnen ein entsprechendes Werkzeug an die Hand gegeben würde.

Für ausgreifende Forschungstätigkeiten lässt sich das Potenzial der Ausarbeitung ebenfalls fruchtbar machen. Die vorgelegten Betrachtungen könnten zum Anlass genommen werden, sich aus der soziologischen Richtung kommend auf eine Risikoforschung im Bauingenieurwesen zu konzentrieren. Dabei könnte die Frage von Interesse sein, aus welchen Gründen die Planung und der Bau von Infrastrukturanlagen in Teilen der Bevölkerung akzeptiert und in Teilen abgelehnt werden. Für Menschen in erdbebengefährdeten Gebieten darf vermutet werden, dass die Ursachen von Anerkennung und Zurückweisung in unterschiedlichen Auffassungen bezüglich Sicherheit bietender ingenieurtechnischer Standards und nicht beherrschbarer Naturgewalten liegen.[1] Für

---

[1] Für diese Fälle spielt die geografische Lage des Bauens eine Rolle. In Deutschland wird die Wahrscheinlichkeit für Erdbeben zwar als gering eingestuft. Aber es gibt Risikogebiete. Sie befinden sich mit der niederrheinischen Bucht, dem Rheingraben, der Bodenseeregion, dem Schwarzwald, der Schwäbischen Alb und dem Vogtland im Westen, Süden und Südosten von Deutschland. Vergleiche Geoforschungszentrum Potsdam: *Erdbebengefährdung Deutschland 2016*, Interaktive Darstellung, www.gfz-potsdam.de (abgerufen 11. April 2023).

andere Regionen ist es indessen denkbar, dass soziokulturelle Kontexte von Bedeutung sind. Hier wird ein Licht auf weiteren Forschungsbedarf geworfen. Es fehlt an wissenschaftlichen Beiträgen zum Verständnis der Wahrnehmung und Beurteilung technischer Risiken, die durch die Planung und Errichtung von Infrastrukturanlagen hervorgerufen werden. Offen ist etwa die Frage, ob die individuelle Wahrnehmung und Beurteilung der Risiken ausschließlich auf Wahrscheinlichkeitsgrade des Eintretens von nicht gewünschten Folgen beschränkt ist oder ob nicht auch tieferliegende Bedeutungsebenen eine Rolle spielen. Wenn die Risikowahrnehmung und -beurteilung eine Funktion der kulturellen Anschauung und/oder der sozialen Identität ist, kann nicht ausgeschlossen werden, dass das, was Menschen durch ein Risiko als Gefährdung ihres Wohlergehens wahrnehmen und wie sie die Wahrscheinlichkeiten und Dimensionen von Folgen beurteilen, nicht ausschließlich eine Angelegenheit rationaler Überlegungen ist, sondern auch eine der Verletzbarkeit von Haltungen, Werten und Einstellungen. Dies spricht möglicherweise für einen sozialpsychologisch gelagerten Forschungsansatz, bei dem auch der Frage nachgegangen werden könnte, wie mehr Systematik in die öffentlichen Diskussionen rund um das Einverständnis mit der Planung und Errichtung von Infrastrukturanlagen bzw. um die Ablehnung solcher Vorhaben eingebracht werden kann, was zu erheblichen Verbesserungen in der Risikokommunikation führen dürfte. Die die Risikowahrnehmung und -beurteilung betreffenden Forschungsfragen könnten lauten: Unter welchen Bedingungen ist eine starke subjektive Risikobefürchtung ausschlaggebend für die Ablehnung einer Infrastrukturanlage, wenn ihr mit der Planung und Errichtung der Anlage eine schwächere, aber objektive Steigerung des Wohlergehens gegenübersteht? Ist es gerechtfertigt, einer offensichtlich irrationalen Furcht vor einem Risiko eine ebenso große Bedeutung zukommen zu lassen, wie einer objektiv berechtigten?

Schließlich kommt der vorliegenden Untersuchung auch insofern eine wichtige Funktion zu, als vergleichbare Ausarbeitungen sowohl im deutschsprachigen als auch im englischsprachigen Raum fehlen und nun der Anspruch erhoben werden darf, mit einer grundlegenden Verständigungsarbeit in diese Lücke vorzustoßen. Da es auf nationaler und

## 6 Schlussbetrachtung 303

auf internationaler Ebene bislang an Fachliteratur bzw. allgemein anerkannten Regeln zum Umgang mit Entscheidungen unter Unsicherheit im Bauingenieurwesen mangelt, ist zu wünschen, dass Diskussionen angeregt werden und das für Bauingenieure so bedeutende Thema der Risikoethik künftig beispielsweise unter der Regie des DVT (Deutscher Verband Technisch-Wissenschaftlicher Vereine), der Föderation Europäischer Nationaler Ingenieurverbände (FEANI für Fédération international d'Associations Nationales d'Ingenieurs) oder des VDI aufgegriffen und fortentwickelt wird.

# Darstellung wissenschaftlicher Werdegang

| | |
|---|---|
| 1984–1989 | FH Höxter, Bauingenieurwesen/Tiefbau; Abschluss: Dipl.-Ing. (FH) |
| 1990–1994 | Uni Kassel, Bauingenieurwesen/Tiefbau; Abschluss: Dipl.-Ing. (Uni) |
| 2004 | TU Dresden, Fakultät Bauingenieurwesen; Abschluss: Dr.-Ing. |
| 2012–2019 | Uni Kassel, Studiengang Philosophie; Abschluss: M.A. |

# Literatur

Ach, Johann S.: *Ethik, angewandte,* https://www.spektrum.de/lexikon/philosophie/ethik-angewandte/640 (abgerufen 11. April 2024)
Alpern, Kenneth D.: *Ingenieure als moralische Helden,* in: Lenk, Hans/Ropohl, Günter (Hrsg.): Technik und Ethik, 2. revidierte und erweiterte Auflage, Reclam Verlag, Stuttgart 1993
Arendt, Hannah: *Wahrheit und Lüge in der Politik,* 6. Auflage, Piper Verlag, München 2021
Banse, Gerhard: *Alois Huning: Das Schaffen des Ingenieurs. Beiträge zu einer Philosophie der Technik,* in: Hubig, Christoph/Huning, Alois/Ropohl, Günter (Hrsg.): Nachdenken über Technik – Die Klassiker der Technikphilosophie, 2. unveränderte Auflage, Verlag Edition Sigma, Berlin 2001
Bartels, Andreas: *Natur,* in: Prechtl, Peter/Burkhard, Franz-Peter (Hrsg.): Philosophie Lexikon, J. B. Metzler Verlag, Stuttgart 1996
Beauchamp, Tom/Childress James-Franklin: *Principles of Biomedical Ethics,* 8. Auflage, Oxford University Press, Oxford 2019
Beck, Ulrich: *Risikogesellschaft. Auf dem Weg in eine andere Moderne,* Suhrkamp Verlag, Frankfurt/M. 1986
Beck, Ulrich: *Weltrisikogesellschaft. Auf der Suche nach der verlorenen Sicherheit,* Suhrkamp Verlag, Frankfurt/M. 2007
Benda, Ernst: *Technische Risiken und Grundgesetz,* in: Blümel, Willi/Wagner, Hellmut (Hrsg.): Technische Risiken und Recht, Vortragszyklus des

Kernforschungszentrums Karlsruhe und der Hochschule für Verwaltungswissenschaften Speyer, Druck Kernforschungszentrum Karlsruhe 1981
BGH: Bundesgerichtshof, ‚Bauwerke-Urteil' vom 16.09.1971 (VII ZR 5/70)
BGH: Bundesgerichtshof, ‚DIN-Normen-Urteil' vom 14.05.1998 (VII ZR 184/97)
BImSchG: Gesetz zum Schutz vor schädlichen Umwelteinwirkungen durch Luftverunreinigungen, Geräusche, Erschütterungen und ähnliche Vorgänge (Bundes-Immissionsschutzgesetz - BImSchG), vom 17. Mai 2013 (BGBl. I S. 1274), zuletzt geändert durch Artikel 2 vom 20. Juli 2022 (BGBl. I S. 1362), https://www.gesetze-im-internet.de/bimschg/ (abgerufen 24. August 2022)
Binder, Martin: *Technisches Handeln – Eine Studie zu einem zentralen Begriff Technischer Bildung*, Diss., Pädagogische Hochschule Weingarten 2014
Birnbacher, Dieter/Nida-Rümelin, Julian: *Ethik: Ist es aus konsequentialistischer Sicht wünschenswert, daß die Gesellschaft aus Konsequentialisten besteht?* (Gespräch), Information Philosophie, Heft 3/1997, Claudia Moser Verlag, Lörrach.
Birnbacher, Dieter: *Kernenergie*, in: Grunwald, Armin/Hillerbrand, Rafaela (Hrsg.): Handbuch Technikethik, Springer-Verlag Deutschland, Heidelberg 2021
Boesch, Ernst Eduard: *Kultur und Handlung. Einführung in die Kulturpsychologie*, Hans Huber Verlag, Bern 1980
Brettschneider, Frank: *Zwischen Protest und Akzeptanz – Zur Kommunikation von Großprojekten*, in: Stiftung Bauwesen (Hrsg.): Großprojekte in der Demokratie, Schriftenreihe der Stiftung Bauwesen, Heft 16, Stuttgart 2011
BVerwG: Bundesverwaltungsgericht, ‚Meersburg-Urteil' vom 22.05.1987 (4 C 33–35/83)
Cranach von, Mario: *Die Unterscheidung von Handlungstypen – ein Vorschlag zur Weiterentwicklung zur Handlungspsychologie*, in: Bergmann, Bärbel/Richter, Peter (Hrsg.): Die Handlungsregulationstheorie, Hogrefe Verlag, Göttingen 1994
Detzer, Kurt A.: *Unsere Verantwortung für eine umweltverträgliche Technikgestaltung. Von abstrakten Leitsätzen zu konkreten Leitbildern*, in: Verein Deutscher Ingenieure (Hrsg.): VDI-Report 19, ohne Verlagsangabe, Düsseldorf (VDI) 1993
Deutscher Ethikrat: *Mensch und Maschine – Herausforderungen durch Künstliche Intelligenz*, Berlin, 2023
Deutscher Ethikrat: *Vulnerabilität und Resilienz in der Krise – Ethische Kriterien für Entscheidungen in einer Pandemie*, Berlin, 2022

Deutsches Institut für Normung: *DIN 4020, Geotechnische Untersuchungen für bautechnische Zwecke – Ergänzende Regelungen zu DIN EN 1997-2*, Beuth Verlag, Dezember 2010
Deutsches Institut für Normung: *DIN 4046, Wasserversorgung; Begriffe; Technische Regel des DVGW*, Beuth Verlag, Berlin 1983
Deutsches Institut für Normung: *DIN EN 45020, Normung und damit zusammenhängende Tätigkeiten – Allgemeine Begriffe*, Beuth Verlag, Berlin 2007
Deutsches Institut für Normung: *DIN EN ISO 12100, Sicherheit von Maschinen – Allgemeine Gestaltungsleitsätze – Risikobeurteilung und Risikominderung*, Beuth Verlag, Berlin 2011
Deutsches Institut für Normung: *VOB, Vergabe- und Vertragsordnung für Bauleistungen - Teil B: Allgemeine Vertragsbedingungen für die Ausführung von Bauleistungen*, Beuth Verlag, Berlin 2019
Dewey, John: *Die Suche nach Gewissheit*, Suhrkamp Verlag, Frankfurt/M. 1998
Dommaschk, Ruth: *Artefakt*, in: Prechtl, Peter/Burkhard, Franz-Peter (Hrsg.): Philosophie Lexikon, J. B. Metzler Verlag, Stuttgart 1996
Duddeck, Heinz: *Einführung in den Diskurs „Handeln der Ingenieure in einer auf andere Werte orientierten Gesellschaft"*, in: Duddeck, Heinz (Hrsg.): Ladenburger Diskurs, Technik im Wertekonflikt, Springer Verlag, Wiesbaden 2001
Ekardt, Hanns-Peter: *Was heißt Ingenieurverantwortung? Verantwortung erster und zweiter Ordnung und die Alltäglichkeit professioneller Selbstkontrolle*, Uni Kassel 1997
Ekardt, Hanns-Peter: *Die Stauseebrücke Zeulenroda. Ein Schadensfall und seine Lehren für die Ingenieurverantwortung*, in: Sonderdruck aus Stahlbau 67, Heft 9, Berlin 1998
Ekardt, Hanns-Peter: *Risiko in Ingenieurwissenschaft und Ingenieurpraxis*, in: Braunschweigische Wissenschaftliche Gesellschaft: Jahrbuch 1999, J. Cramer Verlag, Braunschweig 2000
Ekardt, Hanns-Peter: *Ausbildung zwischen Ingenieurwissenschaft und Berufsmoral. Erfahrungen aus der Bauingenieurausbildung an der Universität Kassel*, in: Duddeck, Heinz (Hrsg.): Ladenburger Diskurs, Technik im Wertekonflikt, Springer Verlag, Wiesbaden 2001
Ekardt, Hanns-Peter: *Das Sicherheitshandeln freiberuflicher Tragwerksplaner. Zur arbeitsfunktionalen Bedeutung professioneller Selbstverantwortung*, in: Mieg, Harald/Pfadenhauer, Michaela (Hrsg.): Professionelle Leistung – Professional Performance. Positionen der Professionssoziologie. UVK Verlagsgesellschaft mbH, Konstanz 2003

Ekardt, Hanns-Peter/Löffler, Reiner: *Die gesellschaftliche Verantwortung der Bauingenieure – Arbeitssoziologische Überlegungen zur Ethik der Ingenieurarbeit im Bauwesen*, in: Ekardt, Hanns-Peter/Löffler, Reiner (Hrsg.): Die gesellschaftliche Verantwortung der Bauingenieure, 3. Kasseler Kolloquium zu Problemen des Bauingenieurberufs, Wissenschaftliches Zentrum für Berufs- und Hochschulforschung der Gesamthochschule Kassel, Werkstattberichte – Band 19, Kassel 1988

Ekardt, Hanns-Peter/Löffler, Reiner: *Regulierungsfunktionen technischer Normen in der Praxis der Bauingenieure*, in: Schuchardt, Wilgart (Hrsg.): Technischen Normen und Bauen, Kooperationsprinzip und staatliche Verantwortung, EG-Binnenmarkt und eine umweltverträgliche Stadtentwicklung als Herausforderung an die Baunormung, ohne Verlagsangabe, Düsseldorf 1991

Ekardt, Hanns-Peter/Löffler, Reiner/Hengstenberg, Heike: *Arbeitssituationen von Firmenbauleitern*, Campus Verlag, Frankfurt/Main, New York 1992

Ekardt, Hanns-Peter/Manger, Daniela/Neuser, Uwe et al: *Rechtliche Risikosteuerung – Sicherheitsgewährleistung in der Entstehung von Infrastrukturanlagen*, Nomos Verlagsgesellschaft mbH, Baden-Baden 2000

Ferguson, Eugene: *Das innere Auge. Von der Kunst des Ingenieurs*, Birkhäuser Verlag, Basel 1993

Fischer, Johannes/Gruden, Stefan/Imhof, Esther et al: *Grundkurs Ethik. Grundbegriffe philosophischer und theologischer Ethik*. Kohlhammer Verlag, Stuttgart 2007

Forschner, Maximilian: *Güter*, in: Höffe, Otfried (Hrsg.) in Zusammenarbeit mit Maximilian Forschner, Alfred Schöpf und Wilhelm Vossenkuhl: Lexikon der Ethik, 5. neu bearbeitete und erweiterte Auflage, C. H. Beck Verlag, München 1997

Forschner, Maximilian: *Technik*, in: Höffe, Otfried (Hrsg.) in Zusammenarbeit mit Maximilian Forschner, Alfred Schöpf und Wilhelm Vossenkuhl: Lexikon der Ethik, 5. neu bearbeitete und erweiterte Auflage, C. H. Beck Verlag, München 1997

Fuchs, Michael: *Güterabwägung*, 08. Juni 2022, https://www.staatslexikon-online.de/lexikon/Güterabwägung (abgerufen 24. März 2024)

Gadamer, Hans-Georg: *Hermeneutik I, Wahrheit und Methode*, J. C. B. Mohr (Paul Siebeck) Tübingen 1999

Gaissmaier, Wolfgang/Neth, Hansjörg: *Die Intelligenz einfacher Entscheidungsregeln in einer ungewissen Welt*, in: Kottbauer, Markus (Hrsg.): Controller Magazin 41 (2), Wörthsee-Etterschlag 2016

Geoforschungszentrum Potsdam: *Erdbebengefährdung Deutschland 2016*, Interaktive Darstellung, https://www-app5.gfz-potsdam.de/d-eqhaz16/index.html (abgerufen 11. April 2023)

Gert, Bernhard: *Morality: Its Nature and Justification*, Oxford University Press 2005

Gesetz zur Ordnung des Wasserhaushalts: Gesetz zur Ordnung des Wasserhaushalts (Wasserhaushaltsgesetz - WHG) vom 31. Juli 2009 (BGBl. I S. 2585), zuletzt durch Artikel 2 des Gesetzes vom 18. August 2021 (BGBl. I S. 3901), https://www.gesetze-im-internet.de/whg_2009/ (abgerufen 20. September 2021)

Gethmann, Carl Friedrich: *Zur Ethik des Handelns unter Risiko im Umweltstaat*, in: Gethmann, Carl Friedrich/Kloepfer, Michael (Hrsg.): Handeln unter Risiko im Umweltstaat, Springer-Verlag Berlin, Heidelberg 1993

GHV Gütestelle Honorar- und Vergaberecht e. V. (GHV), (Telefonat am 24.01.2022)

Gibson, Mary: *Consent and Autonomy*, in: Gibson, Mary (Hrsg.): To Breathe Freely. Risk, Consent, and Air, Rowman & Allanheld, Totowa 1985

Gigerenzer, Gerd: *Risiko – Wie man die richtigen Entscheidungen trifft*, 2. Auflage, Pantheon Verlag, München 2020

Gräfen, Hubert: *Technikverständnis und Ingenieurausbildung – Zur Notwendigkeit der Integration technikübergreifender Studieninhalte in das Ingenieurstudium*, in: Verein Deutscher Ingenieure (Hrsg.): Ingenieurverantwortung und Technikethik – Standpunkte, Informationen, Aktivitäten, ohne Verlagsangabe, Düsseldorf 1991

Groeben, Norbert: *Handeln, Tun, Verhalten als Einheiten einer verstehend-erklärenden Psychologie*, Franke Verlag Tübingen 1986

Grunwald, Armin: *Die hermeneutische Seite der Technikfolgenabschätzung*, in: Friedrich, Alexander/Gehring, Petra/Hubig, Christoph et al. (Hrsg.): Jahrbuch Technikphilosophie, 4. Jahrgang 2018, Arbeit und Spiel, Nomos Verlagsgesellschaft mbH, Baden-Baden 2018

Grunwald, Armin/Hillerbrand, Rafaela: *Überblick über die Technikethik*, in: Grunwald, Armin/Hillerbrand, Rafaela (Hrsg.): Handbuch Technikethik, Springer-Verlag Deutschland, Heidelberg 2021

Haltaufderheide, Joschka: *Zur Risikoethik – Analysen im Problemfeld zwischen Normativität und unsicherer Zukunft*, Diss., Ruhr-Universität Bochum, Verlag Königshausen & Neumann, Würzburg 2015

Harsanyi, John Charles: *Advances in Understanding Rational Behaviour*, in: Butts, Robert Earl/Hintikka, Jaakko (Hrsg.): Foundational Problems in the Special Science, Reidel Publishing Company, Dordrecht, Boston 1977

Hartung, Gerald/Köchy, Kristian/Schmidt, Jan C. et al.: *Einleitung*, in: Hartung, Gerald/Köchy, Kristian/Schmidt, Jan C. et al. (Hrsg.): Naturphilosophie als Grundlage der Naturethik – Zur Aktualität von Hans Jonas, Verlag Karl Alber, Freiburg/München 2013

Hauff, Volker: *Unsere gemeinsame Zukunft. Der Brundtland-Bericht der Weltkommission für Umwelt und Entwicklung*, Eggenkamp Verlag, Greven 1987

Hauptverband der Deutschen Bauindustrie e.V.: *Mehr Bauingenieurinnen am Bau*, erschienen am 20. Februar 2023, https://www.bauindustrie.de/zahlen-fakten/auf-den-punkt-gebracht/mehr-bauingenieurinnen-am-bau (abgerufen 07. März 2024)

Hillerbrand, Rafaela/Poznic, Michael: *Tugendethik*, in: Grunwald, Armin/Hillerbrand, Rafaela (Hrsg.): Handbuch Technikethik, Springer-Verlag Deutschland, Heidelberg 2021

Heckhausen, Jutta/Heckhausen, Heinz: *Motivation und Handeln*, Springer Verlag, Heidelberg 2006

Höffe, Otfried: *Moral als Preis der Moderne*, Suhrkamp Verlag, Frankfurt 1993

Höffe, Otfried: *Deontische Logik*, in: Höffe, Otfried (Hrsg.) in Zusammenarbeit mit Maximilian Forschner, Alfred Schöpf und Wilhelm Vossenkuhl: Lexikon der Ethik, 5. neu bearbeitete und erweiterte Auflage, C. H. Beck Verlag, München 1997

Höhn, Hans-Joachim: *Technikethik als Risikoethik. Ansätze einer sozialethischen Risikobeurteilung*, in: Weber, Wilhelm (Hrsg.): Jahrbuch für Christliche Sozialwissenschaften, Band 37, Regensberg Verlag, Münster 1996

HOAI *Verordnung über die Honorare für Architekten- und Ingenieurleistungen (Honorarordnung für Architekten und Ingenieure - HOAI) in der Fassung von 2021*, https://www.hoai.de/hoai/volltext/hoai-2021/ *(abgerufen 25. November 2024)*

Höpfner, Lukas: *Digitalisierung im Gesundheitswesen: grandioses Hilfsmittel, aber niemals Universallösungsprodukt*, Interview 10. September 2021, https://www.esanum.de/today/posts/digitalisierung-im-gesundheits-wesen-grandioses-hilfsmittel-aber-niemals-universalloesungs-produkt (abgerufen 18. Dezember 2021)

Horn, Christoph: *Wert*, in: Höffe, Otfried (Hrsg.) in Zusammenarbeit mit Maximilian Forschner, Alfred Schöpf und Wilhelm Vossenkuhl: Lexikon der Ethik, 5. neu bearbeitete und erweiterte Auflage, C. H. Beck Verlag, München 1997

Hoyningen-Huene, Paul: *Zur Verantwortung von Ingenieuren*, Deutscher Verlag der Wissenschaften, Berlin 1991

Hubig, Christoph: *Die Notwendigkeit einer neuen Ethik der Technik. Forderungen aus handlungstheoretischer Sicht*, in: Rapp, Friedrich (Hrsg.): Neue Ethik der Technik? – Philosophische Kontroversen, Deutscher UniversitätsVerlag, Wiesbaden 1993

Hubig, Christoph: *Technikbewertung auf Basis einer Institutionenethik*, in: Lenk, Hans/Ropohl, Günter (Hrsg.): Technik und Ethik, 2. revidierte und erweiterte Auflage, Reclam Verlag, Stuttgart 1993

Hubig, Christoph: *Das Risiko des Risikos. Das Nicht-Gewußte und das Nicht-Wißbare*, Universitas, Zeitschrift für interdisziplinäre Wissenschaft, Heft 4. Wissenschaftliche Verlagsgesellschaft mbH, Stuttgart 1994

Hubig, Christoph: *Technik- und Wissenschaftsethik. Ein Leitfaden*, 2. überarbeitete Auflage, Springer Verlag, Berlin, Heidelberg, New York 1995

Hubig, Christoph: *Historische Wurzeln der Technikphilosophie*, in: Hubig, Christoph/Huning, Alois/Ropohl, Günter (Hrsg.): Nachdenken über Technik – Die Klassiker der Technikphilosophie, 2. unveränderte Auflage, Verlag Edition Sigma, Berlin 2001

Hubig, Christoph: *Wert*, 08. Juni 2022, https://www.staatslexikon-online.de/Lexikon/Wert (abgerufen 02.Mai 2024)

Hubig, Christoph, Luckner, Andreas: *Klugheitsethik/Provisorische Moral*, in: Grunwald, Armin (Hrsg.): Handbuch Technikethik, Springer-Verlag Deutschland, ursprünglich erschienen bei J. B. Metzler'sche Verlagsbuchhandlung und Carl Ernst Poeschel Verlag, Stuttgart 2013

Huning, Alois: *Ethische und soziale Verantwortung des Ingenieurs*, in: Verein Deutscher Ingenieure (Hrsg.): Ingenieurverantwortung und Technikethik – Standpunkte, Informationen, Aktivitäten, ohne Verlagsangabe, Düsseldorf 1991

Ingenstau, Heinz/Korbion, Hermann: *Verdingungsordnung für Bauleistungen*, 12. Auflage, Werner Verlag, Düsseldorf 1993

Joisten, Karen: *Ethik und Digitalisierung. Oder: Ethik für KI-Systeme. Eine Grundlegung*, in: Zerth, Jürgen/Forster, Cordula u. a. (Hrsg.): 3. Clusterkonferenz „Zukunft der Pflege", Konferenzband Teil 1, PPZ Nürnberg, Nürnberg 2020

Jonas, Hans: *Technik, Medizin und Ethik – Praxis des Prinzips Verantwortung*, Suhrkamp Verlag, Frankfurt/M. 1987

Jonas, Hans: *Das Prinzip Verantwortung – Versuch einer Ethik für die technologische Zivilisation*, Suhrkamp Verlag, Frankfurt/M. 2003

Jungermann, Helmut/Slovic, Paul: *Die Psychologie der Kognition und Evaluation von Risiko*, in: Bechmann, Gotthard (Hrsg.): Risiko und Gesellschaft – Grundlagen und Ergebnisse interdisziplinärer Risikoforschung. Westdeutscher Verlag GmbH, Opladen 1993

Kahl, Anke: *Risikowahrnehmung und -kommunikation im Gesundheits- und Arbeitsschutz: Eine soziologische Betrachtung*, Habil., Technische Universität Dresden, Südwestdeutscher Verlag für Hochschulschriften 2011

Kahneman, Daniel: *Schnelles Denken, langsames Denken*, Siedler Verlag, München 2012

Kampshoff, Klemens: *Berufsbedingte Gesundheitsgefahren und Ethik des Risikos – Kriterien für die vertretbare Zumutung von Gesundheitsrisiken des beruflichen Umgangs mit Kanzerogenen*, Diss., Pädagogische Hochschule Karlsruhe 2011

Kaufmann, Franz-Xaver: *Risiko – Verantwortung – Verantwortlichkeit*, in: Eifler, Günter, Saame O. (Hrsg.): Wissenschaft und Ethik, Mainzer Universitätsgespräche, Mainz 1992

Kloepfer, Michael: *Risiko*, in: Korff, Wilhelm/Beck, Lutwin/Mikat, Paul (Hrsg.): Lexikon der Bioethik Band 3, Gütersloher Verlagshaus, Gütersloh 1998

Knight, Frank: *Risk, Uncertainty and Profit*, Cornell University Library, New York 1921

Köhnlein, Walter: *Annäherung und Verstehen*, in: Lauterbach, Roland/Köhnlein, Walter u. a. (Hrsg.): Wie Kinder erkennen. Vorträge des Arbeitstreffens zum naturwissenschaftlich-technischen Sachunterricht, Nürnberg, 1991

Kornwachs, Klaus: *Philosophie der Technik – Eine Einführung*, C. H. Beck Verlag, München 2013

Kornwachs, Klaus: *Philosophie für Ingenieure*, 3. Auflage, Hanser Verlag, München 2018

Krafczyk, Manfred: *Risiko und Verantwortung im Kontext modellbasierter Analyse und Prognose von Ingenieursystemen*, in: Hieber, Lutz/Kammeyer, Hans-Ulrich (Hrsg.): Verantwortung von Ingenieurinnen und Ingenieuren, Springer Verlag Wiesbaden 2014

Krohn, Wolfgang/Krücken, Georg: *Risiko als Konstruktion und Wirklichkeit*, in: Krohn, Wolfgang/Krücken, Georg (Hrsg.): Riskante Technologien, Reflexion und Regulation. Eine Einführung in die sozialwissenschaftliche Risikoforschung, Frankfurt 1993

Kuhlmann, Wolfgang: *Angewandte Ethik, Ethik III*, FernUniversität in Hagen, 2010

Kuklinski, Oliver/Oppermann, Bettina: *Partizipation und räumliche Planung*, in: Scholich, Dietmar/Müller, Peter (Hrsg.): Planungen für den Raum zwischen Integration und Fragmentierung, Frankfurt a. M. 2010

Lendi, Martin: *Das Recht des Lebensraumes – und die gesellschaftspolitische Aufgabe des Bauingenieurs*, in: Stiftung Bauwesen (Hrsg.): Der Bauingenieur und seine gesellschaftspolitische Aufgabe, Schriftenreihe der Stiftung Bauwesen, Heft 1, Stuttgart 1996
Lenk, Hans: *Zur Sozialphilosophie der Technik*, Suhrkamp Verlag, Frankfurt/M. 1982
Lenk, Hans: *Verantwortungsfragen in der Technik*, in: Verein Deutscher Ingenieure (Hrsg.): Ingenieurverantwortung und Technikethik – Standpunkte, Informationen, Aktivitäten, ohne Verlagsangabe, Düsseldorf 1991
Lenk, Hans: *Ethikkodizes für Ingenieure. Beispiele der US-Ingenieurvereinigungen*, in: Lenk, Hans/Ropohl, Günter (Hrsg.): Technik und Ethik, 2. revidierte und erweiterte Auflage, Reclam Verlag, Stuttgart 1993
Lenk, Hans: *Über Verantwortungsbegriffe und das Verantwortungsproblem in der Technik*, in: Lenk, Hans/Ropohl, Günter (Hrsg.): Technik und Ethik, 2. revidierte und erweiterte Auflage, Reclam Verlag, Stuttgart 1993
Lenk, Hans: *Die ethische Verantwortung des Bauingenieurs – Das Verantwortungsproblem in der Technik*, in: Stiftung Bauwesen (Hrsg.): Der Bauingenieur und seine gesellschaftspolitische Aufgabe, Schriftenreihe der Stiftung Bauwesen, Heft 1, Stuttgart 1996
Lenk, Hans: *Zur Verantwortung des Ingenieurs*, in: Maring, Matthias (Hrsg.): Verantwortung in Technik und Ökonomie, Schriftenreihe des Zentrums für Technik- und Wirtschaftsethik an der Universität Karlsruhe (TH), Band I, Universitätsverlag Karlsruhe 2009
Lenzen, Wolfgang: *Liebe, Leben, Tod*, Reclam Verlag, Stuttgart 1999
Liedtke, Ralf: *Von der Technologie zur Technosophie*, in: Wendeling-Schröder, Ulrike/Meihorst, Werner/Liedtke, Ralf (Hrsg.): Der Ingenieur-Eid: ethische – naturphilosophische – juristische Perspektiven, Verlag Neue Wissenschaft, Bretten 2000
Luhmann, Niklas: *Soziologie des Risikos*, de Gruyter, Berlin, Boston 1991
Luhmann, Niklas: *Soziale Systeme. Grundriß einer allgemeinen Theorie*, Suhrkamp Verlag, Frankfurt a. M. 1999
MacCormac, Earl R.: *Das Dilemma der Ingenieurethik*, in: Lenk, Hans/Ropohl, Günter (Hrsg.): Technik und Ethik, 2. revidierte und erweiterte Auflage, Reclam Verlag, Stuttgart 1993
MacLean, Douglas: *Risk and Consent. Philosophical Issues for Centralized Decisions*, in: MacLean, Douglas (Hrsg.): Values at Risk., Rowman & Littlefield Publishers, Inc.; Savage (Maryland) 1985

Mandrella, Isabelle: *Gewissen, Gewissensfreiheit, I. Philosophisch*, https://www.staats-lexikon-online.de/Lexikon/Gewissen, Gewissensfreiheit *(abgerufen 05. April 2023)*

Marburger, Peter: *Die Bewertung von Risiken chemischer Anlagen aus der Sicht des Juristen*, in: Blümel, Willi/Wagner, Hellmut (Hrsg.): Technische Risiken und Recht, Vortragszyklus des Kernforschungszentrums Karlsruhe und der Hochschule für Verwaltungswissenschaften Speyer, Druck Kernforschungszentrum Karlsruhe 1981

Maring, Matthias: *Einleitung und Übersicht*, in: Maring, Matthias (Hrsg.): Bereichsethiken im interdisziplinären Dialog, Schriftenreihe des Zentrums für Technik- und Wirtschaftsethik am Karlsruher Institut für Technologie, Band 6, KIT Scientific Publishing, Karlsruhe 2014

Meyer-Abich, Klaus Michael: *Wege zum Frieden mit der Natur. Praktische Naturphilosophie für die Umweltpolitik*, Deutscher Taschenbuch Verlag, München 1986

Mittelstraß, Jürgen: *Wissenschaftskommunikation: Woran scheitert sie?*, Spektrum Wissenschaft, Heft 8, Spektrum der Wissenschaft Verlagsgesellschaft mbH, Heidelberg 2001

Mittelstraß, Jürgen: *Die Häuser des Wissens – Wissenschaftstheoretische Studien*, 2. Auflage, Suhrkamp Verlag, Frankfurt/M. 2016

Netz, Hartmut: *Fragmentierte Lebensräume*, in: Naturschutz heute, Mitgliedermagazin des NABU, Dierichs Druck + Media GmbH, Kassel 2022

Nida-Rümelin, Julian: *Ökonomische Rationalität und praktische Vernunft*, in: Hollis, Martin/Vossenkuhl, Wilhelm (Hrsg.): Moralische Entscheidung und rationale Wahl, R. Oldenbourg Verlag GmbH, München 1992

Nida-Rümelin, Julian: *Kritik des Konsequentialismus*, R. Oldenbourg Verlag, München 1993

Nida-Rümelin, Julian: *Das rational choice-Paradigma: Extensionen und Revisionen*, in: Nida-Rümelin, Julian (Hrsg.): Praktische Rationalität. Grundlagenprobleme und ethische Anwendungen des rational choice-Paradigmas, de Gruyter, Berlin, New York 1994

Nida-Rümelin, Julian: *Ethik des Risikos*, in: Nida-Rümelin, Julian (Hrsg.): Angewandte Ethik – Die Bereichsethiken und ihre theoretische Fundierung, Kröner Verlag, Stuttgart 1996

Nida-Rümelin, Julian: *Zur Einheitlichkeit praktischer Rationalität*, in. Nida-Rümelin, Julian: Ethische Essays, Suhrkamp Verlag, Frankfurt/M. 2002

Nida-Rümelin, Julian: *Die Philosophie des Risikos*, 20. November 2015, https://www.risknet.de/themen/risknews/die-philosophie-des-risikos/ (abgerufen 29. Mai 2022)

Nida-Rümelin, Julian: *Was riskieren wir?*, in: Philosophie Magazin, Heft 05/2022, Heftfolge 65, Berlin 2022

Nida-Rümelin, Julian/Rath, Benjamin/Schulenburg, Johann: *Risikoethik*, de Gruyter, Berlin, Boston 2012

Nida-Rümelin, Julian/Schulenburg, Johann: *Risikobeurteilung/Risikoethik*, in: Grunwald, Armin (Hrsg.): Handbuch Technikethik, Springer-Verlag Deutschland, ursprünglich erschienen bei J. B. Metzler'sche Verlagsbuchhandlung und Carl Ernst Poeschel Verlag, Stuttgart 2013

Nida-Rümelin, Julian/Schulenburg, Johann: *Risiko*, in: Grunwald, Armin/Hillerbrand, Rafaela (Hrsg.): Handbuch Technikethik, Springer-Verlag Deutschland, Heidelberg 2021

Noske, Harald: *Empfehlungen aus persönlicher Praxiserfahrung*, in: Hieber, Lutz/*Kammeyer*, Hans-Ulrich (Hrsg.): Verantwortung von Ingenieurinnen und Ingenieuren, Springer Verlag Wiesbaden 2014

OLG: Oberlandesgericht Karlsruhe, Beschluss vom 09.11.2006 (VII ZR 19/06)

Ott, Konrad/Döring, Ralf: *Grundlinien einer Theorie „starker" Nachhaltigkeit*, in: Köchy, Kristian/Norwig, Martin (Hrsg.): *Umwelt-Handeln – Zum Zusammenhang von Naturphilosophie und Umweltethik*, Verlag Karl Alber, Freiburg/München 2006

Ott, Konrad: *Ökonomische und moralische Risikoargumente in der Technikbewertung*, in: Lenk, Hans/Maring, Matthias (Hrsg.): Technikethik und Wirtschaftsethik, Verlag Leske + Budrich, Opladen 1998

Pfister, Jonas: *Werkzeuge des Philosophierens*, 2. durchgesehene Auflage, Reclam Verlag, Ditzingen 2015

Picht, Georg: *Wahrheit, Vernunft, Verantwortung*, Klett-Cotta Verlag, Stuttgart 1996

Picht, Georg: *Das richtige Maß finden*, Klett-Cotta Verlag, Stuttgart 2001

Pieper, Annemarie: *Grundlagen der Ethik*, Ethik I, FernUniversität in Hagen, 2010

Pothast, Ulrich *Analytische Philosophie*, in: An der Heiden, Uwe/Schneider, Helmut (Hrsg.): Hat der Mensch einen freien Willen? – Die Antworten der großen Philosophen, Reclam Verlag, Stuttgart 2007

Prechtl, Peter: *Naturalistischer Fehlschluss*, in: Prechtl, Peter/Burkhard, Franz-Peter (Hrsg.): Philosophie Lexikon, J. B. Metzler Verlag, Stuttgart 1996

Prechtl, Peter: *Freiheit*, in: Prechtl, Peter/Burkhard, Franz-Peter (Hrsg.): Philosophie Lexikon, J. B. Metzler Verlag, Stuttgart 1996

Prechtl, Peter: *Wille*, in: Prechtl, Peter/Burkhard, Franz-Peter (Hrsg.): Philosophie Lexikon, J. B. Metzler Verlag, Stuttgart 1996

Rapp, Friedrich: *Analytische Technikphilosophie*, Alber Verlag, Freiburg (Breisgau) 1978
Rapp, Friedrich: *Verantwortung und Eingriffsmöglichkeit*, in: Verein Deutscher Ingenieure (Hrsg.): Ingenieurverantwortung und Technikethik – Standpunkte, Informationen, Aktivitäten, ohne Verlagsangabe, Düsseldorf 1991.
Rapp, Friedrich: *Die normativen Determinanten des technischen Wandels*, in: Lenk, Hans/Ropohl, Günter (Hrsg.): Technik und Ethik, 2. revidierte und erweiterte Auflage, Reclam Verlag, Stuttgart 1993
Rapp, Friedrich: *Die Dynamik der modernen Welt: Eine Einführung in die Technikphilosophie*, Junius Verlag, Hamburg 1994
Rath, Benjamin: *Ethik des Risikos – Begriffe, Situationen, Entscheidungstheorien und Aspekte*, in: Eidgenössische Ethikkommission für Biotechnologie im Außerhumanbereich (Hrsg.): Beiträge zur Ethik und Biotechnologie/4, Verlag Bundesamt für Bauten und Logistik BBL, Bern 2008
Rath, Benjamin: *Entscheidungstheorien der Risikoethik. Eine Diskussion etablierter Entscheidungstheorien und Grundzüge eines prozeduralen libertären Risikoethischen Kontraktualismus*, Diss., Universität Zürich, Tectum Verlag, Marburg 2011
Rawls, John: *Eine Theorie der Gerechtigkeit*, Suhrkamp Verlag, Frankfurt/M. 1975
Renn, Ortwin/Zwick, Michael: *Risiko- und Technikakzeptanz*, Springer-Verlag, Berlin, Heidelberg 1997
Renn, Ortwin: *Wie aufgeschlossen sind die Deutschen gegenüber Technik?*, in: Stiftung Bauwesen (Hrsg.): Stromerzeugung und Speicherung – Chancen für innovative Baulösungen, Schriftenreihe der Stiftung Bauwesen, Heft 15, Stuttgart 2010
Rippe, Klaus Peter: *Risiko, Ethik und die Frage des Zumutbaren*, Zeitschrift für philosophische Forschung, Band 67, Vittorio Klostermann Verlag, Frankfurt am Main 2013
Ropohl, Günter: *Neue Wege, die Technik zu verantworten*, in: Lenk, Hans/Ropohl, Günter (Hrsg.): Technik und Ethik, 2. revidierte und erweiterte Auflage, Reclam Verlag, Stuttgart 1993
Ropohl, Günter: *Ethik und Technikbewertung*, Suhrkamp Verlag, Frankfurt/M. 1996
Ropohl, Günter: *Verantwortung in der Ingenieurarbeit*, in: Maring, Matthias (Hrsg.): Verantwortung in Technik und Ökonomie, Schriftenreihe des Zentrums für Technik- und Wirtschaftsethik an der Universität Karlsruhe (TH), Band I, Universitätsverlag Karlsruhe 2009

Rust, Ina: *Sicherheit technischer Anlagen – Eine sozialwissenschaftliche Analyse des Umgangs mit Risiken in Ingenieurpraxis und Ingenieurwissenschaft*, Diss., Universität Kassel, university press Kassel 2004
Schaumann, Peter: *Verantwortung im zivilen Ingenieurwesen*, in: Hieber, Lutz/ Kammeyer, Hans-Ulrich (Hrsg.): Verantwortung von Ingenieurinnen und Ingenieuren, Springer Verlag Wiesbaden 2014
Scheffler, Michael/Rohr-Suchalla, Katrin: *Schäden an Grundstücksentwässerungsanlagen - Ursachen, Folgen, Sanierung, Rechtsfragen*, Fraunhofer IRB Verlag, Stuttgart 2010
Scheffler, Michael: *Management groß angelegter Grundstücksentwässerungsanlagen*, Fraunhofer IRB Verlag, Stuttgart 2012
Scheffler, Michael: *Moralische Verantwortung von Bauingenieuren – Problemstellungen, Perspektiven, Handlungsbedarf*, Springer Fachmedien, Wiesbaden 2019
Scheler, Max: *Der Formalismus in der Ethik und die materielle Wertethik*, Franke Verlag, Bern/München 1966.
Schmidt, Jan C.: *Das Argument „Zukunftsverantwortung"*, in: Hartung, Gerald/Köchy, Kristian/Schmidt, Jan C. et al. (Hrsg.): Naturphilosophie als Grundlage der Naturethik – Zur Aktualität von Hans Jonas, Verlag Karl Alber, Freiburg/München 2013
Schmidt, Martin/Monstadt, Jochen: *Infrastruktur*, in: Akademie für Raumforschung und Landesplanung (Hrsg.): Handwörterbuch der Stadt- und Raumentwicklung, Verlag der ARL, Hannover 2018
Schulenburg, Johann: *Praktische Rationalität und Risiko – Zum Verhältnis von Rationalitätstheorie, deontologischer Ethik und politischer Risikopraxis*, Diss., Ludwig-Maximilians-Universität München 2012
Schulz, Walter: *Philosophie in der veränderten Welt*, Verlag Günther Neske, Pfullingen 1984
Seckinger, Stefan: *Grenzen der Medizin – Möglichkeit und Notwendigkeit einer Medizinethik*, in: Joisten, Karen (Hrsg.): Ethik in den Wissenschaften – Einblicke und Ausblicke, J. B. Metzler/Springer Verlag, Berlin 2022
Shrader-Frechette, K. S.: *Risk and Rationality. Philosophical Foundations of Populist Reforms*, University of California Press, Berkeley 1991
Statistisches Bundesamt: *Mikrozensus Arbeitsmarkt 2022 (Erstergebnis)*, erschienen am 31. März 2023, korrigiert am 31. Mai 2023, https://www.destatis.de/DE/Themen/Arbeit/Arbeitsmarkt/Erwerbstaetigkeit/Publikationen/Downloads-Erwerbs-taetigkeit/statistischer-bericht-mikrozensus-arbeits-markt-2010410227005-erstergeb-nisse.html (abgerufen 23. April 2024)

Steinvorth, Ulrich: *Klassische und moderne Ethik. Grundlinien einer materiellen Moraltheorie*, Rowohlt Verlag, Reinbek bei Hamburg 1990

Thiele, Felix: *Zum Verhältnis von theoretischer und angewandter Ethik*, in: Kamp, Georg/Thiele, Felix (Hrsg.): Erkennen und Handeln, Wilhelm Fink Verlag, Paderborn 2009

Thome, Matthias: *Wie die Erderwärmung zu häufigeren Starkregen-Ereignissen führt*, 16. Juli 2021, https://www.geo.de/wissen/wie-die-erderwaermung-zu-mehr-starkregen-fuehrt-30618752.html (abgerufen 29. Mai 2022)

Thomson, Judith J.: *Imposing Risks*, in: Gibson, Mary (Hrsg.): To Breathe Freely. Risk, Consent, and Air, Rowman & Allanheld, Totowa 1985

Verein Deutscher Ingenieure: *Ethische Grundsätze des Ingenieurberufs*, Düsseldorf 2002

Verein Deutscher Ingenieure: *Technikbewertung – Begriffe und Grundlagen, Erläuterungen und Hinweise zur Richtlinie 3780*, ohne Verlagsangabe, Düsseldorf 1991

Verein Deutscher Ingenieure: *Richtlinie 3780, Technikbewertung – Begriffe und Grundlagen*, Beuth Verlag, Berlin 2000

Verein Deutscher Ingenieure: *Ingenieurausbildung für die digitale Transformation – Zukunft durch Veränderung*, Studie 2019, https://www.vdi.de/ueber-uns/presse/publikationen/details/vdi-studie-ingenieurausbildung-fuer-die-digitale-transformation (abgerufen 30. Juli 2021)

Vogelsang, Frank: *Wege zum Abgleich von Wertedissensen am Arbeitsplatz*, in: Duddeck, Heinz (Hrsg.): Ladenburger Diskurs, Technik im Wertekonflikt, Springer Verlag, Wiesbaden 2001

Wagner, Bernd: *Prolegomena zu einer Ethik des Risikos*, Diss., Universität Düsseldorf 2003

Werner, Micha H./Düwell, Marcus: *Deontologische Ethik*, in: Grunwald, Armin/Hillerbrand, Rafaela (Hrsg.): Handbuch Technikethik, Springer-Verlag Deutschland, Heidelberg 2021

Werner, Micha H.: *Einführung in die Ethik*, J. B. Metzler/Springer Verlag, Berlin 2021

Wiedemann, Peter Michael: *Wahrnehmungsmuster von technischen Risiken in der Gesellschaft*, in: Weber, Wilhelm (Hrsg.): Jahrbuch für Christliche Sozialwissenschaften, Band 37, Regensberg Verlag, Münster 1996

Wiegerling, Klaus: *Ethische Kriterien der Technikfolgenabschätzung*, in: Joisten, Karen (Hrsg.): Ethik in den Wissenschaften – Einblicke und Ausblicke, J. B. Metzler/Springer Verlag, Berlin 2022

Zimmerli, Walter Ch.: *Technikverantwortung in der Praxis – Perspektiven einer Unternehmenskultur von morgen,* in: Verein Deutscher Ingenieure (Hrsg.): Ingenieurverantwortung und Technikethik – Standpunkte, Informationen, Aktivitäten, ohne Verlagsangabe, Düsseldorf 1991

Zimmerli, Walter Ch.: *Verantwortung kennen oder Verantwortung übernehmen? Theoretische Technikethik und angewandte Ingenieurethik,* in: Hieber, Lutz/ Kammeyer, Hans-Ulrich (Hrsg.): Verantwortung von Ingenieurinnen und Ingenieuren, Springer Verlag Wiesbaden 2014

GPSR Compliance

The European Union's (EU) General Product Safety Regulation (GPSR) is a set of rules that requires consumer products to be safe and our obligations to ensure this.

If you have any concerns about our products, you can contact us on

ProductSafety@springernature.com

In case Publisher is established outside the EU, the EU authorized representative is:

Springer Nature Customer Service Center GmbH
Europaplatz 3
69115 Heidelberg, Germany

www.ingramcontent.com/pod-product-compliance
Lightning Source LLC
LaVergne TN
LVHW020327260326
834688LV00037B/904